应用型本科院校“十三五”规划教材/机械工程类

主　编　韩明玉　岳慧颖　朱礼贵
副主编　李　雪　康　靓　王海涛

机械设计

Mechanical Design

哈爾濱工業大學出版社

内容简介

本书根据机械设计课程新的教学基本要求，注重素质教育和能力培养，并结合拓宽专业面后教学改革的需要而编写。全书共12章，包括机械设计总论、带传动、链传动、齿轮传动、蜗杆传动、轴及轴毂连接、滚动轴承、滑动轴承、联轴器和离合器、连接、弹簧和机械创新设计等内容。在教材编写中，注意精选教学内容，突出实用性，减少数理论证，处理好与先修课程的衔接。

本书可作为普通高等院校机械类各专业的教材，也可供近机械类、非机械类专业本科师生及工程技术人员参考。

图书在版编目(CIP)数据

机械设计/韩明玉，岳慧颖，朱礼贵主编. —哈尔滨：哈尔滨工业大学出版社，2020.2(2022.8 重印)

应用型本科院校“十三五”规划教材

ISBN 978-7-5603-8012-4

Ⅰ.①机… Ⅱ.①韩… ②岳… ③朱… Ⅲ.①机械设计 Ⅳ.①TH122

中国版本图书馆 CIP 数据核字(2019)第046753号

策划编辑 杜 燕
责任编辑 李长波 谢晓彤
封面设计 高永利
出版发行 哈尔滨工业大学出版社
社 址 哈尔滨市南岗区复华四道街10号 邮编150006
传 真 0451-86414749
网 址 http://hitpress.hit.edu.cn
印 刷 黑龙江艺德印刷有限责任公司
开 本 787mm×1092mm 1/16 印张19 字数470千字
版 次 2020年2月第1版 2022年8月第3次印刷
书 号 ISBN 978-7-5603-8012-4
定 价 49.80元

《应用型本科院校“十三五”规划教材》编委会

序

哈尔滨工业大学出版社策划的《应用型本科院校"十三五"规划教材》即将付梓,诚可贺也。

该系列教材卷帙浩繁,凡百余种,涉及众多学科门类,定位准确,内容新颖,体系完整,实用性强,突出实践能力培养。不仅便于教师教学和学生学习,而且满足就业市场对应用型人才的迫切需求。

应用型本科院校的人才培养目标是面对现代社会生产、建设、管理、服务等一线岗位,培养能直接从事实际工作、解决具体问题、维持工作有效运行的高等应用型人才。应用型本科与研究型本科和高职高专院校在人才培养上有着明显的区别,其培养的人才特征是:①就业导向与社会需求高度吻合;②扎实的理论基础和过硬的实践能力紧密结合;③具备良好的人文素质和科学技术素质;④富于面对职业应用的创新精神。因此,应用型本科院校只有着力培养"进入角色快、业务水平高、动手能力强、综合素质好"的人才,才能在激烈的就业市场竞争中站稳脚跟。

目前国内应用型本科院校所采用的教材往往只是对理论性较强的本科院校教材的简单删减,针对性、应用性不够突出,因材施教的目的难以达到。因此亟须既有一定的理论深度又注重实践能力培养的系列教材,以满足应用型本科院校教学目标、培养方向和办学特色的需要。

哈尔滨工业大学出版社出版的《应用型本科院校"十三五"规划教材》,在选题设计思路上认真贯彻教育部关于培养适应地方、区域经济和社会发展需要的"本科应用型高级专门人才"精神,根据前黑龙江省委书记吉炳轩同志提出的关于加强应用型本科院校建设的意见,在应用型本科试点院校成功经验总结的基础上,特邀请黑龙江省9所知名的应用型本科院校的专家、学者联合编写。

本系列教材突出与办学定位、教学目标的一致性和适应性,既严格遵照学科体系的知识构成和教材编写的一般规律,又针对应用型本科人才培养目标及与之相适应的教学特点,精心设计写作体例,科学安排知识内容,围绕应用讲授理论,做到"基础知识够用、实践技能实用、专业理论管用"。同时注意适当融入新理论、新技术、新工艺、新成果，并且制作了与本书配套的 PPT 多媒体教学课件，形成立体化教材，供教师参考使用。

《应用型本科院校"十三五"规划教材》的编辑出版，是适应"科教兴国"战略对复合型、应用型人才的需求，是推动相对滞后的应用型本科院校教材建设的一种有益尝试，在应用型创新人才培养方面是一件具有开创意义的工作，为应用型人才的培养提供了及时、可靠、坚实的保证。

希望本系列教材在使用过程中，通过编者、作者和读者的共同努力，厚积薄发、推陈出新、细上加细、精益求精，不断丰富、不断完善、不断创新，力争成为同类教材中的精品。

前　言

本书是在满足高等学校机械专业机械设计课程教学基本要求的前提下，以培养“创新型应用人才”思想为指导，同时认真汲取了其他高等学校机械专业机械设计课程近几年教学改革的经验，认真组织教学内容，精心编写而成。

本书可作为高等学校机械类及近机械类专业机械设计课程的教材，也可作为高等职业学校、成人高校相关专业的教材，还可以供有关工程技术人员参考。

本书以培养学生工程实践能力、综合机械设计能力和创新能力为核心，加强了课程内容在逻辑和结构上的联系与综合，力求简单、实用，重点突出；避免单纯的知识传授，重公式推导和轻归纳、综合等缺点；对机械设计内容进行整合、优化，把与先修课程有关的知识穿插到各章，突出其连贯性、实用性；本书突出创新思维及创新能力的培养，形成一个以培养学生工程实践能力和创新能力为目标的机械设计课程体系。

本书由韩明玉、岳慧颖、朱礼贵任主编，李雪、康靓、王海涛任副主编。参与编写人员分工：哈尔滨剑桥学院朱礼贵编写前言、第 9 章和第 11 章；哈尔滨剑桥学院韩明玉编写第 5 章和第 6 章；哈尔滨剑桥学院岳慧颖编写第 4 章；哈尔滨剑桥学院李雪编写第 7 章和第 8 章；哈尔滨剑桥学院康靓编写第 1 章、第 2 章和第 3 章；哈尔滨剑桥学院王海涛编写第 10 章和第 12 章。

由于编者水平有限，书中的疏漏和不足之处在所难免，敬请读者批评指正。

编　者

2019 年 12 月

目　　录

第 1 章

机械设计总论

1.1 机械设计概述

1.1.1 机械设计的任务及设计步骤

1. 机械设计的任务

机械设计的任务是设计一个具有一定使用功能的机械技术系统。这个系统可分为三大类。

(1)实现能量转换。把电能通过机械系统转化成机械能,如电动机。把燃气的热能通过机械系统转化成机械能,如内燃机。

(2)实现信号转换。把一种信号通过机械系统转化成另一种信号,如电影放映机、照相机、计算机等。

(3)实现物料转换。通过机械系统对物料进行转化,如各种机床、筛分机、过滤器及蒸发器等。

2. 机械设计的基本要求

设计任何机器都必须满足如下要求。

(1)使用要求。指机器能有效地执行预期的全部功能,如机床加工零件时应能达到形状、尺寸及精度等要求。

(2)经济性要求。机器的经济性是一个综合性指标,体现在设计、制造和使用的全过程中,包括设计制造经济性和使用经济性。设计制造经济性表现为生产制造过程中生产周期短、制造成本低。使用经济性表现为效率高,能源消耗少,价格低,维护简单,操纵方便,具有最佳的性能价格比。

(3)安全性要求。在机器上设置安全保护装置和报警信号系统(事故发生前应能提前报警),避免事故发生。

(4)其他要求。如尽可能降低机器噪声及减少环境污染;尽可能地从美学、色彩学的角度,赋予机器协调的外观和悦目的色彩,使人赏心悦目;尽可能地使机器体积小、质量轻,便于安装、运输和储存等。

3. 机械设计的一般步骤

机械设计的步骤不是固定的,一般设计步骤如下。

(1)计划阶段。首先明确设计任务。应根据市场需求、用户反映及本企业的技术条件,制订设计对象的功能要求和有关指标等,完成设计任务书。

(2)方案设计阶段。为实现总体方案确定采用哪些具体机构。例如,工作机是往复运动,而原动机是转动,应选择将转动转换为移动的机构,如曲柄滑块机构、齿轮齿条机构、凸轮机构等。在多种方案中,要从技术和经济等方面进行综合评价,最后确定一个方案并绘制机构运动简图。

(3)技术设计阶段。根据总体设计方案的要求,考虑结构设计上的需要,与同类机械进行比较,对主要零部件进行初步设计,绘制出机械的装配图,然后进行零件的工作能力设计,最终绘制出零件工作图。

(4)技术文件编制阶段。技术文件的种类较多,常用的有机器的设计计算说明书、使用说明书、标准件明细表等。其他技术文件,如检验合格单、外购件明细表、验收条件等,视需要与否另行编制。

(5)试制、试验、鉴定及生产阶段。组织专家和有关部门对设计资料进行审定,认可后即可进行样机试制,并对样机进行技术审定。技术审定通过后可投入小批量生产,经过一段时间的使用实践再做产品鉴定,鉴定通过后即可根据市场需求组织生产,到此机械设计的工作才算完成。

以上各阶段存在着一定的内在联系。因为如果某一阶段出现问题,则可能推翻前面阶段的工作,所以设计过程是不断修改、不断完善的过程,最后才能得到优化的结果。

1.1.2 机械设计中的创新和优化

1. 创新

机械设计的核心是创新。所谓创新,就是创造出从未有过的产品,也可以是已有事物的不同组合,但这种组合不是简单的重复,而是有新的技术成分出现。创新分为不同层次。

(1)无新技术,但形式上有翻新。例如,自行车在是否变速、单人骑还是多人骑等方面有翻新变化。

(2)含有重要的新技术。例如,程控交换机原来用5 μm线宽的芯片,现在用3 μm线宽的芯片,体积小,功能强,提高了市场的竞争能力。

(3)具有完全创新的功能。例如,第一盏灯,第一部电话,第一台电视机等。这种创新具有重大的历史意义。

2. 优化

由于涉及方案的多样性,机械设计就有了优化问题。随着科学技术的发展,寻优的方法也在不断地完善和发展。其方法如下。

(1)基于经验的优化设计(人工判断寻优)。设计者基于自己的经验,通过直观判断,对事物进行优化,其效果取决于专家经验。

(2)基于计算机的枚举寻优。利用计算机计算,再结合人工判断对事物进行优化。

(3)数学规划寻优。数学规划寻优是量化的优化方法,适用于机械设计中的参数设计。

(4)人工智能寻优。根据专家系统技术,实现优化的自动选择和优化过程的自动控制。

1.1.3　机械设计中的标准化

在机械设计中采用标准化对降低成本、提高产品质量、发展新产品有着重要的意义。所谓零件的标准化,就是通过对零件的尺寸、结构要素、材料性能、检验方法、设计方法及制图要求等制定出各种各样的大家共同遵守的准则。

现已发布的与机械零件设计有关的标准,按标准的等级分类,可以分为国家标准(GB、GB/T)、行业标准、地方标准和企业标准四个等级。按标准的属性分类,可分为强制性标准、推荐性标准(如螺纹标准、制图标准)和标准化指导性技术文件。

1.1.4　机械设计的最新进展

机械设计的最新进展表现在如下几个方面。

(1)设计理论的不断完善与发展,设计手段和方法的不断更新。随着计算机的进步和发展,产生了许多新的设计方法,如计算机辅助设计、优化设计、可靠性设计和工业设计等。

(2)机械设计的综合程度越来越高,与其他学科的交叉越来越广泛和深入。由传统机械向机电一体化、智能化发展,已成为机械产品的发展趋势。

(3)机械设计的实验研究技术有了很大的发展和提高,实验与理论相互结合、相互促进。

1.2　机械零件设计概述

1.2.1　机械零件应满足的要求及设计步骤

1. 机械零件设计的基本要求

设计机械零件时应满足的要求是根据设计机器的要求提出来的。一般来说,对机械零件的基本要求如下。

(1)工作可靠。在预定工作期限内正常、可靠地工作,保证机器的各种功能。

(2)成本低廉。要尽量降低零件的生产、制造成本,使其具有较好的经济性。

2. 机械零件设计的一般步骤

(1)根据零件在机器中的作用和工作条件,进行载荷分析(建立零件的受力模型,确定零件的计算载荷)

$$F_C = KF \tag{1.1}$$

式中　F_C——计算载荷;

F——名义载荷(公称载荷、额定载荷);

K——载荷系数。

(2)选择零件的类型及材料。

(3)分析零件的失效形式,建立计算准则,确定零件的基本尺寸,使其圆整并标准化。

(4)确定零件的结构,绘制零件工作图并编写计算说明书。

1.2.2 机械零件的主要失效形式和设计准则

1. 机械零件的主要失效形式

机械零件不能正常工作或达不到设计要求,称为失效。失效并不是单纯意味破坏。由于具体的工作条件和受载情况不同,机械零件可能的失效形式有强度失效(因强度不足而断裂或发生过大的塑性变形)、刚度失效(过大的弹性变形)、磨损失效(摩擦表面的过度磨损),还有打滑、过热、连接松动、管道泄漏和精度达不到要求等。

2. 机械零件的设计准则

机械零件的设计准则是为了防止零件失效而拟定的计算依据。机械零件工作能力是指零件不发生失效时的安全工作限度。在零件设计过程中,为防止机械零件失效,保证工作能力,应遵循如下设计准则。

(1)强度准则。

强度是指零件在载荷作用下抵抗断裂和塑性变形的能力。如果零件强度不足,就会产生表面失效、整体断裂或过大塑性变形,使零件丧失工作能力。为使机械零件在工作中不产生强度失效,要求零件所受的应力不超过许用应力。条件式为

$$\sigma \leqslant [\sigma] = \frac{\sigma_{\lim}}{S_\sigma} \tag{1.2}$$

$$\tau \leqslant [\tau] = \frac{\tau_{\lim}}{S_\tau} \tag{1.3}$$

式中 σ、τ——危险截面的正应力和剪切应力;

$\sigma_{\lim}$、$\tau_{\lim}$——拉压(弯曲)极限应力和剪切极限应力;

S_σ、S_τ——计算安全系数。

这种方法称为许用应力法。

为满足强度要求,还有另一种方法,即判断危险截面处的安全系数是否大于许用安全系数,称为安全系数法。条件式为

$$S_\sigma = \frac{\sigma_{\lim}}{\sigma} \geqslant [S_\sigma] \tag{1.4}$$

$$S_\tau = \frac{\tau_{\lim}}{\tau} \geqslant [S_\tau] \tag{1.5}$$

式中 $[S_\sigma]$——拉压(弯曲)载荷下的许用安全系数;

$[S_\tau]$——剪切载荷下的许用安全系数。

(2)刚度准则。

刚度是指零件在载荷作用下抵抗弹性变形的能力。当零件刚度不足时,会因受载而产生较大变形,从而影响工作性能,甚至不能正常工作。

刚度有弯曲刚度和扭转刚度两种。根据材料力学,按下列方法计算,分别求出变形量(挠度、偏转角和扭转角),让它们小于许用值:

$$y \leqslant [y],\theta \leqslant [\theta],\varphi \leqslant [\varphi] \tag{1.6}$$

式中 y、θ、φ——挠度、偏转角和扭转角;

$[y]$、$[\theta]$、$[\varphi]$——许用挠度、许用偏转角和许用扭转角。

(3)耐磨性准则。

耐磨性是指零件工作表面抵抗磨损的能力。磨损的后果是表面形状破坏,强度削弱,精度下降,产生振动、噪声,最后失效。据统计,零件失效大约有 80% 是由磨损造成的。由于影响磨损的因素很多,而且比较复杂,目前没有针对磨损的成熟的计算方法,通常采用条件性计算,即限制压强 p、限制 pv 和限制速度 v。

$$p \leqslant [p], \quad pv \leqslant [pv], \quad v \leqslant [v] \tag{1.7}$$

式中　p、v、pv——零件的压强、速度及 pv 值;

$[p]$、$[v]$、$[pv]$——零件的许用压强、许用速度及许用 pv 值。

(4)振动稳定性准则。

高速机械或对噪声有特别要求的机械,要限制振动和噪声。如果零件本身的固有频率与外界振动频率相接近或成整数倍关系时,则将发生共振,导致零件失效和机器工作失常。所以,振动稳定性准则就要求机械振动频率 f_p 远离机械的固有频率,特别是一阶固有频率 f,即

$$f_p < 0.85f, \quad f_p > 1.15f \tag{1.8}$$

(5)热平衡准则。

机械零件若温升过度,将使润滑油黏度下降,润滑失效,零件间加剧磨损并产生胶合,最后导致零件失效。所以要进行热平衡计算,把温升控制在许用范围内,即

$$\Delta t \leqslant [\Delta t] \tag{1.9}$$

式中　Δt——温升;

$[\Delta t]$——许用温升。

(6)可靠性准则。

可靠性是指零件在一定的条件下和规定时间内正常工作的能力,用可靠度这个指标来衡量。可靠度用 R_t 表示,是指零件在一定条件下和规定时间内正常工作的概率。

N 个相同零件在相同条件下同时工作,在规定的时间内有 N_f 个失效,剩下 N_t 个仍继续工作,则

$$R_t = \frac{N_t}{N} = \frac{N - N_f}{N} = 1 - \frac{N_f}{N} \tag{1.10}$$

不可靠度(失效概率)为

$$F_t = \frac{N_f}{N} = 1 - R_t, \quad R_t + F_t = 1 \tag{1.11}$$

课后习题

1. 机器由哪些基本部分构成? 各部分作用是什么?
2. 什么是专用零件? 什么是通用零件? 试举例说明。
3. 机械设计的研究对象是什么? 学习时应注意哪些问题?
4. 机械零件的主要失效形式及设计准则是什么?
5. 设计机器应满足哪些基本要求?

第 2 章

带传动

2.1 概　述

2.1.1 带传动的组成及工作原理

带传动是两个或两个以上带轮之间以带作为挠性构件，靠带与带轮面间的摩擦（或啮合）进行运动及动力传递的一种传动装置。带传动一般由主动轮 1、从动轮 3 和紧套在两轮上的传动带 2 组成，如图 2.1 所示。根据工作原理不同，带传动可分为摩擦带传动和同步带传动两类。

摩擦带传动（图 2.1（a））中，由于传动带紧套在带轮上，带与带轮的接触面上产生正压力。当主动轮转动时，带与主动轮接触面间产生摩擦力，作用于带上的摩擦力方向和主动轮圆周速度方向相同，驱使带运动。在从动轮上，带作用于从动轮上的摩擦力方向与带的运动方向相同，靠摩擦力使从动轮转动，从而实现主动轮到从动轮间的运动和动力的传递。

同步带传动（图 2.1（b））依靠带内周的等距横向齿与带轮相应齿槽间的啮合传递运动和动力。

本章主要介绍摩擦带传动。

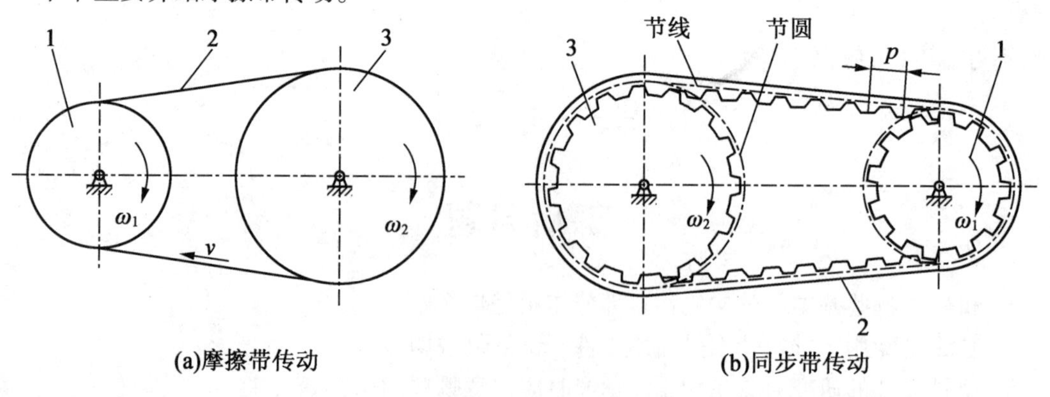

图 2.1　带传动分类

1—主动轮；2—传动带；3—从动轮

2.1.2　带传动的类型、特点和应用

1. 带传动的类型

根据带的截面形状不同,带传动可以分为平带传动、V 带传动、圆带传动和多楔带传动等(图 2.2)。平带横截面为矩形,工作面为内平面;V 带横截面为梯形,工作面为两侧面;圆带横截面为圆形;多楔带是以平带为基体,内表面具有等距纵向楔,工作面为楔的侧面的传动带。

平带传动结构简单、制造容易、传动效率较高、带的寿命较长,适用于较大中心距的远距离传动。常用的平带有帆布芯平带(由多层覆胶帆布黏合构成)、编织平带(由帘布或丝、麻、锦纶等的整体织物构成)、强力锦纶片复合平带(聚酰胺片基平带是以高强度的聚酰胺片基为抗拉体,高耐磨的橡胶或铬鞣皮革作为覆盖层的新型多层复合型传动带)。平带的挠性好,带轮制造方便,属于平面摩擦传动。因为平带具有较小的离心力和较好的柔性,所以其目前常用在高速场合。

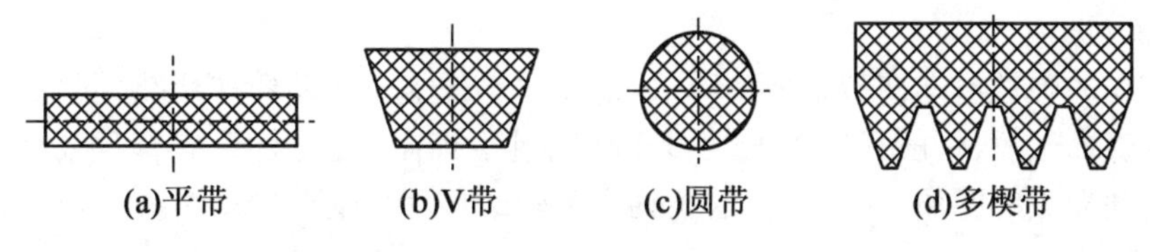

图 2.2　带传动类型

V 带的横截面为梯形,带轮上有相应的轮槽。其两侧面为工作面,根据楔形摩擦原理,在相同的初拉力或相同的正压力 F_Q 的作用下,V 带传动较平带传动能产生较大的摩擦力(图 2.3),从而提高了 V 带传动的工作能力。通常 V 带传动适用于较小中心距和较大传动比的场合,其结构较为紧凑。但 V 带磨损较快,价格较贵而且传动效率较低。在一般机械中,V 带传动已取代了平带传动而成为应用最广的带传动装置,故本章主要介绍 V 带传动。

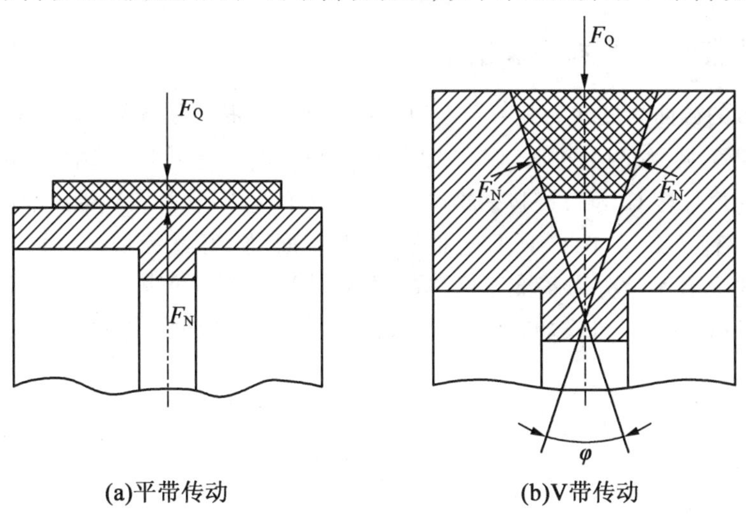

图 2.3　平带和 V 带的比较

圆带结构简单,所用材料常为皮革、棉、麻、锦纶等,多用于小功率传动,如仪器和家用器械。

多楔带传动兼有平带和V带传动的优点，补就了平带和V带的不足，解决了多根V带长短不一而使各带受力不均的问题。适用于要求结构紧凑、传递功率较大的场合，传动比可达10，带速可达40 m/s。

2. 带传动的特点

与其他传动相比，带传动是一种比较经济的传动形式，带的弹性和柔性使带传动具有以下优点。

(1)运行平稳，噪声小。

(2)能缓冲冲击载荷。

(3)构造简单，对制造精度要求低，特别是在中心距大的地方。

(4)不用润滑，维护成本低。

(5)过载时打滑，在一般情况下，可以保护传动系统中的其他零件。

其缺点如下。

(1)带存在的弹性滑动使传动效率降低，传动比不像啮合传动那样精准(同步带除外)。

(2)带的寿命较短，一般只有2 000～3 000 h，且不宜在高温、易燃、易爆等场合使用。

(3)传递同样大的圆周力时，轴上的压轴力和轮廓尺寸比啮合传动大。

3. 应用范围

带传动的应用范围很广，广泛应用于国民经济和人民生活的各个领域，特别是在传动中心距大的场合，如农业机械、食品机械、汽车、自动化设备等。

带传动由于具有上述特点，故不宜做大功率传动。一般来说，平带传动传递功率小于500 kW(常用20～30 kW)；V带传动传递功率小于700 kW(常用50～100 kW)；传动比$i \leqslant 7$(常用$i \leqslant 5$)。带的工作速度一般为5～25 m/s，带速不宜过低或过高，否则均会降低带传动的传动能力。

2.1.3 V带的类型、特点和结构

根据传动带的截面高度h与其节宽b_p的比值不同，V带有普通V带、窄V带、联组V带、齿形V带等多种类型，如图2.4所示。V带的类型和特点见表2.1。其中普通V带和窄V带已标准化。带的尺寸按GB/T 11544—2012《带传动　普通V带和窄V带尺寸(基准宽度制)》规定。普通V带有Y、Z、A、B、C、D、E七种型号，其截面尺寸依次增加，截面大时，同样条件下带的传递功率大。窄V带分为基准宽度制的窄V带和有效宽度制的窄V带，本章只介绍前者。基准宽度制窄V带有SPZ、SPA、SPB、SPC四种型号。V带的截面尺寸见表2.2，带的楔角都是40°。

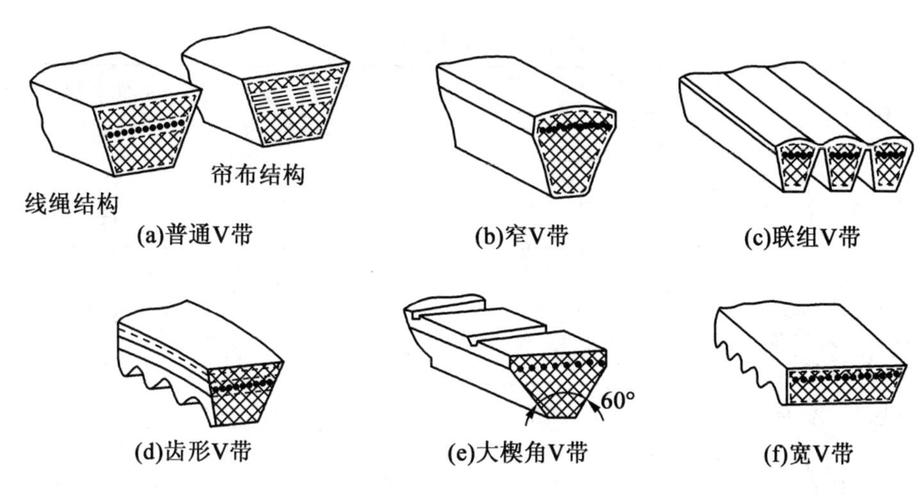

图2.4　V带的类型

表2.1　V带的类型和特点

类型	简图	特点
普通V带		较平带摩擦力大，允许包角小，传动比大。相对高度 h/b_p 约为0.7
窄V带		节宽 b_p 相同时，比普通V带的承载能力大，结构更紧凑。相对高度 h/b_p 约为0.9
联组V带		一般用在功率和传动比较大的场合，但要求张紧力大
齿形V带		内周制成齿形，带的散热性、与轮子的贴着性好，挠曲性好。它的带轮上有V形槽，无齿

表 2.2　V 带的截面尺寸

截面图	类型		节宽	顶宽	高度	截面面积	楔角
	普通 V 带	窄 V 带	b_p/mm	b/mm	h/mm	A/mm^2	φ/(°)
	Y		5.3	6	4	18	
	Z		8.5	10	6	47	
		SPZ	8.5	10	8	57	
	A		11.0	13	8	81	
		SPA	11.0	13	10	94	
	B		14.0	17	11	138	40
		SPB	14.0	17	14	167	
	C		19.0	22	14	230	
		SPC	19.0	22	18	278	
	D		27.0	32	19	476	
	E		32.0	38	23	692	

V 带均制成无接头的环形，其结构由包布层、顶胶、抗拉体及底胶等部分构成。抗拉体用来承受基本拉力，顶胶和底胶在带弯曲时分别承受拉伸力和压缩力，包布层主要起到保护作用。按抗拉体的结构可分为帘布芯 V 带(图 2.5(a))和绳芯 V 带(图 2.5(b))两种类型。帘布芯 V 带制造方便，抗拉强度较高，但易伸长、发热和脱层。绳芯 V 带挠性好，抗弯强度高，适用于转速较高、带轮直径较小、要求结构紧凑的场合。

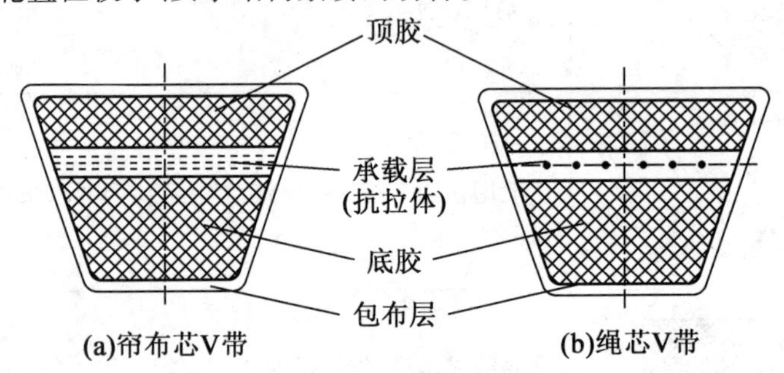

图 2.5　V 带的抗拉体的结构

当 V 带垂直其底边弯曲时，在带中保持原长度不变的一条周线称为节线；由全部节线构成的面称为节面(表 2.2 中的截面图)；节面宽度称为节宽 b_p。

在 V 带轮上与所配用 V 带的节宽 b_p 相对应的带轮直径称为基准直径 d_d。V 带在规定的张紧力下，位于带轮基准直径上的周线长度称为基准长度 L_d。V 带基准长度系列及长度修正系数见表 2.3。

表 2.3　V 带基准长度系列及长度修正系数 K_L

基准长度 L_d/mm	普通 V 带							窄 V 带			
	Y	Z	A	B	C	D	E	SPZ	SPA	SPB	SPC
200	0.81										
224	0.82										
250	0.84										
280	0.87										
315	0.89										
355	0.92										
400	0.96	0.87									
450	1.00	0.89									
500	1.02	0.91									
560		0.94									
630		0.96	0.81					0.82			
710		0.99	0.83					0.84			
800		1.00	0.85					0.86	0.81		
900		1.03	0.87	0.82				0.88	0.83		
1 000		1.06	0.89	0.84				0.90	0.85		
1 120		1.08	0.91	0.86				0.93	0.87		
1 250		1.11	0.93	0.88				0.94	0.89	0.82	
1 400		1.14	0.96	0.90				0.96	0.91	0.84	
1 600		1.16	0.99	0.92	0.83			1.00	0.93	0.86	
1 800		1.18	1.01	0.95	0.86			1.01	0.95	0.88	
2 000			1.03	0.98	0.88			1.02	0.96	0.90	0.81
2 240			1.06	1.00	0.91			1.05	0.98	0.92	0.83
2 500			1.09	1.03	0.93			1.07	1.00	0.94	0.86
2 800			1.11	1.05	0.95	0.83		1.09	1.02	0.96	0.88
3 150			1.13	1.07	0.97	0.86		1.11	1.04	0.98	0.90
3 550			1.17	1.09	0.99	0.88		1.13	1.06	1.00	0.92
4 000			1.19	1.13	1.02	0.91			1.08	1.02	0.94
4 500				1.15	1.04	0.93	0.90		1.09	1.04	0.96
5 000				1.18	1.07	0.96	0.92			1.06	0.98
5 600					1.09	0.98	0.95			1.08	1.00
6 300					1.12	1.00	0.97			1.10	1.02

续表 2.3

基准长度 L_d/mm	普通V带							窄V带			
	Y	Z	A	B	C	D	E	SPZ	SPA	SPB	SPC
7 100					1.15	1.03	1.00			1.12	1.04
8 000					1.18	1.06	1.02			1.14	1.06
9 000					1.21	1.08	1.05				1.08
10 000					1.23	1.11	1.07				1.10
11 200						1.14	1.10				1.12
12 500						1.17	1.12				1.14
14 000						1.20	1.15				
16 000						1.22	1.18				

2.2　带传动工作情况的分析

2.2.1　带传动中的受力分析

安装传动带时,传动带即以一定的预紧力 F_0 紧套在两个带轮上,使带和带轮相互压紧。传动带不工作时(图2.6(a)),带两边的拉力相等,均为 F_0;带在工作时(图2.6(b)),设主动轮以带速 v_1 转动,带与带轮的接触面间便产生摩擦力,主动轮作用在带上的摩擦力 F_f 的方向和主动轮的圆周速度方向相同,从动轮作用在带上的摩擦力 F_f 的方向和从动轮的圆周速度方向相反。带和带轮工作面间的摩擦力使其一边的拉力由 F_0 增大到 F_1,称为紧边拉力;另一边的拉力由 F_0 减小到 F_2,称为松边拉力,两者之差为带的有效拉力 F_θ。在带传动中,有效拉力 F_θ 并不是作用于某固定点的集中力,而是带和带轮接触面上的各点摩擦力的总和 $\sum F_f$。如果近似地认为带工作时的总长度不变,则带的紧边拉力的增加量应等于松边拉力的减小量。

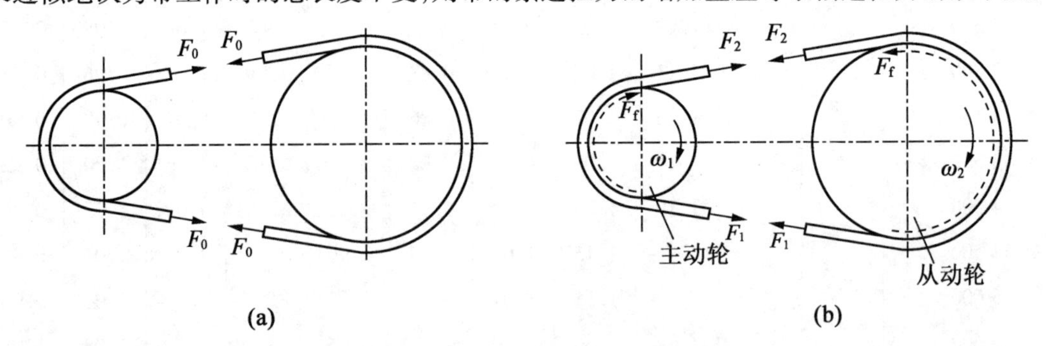

图2.6　带传动中的受力分析

带传动正常工作时有如下关系:

$$\begin{cases} F_\theta = \sum F_f = F_1 - F_2 = \dfrac{1\,000P}{v} \\ F_1 - F_0 = F_0 - F_2 \end{cases} \Rightarrow \begin{cases} F_1 = F_0 + \dfrac{F_\theta}{2} \\ F_2 = F_0 - \dfrac{F_\theta}{2} \end{cases} \tag{2.1}$$

带传动的功率为

$$P = \frac{F_\theta v}{1\,000} \tag{2.2}$$

式中　v——带速(m/s);

P——名义传动功率(kW)。

由上述分析可知,带的两边的拉力 F_1 和 F_2 的大小,取决于预紧力 F_0 和带传动的有效拉力 F_θ。在带传动的传动能力范围内,F_θ 的大小又和传动的功率 P 及带的速度有关。当传动的功率增大时,带的两边拉力的差值 $F_\theta = F_1 - F_2$ 也要相应地增大。带的两边拉力的这种变化,实际上反映了带和带轮接触面上摩擦力的变化。显然,当其他条件不变且预紧力 F_0 一定时,这个摩擦力有一极限值即最大摩擦力 $\sum F_{max}$(临界值,最大有效圆周力),当 $\sum F_{max} \geqslant F_\theta$ 时,带传动才能正常运转。若所需传递的圆周力(有效拉力)超过这一极限值,则传动带将在带轮上打滑。这个极限值就限制着带传动的传动能力。

2.2.2　带传动的最大有效拉力及其影响因素

带传动中,当带有打滑趋势时,摩擦力即达到极限值,也即带传动的有效拉力达到最大值。这时,根据理论推导,带的紧边拉力 F_1、松边拉力 F_2 与有效拉力 F_θ 的临界值、最大有效拉力 $F_{\theta c}$ 和预紧力 F_0 之间有下列关系:

$$\frac{F_1}{F_2} = e^{f\alpha} \Rightarrow F_1 = F_2 e^{f\alpha} \tag{2.3}$$

式中　f——摩擦因数(对 V 型带,f 用 f_v 代替);

α——带在带轮(一般为主动轮)上的包角(rad);

e——自然对数的底(e = 2.718…)。

小轮包角

$$\alpha_1 \approx 180° - \frac{d_{d_2} - d_{d_1}}{\alpha} \times 60° \tag{2.4}$$

大轮包角

$$\alpha_2 \approx 180° + \frac{d_{d_2} - d_{d_1}}{\alpha} \times 60° \tag{2.5}$$

式(2.3)即为柔韧体摩擦的欧拉公式。

联立 $\begin{cases} F_1 = F_0 + \dfrac{F_\theta}{2} \\ F_2 = F_0 - \dfrac{F_\theta}{2} \\ F_\theta = F_1 - F_2 \\ F_1 = F_2 e^{f\alpha} \end{cases}$

得最大有效拉力 $F_{\theta c}$

$$F_{\theta c}=F_1\left(1-\frac{1}{e^{f\alpha}}\right) \tag{2.6}$$

$$F_{\theta c}=2F_0\left(\frac{e^{f\alpha}-1}{e^{f\alpha}+1}\right) \tag{2.7}$$

由式(2.7)可知,最大有效拉力 $F_{\theta c}$与下列因素有关:

(1)预紧力 F_0。最大有效拉力 $F_{\theta c}$与 F_0 成正比。这是因为 F_0 越大,带与带轮间的正压力越大,则传动时的摩擦力就越大。但 F_0 过大时,将使带的拉力增大,磨损加剧,寿命缩短。F_0 过小时,带传动的工作能力下降,易发生打滑。

(2)包角 α。最大有效拉力 $F_{\theta c}$与 α 成正比。因为 α 越大,带与带轮接触面上所产生的总摩擦力越大,传动能力越高。由于小带轮上的包角 α_1 较小,因此带传动的最大有效拉力 $F_{\theta c}$取决于小带轮上的包角 α_1 的大小。

(3)摩擦因数 f。最大有效拉力 $F_{\theta c}$与 f 成正比。摩擦因数 f 与带及带轮的材料和表面状况、工作环境等有关。

此外,带的单位质量 q 和带速 v 对最大有效拉力 $F_{\theta c}$也有影响,带的 q、v 越大,最大有效拉力 $F_{\theta c}$越小,故高速传动时带的质量要尽可能小。

2.2.3 带的应力分析

传动带在工作过程中,会产生三种应力。

(1)拉应力 σ。

$$\begin{cases}\text{紧边的拉应力}:\sigma_1=\dfrac{F_1}{A}\\ \text{松边的拉应力}:\sigma_2=\dfrac{F_2}{A}\end{cases} \tag{2.8}$$

式中 F_1、F_2——紧边、松边拉力(N);

A——带的截面积(mm^2)。

(2)弯曲应力。

带在绕过带轮时,因弯曲而产生弯曲应力(图 2.7),弯曲应力作用在带轮段。以 V 带 σ_b 为例,由材料力学可知弯曲应力为

$$\sigma_b=E\frac{h}{d_d} \tag{2.9}$$

式中 E ——带材料的弹性模量(MPa);

d_d——带轮基准直径(mm);

h——带的高度(mm)。

由式(2.9)可知,当 h 越大、d_d 越小时,弯曲应力 σ_b就越大。故带绕在小带轮上时的弯曲应力 σ_{b_1}大于绕在大带轮上时的弯曲应力 σ_{b_2}。为了避免弯曲应力过大,带轮的基准直径就不能过小。V 带轮的最小基准直径见表 2.4。

表2.4　V带轮的最小基准直径

带型	Y	Z	SPZ	A	SPA	B	SPB	C	SPC	D	E
$d_{d_{min}}$/mm	20	50	63	75	90	125	140	200	224	355	500

(3)离心拉应力 σ_c。

带在绕过带轮时做圆周运动，从而产生离心力，并在带中引起离心拉力 F_c，从而在带中引起离心拉应力 σ_c，σ_c 作用在整个长带上，即

$$\sigma_c = \frac{F_c}{A} = \frac{qv^2}{A} \tag{2.10}$$

式中　q——V带的单位长度质量(kg/m)(表2.5)；

v——带的线速度(m/s)；

A——带的截面积(mm^2)。

表2.5　V带的单位长度质量(摘自GB/T 13575.1—2008)

带型	Y	Z SPZ	A SPA	B SPB	C SPC	D	E
$q/(kg \cdot m^{-1})$	0.023	0.060 0.072	0.105 0.112	0.170 0.192	0.300 0.370	0.630	0.970

由式(2.10)可知，带的速度对离心拉应力影响很大。离心力虽然只产生在带做圆周运动的弧段上，但由此而引起的离心拉应力却作用于传动带的全长上，且各处大小相等。离心力的存在，使传动带与带轮接触面上的正压力减小，带传动的工作能力将有所降低。

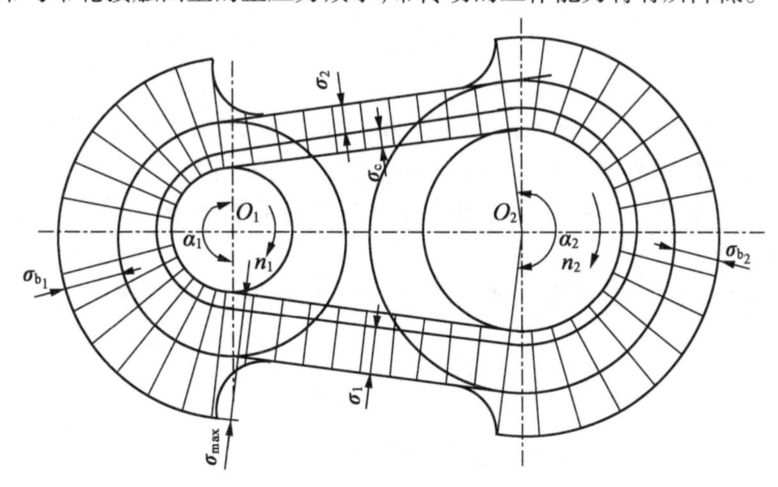

图2.7　带工作时的应力分布示意图

由上述分析可知，带传动在传递动力时，带中产生的拉应力、弯曲应力和离心拉应力，其应力分布如图2.7所示。从图2.7中可以看出，在紧边进入主动轮处带的应力最大(减速传动

时)，其值为

$$\sigma_{max} = \sigma_1 + \sigma_{b_1} + \sigma_c \tag{2.11}$$

如图 2.7 所示，带运行时，作用在带上某点的应力是随它所处位置不同而变化的，所以带是在变应力下工作的，当应力循环次数达到一定数值后，带将产生疲劳破坏。

带的疲劳寿命与应力关系曲线是非线性的，下面的实验规律可以帮助设计者理解改变传动参数对带的疲劳寿命的影响。

①当带轮直径减小 10%，带的寿命缩短将近一半。

②当传递功率提高 10%，带的寿命缩短将近一半。

③当带长减小 50%，带的寿命缩短将近一半(带的寿命与带长成正比)。

2.2.4 弹性滑动和打滑

(1)弹性滑动。

带工作时，受到拉力后要产生弹性变形。由于传动带在工作过程中紧边和松边的拉力是变化的，带所受的拉力是变化的，因此带受力后的弹性变形也是变化的。

如图 2.8 所示，当带在 b 点绕上主动轮时，带的速度 v 和主动轮的圆周速度 v_1 是相等的。但在带自 b 点转到 c 点的过程中，所受拉力由 F_1 逐渐降到 F_2，弹性伸长量也相应减小。这样带在主动轮上一面随带轮前进，一面向后收缩，因此带的速度低于主动轮的圆周速度，造成两者之间发生相对滑动。在从动轮上，情况正好相反，即带的速度 v 大于从动轮的圆周速度 v_2，两者之间也发生相对滑动。由于带传动中存在着带的弹性变形的变化，带与带轮之间有一定的相对速度，因此带与带轮间存在相对滑动。这种因弹性变形而引起的相对滑动称为带传动的弹性滑动。

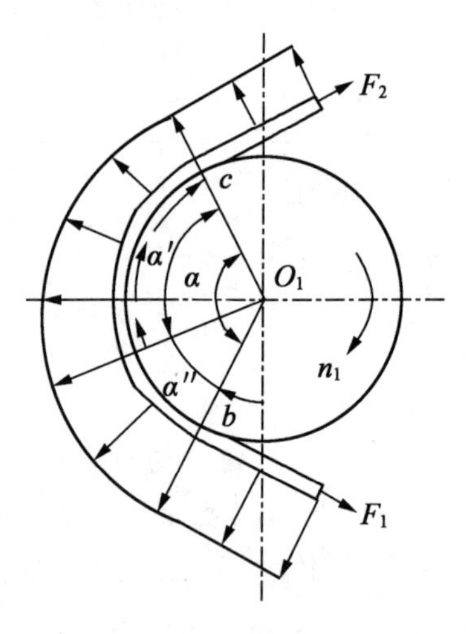

图 2.8 弹性滑动

弹性滑动是带传动中无法避免的一种正常的物理现象。弹性滑动的存在使得带与带轮间产生摩擦和磨损，带的温度升高，降低了传动效率；从动轮的圆周速度 v_2 低于主动轮的圆周速度 v_1，即产生了速度损失。同时，这种速度损失还随外载荷的变化而变化，因此带传动不能保证准确的传动比。

由于弹性滑动的影响，从动轮的圆周速度 v_2 低于主动轮的圆周速度 v_1，其降低量可用滑动率 ε 来表示

$$\varepsilon = \frac{v_1 - v_2}{v_1} \times 100\% \tag{2.12a}$$

在考虑弹性滑动的情况下，带传动的传动比为

$$i = \frac{n_1}{n_2} = \frac{d_{d_2}}{d_{d_1}(1-\varepsilon)} \tag{2.12b}$$

式中 n_1、n_2——主、从动轮的转速(r/min)；

d_{d_1}、d_{d_2}——主、从动轮的基准直径(mm)。

滑动率 ε 的值与弹性滑动的大小有关，即与带的材料和受力大小等因素有关，不能得到准确的数值，因此带传动不能获得准确的传动比。带传动的滑动率一般为1% ~2%，粗略计算时可忽略不计。

(2)打滑。

一般来说，并不是全部接触弧上都发生弹性滑动。接触弧可分成有相对滑动(滑动弧)和无相对滑动(静弧)两部分(图2.8)，两段弧所对应的重心角，分别称为滑动角 α' 和静角 α''。实践证明，静弧总是出现在带进入带轮的一侧，动弧总是发生在带离开带轮的一侧。带不传递载荷时，滑动角为零，随着载荷增加，滑动角逐渐加大而静角则在减小，当滑动角增大到包角 α 时，达到极限状态，带传动的有效拉力达最大值，带就开始打滑。打滑将造成带的严重磨损并使带的运动处于不稳定状态。对于开口传动，带在大轮上的包角总是大于其在小轮上的包角，故打滑总是先在小带轮上开始。

不能将弹性滑动和打滑混淆，打滑是由过载引起的带在带轮上的全面滑动。打滑可以避免，弹性滑动不能避免。

2.3　V带传动的设计计算

2.3.1　带传动的失效形式、设计准则及单根V带的基本额定功率

1. 带传动的失效形式、设计准则

根据带传动的工作情况分析可知，带传动的主要失效形式有带的疲劳断裂、打滑和磨损。

(1)疲劳断裂。带的任一横截面上的应力将随着带的运转而循环变化，当应力循环达到一定次数，即运行一定时间后，带在局部出现疲劳断裂脱层，随之出现疏松状态甚至断裂，从而发生疲劳断裂，丧失传动能力。

(2)打滑。当工作外载荷超过带传动的最大有效拉力时，带与小带轮沿整个工作面产生相对滑动，导致传动打滑失效。

(3)磨损。弹性滑动(不可避免)、打滑，造成带与带轮间的相对滑动，使带产生磨损。

带的打滑和疲劳断裂是最常见的失效形式。因此，带传动的设计准则是：既要在工作中充分发挥其工作能力而又不打滑，同时还要求传动带有足够的疲劳强度，以保证一定的使用寿命。

2. 单根V带的基本额定功率

单根V带所能传递的基本额定功率是指在一定预紧力作用下，带传动不发生打滑且有足够疲劳寿命时所能传递的最大功率。

(1)由疲劳强度条件得

$$\sigma_1 \leqslant [\sigma] - \sigma_{b_1} - \sigma_c \tag{2.13}$$

(2)由带传动不打滑条件得

$$F_{\theta c} = F_1\left(1 - \frac{1}{\theta^{f_v \alpha}}\right) = \sigma_1 A\left(1 - \frac{1}{\theta^{f_v \alpha}}\right) \tag{2.14}$$

故传递的临界功率为

$$P=\frac{F_{\theta c}v}{1\ 000}=\sigma_1 A\left(1-\frac{1}{\theta^{f_v\alpha}}\right)\frac{v}{1\ 000} \tag{2.15}$$

整理得单根 V 带所能传递的功率为

$$P_0=([\sigma]-\sigma_{b_1}-\sigma_c)A\left(1-\frac{1}{\theta^{f_v\alpha}}\right)\frac{v}{1\ 000} \tag{2.16}$$

(3)许用应力$[\sigma]$。由实验得出,对于一定规格、材质的传动带,特定实验条件下:在传动比$i=1$(即包角$\alpha=180°$)、特定带长、载荷平稳条件下,在$10^8\sim10^9$次的循环次数时,V 带的许用应力为

$$[\sigma]=\sqrt[m]{\frac{C}{N}}=\sqrt[11.1]{\frac{CL_d}{3\ 600jL_h v}} \tag{2.17}$$

式中 j——绕过带轮的数目;

L_h——总工作时数(h);

v——带速(m/s);

m——指数;

L_d——带的基准长度(m);

C——由实验得到的常数,取决于带的材料和结构。

如果实际工况下,包角不等于180°、胶带长度与特定带长不同时,应引入包角修正系数K_α(表2.6)和长度修正系数K_L(表2.3);如果实际工况与实验工况不同,则应引入工况系数K_A(表2.7)。在特定实验条件下,根据式(2.16)计算出的单根普通 V 带的基本额定功率P_0见表2.8。当传动比$i>1$时,由于从动轮直径大于主动轮直径,传动带绕过从动轮时所产生的弯曲应力低于绕过主动轮时所产生的弯曲应力。因此,工作能力有所提高,即单根普通 V 带有一功率增量ΔP_0,其值见表2.9。对于窄 V 带,单根 V 带所能传递的功率$(P_0+\Delta P_0)$用P_N代替,其值见表2.10。V 带轮的基准直径见表2.11。

表2.6　包角修正系数K_α

小轮包角	180°	175°	170°	165°	160°	155°	150°	145°	140°	135°	130°	125°	120°	110°	100°	90°
K_α	1	0.99	0.98	0.96	0.95	0.93	0.92	0.91	0.89	0.88	0.86	0.84	0.82	0.78	0.74	0.69

表2.7　工况系数K_A

工况		K_A					
		空、轻载启动			重载启动		
		每天工作小时数/h					
		<10	10~16	>16	<10	10~16	>16
载荷变动最小	液体搅拌机、通风机和鼓风机(≤7.5 kW)、离心式水泵和压缩机、轻载输送机	1.0	1.1	1.2	1.1	1.2	1.3

续表 2.7

工况		K_A					
		空、轻载启动			重载启动		
		每天工作小时数/h					
		<10	10~16	>16	<10	10~16	>16
载荷变动小	带式输送机(不均匀载荷)、通风机(>7.5 kW)、旋转式水泵和压缩机(非离心式)、发动机、金属切削机床、印刷机、旋转筛、锯木机和木工机械	1.1	1.2	1.3	1.2	1.3	1.4
载荷变动较大	制砖机、斗式提升机、往复式水泵和压缩机、起重机、磨粉机、冲剪机床、橡胶机械、振动筛、纺织机械、重载输送机	1.2	1.3	1.4	1.4	1.5	1.6
载荷变动很大	破碎机(旋转式、颚式等)、磨碎机(球磨、棒磨、管磨)	1.3	1.4	1.5	1.5	1.6	1.8

注:1. 空、轻载启动的原动机,如电动机(Y系列三相异步电动机、并励直流)、水轮机、汽轮机、四缸以上内燃机等

2. 重载启动的原动机,如电动机(交流同步、交流异步滑环、串励和复励直流)、四缸以下内燃机、蒸汽机等

3. 反复启动、正反转频繁、工作条件恶劣等场合,K_A 应乘以 1.2

4. 增速传动时,K_A 应乘以以下系数:

增速比:1.25~1.74　1.75~2.49　2.50~3.49　≥3.50

系数:　1.05　　　1.11　　　1.18　　　1.28

表 2.8　单根普通 V 带的基本额定功率 P_0　　kW

型号	小带轮的基准直径 d_d/mm	小带轮的转速 n_1/(r·min^{-1})															
		200	400	800	950	1 200	1 450	1 600	1 800	2 000	2 400	2 800	3 200	3 600	4 000	5 000	6 000
Z	50	0.04	0.06	0.10	0.12	0.14	0.16	0.17	0.19	0.20	0.22	0.26	0.28	0.30	0.32	0.34	0.31
	56	0.04	0.06	0.12	0.14	0.17	0.19	0.20	0.23	0.25	0.30	0.33	0.35	0.37	0.39	0.41	0.40
	63	0.05	0.08	0.15	0.18	0.22	0.25	0.27	0.30	0.32	0.37	0.41	0.45	0.47	0.49	0.50	0.48
	71	0.06	0.09	0.20	0.23	0.27	0.30	0.33	0.36	0.39	0.46	0.50	0.54	0.58	0.61	0.62	0.56
	80	0.10	0.14	0.22	0.26	0.30	0.35	0.39	0.42	0.44	0.50	0.56	0.61	0.64	0.67	0.66	0.61
	90	0.10	0.14	0.24	0.28	0.33	0.36	0.40	0.44	0.48	0.54	0.60	0.64	0.68	0.72	0.73	0.56
A	75	0.15	0.26	0.45	0.51	0.60	0.68	0.73	0.79	0.84	0.92	1.00	1.04	1.08	1.09	1.02	0.80
	90	0.22	0.39	0.68	0.77	0.93	1.07	1.15	1.25	1.34	1.50	1.64	1.75	1.83	1.87	1.82	1.50
	100	0.26	0.47	0.83	0.95	1.14	1.32	1.42	1.58	1.66	1.87	2.05	2.19	2.28	2.34	2.25	1.80
	112	0.31	0.56	1.00	1.15	1.39	1.61	1.74	1.89	2.04	2.30	2.51	2.68	2.78	2.83	2.64	1.96
	125	0.37	0.67	1.19	1.37	1.66	1.92	2.07	2.26	2.44	2.74	2.98	3.15	3.26	3.28	2.91	1.87
	140	0.43	0.78	1.41	1.62	1.96	2.28	2.45	2.66	2.87	3.22	3.48	3.65	3.72	3.67	2.99	1.37
	160	0.51	0.94	1.69	1.95	2.36	2.73	2.54	2.98	3.42	3.80	4.06	4.19	4.17	3.98	2.67	—
	180	0.59	1.09	1.97	2.27	2.74	3.16	3.40	3.67	3.93	4.32	4.54	4.58	4.40	4.00	1.81	—

续表 2.8

型号	小带轮的基准直径 d_d/mm	小带轮的转速 n_1/(r·min^{-1})															
		200	400	800	950	1 200	1 450	1 600	1 800	2 000	2 400	2 800	3 200	3 600	4 000	5 000	6 000
B	125	0.48	0.84	1.44	1.64	1.93	2.19	2.33	2.50	2.64	2.85	2.96	2.94	2.80	2.61	1.09	
	140	0.59	1.05	1.82	2.08	2.47	2.82	3.00	3.23	3.42	3.70	3.85	3.83	3.63	3.24	1.29	
	160	0.74	1.32	2.32	2.66	3.17	3.62	3.86	4.15	4.40	4.75	4.89	4.80	4.46	3.82	0.81	
	180	0.88	1.59	2.81	3.22	3.85	4.39	4.68	5.02	5.30	5.67	5.76	5.52	4.92	3.92	—	
	200	1.02	1.85	3.30	3.77	4.50	5.13	5.46	5.83	6.13	6.47	6.43	5.95	4.98	3.47	—	
	224	1.19	2.17	3.86	4.42	5.26	5.97	6.33	6.73	7.02	7.25	6.95	6.05	4.47	2.14	—	
	250	1.37	2.50	4.46	5.10	6.04	6.82	7.20	7.63	7.87	7.89	7.14	5.60	5.12	—	—	
	280	1.58	2.89	5.13	5.85	6.90	7.76	8.13	8.46	8.60	8.22	6.80	4.26	—	—	—	
C	200	1.39	2.41	4.07	4.58	5.29	5.84	6.07	6.28	6.34	6.02	5.01	3.23				
	224	1.70	2.99	5.12	5.78	6.71	7.45	7.75	8.00	8.06	7.57	6.08	3.57				
	250	2.03	3.62	6.23	7.04	8.21	9.08	9.38	9.63	9.62	8.75	6.56	2.93				
	280	2.42	4.32	7.52	8.49	9.81	10.72	11.06	11.22	11.04	9.50	6.13	—				
	315	2.84	5.14	8.09	10.05	11.53	12.46	12.72	12.67	12.14	9.43	4.16	—				
	355	3.36	6.05	10.46	11.73	13.31	14.12	14.19	13.73	12.59	7.98	—	—				
	400	3.91	7.06	12.10	13.48	15.04	15.53	15.24	14.08	11.95	4.34	—	—				
	450	4.51	8.20	13.80	15.23	16.59	16.47	15.57	13.29	9.64	—	—	—				

表 2.9 单根普通 V 带的额定功率增量 ΔP_0 kW

型号	小带轮转速 n_1 /(r·min^{-1})	传动比 i									
		1.00 ~ 1.01	1.02 ~ 1.04	1.05 ~ 1.08	1.09 ~ 1.12	1.13 ~ 1.18	1.19 ~ 1.24	1.25 ~ 1.34	1.35 ~ 1.51	1.52 ~ 1.99	≥2.0
Z	400	0.00	0.00	0.00	0.00	0.00	0.00	0.00	0.00	0.01	0.01
	730	0.00	0.00	0.00	0.00	0.00	0.00	0.01	0.01	0.01	0.02
	800	0.00	0.00	0.00	0.00	0.01	0.01	0.01	0.01	0.02	0.02
	980	0.00	0.00	0.00	0.01	0.01	0.01	0.01	0.02	0.02	0.02
	1 200	0.00	0.00	0.01	0.01	0.01	0.01	0.02	0.02	0.02	0.02
	1 460	0.00	0.00	0.01	0.01	0.01	0.02	0.02	0.02	0.02	0.03
	2 800	0.00	0.01	0.02	0.02	0.03	0.03	0.03	0.04	0.04	0.04
A	400	0.00	0.01	0.01	0.02	0.02	0.03	0.03	0.04	0.04	0.05
	730	0.00	0.01	0.02	0.03	0.04	0.05	0.06	0.07	0.08	0.09
	800	0.00	0.01	0.02	0.03	0.04	0.05	0.06	0.08	0.09	0.10
	980	0.00	0.01	0.03	0.04	0.05	0.06	0.07	0.08	0.10	0.11
	1 200	0.00	0.02	0.03	0.05	0.07	0.08	0.10	0.11	0.13	0.15
	1 460	0.00	0.02	0.04	0.06	0.08	0.09	0.11	0.13	0.15	0.17
	2 800	0.00	0.04	0.08	0.11	0.15	0.19	0.23	0.26	0.30	0.34

续表 2.9

型号	小带轮转速 n_1 /(r·min⁻¹)	传动比 i									
		1.00～1.01	1.02～1.04	1.05～1.08	1.09～1.12	1.13～1.18	1.19～1.24	1.25～1.34	1.35～1.51	1.52～1.99	≥2.0
B	400	0.00	0.01	0.03	0.04	0.06	0.07	0.08	0.10	0.11	0.13
	730	0.00	0.02	0.05	0.07	0.10	0.12	0.15	0.17	0.20	0.22
	800	0.00	0.03	0.06	0.08	0.11	0.14	0.17	0.20	0.23	0.25
	980	0.00	0.03	0.07	0.10	0.13	0.17	0.20	0.23	0.26	0.30
	1 200	0.00	0.04	0.08	0.13	0.17	0.21	0.25	0.30	0.34	0.38
	1 460	0.00	0.05	0.10	0.15	0.20	0.25	0.31	0.36	0.40	0.46
	2 800	0.00	0.10	0.20	0.29	0.39	0.49	0.59	0.69	0.79	0.89
C	400	0.00	0.04	0.08	0.12	0.16	0.20	0.23	0.27	0.31	0.35
	730	0.00	0.07	0.14	0.21	0.27	0.34	0.41	0.48	0.55	0.62
	800	0.00	0.08	0.16	0.23	0.31	0.39	0.47	0.55	0.63	0.71
	980	0.00	0.09	0.19	0.27	0.37	0.47	0.56	0.65	0.74	0.83
	1 200	0.00	0.12	0.24	0.35	0.47	0.59	0.70	0.82	0.94	1.06
	1 460	0.00	0.14	0.28	0.42	0.58	0.71	0.85	0.99	1.14	1.27
	2 800	0.00	0.27	0.55	0.82	1.10	1.37	1.64	1.92	2.19	2.47

表 2.10　单根窄 V 带传递的功率 P_N(摘自 GB/T 13575.1—2008)　　kW

型号	d_{d_1}/mm	i 或 $1/i$	小轮的转速 n_1/(r·min⁻¹)																	
			200	400	700	800	950	1 200	1 450	1 600	2 000	2 400	2 800	3 200	3 600	4 000	4 500	5 000	5 500	6 000
SPZ	63	1	0.2	0.35	0.54	0.60	0.68	0.81	0.93	1.00	1.17	1.32	1.45	1.56	1.66	1.74	1.81	1.85	1.87	1.85
		1.05	0.21	0.37	0.58	0.64	0.73	0.88	1.01	1.09	1.27	1.44	1.59	1.73	1.84	1.94	2.04	2.11	2.15	2.16
		1.2	0.22	0.39	0.61	0.68	0.78	0.94	1.08	1.17	1.38	1.57	1.74	1.89	2.03	2.15	2.27	2.37	2.43	2.47
		1.5	0.23	0.41	0.65	0.72	0.83	1.00	1.16	1.25	1.48	1.69	1.88	2.06	2.21	2.35	2.50	2.63	2.72	2.77
		≥3	0.24	0.43	0.68	0.76	0.88	1.06	1.23	1.33	1.58	1.81	2.03	2.22	2.40	2.56	2.74	2.88	3.00	3.08
	71	1	0.25	0.44	0.70	0.78	0.90	1.08	1.25	1.35	1.59	1.81	2.00	2.18	2.33	2.46	2.59	2.68	2.73	2.74
		1.05	0.26	0.46	0.74	0.82	0.95	1.14	0.32	1.43	1.69	1.93	2.15	2.34	2.51	2.67	2.82	2.94	3.02	3.05
		1.2	0.27	0.49	0.77	0.87	1.00	1.20	1.40	1.51	1.79	2.05	2.29	2.51	2.70	2.87	3.05	3.20	3.30	3.26
		1.5	0.28	0.51	0.81	0.91	1.04	1.26	1.47	1.59	1.90	2.18	2.43	2.67	2.88	3.08	3.28	3.45	3.58	3.67
		≥3	0.29	0.53	0.85	0.95	1.09	1.33	1.55	1.68	2.00	2.30	2.58	2.83	3.07	3.28	3.51	3.71	3.86	3.98

续表 2.10

型号	d_{d1}/mm	i 或 $1/i$	小轮的转速 n_1/(r · min^{-1})																	
			200	400	700	800	950	1 200	1 450	1 600	2 000	2 400	2 800	3 200	3 600	4 000	4 500	5 000	5 500	6 000
SPZ	80	1	0.31	0.55	0.88	0.99	1.14	1.38	1.60	1.73	2.05	2.34	2.61	2.85	3.06	3.24	3.42	3.56	3.64	3.66
		1.05	0.32	0.57	0.92	1.03	1.19	1.44	1.67	1.81	2.15	2.47	2.75	3.01	3.24	3.45	3.65	3.81	3.92	3.97
		1.2	0.33	0.59	0.96	1.07	1.24	1.50	1.75	1.89	2.25	2.59	2.90	3.18	3.43	3.65	3.89	4.07	4.20	4.27
		1.5	0.34	0.61	0.99	1.11	1.28	1.56	1.82	1.97	2.36	2.71	3.04	3.34	3.61	3.86	4.12	4.33	4.48	4.58
		≥3	0.35	0.64	1.03	1.15	1.33	1.62	1.90	2.06	2.46	2.84	3.18	3.51	3.80	4.06	4.35	4.58	4.77	4.89
	90	1	0.37	0.67	1.09	1.21	1.40	1.70	1.98	2.14	2.55	2.93	3.26	3.57	3.84	4.07	4.30	4.46	4.55	4.56
		1.05	0.38	0.69	1.12	1.26	1.45	1.76	2.06	2.23	2.65	3.05	3.41	3.73	4.02	4.27	4.53	4.71	4.83	4.87
		1.2	0.39	0.71	1.16	1.30	1.50	1.82	2.13	2.31	2.76	3.17	3.55	3.90	4.21	4.48	4.76	4.97	5.11	5.17
		1.5	0.4	0.74	1.19	1.34	1.55	1.88	2.20	2.39	2.86	3.30	3.70	4.06	4.39	4.68	4.99	5.23	5.39	5.48
		≥3	0.41	0.76	1.23	1.38	1.60	1.95	2.28	2.47	2.96	3.42	3.84	4.23	4.58	4.89	5.22	5.48	5.68	5.79
	100	1	0.43	0.79	1.28	1.44	1.66	2.02	2.36	2.55	3.05	3.49	3.90	4.26	4.58	4.85	5.10	5.27	5.35	5.32
		1.05	0.44	0.81	1.32	1.48	1.71	2.08	2.43	2.64	3.15	3.62	4.05	4.43	4.76	5.05	5.34	5.53	5.63	5.63
		1.2	0.45	0.83	1.35	1.52	1.76	2.14	2.51	2.72	3.25	3.74	4.19	4.59	4.95	5.26	5.57	5.73	5.92	5.94
		1.5	0.46	0.85	1.39	1.56	1.81	2.20	2.58	2.80	3.35	3.86	4.33	4.76	5.13	5.46	5.80	6.05	6.20	6.25
		≥3	0.47	0.87	1.43	1.60	1.86	2.27	2.66	2.88	3.46	3.99	4.48	4.92	5.32	5.67	6.03	6.30	6.48	6.56
	112	1	0.51	0.93	1.52	1.70	1.97	2.40	2.80	3.04	3.62	4.16	4.64	5.06	5.42	5.72	5.99	6.14	6.16	6.05
		1.05	0.52	0.95	1.55	1.74	2.02	2.46	2.88	3.12	3.73	4.28	4.78	5.23	5.61	5.92	6.22	6.40	6.45	6.36
		1.2	0.53	0.98	1.59	1.78	2.07	2.52	2.95	3.20	3.83	4.41	4.93	5.39	5.79	6.13	6.45	6.65	6.73	6.66
		1.5	0.54	1.00	1.63	1.83	2.12	2.58	3.03	3.28	3.93	4.53	5.07	5.55	5.98	6.33	6.68	6.91	7.01	6.97
		≥3	0.55	1.02	1.66	1.87	2.17	2.65	3.10	3.37	4.04	4.65	5.21	5.72	6.16	6.54	6.91	7.17	7.29	7.28
	125	1	0.59	1.09	1.77	1.91	2.30	2.80	3.28	3.55	4.24	4.85	5.40	5.88	6.27	6.58	6.83	6.92	6.84	6.57
		1.05	0.60	1.11	1.81	2.03	2.35	2.86	3.35	3.63	4.34	4.98	5.55	6.04	6.46	6.78	7.06	7.18	7.12	6.88
		1.2	0.61	1.13	1.84	2.07	2.40	2.93	3.43	3.72	4.44	5.10	5.69	6.21	6.64	6.99	7.29	7.44	7.41	7.19
		1.5	0.62	1.15	1.88	2.11	2.45	2.99	3.50	3.80	4.54	5.22	5.83	6.37	6.83	7.19	7.52	7.69	7.69	7.50
		≥3	0.63	1.17	1.91	2.15	2.50	3.05	3.58	3.88	4.65	5.35	5.98	6.53	7.01	7.40	7.75	7.95	7.97	7.81
	140	1	0.68	1.26	2.06	2.31	2.68	3.26	3.82	4.13	4.92	5.63	6.24	6.75	7.16	7.45	7.64	7.60	7.34	6.81
		1.05	0.69	1.28	2.09	2.35	2.73	3.32	3.89	4.21	5.02	5.75	6.38	6.92	7.35	7.66	7.87	7.86	7.62	7.12
		1.2	0.70	1.30	2.13	2.39	2.77	3.39	3.96	4.30	5.13	5.87	6.53	7.08	7.53	7.86	8.10	8.12	7.90	7.43
		1.5	0.71	1.32	2.17	2.43	2.82	3.45	4.04	4.38	5.23	6.00	6.67	7.25	7.72	8.07	8.33	8.37	8.18	7.74
		≥3	0.72	1.34	2.20	2.47	2.87	3.51	4.11	4.46	5.33	6.12	6.81	7.41	7.90	8.27	8.56	8.63	8.47	8.04

续表 2.10

型号	d_{d_1}/mm	i 或 $1/i$	小轮的转速 n_1/(r·min^{-1})																	
			200	400	700	800	950	1 200	1 450	1 600	2 000	2 400	2 800	3 200	3 600	4 000	4 500	5 000	5 500	6 000
SPZ	160	1	0.80	1.49	2.44	2.73	3.17	3.86	4.51	4.88	5.80	6.60	7.27	7.81	8.19	8.40	8.41	8.11	7.47	6.45
		1.05	0.81	1.51	2.47	2.78	3.22	3.92	4.59	4.97	5.90	6.72	7.42	7.97	8.37	8.61	8.64	8.37	7.75	6.76
		1.2	0.83	1.53	2.51	2.82	3.27	3.98	4.66	5.05	6.00	6.84	7.56	8.13	8.56	8.81	8.88	8.62	8.03	7.07
		1.5	0.83	1.55	2.54	2.86	3.32	4.05	4.74	5.13	6.11	6.97	7.70	8.30	8.74	9.02	9.11	8.88	8.31	7.37
		≥3	0.84	1.57	2.58	2.90	3.37	4.11	4.81	5.21	6.21	7.09	7.85	8.46	8.93	9.22	9.34	9.14	8.60	7.68
	180	1	0.92	1.71	2.81	3.15	3.65	4.45	5.19	5.61	6.63	7.50	8.20	8.71	9.01	9.08	8.81	8.11	6.93	5.22
		1.05	0.93	1.74	2.84	3.19	3.70	4.51	5.26	5.69	6.74	7.63	8.35	8.88	9.20	9.29	9.04	8.36	7.21	5.53
		1.2	0.94	1.76	2.88	3.23	3.75	4.57	5.34	5.77	6.84	7.75	8.49	9.04	9.38	9.49	9.28	8.62	7.49	5.84
		1.5	0.95	1.78	2.92	3.28	3.80	4.63	5.41	5.86	6.94	7.87	8.63	9.21	9.57	9.70	9.51	8.88	7.77	6.15
		≥3	0.96	1.80	2.95	3.32	3.85	4.69	5.49	5.94	7.04	8.00	8.78	9.27	9.75	9.90	9.74	9.14	8.06	6.45
SPA	90	1	0.43	0.75	1.17	1.30	1.48	1.76	2.02	2.16	2.49	2.77	3.00	3.16	3.26	3.29	3.24	3.07	2.77	2.34
		1.05	0.45	0.80	1.25	1.39	1.59	1.90	2.18	2.34	2.72	3.05	3.32	3.53	3.67	3.76	3.76	3.64	3.40	3.03
		1.2	0.47	0.85	1.34	1.49	1.70	2.04	2.35	2.53	2.96	3.33	3.64	3.90	4.09	4.22	4.28	4.22	4.04	3.72
		1.5	0.50	0.89	1.42	1.58	1.81	2.18	2.52	2.71	3.19	3.60	3.96	4.27	4.50	4.68	4.80	4.80	4.67	4.41
		≥3	0.52	0.94	1.5	1.67	1.92	2.32	2.69	2.90	3.42	3.88	4.29	4.63	4.92	5.14	5.30	5.37	5.31	5.10
	100	1	0.53	0.94	1.49	1.65	1.89	2.27	2.61	2.80	3.27	3.67	3.99	4.25	4.42	4.50	4.42	4.31	3.97	3.46
		1.05	0.55	0.99	1.57	1.75	2.00	2.41	2.78	2.99	3.50	3.94	4.32	4.61	4.83	4.96	5.00	4.89	4.61	4.15
		1.2	0.57	1.03	1.65	1.84	2.11	2.54	2.95	3.17	3.73	4.22	4.64	4.98	5.25	5.43	5.52	5.46	5.24	4.84
		1.5	0.60	1.08	1.73	1.93	2.22	2.68	3.11	3.36	3.96	4.50	4.96	5.35	5.66	5.89	6.04	6.04	5.88	5.53
		≥3	0.62	1.13	1.81	2.02	2.33	2.82	3.28	3.54	4.19	4.78	5.29	5.72	6.08	6.35	6.56	6.56	6.51	6.22
	112	1	0.64	1.16	1.86	2.07	2.38	2.86	3.31	3.57	4.18	4.71	5.15	5.49	5.72	5.85	5.83	5.61	5.16	4.47
		1.05	0.67	1.21	1.94	2.16	2.49	3.00	3.48	3.75	4.41	4.99	5.47	5.86	6.14	6.31	6.35	6.18	5.80	5.17
		1.2	0.69	1.26	2.02	2.26	2.60	3.14	3.65	3.94	4.64	5.27	5.79	6.23	6.55	6.77	6.87	6.76	6.43	5.86
		1.5	0.71	1.30	2.10	2.35	2.71	3.28	3.82	4.12	4.87	5.54	6.12	6.60	6.97	7.23	7.39	7.34	7.06	6.55
		≥3	0.74	1.35	2.18	2.44	2.82	3.42	3.98	4.30	5.11	5.82	6.44	6.96	7.38	7.69	7.91	7.91	7.70	7.24
	125	1	0.77	1.40	2.25	2.52	2.90	3.50	4.06	4.38	5.15	5.80	6.34	6.76	7.03	7.16	7.09	6.75	6.11	5.14
		1.05	0.79	1.45	2.33	2.61	3.01	3.64	4.23	4.56	5.38	6.08	6.67	7.13	7.45	7.62	7.61	7.33	6.74	5.00
		1.2	0.82	1.50	2.42	2.70	3.12	3.78	4.40	4.73	5.61	6.36	6.99	7.49	7.36	9.08	8.13	7.9	7.37	6.52
		1.5	0.84	1.54	2.50	2.80	3.23	3.92	4.56	4.93	5.84	6.63	7.31	7.86	8.28	8.54	8.65	8.48	8.01	7.21
		≥3	0.86	1.59	2.58	2.89	3.34	4.06	4.73	5.12	6.07	6.91	7.63	8.23	8.69	9.01	9.17	9.06	8.64	7.91

续表 2.10

型号	d_{d1}/mm	i 或 $1/i$	小轮的转速 n_1/(r·min^{-1})																	
			200	400	700	800	950	1 200	1 450	1 600	2 000	2 400	2 800	3 200	3 600	4 000	4 500	5 000	5 500	6 000
SPA	140	1	0.92	1.66	2.71	3.03	3.49	4.23	4.91	5.29	6.22	7.01	7.64	8.11	8.39	8.48	8.27	7.69	6.71	5.28
		1.05	0.94	1.72	2.79	3.12	3.60	4.37	5.07	5.48	6.45	7.29	7.97	8.48	8.81	8.94	8.79	8.27	7.34	5.97
		1.2	0.96	1.77	2.87	3.21	3.71	4.50	5.24	5.66	6.68	7.56	8.29	8.85	9.22	9.40	9.31	8.85	7.98	6.66
		1.5	0.99	1.82	2.95	3.31	3.82	4.64	5.41	5.84	6.91	7.84	8.61	9.22	9.64	9.85	9.83	9.42	8.61	7.35
		≥3	1.01	1.86	3.03	3.40	3.93	4.78	5.58	6.03	7.14	8.12	8.94	9.59	10.05	10.32	10.35	10.00	9.25	8.05
	160	1	1.11	2.04	3.30	3.70	4.27	5.17	6.01	6.47	7.60	8.53	9.24	9.72	9.94	9.87	9.34	8.28	6.62	4.31
		1.05	1.13	2.08	3.38	3.79	4.38	5.31	6.17	6.66	7.83	8.80	9.57	10.09	10.35	10.33	9.85	8.85	7.25	5.00
		1.2	1.15	2.13	3.46	3.88	4.49	5.45	6.34	6.84	8.06	9.08	9.89	10.46	10.77	10.79	10.38	9.43	7.88	5.70
		1.5	1.18	2.18	3.55	3.98	4.60	5.59	6.51	7.03	8.29	9.36	10.21	10.83	11.18	11.25	10.90	10.01	8.52	6.39
		≥3	1.20	2.22	3.63	4.07	4.71	5.73	6.68	7.21	8.52	9.63	10.53	11.20	11.60	11.72	11.42	10.58	9.15	7.08
	180	1	1.30	2.39	3.89	4.36	5.04	6.10	7.07	7.62	8.90	9.93	10.67	11.09	11.15	10.81	9.78	7.99	6.33	1.83
		1.05	1.32	2.44	3.97	4.45	5.15	6.23	7.24	7.80	9.13	10.21	11.00	11.46	11.56	11.27	10.29	8.57	6.02	2.57
		1.2	1.34	2.49	4.05	4.54	5.25	6.37	7.41	7.99	9.37	10.49	11.32	11.83	11.98	11.73	10.31	9.15	6.65	3.26
		1.5	1.37	2.53	4.13	4.64	5.36	6.51	7.57	8.17	9.60	10.76	11.64	12.20	12.39	12.19	11.33	9.72	7.29	3.95
		≥3	1.39	2.58	4.21	4.73	5.47	6.65	7.74	8.35	9.83	11.04	11.96	12.56	12.81	12.65	11.85	10.3	7.92	4.64
	200	1	1.49	2.75	4.47	5.01	5.79	7.00	8.10	8.72	10.13	11.22	11.92	12.19	11.98	11.25	9.50	6.75	2.89	
		1.05	1.51	2.79	4.55	5.10	5.89	7.14	8.27	8.90	10.37	11.49	12.24	12.56	12.40	11.71	10.02	7.33	3.52	
		1.2	1.53	2.84	4.63	5.19	6.00	7.27	8.44	9.08	10.60	11.77	12.56	12.93	12.81	12.17	10.54	7.91	4.16	
		1.5	1.55	2.89	4.71	5.29	6.11	7.41	8.61	9.27	10.83	12.05	12.89	13.30	13.23	12.63	11.06	8.43	4.79	
		≥3	1.58	2.93	4.79	5.38	6.22	7.55	8.77	9.45	11.06	12.32	13.21	13.67	13.64	13.09	11.58	9.06	5.43	
	224	1	1.71	3.17	5.16	5.77	6.67	8.05	9.30	9.97	11.51	12.59	13.15	13.13	12.45	11.04	8.15	3.87		
		1.05	1.73	3.21	5.24	5.87	6.78	8.19	9.46	10.16	11.74	12.86	13.47	13.49	12.86	11.50	8.67	4.44		
		1.2	1.75	3.26	5.32	5.96	6.89	8.33	9.63	10.34	11.97	13.14	13.79	13.86	13.28	11.96	9.19	5.02		
		1.5	1.78	3.30	5.40	6.05	6.99	8.46	9.70	10.53	12.20	13.42	14.12	14.23	13.69	12.42	9.71	5.60		
		≥3	1.80	3.35	5.48	6.14	7.10	8.60	9.96	10.71	12.43	13.69	14.44	14.60	14.11	12.89	10.23	6.17		
	250	1	1.95	3.62	5.88	6.59	7.60	9.15	10.53	11.26	12.85	13.84	14.13	13.62	12.22	9.83	5.29			
		1.05	1.97	3.66	5.97	6.68	7.71	9.29	10.69	11.44	13.08	14.12	14.45	13.99	12.64	10.29	5.81			
		1.2	1.99	3.71	6.05	6.77	7.82	9.43	10.86	11.63	13.31	14.39	14.77	14.36	13.05	10.75	6.33			
		1.5	2.02	3.75	6.13	6.87	7.93	9.56	11.03	11.81	13.54	14.67	15.1	14.73	13.47	11.21	6.85			
		≥3	2.04	3.80	6.21	6.96	8.04	9.70	11.19	12.00	13.77	14.95	15.42	15.10	13.83	11.67	7.36			

续表2.10

型号	d_{d_1}/mm	i或$1/i$	小轮的转速n_1/(r·min^{-1})																
			200	400	700	800	950	1 200	1 450	1 600	1 800	2 000	2 200	2 400	2 800	3 200	3 600	4 000	4 500
SPB	140	1	1.08	1.92	3.02	3.35	3.83	4.55	5.19	5.54	5.95	6.31	6.62	6.86	7.15	7.17	6.89	6.23	5.00
		1.05	1.12	2.02	3.19	3.55	4.06	4.84	5.55	5.93	6.39	6.80	7.15	7.44	7.84	7.95	7.77	7.25	6.10
		1.2	1.17	2.12	3.35	3.74	4.29	5.14	5.90	6.32	6.83	7.29	7.69	8.03	8.52	8.73	8.65	8.23	7.20
		1.5	1.22	2.21	3.53	3.94	4.52	5.43	6.25	6.71	7.27	7.70	8.23	8.61	9.20	9.51	9.52	9.80	8.30
		≥3	1.27	2.31	3.70	4.13	4.76	5.72	6.61	7.40	7.71	8.26	8.76	9.20	9.89	10.29	10.40	10.18	9.39
	160	1	1.37	2.47	3.92	4.37	5.01	5.98	6.86	7.33	7.89	8.38	8.80	9.13	9.52	9.53	9.10	8.21	6.36
		1.05	1.41	2.57	4.10	4.57	5.24	6.28	7.21	7.72	8.33	8.87	9.33	9.71	10.2	10.31	9.98	9.18	7.45
		1.2	1.46	2.66	4.27	4.76	5.17	6.57	7.56	8.11	8.77	9.36	9.87	10.30	10.89	11.09	10.86	10.16	8.55
		1.5	1.51	2.76	4.44	4.96	5.70	6.86	7.92	8.50	9.1	9.85	10.41	10.88	11.57	11.87	11.74	11.13	9.65
		≥3	1.56	2.86	4.61	5.15	5.93	7.15	8.27	8.89	9.65	10.33	10.94	11.47	12.25	12.65	12.61	12.11	10.75
	180	1	1.65	3.01	4.82	5.37	6.16	7.38	8.46	9.05	9.74	10.34	10.83	11.21	11.62	11.49	10.77	9.40	6.68
		1.05	1.70	3.11	4.99	5.57	6.40	7.67	8.82	9.44	10.18	20.83	11.37	11.80	12.30	12.27	11.65	10.37	7.77
		1.2	1.75	3.20	5.16	5.76	6.63	7.97	9.17	9.83	10.62	11.32	11.91	12.93	12.98	13.05	12.52	11.35	8.87
		1.5	1.80	3.30	5.83	5.96	6.86	8.26	9.53	10.22	11.06	11.80	12.44	12.97	13.66	13.83	13.40	12.32	9.97
		≥3	1.85	3.40	5.50	6.15	7.09	8.55	9.88	10.61	11.50	12.29	12.98	13.56	14.35	14.61	14.28	13.30	11.07
	200	1	1.94	3.54	5.69	6.35	7.30	8.74	10.02	10.70	11.50	12.18	12.72	13.11	13.41	13.01	11.83	9.77	5.85
		1.05	1.99	3.64	5.86	6.55	7.53	9.04	10.37	11.09	11.94	12.67	13.25	13.69	14.10	13.79	12.71	10.75	6.95
		1.2	2.03	3.74	6.03	6.75	7.76	9.33	10.73	11.48	12.38	13.15	13.79	14.28	14.78	14.57	13.69	11.72	8.04
		1.5	2.08	3.84	6.21	6.94	7.99	9.52	11.03	11.87	12.82	13.64	11.33	14.86	15.46	15.36	14.46	12.70	9.14
		≥3	2.13	3.93	6.38	7.14	8.23	9.91	11.43	12.26	13.26	14.13	14.86	15.45	16.14	16.14	15.34	13.68	10.24
	224	1	2.28	4.18	6.73	7.52	8.63	10.33	11.81	12.59	13.49	14.31	14.76	15.10	15.14	14.22	12.23	9.04	3.18
		1.05	2.32	4.28	6.90	7.71	8.86	10.62	12.17	12.98	13.93	14.70	15.29	15.69	15.83	15.00	13.11	10.01	4.28
		1.2	2.37	4.37	7.07	7.91	9.10	10.92	12.58	13.37	14.37	15.19	15.83	16.27	16.51	15.78	13.98	10.99	5.38
		1.5	2.42	4.47	7.24	8.10	9.33	11.21	12.87	13.76	14.80	15.68	16.37	16.86	17.19	16.57	14.86	11.96	6.47
		≥3	2.47	4.57	7.41	8.30	9.56	11.50	13.23	14.15	15.24	16.16	16.90	17.44	17.87	17.35	15.74	12.94	7.57
	250	1	2.64	4.86	7.84	8.75	10.04	11.99	13.66	14.51	15.47	16.19	16.68	16.89	16.44	14.69	11.48	6.63	
		1.05	2.69	4.96	8.01	8.94	10.27	12.28	14.01	14.90	15.91	16.68	17.21	17.47	17.13	15.47	12.36	7.61	
		1.2	2.74	5.05	8.18	9.14	10.50	12.57	14.37	15.29	16.35	17.17	17.75	18.06	17.81	16.25	13.23	8.58	
		1.5	2.79	5.15	8.35	9.33	10.74	12.87	14.72	15.68	16.78	17.66	18.28	18.65	18.49	17.03	14.11	9.55	
		≥3	2.83	5.25	8.52	9.53	10.97	13.16	15.07	16.07	17.22	18.15	18.82	19.23	19.17	17.81	14.99	10.53	

续表 2.10

型号	d_{d1}/mm	i 或 $1/i$	小轮的转速 n_1/(r·min^{-1})																
			200	400	700	800	950	1 200	1 450	1 600	1 800	2 000	2 200	2 400	2 800	3 200	3 600	4 000	4 500
SPB	280	1	3.05	5.63	9.09	10.14	11.62	13.82	15.65	16.56	17.52	18.17	18.48	18.43	17.13	14.04	8.92	1.55	
		1.05	3.10	5.73	9.26	10.33	11.85	14.11	16.01	16.95	17.96	18.65	19.01	19.01	17.81	14.82	9.80	2.53	
		1.2	3.15	5.83	9.43	10.53	12.08	14.41	16.36	17.34	18.39	19.14	19.55	19.60	18.49	15.60	10.68	3.50	
		1.5	3.20	5.93	9.6	10.72	12.32	14.70	16.72	17.73	18.83	19.63	20.09	20.18	19.18	16.38	11.56	4.48	
		≥3	3.25	6.02	9.77	10.92	12.55	14.99	17.01	18.12	19.27	20.12	20.62	20.77	19.86	17.16	12.43	5.45	
	315	1	3.53	6.53	10.51	11.71	13.40	15.84	17.79	18.70	19.55	20.00	19.97	19.44	16.71	11.47	3.40		
		1.05	3.58	6.62	10.68	11.91	13.68	16.13	18.15	19.09	20.00	20.49	20.51	20.03	17.39	12.25	4.28		
		1.2	3.63	6.72	10.85	12.11	13.86	16.43	18.50	19.48	20.44	20.97	21.05	20.61	18.07	13.03	5.06		
		1.5	3.68	6.82	11.02	12.30	14.09	16.72	18.85	19.87	20.88	21.46	21.58	21.20	18.76	13.81	6.04		
		≥3	3.73	6.92	11.19	12.50	14.38	17.01	19.21	20.26	21.32	21.95	22.12	21.78	19.44	14.59	6.91		
	355	1	4.08	7.53	12.10	13.46	15.33	17.99	19.96	20.78	21.39	21.42	20.79	19.46	14.45	5.91			
		1.05	4.18	7.63	12.27	13.65	15.57	18.28	20.31	21.17	21.83	21.91	21.33	20.05	15.13	6.69			
		1.2	4.17	7.73	12.44	13.85	15.80	18.57	20.67	21.56	22.27	22.39	21.87	20.63	15.81	7.47			
		1.5	4.22	7.82	12.61	14.04	16.03	18.86	21.02	21.95	22.71	22.88	22.40	21.22	16.50	8.85			
		≥3	4.27	7.92	12.78	14.24	16.26	19.16	21.37	22.34	23.15	23.37	22.94	21.80	17.18	9.03			
	400	1	4.68	8.64	13.82	15.34	17.39	20.17	22.02	22.62	22.76	22.07	20.46	17.87	9.37				
		1.05	4.73	8.74	13.99	15.53	17.62	20.46	22.37	23.01	23.19	22.55	21.00	18.46	10.05				
		1.2	4.78	8.84	14.16	15.73	17.85	20.75	22.72	23.40	23.63	23.04	21.54	19.04	10.74				
		1.5	4.83	8.94	14.33	15.92	18.09	21.05	23.08	23.79	24.07	23.53	22.07	19.63	11.42				
		≥3	4.87	9.03	14.50	16.12	18.32	21.34	23.43	24.18	24.51	24.02	22.61	20.21	12.10				

型号	d_{d1}/mm	i 或 $1/i$	小轮的转速 n_1/(r·min^{-1})																
			200	300	400	500	600	700	800	950	1 200	1 450	1 600	1 800	2 000	2 200	2 400	2 800	3 200
SPC	224	1	2.90	4.08	5.19	6.23	7.21	8.13	8.99	10.19	11.89	13.22	13.81	14.35	14.58	14.47	14.01	11.89	8.01
		1.05	3.02	4.26	5.43	6.53	7.57	8.55	9.47	10.76	12.61	14.09	14.77	15.43	15.78	15.79	15.44	13.57	9.93
		1.2	3.14	4.44	5.67	6.83	7.92	8.97	9.95	11.33	13.33	14.95	15.73	16.51	16.98	17.11	16.88	15.25	11.85
		1.5	3.26	4.62	5.91	7.13	8.28	9.39	10.43	11.90	14.05	15.82	16.69	17.59	18.17	18.43	18.32	16.92	13.77
		≥3	3.38	4.80	6.15	7.43	8.64	9.81	10.91	12.47	14.77	16.69	17.65	18.66	19.37	19.75	19.75	18.60	15.68

续表 2.10

型号	d_{d_1}/mm	i 或 $1/i$	小轮的转速 n_1/(r · min^{-1})																
			200	300	400	500	600	700	800	950	1 200	1 450	1 600	1 800	2 000	2 200	2 400	2 800	3 200
SPC	224	1	3.50	4.95	6.31	7.60	8.81	9.95	11.02	12.51	14.61	16.21	16.52	17.52	17.70	17.44	16.69	13.60	8.12
		1.05	3.62	5.13	6.55	7.89	9.17	10.37	11.50	13.07	15.33	17.08	17.88	18.59	18.90	18.76	18.13	15.28	10.04
		1.2	3.74	5.31	6.79	8.19	9.53	10.79	11.98	13.64	16.05	17.95	18.83	19.67	20.10	20.08	19.57	16.96	11.96
		1.5	3.86	5.49	7.03	8.49	9.89	11.21	12.46	14.21	16.77	18.82	19.79	20.75	21.30	21.40	21.01	18.64	13.88
		≥3	3.98	5.67	7.27	8.79	10.25	11.63	12.94	14.78	17.49	19.69	20.75	21.83	22.50	22.72	22.45	20.32	15.80
	250	1	3.50	4.95	6.31	7.60	8.81	9.95	11.02	12.51	14.61	16.21	16.52	17.52	17.70	17.44	16.69	13.60	8.12
		1.05	3.62	5.13	6.55	7.89	9.17	10.37	11.50	13.07	15.33	17.08	17.88	18.59	18.90	18.76	18.13	15.28	10.04
		1.2	3.74	5.31	6.79	8.19	9.53	10.79	11.98	13.64	16.05	17.95	18.83	19.67	20.10	20.08	19.57	16.96	11.96
		1.5	3.86	5.49	7.03	8.49	9.89	11.21	12.46	14.21	16.77	18.82	19.79	20.75	21.30	21.40	21.01	18.64	13.88
		≥3	3.98	5.67	7.27	8.79	10.25	11.63	12.94	14.78	17.49	19.69	20.75	21.83	22.50	22.72	22.45	20.32	15.80
	280	1	4.18	5.94	7.59	9.15	10.62	12.01	13.31	15.10	17.60	19.44	20.20	20.75	20.75	20.13	18.86	14.11	6.10
		1.05	4.30	6.12	7.83	9.45	10.98	12.43	13.79	15.67	18.32	20.31	21.16	21.83	21.95	21.45	20.30	15.79	8.02
		1.2	4.42	6.30	8.07	9.75	11.34	12.85	14.27	16.24	19.04	21.18	22.12	22.91	23.15	22.77	21.73	17.47	9.93
		1.5	4.54	6.48	8.31	10.05	11.70	13.27	14.75	16.81	19.76	22.05	23.07	23.99	24.34	24.09	23.17	19.15	11.85
		≥3	4.66	6.66	8.55	10.35	12.06	13.69	15.23	17.38	20.48	22.92	24.03	25.07	25.54	25.41	24.61	20.83	13.77
	315	1	4.97	7.08	9.07	10.94	12.70	14.36	15.90	18.01	20.88	22.87	23.58	23.91	23.47	22.18	19.98	12.53	
		1.05	5.09	7.26	9.31	11.24	13.06	14.78	16.38	18.58	21.60	23.74	24.54	24.99	24.67	23.50	21.42	14.20	
		1.2	5.21	7.44	9.55	11.54	13.42	15.20	16.86	19.15	22.32	24.60	25.50	26.07	25.87	24.82	32.86	15.88	
		1.5	5.33	7.62	9.79	11.84	13.73	15.62	17.34	19.72	23.04	25.47	26.46	24.15	27.07	26.14	24.30	17.56	
		≥3	5.45	7.80	10.03	12.14	14.14	16.04	17.82	20.29	23.76	26.34	27.42	28.23	28.26	27.46	25.74	19.24	
	355	1	5.87	8.37	10.72	12.94	15.02	16.96	18.76	21.17	24.34	26.29	26.80	26.62	25.37	22.94	19.22		
		1.05	5.99	8.55	10.96	13.24	15.38	17.38	19.24	21.74	25.06	27.16	27.76	27.70	26.57	24.26	20.66		
		1.2	6.11	8.73	11.20	13.54	15.74	17.80	19.72	22.31	25.78	28.03	28.72	28.78	27.77	25.58	22.10		
		1.5	6.23	8.91	11.44	13.84	16.10	28.22	20.20	22.88	26.50	28.90	29.68	29.86	28.97	26.90	23.54		
		≥3	6.35	9.09	11.68	14.14	16.46	18.64	20.68	23.45	27.22	29.77	30.64	30.94	30.17	28.22	24.98		
	400	1	6.86	9.80	12.56	15.15	17.56	19.79	21.84	24.52	27.83	29.46	29.53	28.42	25.80	21.54	15.48		
		1.05	6.98	9.98	12.80	15.45	17.92	20.21	22.32	25.09	28.55	30.33	30.49	29.50	27.01	22.86	16.91		
		1.2	7.10	10.16	13.04	15.75	18.28	20.63	22.80	25.66	29.27	31.20	31.45	30.58	28.21	24.18	18.35		
		1.5	7.22	10.34	13.28	16.04	18.64	21.05	23.28	26.23	29.99	32.07	32.41	31.66	29.41	25.50	19.79		
		≥3	7.34	10.52	13.52	16.34	19.00	21.47	23.76	26.80	30.70	32.94	33.37	32.74	30.60	26.82	21.23		

续表 2.10

型号	d_{d_1}/mm	i或$1/i$	小轮的转速 $n_1/(r \cdot min^{-1})$																
			200	300	400	500	600	700	800	950	1 200	1 450	1 600	1 800	2 000	2 200	2 400	2 800	3 200
SPC	500	1	9.04	12.91	16.52	19.86	22.92	25.67	28.09	31.04	33.85	33.58	31.70	26.94	19.35				
		1.05	9.16	13.09	16.76	20.16	23.28	26.09	28.57	31.61	34.57	34.45	32.66	28.02	20.54				
		1.2	9.28	13.27	17.00	20.46	23.64	26.51	29.05	32.18	35.29	35.31	33.62	29.10	21.74				
		1.5	9.40	13.45	17.24	20.76	24.00	26.93	29.53	32.75	36.01	36.18	34.57	30.18	22.94				
		≥3	9.52	13.63	17.48	21.06	24.35	27.35	30.01	33.32	36.73	37.05	35.53	31.26	24.14				
		1	10.32	14.74	18.82	22.56	25.93	28.90	31.43	34.29	36.18	33.83	30.05	21.90					
	560	1.05	10.44	14.92	19.06	22.86	26.29	29.32	31.91	34.86	36.90	34.70	31.01	22.98					
		1.2	10.56	15.09	19.30	23.16	26.65	29.74	32.39	35.43	37.62	35.57	31.97	24.05					
		1.5	10.68	15.27	19.54	23.46	27.01	30.16	32.87	36.00	38.34	36.44	32.93	25.14					
		≥3	10.80	15.45	19.78	23.76	27.37	30.58	33.35	36.57	39.06	37.31	33.89	26.22					
	630	1	11.80	16.82	21.42	25.56	29.25	32.37	34.88	37.37	37.52	31.74	24.90						
		1.05	11.92	17.22	21.66	25.88	29.61	32.79	35.36	37.94	38.24	32.61	25.92						
		1.2	12.04	17.18	21.90	26.18	29.96	33.21	35.84	38.51	38.96	33.48	26.88						
		1.5	12.16	17.36	22.14	26.48	30.32	33.63	36.32	39.07	39.68	34.35	27.84						
		≥3	12.28	17.54	22.38	26.78	30.68	34.04	36.80	39.64	40.40	35.22	28.79						

注:表中带黑框的速度为电动机的负荷转速

表 2.11 V带轮的基准直径(摘自 GB/T13575.1—2008) mm

d_d	槽型						
	Y	Z SPZ	A SPA	B SPB	C SPC	D	E
50	+	+					
56	+	+					
63		·					
71		·					
75		·	+				
80	+	·	+				
85			+	·			
90	+	·	·				
95			·				
100	+	·	·				

续表 2.11

d_d	槽型						
	Y	Z SPZ	A SPA	B SPB	C SPC	D	E
106			·				
112	+		·				
118			·				
125	+	·	·	+			
132		·	·	+			
140		·	·	·			
150		·	·	·			
160		·	·	·			
170				·			
180		·	·	·			
200		·	·	·	+		
212					+		
224		·	·	·	·		
236					·		
250		·	·	·	·		
265					·		
280		·	·	·	·		
300					·		
315		·	·	·	·		
335					·		
355		·	·	·	·	+	
375						+	
400		·	·	·	·	+	
425						+	
450			·	·	·	+	
475						+	
500		·	·	·	·	+	+

注:1. 表中带“ + ”符号的尺寸只适用于普通 V 带

2. 表中带“ · ”符号的尺寸同时适用于普通 V 带和窄 V 带

3. 不推荐使用表中未注符号的尺寸

2.3.2 设计计算和参数选择

1. 设计数据、设计内容

设计V带传动一般已知的条件是:①传动的用途、工作情况和原动机类型。②传递的功率P。③大、小带轮的转速n_2和n_1。④对传动的尺寸要求等。

设计计算的主要内容是确定:①V带的型号、长度和根数。②中心距。③带轮基准直径及结构尺寸。④作用在轴上的压力等。

2. 设计方法及参数选择

(1)确定计算功率。

$$P_d = K_A P \tag{2.18}$$

式中 P——传递的额定功率(kW);

K_A——工况系数(表2.7)。

(2)选择V带型号。根据计算功率P_d和小带轮转速n_1,由图2.9或图2.10选择V带型号。当在两种型号的交线附近时,可以对两种型号同时计算,最后选择较好的一种。

(3)确定带轮基准直径d_{d_1}和d_{d_2}。为了减小带的弯曲应力,应采用较大的带轮直径,但会使传动的轮廓尺寸增大。一般取$d_{d_1} \geq d_{d_{min}}$(表2.4),比规定的最小基准直径略大些。大带轮基准直径可按式(2.19a)计算。大、小带轮直径一般均按带轮基准直径圆整(表2.11),仅当传动比要求较精确时,才考虑滑动率ε(取ε)来计算大带轮直径,这时d_{d_2}可不按表2.11圆整,而按式(2.19b)计算。

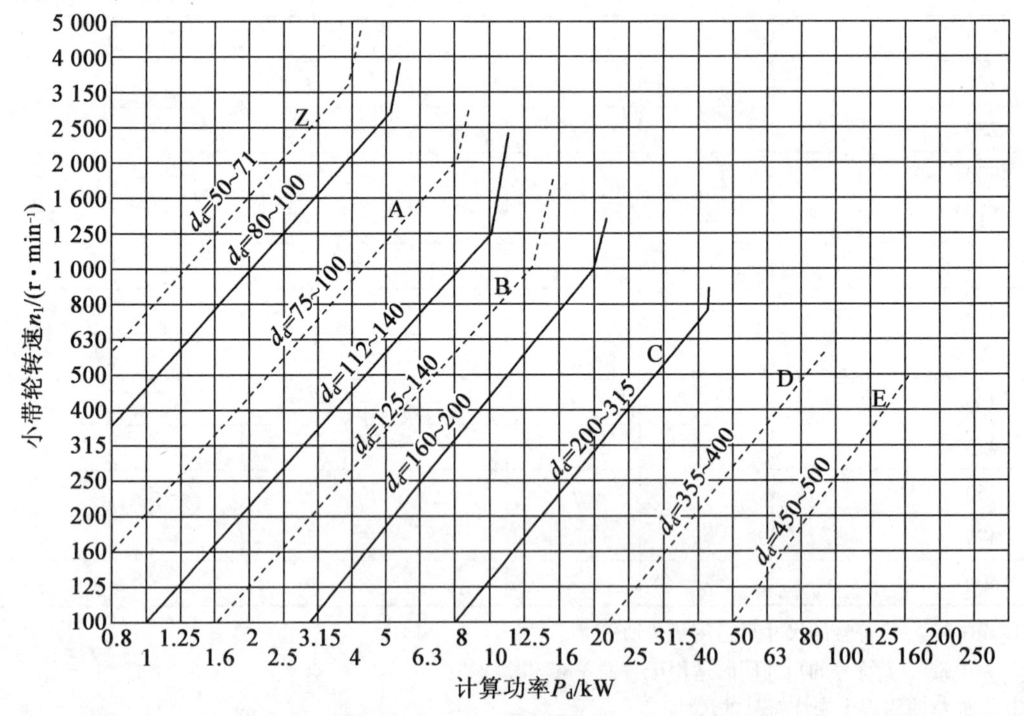

图2.9 普通V带选型图

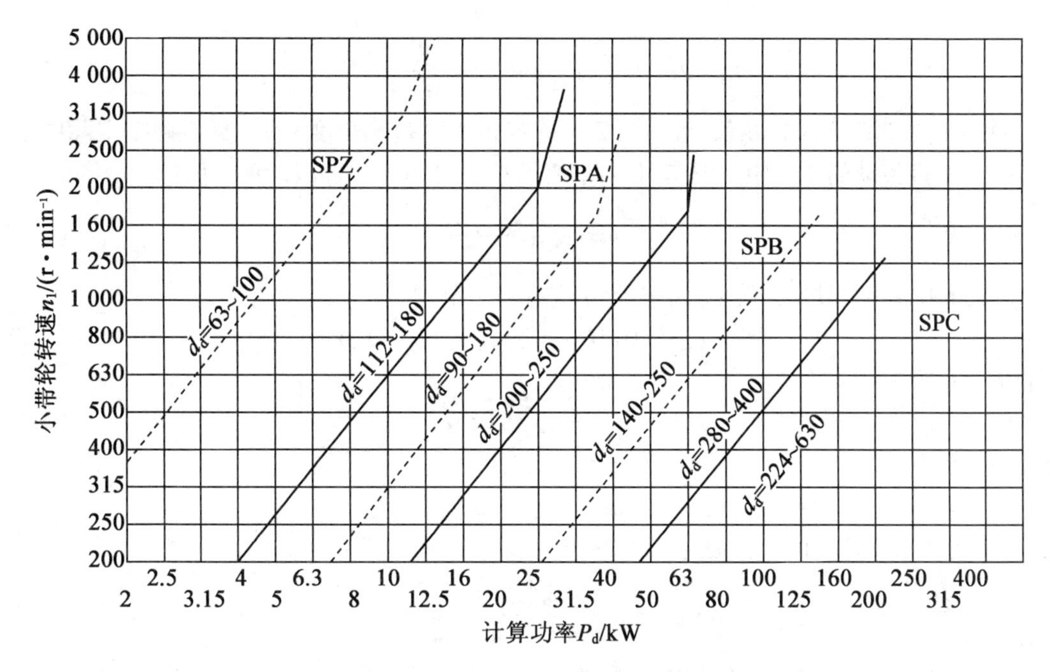

图2.10　窄V带选型图

$$d_{d_2} \approx i d_{d_1} \tag{2.19a}$$

$$d_{d_2} \approx \frac{n_1}{n_2} d_{d_1}(1-\varepsilon) \tag{2.19b}$$

(4)校核带的速度v。

$$v \approx \frac{\pi d_{d_1} n_1}{60 \times 1\ 000} \tag{2.20}$$

由$P=\dfrac{F_\theta v}{1\ 000}$可知,当传递的功率一定时,带速越高,则所需有效圆周力F_θ越小,因而V带的根数可减少。但带速过高,带的离心力显著增大,减小了带与带轮间的接触压力,从而降低了传动的工作能力。同时,带速过高,使带在单位时间内绕过带轮的次数增加,应力变化频繁,从而降低了带的疲劳寿命。由表2.8、表2.10可见,当带速达到某值后,不利因素将使基本额定功率降低。所以带速一般以$v=5\sim25$ m/s为宜,当$v=20\sim25$ m/s时最有利。当带速过高(Y、Z、A、B、C型$v>25$ m/s;D、E型$v>30$ m/s)时,应重选较小的带轮基准直径。

(5)确定中心距a和V带基准长度L_d。根据结构要求初定中心距a_0。中心距小则结构紧凑,使小带轮上包角减小,降低带传动的工作能力。同时由于中心距小,V带的长度短,在一定速度下,单位时间内的应力循环次数增多而导致使用寿命降低,所以中心距不宜取得太小。但也不宜太大,太大除有相反的利弊外,速度较高时还易引起带的颤动。

如果中心距未给出,可根据传动结构需要初定中心距。对于V带传动一般可取

$$0.7(d_{d_1}+d_{d_2}) < a_0 < 2(d_{d_1}+d_{d_2}) \tag{2.21}$$

初选a_0后,V带初算的基准长度L_d可根据几何关系由下式计算:

$$L'_d \approx 2a_0 + \frac{\pi}{2}(d_{d_2} + d_{d_1}) + \frac{(d_{d_2} - d_{d_1})^2}{4a_0} \tag{2.22}$$

根据式(2.22)算得的 L'_d 值，应由表 2.3 选定相似的基准长度 L_d，然后再确定实际中心距 a_0。由于 V 带传动的中心距一般是可以调整的，所以可用下式近似计算 a 值：

$$a \approx a_0 + \frac{L_d - L'_d}{2} \tag{2.23}$$

考虑到中心距调整、补偿 F_0，中心距 a 应有一个范围

$$(a - 0.015L_d) \leqslant a \leqslant (a + 0.03L_d) \tag{2.24}$$

即最小中心距为

$$a_{min} = a - 0.015L_d \tag{2.25}$$

最大中心距为

$$a_{max} = a + 0.03L_d \tag{2.26}$$

(6)校核小带轮上的包角 α_1。小带轮上的包角 α_1 可按下式计算：

$$\alpha_1 \approx 180° - \frac{d_{d_2} - d_{d_1}}{a} \times 60° \tag{2.27}$$

为使带传动有一定的工作能力，一般要求 $\alpha_1 \geqslant 120°$（特殊情况允许 $\alpha_1 = 90°$），如 α_1 小于此值，可适当加大中心距 α；若中心距不可调，可加张紧轮。

从式(2.27)可以看出，α_1 也与传动比 i 有关，d_{d_2} 与 d_{d_1} 相差越大，即 i 越大，则 α_1 越小。通常为了在中心距不过大的条件下保证包角不致过小，所用传动比不宜过大。普通 V 带传动一般推荐 $i \leqslant 7$（一般 $i = 3 \sim 5$），必要时可到 10。

(7)确定 V 带根数 z。V 带根数 z 根据计算功率 P_d 由下式确定：

$$z = \frac{P_d}{(P_0 + \Delta P_0)K_\alpha K_L} \tag{2.28}$$

式中 K_α——包角修正系数，查表 2.6；

K_L——长度修正系数，查表 2.3，考虑带的长度不同的影响因素；

P_0——单根普通 V 带的基本额定功率，查表 2.8；

ΔP_0——$i \neq 1$ 时单根普通 V 带额定功率的增量，查表 2.9，对于窄 V 带，式(2.28)中应以 P_N 代替 $(P_0 + \Delta P_0)$，P_N 见表 2.10。

为使每根 V 带受力比较均匀，根数不宜太多，通常应小于 10 根，以 3 ~ 7 根较好；否则应改选 V 带型号，重新设计。

(8)确定预紧力 F_0。适当的预紧力是保证传动带正常工作的重要因素之一。预紧力小，则摩擦力小，易出现打滑；反之，预紧力过大，会使 V 带的拉应力增加而寿命降低，并使轴和轴承的压力增大。对于非自动张紧的带传动，由于带的松弛作用，过高的预紧力也不易保持。为了保证所需的传递功率，又不出现打滑，并考虑离心力的不利影响时，单根 V 带适当的预紧力为

$$F_0 = 500\frac{P_d}{vz}\left(\frac{2.5 - K_\alpha}{K_\alpha}\right) + qv^2 \tag{2.29}$$

由于新带容易松弛，所以对非自动张紧的传动带，安装新带时的预紧力应为上述预紧力计

算值的1.5倍。

预紧力是否恰当,可用下述方法进行近似测试。如图2.11所示,在带与带轮的切点跨距的中点处垂直于带加一载荷G,若带沿跨距每100 mm中点处产生的挠度为1.6 mm(即挠角为1.8°),则预紧力恰当。

(9)确定作用在轴上的压力F_Q(图2.12)。

$$F_Q = 2zF_0\cos\frac{\beta}{2} = 2zF_0\cos\left(\frac{\pi}{2}-\frac{\alpha_1}{2}\right) = 2F_0 z\sin\frac{\alpha_1}{2} \tag{2.30}$$

式中　α_1——小带轮上的包角;

z——V带根数;

F_0——单根带的预紧力。

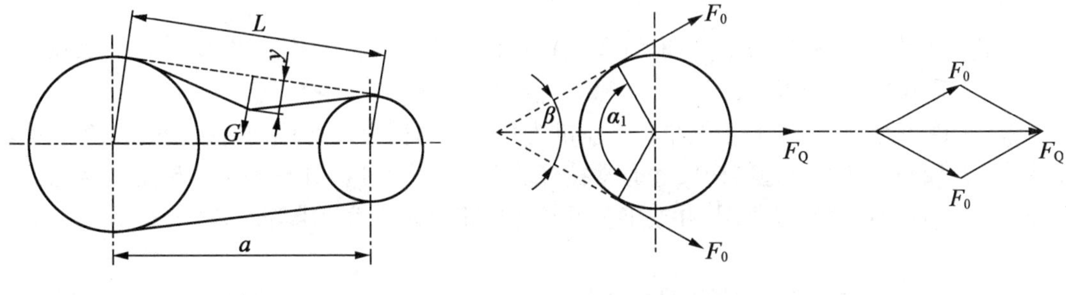

图2.11　预紧力的控制　　　　图2.12　轴上的压力F_Q

2.4　带传动结构设计

2.4.1　V带轮的结构设计

1. V带轮设计的要求

设计V带轮时应满足的要求有质量小、加工工艺性及结构工艺性好、无过大的铸造或焊接内应力、质量分布均匀,转速高时要经过动平衡;轮槽工作面要精细加工(表面粗糙度Ra一般为3.2 μm),以减少带的磨损;各轮槽的尺寸和角度应保持一定的精度,以便载荷分布较为均匀。

2. V带轮的材料

带速小于30 m/s时,带轮一般用HT200制造。高速时要用钢材(铸钢或用钢板冲压后焊接而成)制造,速度可达45 m/s。小功率时可用铸铝或塑料。

3. V带轮的结构

V带轮是带传动的重要零件,典型的带轮由三部分组成:轮缘(用以安装传动带);轮毂(用以安装在轴上);轮辐或辐板(联接轮缘与轮毂)。

铸铁制V带轮的典型结构有实心式(S)、腹板式(P)、孔板式(H)和轮辐式(E),如图2.13所示。

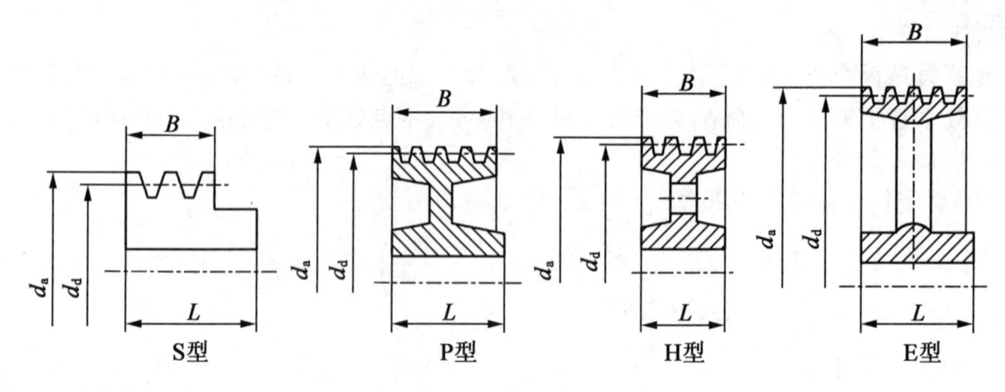

图 2.13　V 带轮的结构

带轮基准直径 $d_d \leqslant 2.5d$（d 为轴的直径）时，可采用实心式结构。当 $2.5d \leqslant d_d \leqslant 300$ mm 时，带轮常采用轮辐式结构。

带轮的结构设计，主要是根据带轮的基准直径选择结构形式；根据带的截面形状确定槽轮尺寸（表 2.12）；带轮的其他结构尺寸通常按经验公式（图 2.14）计算确定。确定了带轮的各部分尺寸后，即可绘制出零件图，并按工艺要求注出相应的技术要求等。

表 2.12　普通 V 带轮的轮槽尺寸（摘自 GB/T 13575.1—2008）

项目	符号	槽型						
		Y	Z SPZ	A SPA	B SPB	C SPC	D	E
基准宽度	b_d/mm	5.3	8.5	11.0	14.0	19.0	27.0	32.0
基准线上槽深	h_{amin}/mm	1.6	2.0	2.75	3.5	4.8	8.1	9.6
基准线下槽深	h_{fmin}/mm	4.7	7.0 9.0	8.7 11.0	10.8 14.0	14.3 19.0	19.9	23.4
槽间距	e/mm	8 ±0.3	12 ±0.3	15 ±0.3	19 ±0.4	25.5 ±0.5	370.6	44.5 ±0.7
第一槽对称面至端面的距离	f_{min}/mm	6	7	9	11.5	16	23	28

续表 2.12

项目		符号	槽型						
			Y	Z SPZ	A SPA	B SPB	C SPC	D	E
轮槽角 φ	32°	相应的基准直径 d_d/mm	≤60	—	—	—	—	—	—
	34°		—	≤80	≤118	≤190	≤315		
	36°		>60	—	—	—	—	475≤	≤600
	38°		—	>80	>118	>190	>315	>475	>600
	极限偏差		±0.5°						

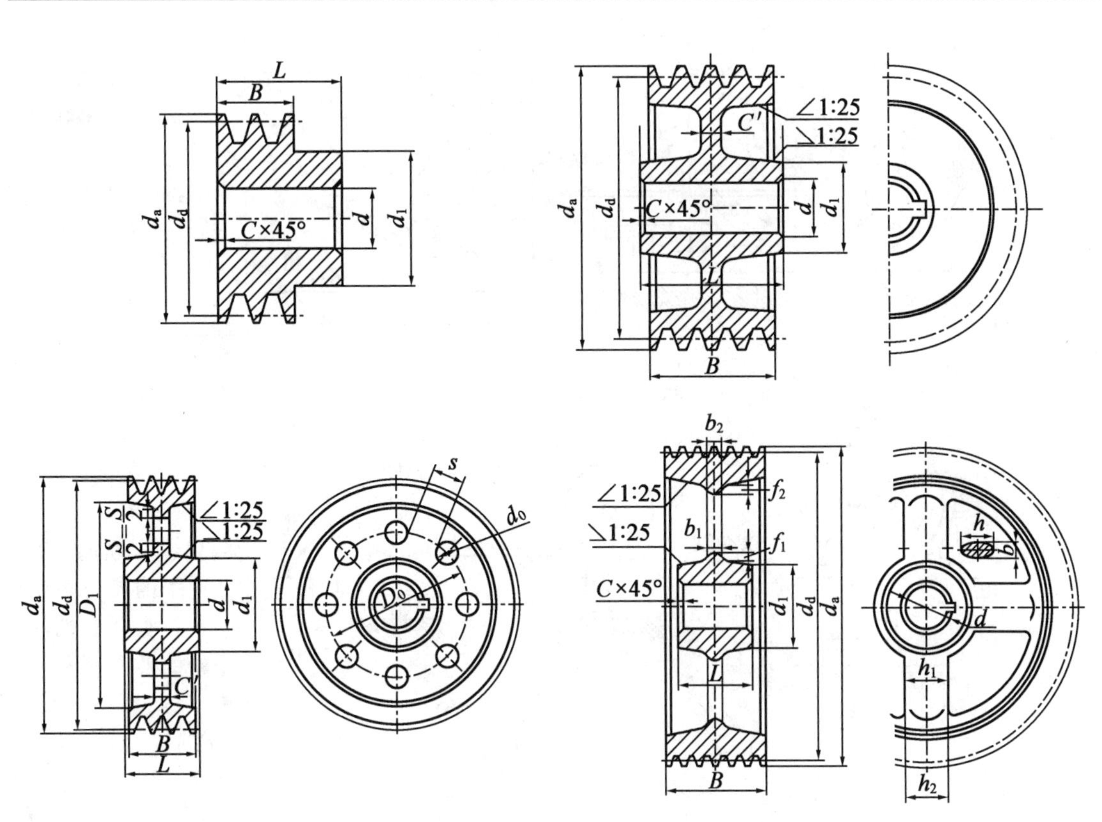

图 2.14　V 带轮的结构

$d_1=(1.8\sim2.0)d$，d 为轴的直径；$h_2=0.8h_1$；$D_0=0.5(D_1+d_1)$；$b_1=0.4h_1$

$d_0=(0.2\sim0.3)(D_1-d_1)$；$b_2=0.8b_1$；$C'=(\frac{1}{7}\sim\frac{1}{4})B$；$S=C'$

$L=(1.5\sim2)d$（当 $B<1.5d$ 时，$L=B$）；$f_1=0.2h_1$；$f_2=0.2h_2$

$$h_1=290\sqrt[2]{\frac{P}{nz_a}}$$

式中　P——传递的功率（kW）；

　　　n——带轮的转速（r/min）；

z_a——轮辐数。

2.4.2 V带传动的张紧装置

由于传动带的材料不是完全弹性体,因而带在工作一段时间后会发生塑性伸长而松弛,使张紧力降低。因此带传动需要有重新张紧的装置,以保证正常工作。张紧装置分为定期张紧和自动张紧两类,见表2.13。

表2.13 V带传动的张紧装置

张紧方法	简图	特点和应用
定期张紧	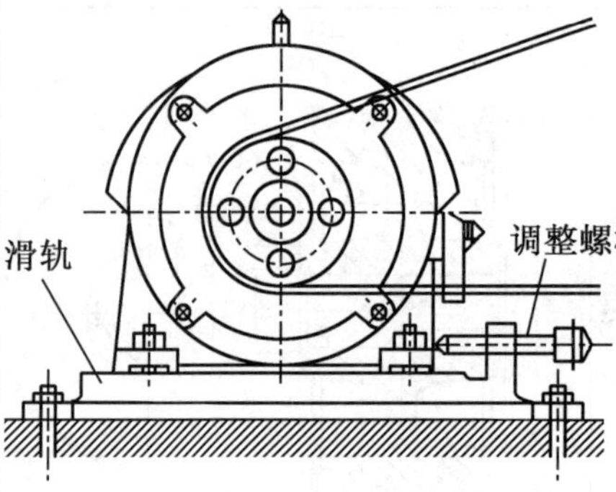 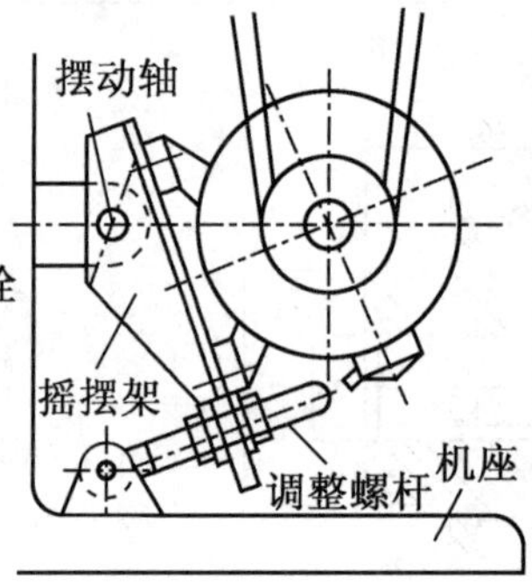 滑轨 调整螺栓 (a) 摆动轴 摇摆架 调整螺杆 机座 (b)	(a)用于水平或接近水平的传动 (b)多用于垂直或接近垂直的传动
自动张紧	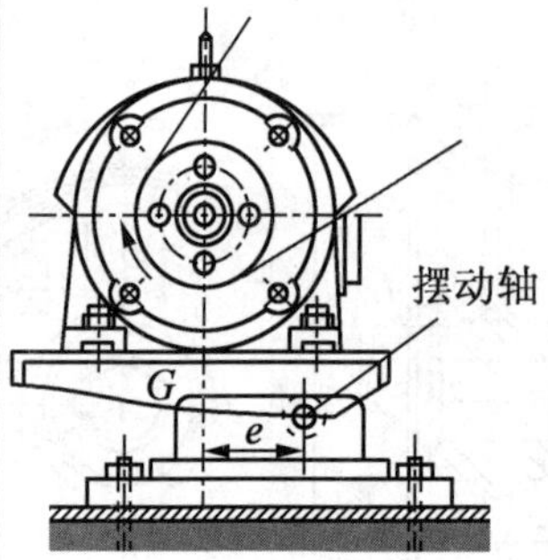 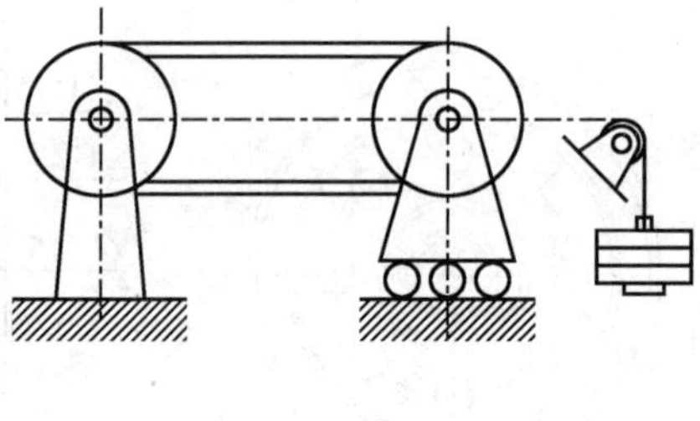 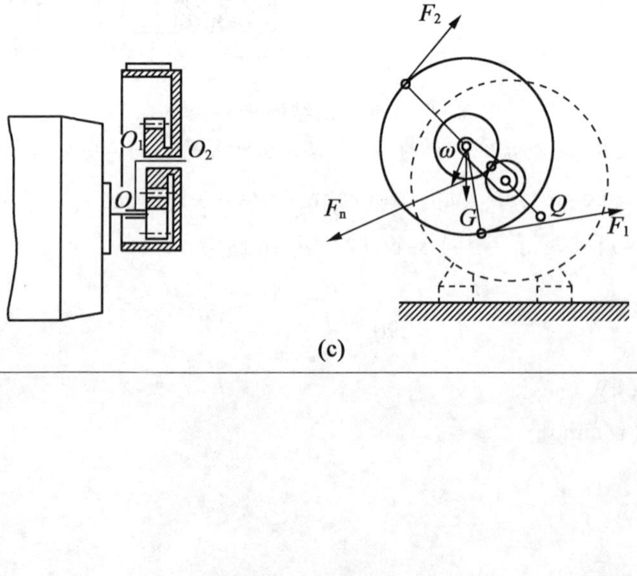 摆动轴 G e (a) (b) O_1 O_2 O F_2 ω F_n G Q F_1 (c)	(a)靠电动机的自重或定子的反力矩张紧。应使电动机和带轮的转向有利于减小偏心距 (b)常用于带传动的试验装置 (c)是根据负载自动调节张紧力的张紧装置,带轮是一行星机构

续表 2.13

张紧方法	简图	特点和应用
张紧轮	O_2 Q O_3 O_1 G (a)　a 张紧轮 (b)	可任意调节预紧力的大小、增大包角，容易装卸，但影响带的寿命，不能逆转 (a)为自动张紧 (b)为定期张紧

2.5　其他带传动简介

2.5.1　同步带传动的特点及应用

同步带传动具有带传动、链传动和齿轮传动的优点。由前述可知，同步带传动由于带与带轮是靠啮合传递运动和动力的（图 2.15），故带与带轮间无相对滑动，能保证准确的传动比。同步带通常以钢丝绳或玻璃纤维绳为抗拉体，氯丁橡胶或聚氨酯为基体，这种带薄而且轻，故可用于较高速度传动。传动时的线速度可达 50 m/s，传动比可达 10，效率可达 98%。传动噪声比带传动、链传动和齿轮传动小，耐磨性好，不需油润滑，寿命比摩擦带长。其主要缺点是制造和安装精度要求较高，中心距要求较严格。所以同步带广泛应用于要求传动比准确的中、小功率传动中，如家用电器、计算机、仪器及机床、化工、石油等机械设备。

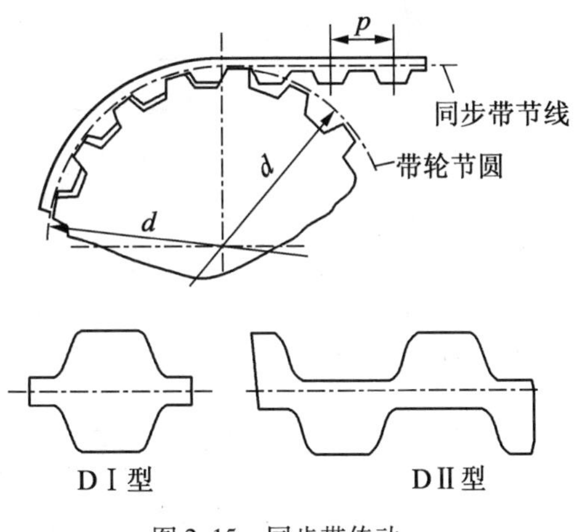

图 2.15　同步带传动

同步带有单面有齿和双面有齿两种，简称单面带和双面带。双面带又有对称齿型（DⅠ）和交错齿型（DⅡ）之分（图 2.15）。同步带齿有梯形齿和弧形齿两类。同步带型号分为最轻型 MXL、超轻型 XXL、特轻型 XL、轻型 L、重型 H、特重型 XH、超重型 XXH 七种。梯形齿同步带传动已有标准 GB/T11361～11362—2008《同步带传动》。

在规定张紧力下，相邻两齿中心线的直线距离称为齿距，以 p 表示。齿距是同步带传动最基本的参数。当同步带垂直其底边弯曲时，在带中保持原长度不变的周线，称为节线，节线长度用 L_p 表示。

同步带带轮的齿型推荐采用渐开线齿形，可用展成法加工而成，也可以使用直边齿形。

2.5.2 高速带传动

高速带传动系指带速 $v>30$ m/s、高速轴转速 $n_1=10\ 000\sim50\ 000$ r/min 的传动。这种传动主要用于增速以驱动高速机床、粉碎机、离心机及某些机器。高速带传动的增速比为 2～4，有张紧轮时可达 8。

高速带传动要求传动可靠、运转平稳、并有一定的寿命。由于高速带的离心应力和挠曲次数显著增大，故高速带都采用质量小、厚度薄而均匀、挠曲性好的环形平带，如麻织带、丝织带、锦纶编织带、薄型强力锦纶带、高速环形胶带等。薄型强力锦纶带采用胶合接头，故应使接头与带的挠曲性能尽量接近。

高速带轮要求质量小而且分布对称均匀、有足够的强度、运转时空气阻力小，通常采用钢或铝合金制造，各个面均应进行加工，轮缘工作表面的表面粗糙度 Ra 不得大于 3.2 μm，并按设计要求的精度等级进行动平衡。

为防止掉带，主、从动轮轮缘表面都应加工出凸度，大小带轮轮缘表面应有凸弧，即可制成鼓形面或2°左右的双锥面，如图 2.16(a)所示。为了防止运转时带与轮缘表面间形成气垫，降低摩擦因数，影响正常传动，轮缘表面应开环形槽，槽间距为 5～10 mm，如图 2.16(b)所示。

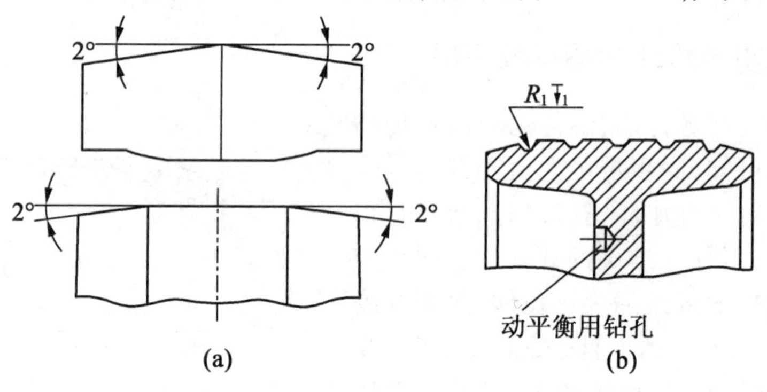

图 2.16　高速带传动轮缘

在高速带传动中，带的寿命占有很重要的地位，带的绕曲次数 $u=\frac{jv}{L}$（j 为带上某一点绕行一周时所绕过的带轮数；带速 v 及带长 L 的单位分别为 m/s 及 m）是影响带的寿命的主要因素，因此应限制 $u_{max}=40\sim100\ s^{-1}$。

例　设计曲柄压力机的窄 V 带传动（载荷变动较大）。一班制工作，Y 型异步电动机驱动，传递功率 $P=15$ kW，传动比 $i=3.2$，主动带轮转速 $n_1=1\ 460$ r/min，一天工作时间小于 10 h。

解

表2.14　设计步骤

步骤	计算内容	计算公式及参数选择	计算结果
1	确定计算功率 P_d	由表2.7查得工况系数 $K_A=1.2$ $P_d=K_AP=1.2\times15\ kW=18\ kW$	$P_d=18\ kW$
2	选取窄V带型号	根据图2.10选择SPZ型带	SPZ
3	确定带轮基准直径 d_{d_1}、d_{d_2}	由表2.4、表2.11及图2.10取主动轮直径 $d_{d_1}=125\ mm$ 根据式(2.19a)，计算从动轮直径 $d_{d_2}\approx id_{d_1}=3.2\times125\ mm=400\ mm$ 按表2.12取 $d_{d_2}=400\ mm$ 按式(2.20)校核带速 $v=\pi d_{d_1}n_1/(60\times1\ 000)m/s=9.55\ m/s<35\ m/s$	$d_{d_1}=125\ mm$ $d_{d_2}=400\ mm$ 带的速度合格
4	确定窄V带的基准长度 L_d 和传动中心距 a	根据式(2.21)，$0.7(d_{d_1}+d_{d_2})<2(d_{d_1}+d_{d_2})$ 初步定中心距 $a_0=500\ mm$ 根据式(2.22)， $L_d'=2a_0+\frac{\pi}{2}(d_{d_2}+d_{d_1})+\frac{(d_{d_2}-d_{d_1})^2}{4a_0}$ 计算带所需的基准长度 $L_d'=1\ 862\ mm$ 由表2.3选取带的基准长度 $L_d=2\ 000\ mm$ 按式(2.23)，$a\approx a_0+\frac{L_d-L_d'}{2}$ 计算实际中心距 $a=569\ mm$ 根据式(2.25)、式(2.26)计算中心距变动范围： 最小中心距为 $a_{min}=a-0.015L_d=539\ mm$ 最大中心距为 $a_{max}=a+0.03L_d=629\ mm$	$a=569\ mm$ $L_d=2\ 000\ mm$ $a_{min}=539\ mm$ $a_{max}=629\ mm$
5	校核主动轮上的包角 α_1	按式(2.27)校核包角 $\alpha_1\approx180°-\frac{d_{d_2}-d_{d_1}}{a}\times60°=151°>120°$	主动轮包角合格
6	计算窄V带根数	由表2.10查得 $P_N\approx3.60\ kW$ 表2.6查得 $K_\alpha=0.92$、表2-3查得 $K_L=1.02$ 根据式(2.28)计算带的根数 $z=\frac{P_d}{(P_0+\Delta P_0)K_\alpha K_L}$，取带的根数 $z=6$	$z=6$ 根

续表 2.14

步骤	计算内容	计算公式及参数选择	计算结果
7	计算预紧力 F_0	由表 2.5 查得 $q=0.072$ kg/m 根据式(2.29)计算预紧力 $F_0=500\frac{P_d}{vz}\left(\frac{2.5-K_\alpha}{K_\alpha}\right)+qv^2=276.13$ N	$F_0=276.13$ N
8	计算压轴力 F_Q	根据式(2.30)计算压轴力 $F_Q=2F_0z\sin\frac{\alpha_1}{2}=3\ 208.03$ N	$F_Q=3\ 208.03$ N
9	带轮结构设计(略)	做习题时要求进行带轮的结构设计	

思考题

1. 摩擦因数大小对带传动有什么影响？影响摩擦因数大小的因素有哪些？为了增加传动能力,能否将带轮工作面加工得粗糙些？为什么？

2. 空载启动后加载运转,直至带传动将要打滑的临界情况的整个过程中,带的紧、松边拉力的比值$\frac{F_1}{F_2}$是如何变化的？打滑先在哪个轮上发生？为什么？

3. 带速越高,离心力越大,但在多级传动中,常将带传动放在高速级,这是为什么？

4. V 带截面楔角均是 40°,而 V 带带轮轮槽的楔角 φ 却随带轮直径的不同而变化,为什么？

5. 设计带传动时,为什么要限制小带轮直径、包角 α_1、带的最小和最大速度？

课后习题

1. V 带传动的 $n_1=1\ 460$ r/min,带与带轮的当量摩擦因数 $f_v=0.51$,包角 $\alpha_1=120°$,单位带长的质量 $q=0.12$ kg/m,预紧力 $F_0=460$ N,带轮直径 $d_{d_1}=100$ mm。试问:

(1)该传动所能传递的最大有效拉力是多少？

(2)传递的最大转矩是多少？

(3)若传动的效率为 0.95,从动轮输出的功率是多少？

2. V 带传动传递的功率 $P=7.5$ kW,带速 $v=10$ m/s,紧边拉力是松边拉力的两倍,即 $F_1=2F_2$,带的质量忽略不计,试求紧边拉力 F_1、有效拉力 F_θ 和预紧力 F_0。

3. 已知一窄 V 带传动的 $n_1=1\ 460$ r/min, $n_2=400$ r/min, $d_{d_1}=180$ mm,中心距 $a=1\ 600$ mm,带型号为 SPA 型,根数 $z=3$,工作时有冲击,两班制工作,试求该带传动能传递的功率。

4. Y 系列异步电动机通过 V 带传动驱动离心水泵,载荷平稳,电动机功率 $P=22$ kW,转速 $n_1=1\ 460$ r/min,离心式水泵的转速 $n_2=970$ r/min,两班制工作,试设计该 V 带传动。

第 3 章

链传动

3.1 概　述

链传动是两个或两个以上链轮之间以链作为中间挠性件的一种非共轭啮合传动，它靠链条与链轮齿之间的啮合来传递运动和动力，如图 3.1 所示。因其经济、可靠，故广泛用于农业、采矿、冶金、起重、运输、石油、化工、纺织等机械的动力传动中。

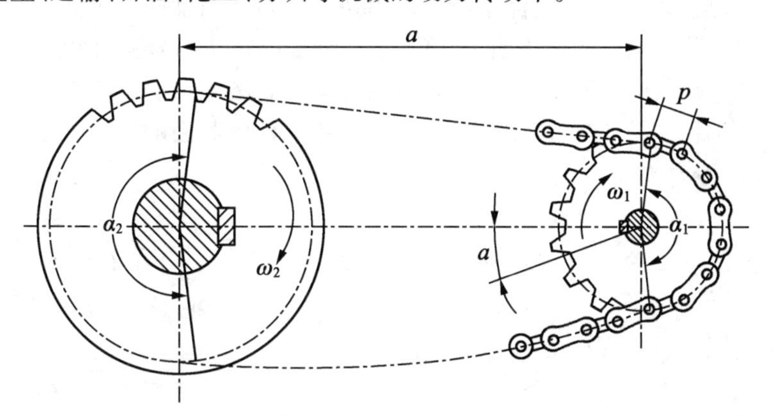

图 3.1　链传动的组成

3.1.1　链传动的特点

1. 优点

链传动属于啮合传动，与齿轮传动相似，但它是靠中间零件——链条实现传动的，又与带传动相似。它与齿轮传动、带传动比较，有一系列的优点。

与带传动比较，链传动有结构紧凑、作用在轴上的载荷小、承载能力较大、效率较高（一般可达 96% ~97%）、能保持准确的平均传动比等优点，在同样使用条件下，链传动结构较为紧凑。同时，链传动能在高温及速度较低的情况下工作。

与齿轮传动相比，链传动的制造与安装精度要求较低，成本低廉；在远距离传动（中心距最大可达十多米）时，其结构比齿轮传动轻便得多。

2. 缺点

链传动的主要缺点是：在两根平行轴间只能用于同向回转的传动；由于多边形效应，链的瞬时速度、瞬时传动比和链的载荷都不均匀，不适合高速场合，运转时不能保持恒定的瞬时传动比；磨损后易发生跳齿；工作时有噪声；不宜在载荷变化很大和急速反向的传动中应用；制造费用较带传动高。

因此，链传动适用于两轴相距较远，要求平均传动比不变但对瞬时传动比要求不严格，工作环境恶劣（多油、多尘、高温）等场合。

按用途不同，链可分为传动链、输送链和起重链。输送链和起重链主要用在运输和起重机械中，而在一般机械传动中，常用的是传动链。

传动链的主要类型有短齿距精密滚子链（简称滚子链）和齿形链等，其中以滚子链应用最广泛。本章主要讨论传动链的有关设计问题。

3.1.2 传动链的种类

传动链主要分为滚子链和齿形链。

1. 滚子链

滚子链的结构如图3.2(a)所示，由内链板、外链板、销轴、套筒、滚子等组成。内链板与套筒间、外链板与销轴间均为过盈配合，滚子与套筒间、套筒与销轴间则为间隙配合，形成动连接。工作时内、外链节间可以相对挠曲，套筒则绕销轴自由转动。为了减少销轴与套筒间的磨损，在它们之间应进行润滑。滚子活套在套筒外面，啮合时滚子沿链轮齿廓滚动，以减小链条与链轮轮齿间的磨损。内、外链板均制成8字形，使链板各横截面的抗拉强度大致相同，并减小链条的质量及惯性力。

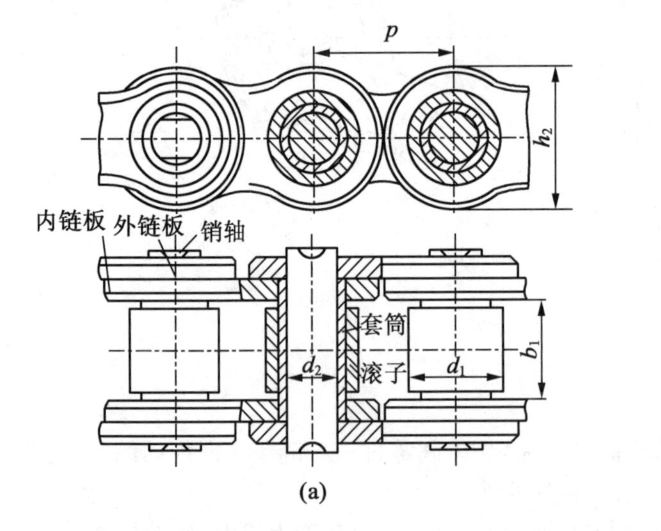

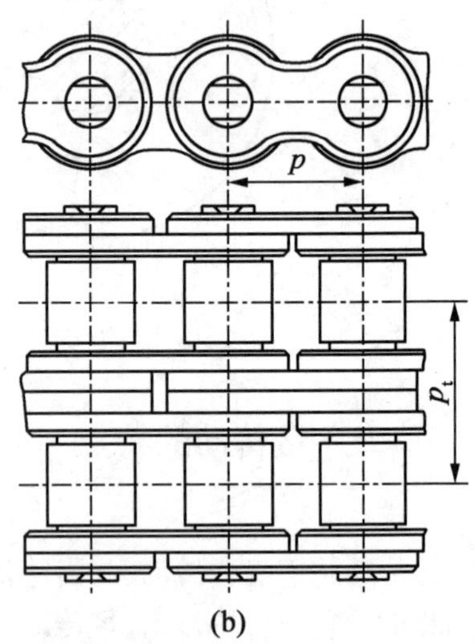

图3.2 滚子链的结构

相邻两销轴中心线间的距离称为节距，用p表示，它是链的主要参数。滚子链的节距是指链在拉直的情况下，相邻滚子外圆中心之间的距离。滚子链的基本参数和尺寸见表3.1，其中，我国采用A系列设计，B系列设计适用于欧洲。本章主要介绍A系列滚子链传动设计。

表3.1　滚子链的基本参数和尺寸(摘自GB/T 1243—2006)

链号	节距 p/mm	排距 p_t/mm	滚子外径 $d_{1\min}$/mm	内链节内宽 $b_{1\min}$/mm	销轴直径 $d_{2\max}$/mm	内链板高度 $h_{2\max}$/mm	极限拉伸载荷(单排) $Q_{\min}$/N	每米质量(单排) q/(kg·m^{-1})
08A	12.70	14.38	7.92	7.85	3.98	12.07	13 900	0.60
10A	15.875	18.11	10.16	9.40	5.09	15.09	21 800	1.00
12A	19.05	22.78	11.91	12.57	5.96	18.10	31 300	1.50
16A	25.40	29.29	15.88	15.75	7.94	24.13	55 600	2.60
20A	31.75	35.76	19.05	18.90	9.54	30.17	87 000	3.80
24A	38.10	45.44	22.23	25.22	11.11	36.20	125 000	5.60
28A	44.45	48.87	25.40	25.22	12.71	42.23	170 000	7.50
32A	50.80	58.55	28.58	31.55	14.29	48.26	223 000	10.10
40A	63.50	71.55	39.68	37.85	19.85	60.33	347 000	16.10
48A	76.20	87.83	47.63	47.35	23.81	72.39	500 000	22.60

注:使用过渡链节时,其极限拉伸载荷按表列数值的80%计算

把一根以上的单列链并列,用长销轴连接起来的链称为多排链,如图3.2(b)所示为双排链。排数越多,越难使各排受力均匀,故一般不超过3或4排,4排以上的传动链可与生产厂家协商制造。当因载荷大而要求排数多时,可采用两根或两根以上的双排链或三排链。

为了使链连成封闭环状,链的两端应用连接链节连接起来,连接链节通常有三种形式(图3.3)。当一根链的链节数为偶数时采用连接链节,其形状与链节相同,仅连接链板与销轴为间隙配合,可采用开口销或弹簧夹将接头上的活动销轴固定。当链节总数为奇数时,可采用过渡链节连接。链条受力后,过渡链节的链板除受拉力外,还受附加弯矩,其强度较一般链节低。所以在一般情况下,最好不用奇数链节。但在重载、冲击、反向等繁重条件下工作时,采用全部由过渡链节构成的链,柔性较好,能缓和冲击(简称缓冲)减轻振动(简称减振)。

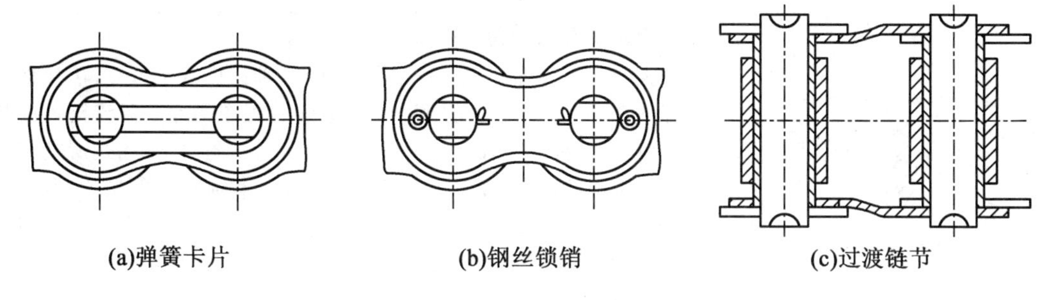

图3.3　滚子链连接链节形式

标记示例:链号08A、单排、86个链节长的滚子链标记为08A－1×86 GB/T 1243—2006。

2. 齿形链

齿形链由若干组齿形链板交错排列,用铰链相互连接而成,链板两侧工作面为直边,夹角

为 60°和 70°两种,靠链板工作面和链轮轮齿的啮合来实现传动。

为了防止齿形链在链轮上沿轴向窜动,齿形链上设有导向装置(图 3.4)。导板有内导板和外导板之分。内导板可以较精确地把链定位于适当的位置,故导向性好,工作可靠,适用于高速及重载传动,但链轮轮齿需开出导向槽。用外导板齿形链时,链轮轮齿不需开出导向槽,故链轮结构简单,但导向性差,外导板与销轴铆合处易松脱。

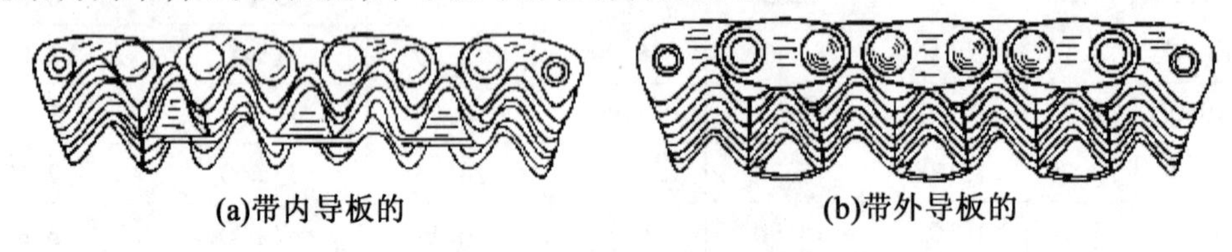

图 3.4　齿形链及其导向装置

齿形链的齿形及啮合特点,使其传动较平稳,承受冲击性能好,轮齿受力均匀,噪声较小,故又称无声链。它允许较高的链速,特殊设计的齿形链传动最高链速可达 40 m/s。但它的结构比滚子链复杂,价格较高,质量较大,所以目前应用较少。

齿形链按铰链结构不同可分为圆销式、轴瓦式和滚柱式三种(表 3.2)。与滚子链相比,齿形链传动平稳、无噪声、承受冲击性能好,工作可靠,多用于高速或运动精度要求较高的传动装置中。

表 3.2　齿形链铰链形式

结构形式	结构说明	特点
p 圆销式(简单铰链)	链板用圆柱销铰接,链板孔与销轴为间隙配合	铰链承压面积小,压力大,磨损严重,日渐少用
轴瓦式(衬瓦铰链)	链板销孔两侧有长短扇形槽各一条,相邻链板在同一销轴上左、右相间排列。销孔中装入销轴,并在销轴两侧的短槽中嵌入与之紧配的轴瓦。这样由两片轴瓦和一根销轴组成了一个铰链。两相邻链节做相对转动时,左、右轴瓦将各在其长槽中摆动,两轴瓦内表面沿销轴表面滑动	轴瓦长等于链宽,承压面积大,压力小。当铰链内的压力相同时,轴瓦式所能传递的载荷约为圆销式的两倍。但因轴瓦与销轴表面是滑动摩擦,故磨损仍较严重

续表 3.2

结构形式	结构说明	特点
60° 滚柱式(滚动摩擦铰链)	没有销轴,铰链由两个曲面滚柱组成。曲面滚柱各自固定在相应的链板孔中。当两相邻链节相对转动时,两滚柱工作面做相对滚动	载荷沿全链宽均匀分布,以滚动摩擦代替滑动摩擦,故显著地减少了有害阻力。链节相对转动时,滚动中心变化,实际节距随之变化,可补偿链传动的“多边形效应”

3.2　滚子链链轮的结构和材料

3.2.1　链轮的参数和齿形

1. 链轮的参数

链轮的基本参数:配用链条的节距 p,滚子的最大外径 d_1,排距 p_t 以及齿数 z。链轮的主要尺寸及计算公式见表 3.3、表 3.5 和表 3.6。链轮毂孔的直径应小于其最大许用直径 d_{kmax}(表 3.4)。

表 3.3　滚子链链轮主要尺寸　mm

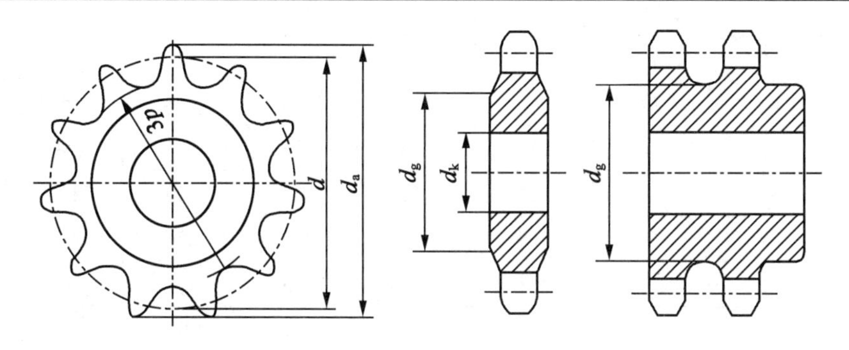

名称	代号	计算公式	备注
分度圆直径	d	$d=p/\sin(180°/z)$	
齿顶圆直径	d_a	$d_{amax}=d+1.25p-d_1$ $d_{amin}=d+(1-1.6/z)p-d_1$ 若为三圆弧一直线齿形,则 $d_a=p(0.54+\cot(180°/z))$	可在 d_{amax}、d_{amin} 范围内任意选取,但选用 d_{amax} 时,应考虑采用展成法加工时有发生顶切的可能性

续表 3.3

名称	代号	计算公式	备注
分度圆弦齿高	h_a	$h_{amax}=(0.625+0.8/z)p-0.5d_1$ $h_{amin}=0.5(p-d_1)$ 若为三圆弧一直线齿形,则 $h_a=0.27p$	h_a 是为简化放大齿形图的绘制而引入的辅助尺寸(表 3.5) h_{amax} 相应于 d_{amax}; h_{amax} 相应于 d_{amin}
齿根圆直径	d_f	$d_f=d-d_1$	
齿侧凸缘(或排间槽)直径	d_g	$d_g \leqslant p\cot(180°/z)-1.04h_2-0.76$ mm	h_2 为内链板高度(表 3.1)

注:d_a、d_g 值取整数,其他尺寸精确到 0.01 mm

表 3.4　链轮毂孔最大许用直径 d_{kmax}　　mm

p	z							
	11	13	15	17	19	21	23	25
8.00	10	13	16	20	25	28	31	34
9.525	11	15	20	24	29	33	37	42
12.70	18	22	28	34	41	47	51	57
15.875	22	30	37	45	51	59	65	73
19.05	27	36	46	53	62	72	80	88
25.40	38	51	61	74	84	95	109	120
31.75	50	64	80	93	108	122	137	152
38.10	60	79	95	112	129	148	165	184
44.45	71	91	111	132	153	175	196	217
50.80	80	105	129	152	177	200	224	249
63.50	103	132	163	193	224	254	278	310
76.20	127	163	201	239	276	311	343	372

表 3.5　滚子链链轮的最大和最小齿槽形状

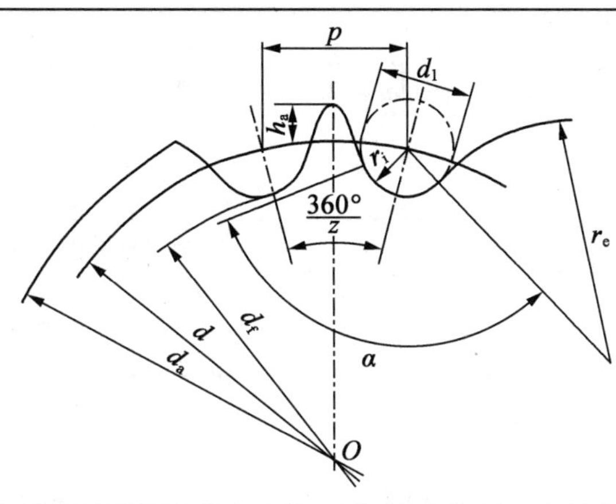

名称	代号	计算公式	
		最大齿槽形状	最小齿槽形状
齿槽圆弧半径/mm	r_e	$r_{emin}=0.008d_1(z_2+180)$	$r_{emax}=0.12d_1(z+2)$
齿沟圆弧半径/mm	r_i	$r_{imax}=0.505d_1+0.069\sqrt[2]{d_1}$	$r_{imin}=0.505d_1$
齿沟角/(°)	α	$\alpha_{min}=120°-90°/z$	$\alpha_{max}=140°-90°/z$

表 3.6　滚子链链轮轴向齿廓尺寸　　mm

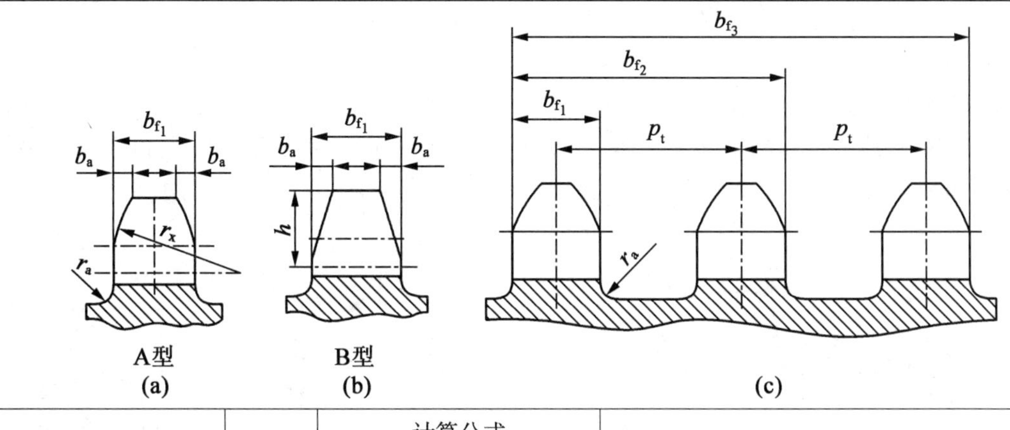

名称		代号	计算公式		备注
			$p\leqslant12.7$ mm	$p>12.7$ mm	
齿宽	单排	b_{f_1}	$0.93b_1$	$0.95b_1$	$p>12.7$ mm 时，经制造厂同意，亦可使用 $p\leqslant12.7$ mm 时的齿宽。b_1 为内链节内宽，见表 3.1
	双排、三排		$0.91b_1$	$0.93b_1$	
	四排以上		$0.88b_1$	$0.93b_1$	
齿侧倒角宽		b_a	$b_a=(0.1\sim0.15)p$		
齿侧倒角半径		r_x	$r_x\geqslant p$		

续表 3.6

名称	代号	计算公式		备注
		$p\leqslant 12.7$ mm	$p>12.7$ mm	
齿侧凸缘(或排间槽)圆角半径	r_a	$r_a\approx 0.04p$		
链轮齿全宽	b_{f_n}	$b_{f_n}=(m-1)p_1+b_{f_1}$		p_1 为多排链排距,见表 3.1 n 为排数
倒角深	h	$h=0.5p$		仅适用于 B 型

2. 链轮轮齿的齿形

链轮轮齿的齿形应保证链节能自由地进入和退出啮合,在啮合时应保证良好的接触,同时它的形状应尽可能地简单。

滚子链与链轮的啮合属于非共轭啮合,标准只规定链轮的最大齿槽形状和最小齿槽的形状。实际齿槽形状在最大、最小范围内都可用,因而链轮齿廓曲线的几何形状可以有很大的灵活性。常用的齿廓为三圆弧一直线齿形,它由 $\overset{\frown}{aa}$、$\overset{\frown}{ab}$、$\overset{\frown}{cd}$ 和 $\overline{bc}$ 组成,$abcd$ 为齿廓工作段(图 3.5)。因齿形系用标准刀具加工,在链轮工作图中不必画出,只需在图上注明“齿形按 3R GB/T 1243—2006《传动用短节距精密滚子链、套筒链、附件和链轮》规定制造”即可。

3.2.2 链轮结构与材料

1. 链轮结构

如图 3.6 所示为几种不同形式的链轮结构。小直径链轮可采用实心式(图 3.6(a))、腹板式(图 3.6(b)),或将链轮与轴做成一体。链轮的主要失效形式为齿面磨损,所以大链轮最好采用齿圈可以更换的组合式结构(图 3.6(c)),此时齿圈与轮芯可用不同的材料制造。

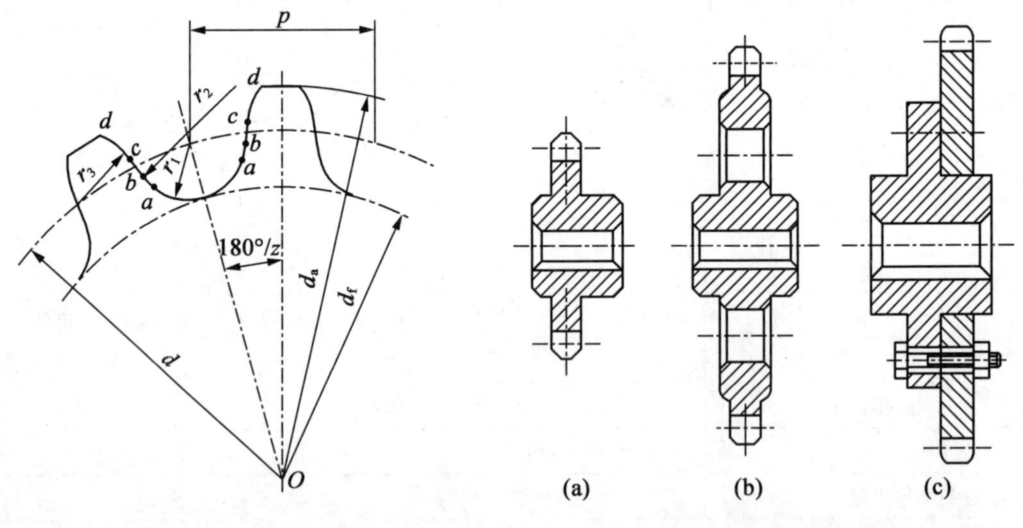

图 3.5 链轮轮齿的三圆弧一直线齿槽形状

图 3.6 链轮结构

2. 链轮材料

链轮的材料应能保证轮齿具有足够的耐磨性和强度。由于小链轮轮齿的啮合次数比大链轮轮齿的啮合次数多,所受冲击也较严重,故小链轮应采用较好的材料制造。

链轮常用的材料和应用范围见表3.7。

表3.7　链轮常用的材料和应用范围

材料	热处理	热处理后硬度	应用范围
15、20	渗碳、淬火、回火	HRC50～60	$z \leq 25$,有冲击载荷的主、从动链轮
35	正火	HBW160～200	$z > 25$ 的主、从动链轮
40、50、45Mn、ZG310－570	淬火、回火	HRC40～50	无剧烈冲击、振动和要求耐磨损的主、从动链轮
15Cr、20Cr	渗碳、淬火、回火	HRC55～60	$z < 30$ 有动载荷及传递较大功率的重要链轮
40Cr、35SiMn、35CrMo	淬火、回火	HRC40～50	要求强度较高和耐磨损的重要链轮
Q235、Q275	焊接后退火	HBW140	中低速、功率不大的较大链轮
普通灰铸铁(不低于HT200)	淬火、回火	HRC40～50	$z > 50$ 的从动链轮及外形复杂或强度要求一般的链轮
夹布胶木	—	—	$p < 6$ kW、速度较高、要求传动平稳和噪声小的链轮

3.3　链传动工作情况分析

3.3.1　链传动的运动特性分析

1. 平均链速和平均传动比

链传动的运动情况和把带绕在多边形轮子上的情况很相似,链绕在链轮上,链节与相应的链轮轮齿啮合,由于每个链节都是刚性的,链节与相应的轮齿啮合后,这一段链条将曲折成正多边形的一部分(图3.7)。该正多边形的边长等于链条的节距 p,边数相当于链轮齿数 z,轮子每转一周,链转过的长度应为 zp,当两链轮转速分别为 n_1 和 n_2 时,平均链速为

$$v_m = v = \frac{z_1 p n_1}{60 \times 1\ 000} = \frac{z_2 p n_2}{60 \times 1\ 000} \tag{3.1}$$

利用上式,可求得链传动的平均传动比为

$$i_m = i = \frac{n_1}{n_2} = \frac{z_2}{z_1} = 常数 \tag{3.2}$$

2. 链传动的运动不均匀性

如图3.7所示,链轮转动时,绕在链轮上的链条,只有其铰链的销轴A的轴心是沿着链轮

分度圆(实际应为节圆,本章均用分度圆近似代换)运动的,而链节其余部分的运动轨迹均不在分度圆上。

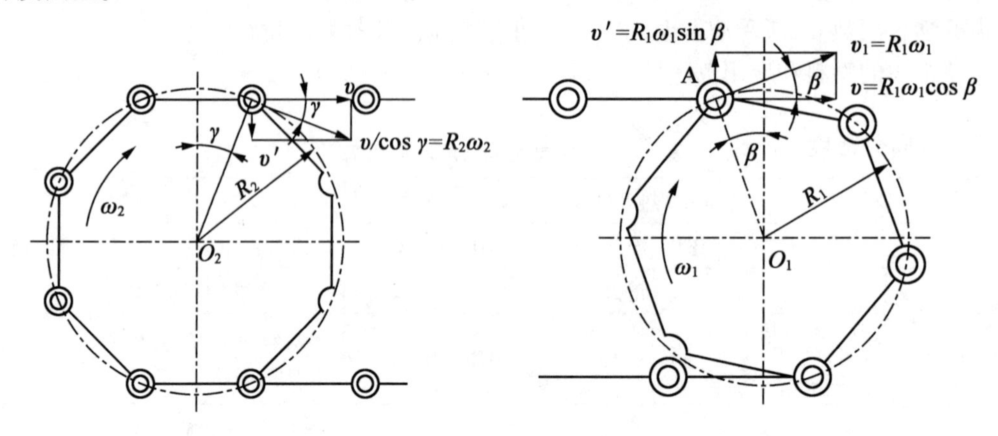

图 3.7 链传动的速度分析图 1

为了便于分析,假设紧边在传动时总是处于水平位置,如图 3.8 所示。当链节进入主动轮时,其销轴总是随着链轮的转动而不断改变其位置。当位于 β 角的瞬时,若主动链轮以等角速度 ω_1 转动时,该链节的铰链销轴 A 的轴心做等速圆周运动,设以链轮分度圆半径 R_1 近似取代节圆半径,则其圆周速度为 $v_1=R_1\omega_1$。

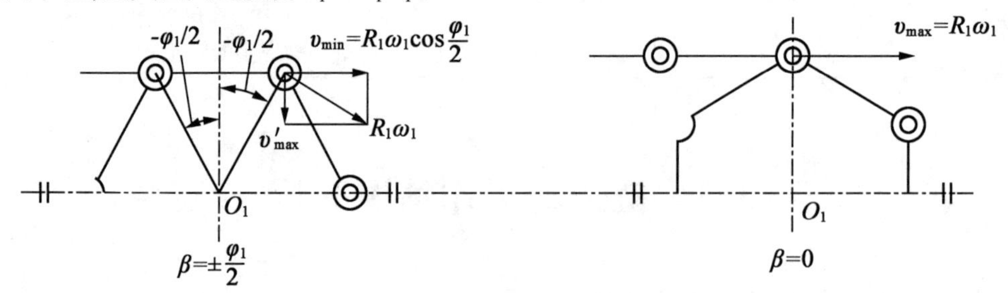

图 3.8 链传动的速度分析图 2

对于主动轮,链速 v 应为销轴圆周速度($v_1=R_1\omega_1$)在水平方向的分速度,即

$$v=v_1\cos\beta=R_1\omega_1\cos\beta=\frac{\omega_1 d_1}{2}\cos\beta \tag{3.3}$$

垂直方向分速度为

$$v'=v_1\sin\beta=R_1\omega_1\sin\beta=\frac{\omega_1 d_1}{2}\sin\beta \tag{3.4}$$

式中 v_1——A 处的圆周速度(m/s);

β——链节进入啮合后某点铰链中心和轮心连线与铅垂线夹角(或铰链中心相对于铅垂线的位置角)。

β 的变化范围:$\beta\in\left(-\frac{\varphi_1}{2},+\frac{\varphi_1}{2}\right)$做周期性变化,其中 $\varphi_1=\frac{360°}{z_1}$。

当$\beta=\pm\frac{\varphi_1}{2}=\pm\frac{180^\circ}{z_1}$时，即刚进入与刚退出啮合时，

链速

$$v=v_{\min}=R_1\omega_1\cos\frac{\varphi_1}{2} \tag{3.5}$$

垂直方向分速度

$$v'=v'_{\max}=R_1\omega_1\sin\frac{\varphi_1}{2} \tag{3.6}$$

当$\beta=0$(在顶点位置)时，

链速

$$v=v_{\max}=R_1\omega_1 \tag{3.7}$$

垂直方向分速度

$$v'=v'_{\min}=R_1\omega_1\sin\beta=0 \tag{3.8}$$

对于从动轮，由于链速为

$$v=R_2\omega_2\cos\gamma=R_1\omega_1\cos\beta \tag{3.9}$$

所以从动链轮的角速度为

$$\omega_2=\frac{v}{R_2\cos\gamma}=\frac{R_1\omega_1\cos\beta}{R_2\cos\gamma} \tag{3.10}$$

链传动的瞬时传动比为

$$i=\frac{\omega_1}{\omega_2}=\frac{R_2\cos\gamma}{R_1\cos\beta}\neq\text{常数} \tag{3.11}$$

由此可见，主动链轮虽做等角速度回转，而链条前进的瞬时速度却周期性地由小变大，又由大变小。每转过一个链节，链速的变化就重复一次，链轮的节距越大，齿数越少，β角的变化范围就越大，链速v的变化也就越大。与此同时，铰链销轴做上下运动的垂直分速度v'也在周期性地变化，导致链沿铅垂方向产生有规律的振动(图3.9)。同理，每一链节在与从动链轮轮齿啮合的过程中，链节铰链在从动链轮上的相位角γ，也不断地在$\pm180^\circ/z_2$的范围内变化，所以从动链轮的角速度也是变化的。

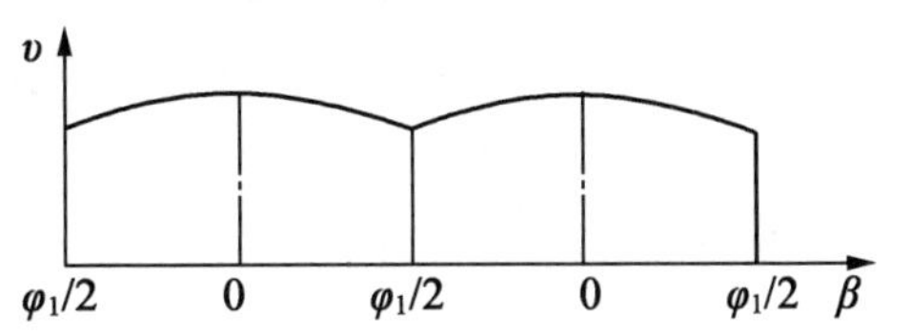

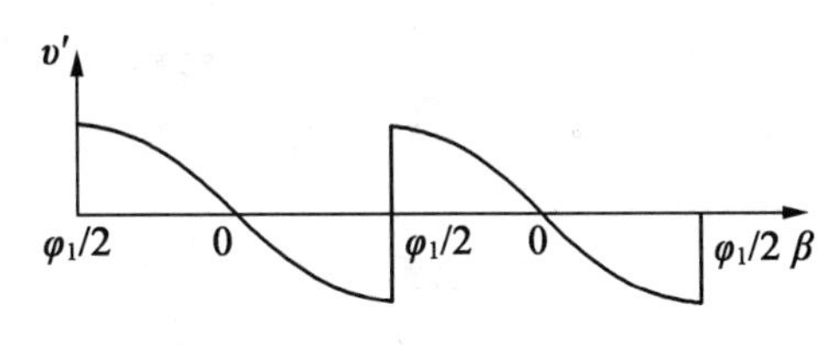

图3.9　链传动速度振动

随着β角和γ角的不断变化，链传动的瞬时传动比也是不断变化的。只有在$z_1=z_2$(即$R_1=R_2$)，且传动的中心距a恰为节距p的整数倍时(这时β和γ角的变化才会时时相等)，传动比才能在全部啮合过程中保持不变，即恒为1。

上述链传动运动不均匀性的特征，是由围绕在链轮上的链条形成了正多边形这一特点所造成的，故称为链传动的多边形效应。多边形效应将引起链的动载荷、链的振动即链的过早破坏。链传动的多边形效应是链传动的固有属性，不可消除。

3. 链传动的动载荷

链传动在工作过程中，链条和从动链轮都是做周期性的变速运动，因而造成和从动链轮相连的零件也产生周期性的速度变化，从而引起了动载荷。动载荷的大小与回转零件的质量和加速度的大小有关。链传动在工作时引起动载荷的主要原因如下。

(1) 由于链速和从动链轮的角速度是变化的，从而产生了相应的加速度和角加速度，因此必然引起附加动载荷。链的加速度越大，动载荷也将越大。

链条前进的加速度引起的动载荷 F_{d_1} 为

$$F_{d_1}=ma_c \tag{3.12}$$

式中 m——紧边链条的质量(kg)；

a_c——链条加速度(m/s^2)。

$$a_c=\frac{dv}{dt}=-R_1\omega_1^2\sin\beta \tag{3.13}$$

当 $\beta=\pm\dfrac{\varphi_1}{2}=\pm\dfrac{180°}{z_1}$ 时，$a_{cmax}=\pm\dfrac{\omega_1^2 p}{2}$

当 $\beta=0$ 时，$a_{cmin}=0$

从动链轮的角加速度引起的动载荷 F_{d_2} 为

$$F_{d_2}=\frac{J}{R_2}\frac{d\omega_2}{dt} \tag{3.14}$$

式中 J——从动系统转化到从动链轮轴上的转动惯量(kg·m^2)；

ω_2——从动链轮的角速度(rad/s)；

R_2——从动链轮的分度圆半径(m)。

(2) 链沿垂直方向分速度 v' 也做周期性的变化，使链产生横向振动，这也是链传动产生动载荷的原因之一。

升降加速度

$$a'=R_1\omega_1^2\cos\beta \tag{3.15}$$

从上述简单关系可以说明，链轮转速越高、链节距越大、链轮齿数越少(β、γ 的变化范围越大)时，动载荷越大。采用较多的链轮齿数和较小的节距对降低动载荷是有利的。

(3) 当链节进入链轮的瞬间，链节和轮齿以一定的相对速度相啮合(图 3.10)，从而使链和轮齿受到冲击并产生振动和噪声，并将加速链的损坏和轮齿的磨损，同时增加了能量的消耗。

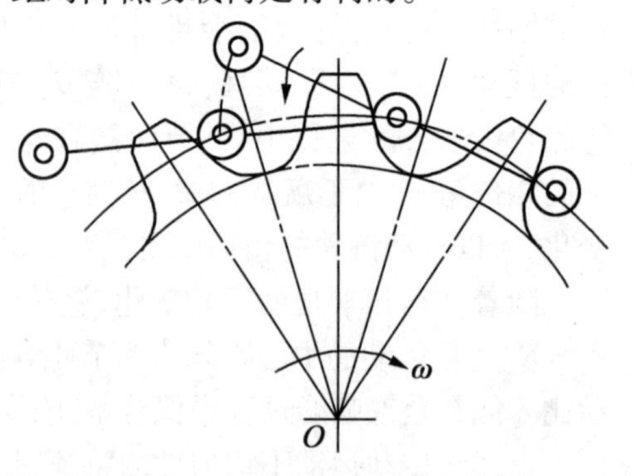

图 3.10 链节和链轮啮合时的冲击

链节对轮齿的冲击动能越大，对传动的破坏作用也越大。

根据理论分析，冲击动能为

$$E_k=\frac{1}{2}mv^2=\frac{1}{2}qp\left(\frac{z_1pn_1}{60\times 1\,000}\right)^2=\frac{qp^3n_1^2}{2c^2} \tag{3.16}$$

式中 q——单位长度链条的质量(kg/m)；

C——常数，$C=\dfrac{60\times 1\ 000}{z_1}$。

因此，从减少冲击能量来看，应采用较小的链节距并限制链轮的极限转速。

(4)若链张紧不好，链条松弛，在启动、制动、反转、载荷变化等情况下，将产生惯性冲击，使链传动产生很大的动载荷。

3.3.2　链传动的受力分析

链传动在安装时应使链条受到一定的张紧力。但链条的张紧力比带传动要小得多。链传动的张紧力主要是为了防止链条的松边过松而影响链条的退出和啮合，产生跳齿和脱链。

1. 链在传动中的主要作用力

(1)工作拉力(有效圆周力)F_θ。它取决于传动功率P和链速v，按下式计算

$$F_\theta=\frac{1\ 000P}{v}\tag{3.17}$$

式中　P——传动功率(kW)；

v——链速(m/s)。

(2)离心拉力F_c。链条运转经过链轮时产生离心拉力F_c。由于链条的连续性，F_c作用在链条全长上，按下式计算

$$F_c=qv^2\tag{3.18}$$

式中　q——单位长度链条的质量(kg/m)；

v——链速(m/s)。

(3)悬垂拉力F_f。链在工作时有一定的松弛而下垂引起悬垂拉力，力作用于链的全长上。F_f取决于传动的布置形式及链在工作时的许用垂度，垂度f越小，F_f越大。若允许垂度过小，则必须以很大的F_f拉近，从而增加链的磨损和轴承载荷；若允许垂度过大，则又会使链和链轮的啮合情况变坏。可按照求悬索拉力的方法求得悬垂拉力(图3.11、图3.12)。

悬垂拉力为

$$F_f=\max\{F_f',F_f''\}\tag{3.19}$$

$$\begin{cases}F_f'=\dfrac{qga^2}{8f}=\dfrac{qga}{8(f/a)}=F_fqga\\F_f''=(K_f+\sin\alpha)qga\end{cases}\tag{3.20}$$

式中　K_f——垂度系数，$f=0.02a$时的拉力系数(图3.12)；

q——单位长度链条的质量(kg/m)，见表3.1；

a——链传动的中心距(m)；

g——重力加速度(m/s^2)。

链两边同时张紧的传动是不能用的，否则链和轴承将过度磨损；反之，如果垂度过大，振动和抖动也会导致链的过度磨损或功率的损耗。

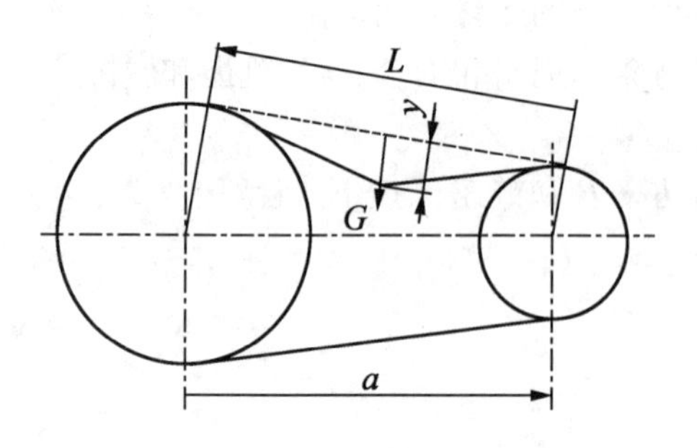

图 3.11　链传动的悬垂拉力

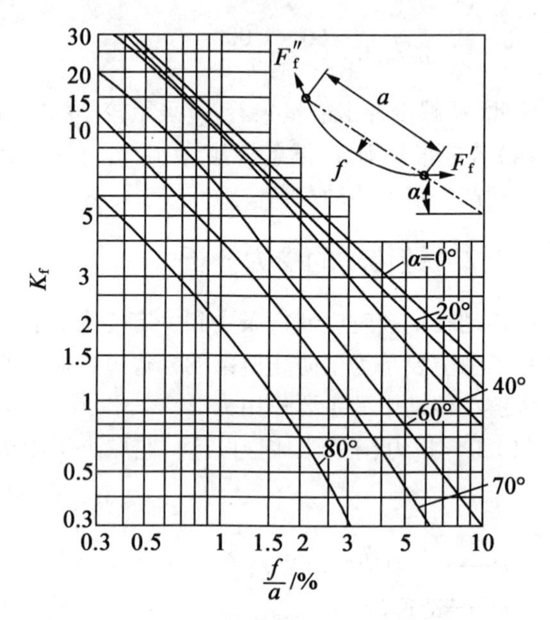

图 3.12　悬垂拉力的确定

注：图中 f 为下垂度，为两轮中心线与水平面的夹角

2. 链的紧边和松边受到的拉力

紧边拉力为

$$F_1 = F_\theta + F_c + F_f \tag{3.21}$$

松边拉力为

$$F_2 = F_c + F_f \tag{3.22}$$

3. 压轴力 F_Q

作用在轴上的载荷可近似地取为

$$F_Q \approx F_\theta + 2F_f \tag{3.23}$$

离心拉力对它没有影响，不应计算在内。又由于垂度拉力不大，故近似取

$$F_Q \approx 1.2K_A F_\theta \tag{3.24}$$

式中　K_A——工况系数，见表 3.8。

3.4　滚子链传动的设计计算

3.4.1　滚子链传动的主要失效形式

1. 链条的疲劳破坏

链条工作时，链的元件长期受变应力的作用，经过一定的循环次数后，链板将疲劳断裂，滚子表面将出现疲劳裂纹和疲劳点蚀。速度越高，链传动的疲劳损坏就越快。在润滑充分、设计和安装正确的条件下，疲劳破坏通常是主要的失效形式。滚子链在中、低速时，链板首先疲劳断裂；高速时，由于套筒或滚子啮合时所受冲击载荷急剧增加，因而套筒或滚子先于链板产生冲击疲劳破坏。

2. 链条的疲劳破坏

当链条的链节进入或退出啮合时，相邻铰链链节发生相对转动，因而在链条的销轴和套筒之间发生相对滑动，使接触面发生磨损，使链条的实际节距增长。啮合点沿链轮齿高方向外移达到一定程度以后，就会破坏链与链轮的正确啮合，容易造成跳齿和脱链的现象（图3.13），使传动失效。对于润滑不良的链传动，磨损往往是主要的失效形式。

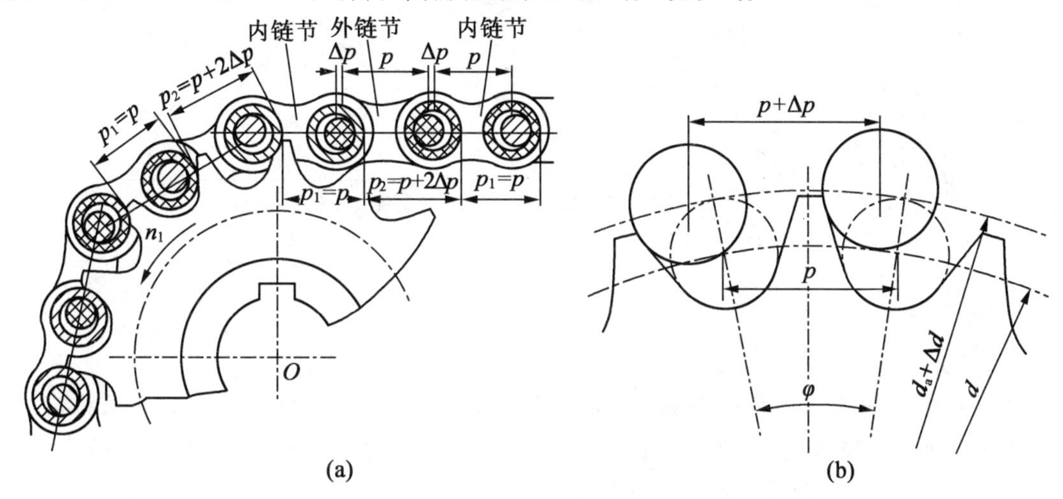

图3.13　铰链磨损后链节距伸长量与节圆外移量之间的关系

3. 铰链胶合

当链轮转速达到一定数值时，链节啮合时受到的冲击能量增大，销轴和套筒间润滑油膜被破坏，两者的工作表面在很高的温度和压力下直接接触，从而导致胶合。因此，胶合在一定程度上限制了链传动的极限转速。

4. 铰链胶合

低速（$v<0.6$ m/s）时链条过载，或有突然冲击作用时，链的受力超过链的静强度，就会发生过载拉断。

少量的链轮轮齿磨损或塑性变形并不会产生严重问题。但当链轮轮齿的磨损和塑性变形超过一定程度后，链的寿命将显著下降。通常，链轮的寿命为链条寿命的2～3倍以上，故链传动的承载能力是以链的强度和寿命为依据的。

3.4.2　滚子链传动的承载能力

1. 极限功率曲线

链传动在不同的工作情况下，其主要的失效形式也不同。如图3.14（a）所示就是链在一定寿命下，小链轮在不同转速下由各种失效形式限定的极限功率曲线。曲线1是在良好而充分润滑条件下由磨损破坏限定的极限功率曲线；曲线2是在变应力作用下链板疲劳破坏限定的极限功率曲线；曲线3是由滚子、套筒冲击疲劳强度限定的极限功率曲线；曲线4是由销轴与套筒胶合限定的极限功率曲线；曲线5是良好润滑情况下的额定功率曲线，它是设计时实际使用的功率曲线；曲线6是润滑条件不好或工作环境恶劣情况下的极限功率曲线，在这种情况下链磨损严重，所能传递的功率比良好润滑情况下的功率低得多。在一定的使用寿命和润滑良好的条件下，链传动的各种失效形式的极限功率曲线如图3.14(b)所示。

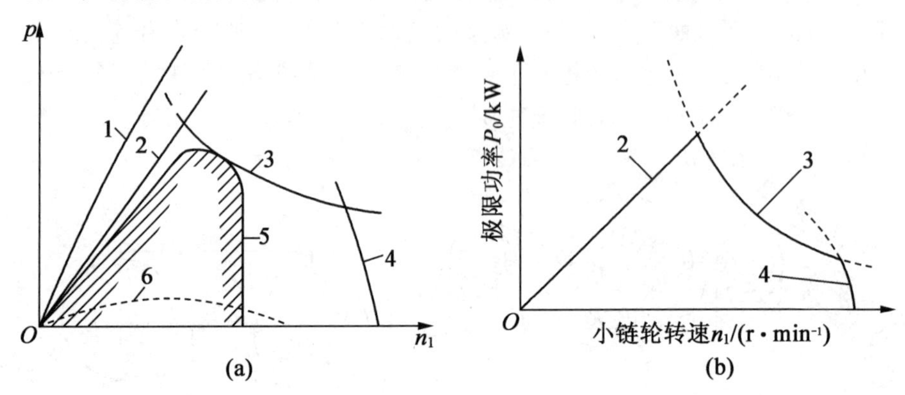

图3.14　滚子链极限功率曲线

2. 额定功率曲线

如图3.15所示为A系列滚子链的额定功率曲线，其是在如图3.14(a)、(b)所示的2、3、4曲线基础上做了一些修正得到的，根据小链轮转速 n_1，由此图可查出各种型号的链在链速 $v>0.6$ m/s情况下允许传递的额定功率 P_0。

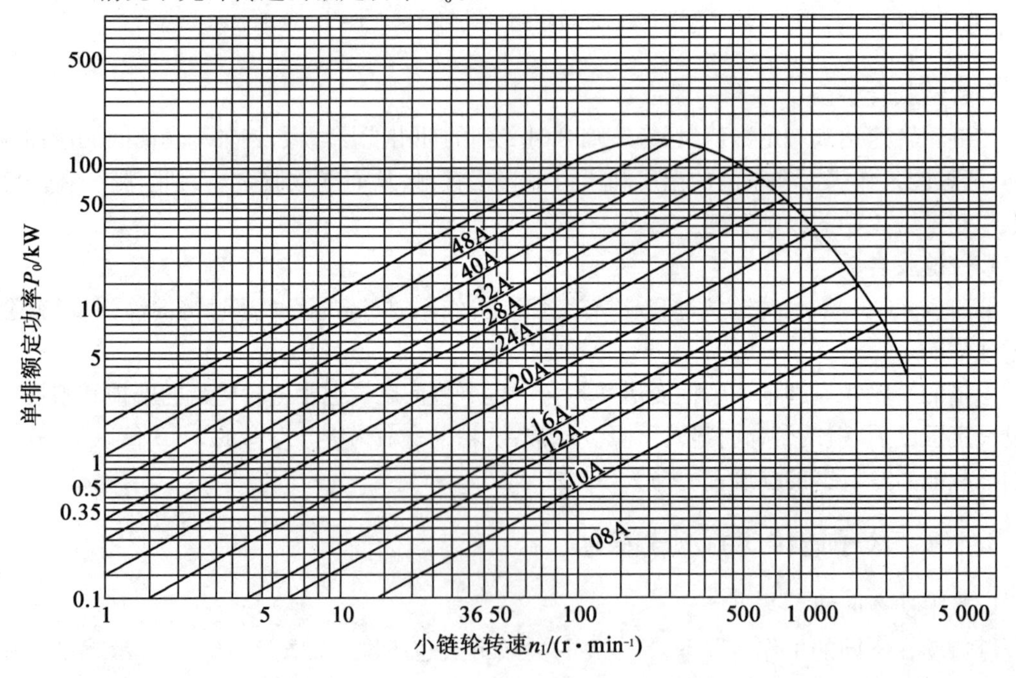

图3.15　A系列滚子链的额定功率曲线

滚子链的额定功率曲线是在以下标准实验条件下得出的：①主动链轮和从动链轮安装在水平平行轴上；②主动链轮齿数 $z_1=25$；③无过渡链节的单排滚子链；④链长 $L_p=120$ 节(实际链

长小于此长度时,使用寿命将按比例减少);⑤传动减速比 $i=3$;⑥链条预期使用寿命 15 000 h;⑦工作环境温度为 -5 ~ +70 ℃;⑧两链轮共面,链条保持规定的张紧度;⑨平稳运转,无过载、冲击或频繁启动;⑩清洁的环境,合适的润滑(按推荐的方式润滑),如图 3.16 所示。

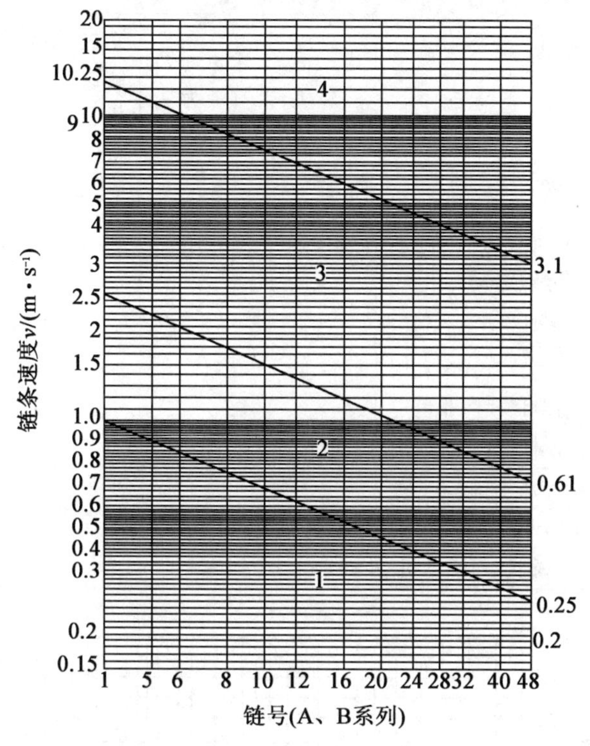

图 3.16　链传动的推荐润滑方式(GB/T 18150—2006)

1—人工定期润滑;2—滴润滑油;3—油浴或飞溅润滑;4—压力喷油润滑

当实际情况不符合实验规定的条件时,链传动所传递的功率应修正为当量的单排链的额定功率

$$P_0' = \frac{K_A K_z}{K_p} P \tag{3.25}$$

式中　K_A——工作情况系数,见表 3.8;

K_z——小链轮齿数系数(图 3.17);

K_p——多排链系数,见表 3.9;

P——链传动所传递的功率(kW)。

表 3.8 工作情况系数 K_A

从动机械特性		主动机械特性		
		平稳运转	轻微振动	中等振动
		电动机、汽轮机和燃气轮机、带有液力变矩器的内燃机	带机械联轴器的六缸或六缸以上内燃机、经常启动的电动机(一日两次以上)	带机械联轴器的六缸以下内燃机
平稳运转	离心式的泵和压缩机、印刷机械、均匀加料的带式输送机、纸张压光机、自动扶梯、液体搅拌机和混料机、回转干燥炉、风机	1.0	1.1	1.3
中等振动	三缸或三缸以上的往复式泵和压缩机、混凝土搅拌机、载荷非恒定的输送机、固体搅拌机和混料机	1.4	1.5	1.7
严重振动	刨煤机、电铲、轧机、球磨机、橡胶加工机械、压力机、剪床、单缸或双缸的泵和压缩机、石油钻机	1.8	1.9	2.1

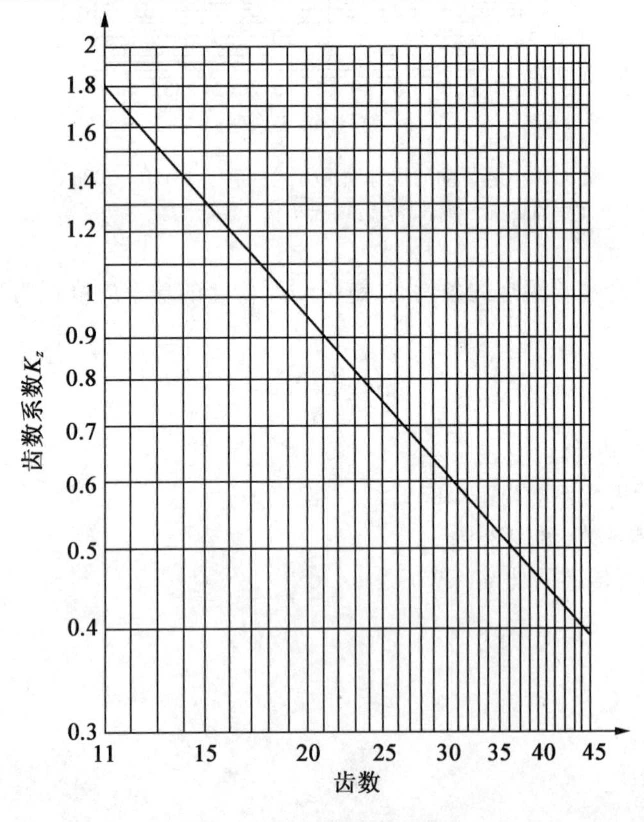

图 3.17 小链轮齿数系数 K_z

表3.9　多排链系数 K_p

排数	1	2	3	4	5	6
K_p	1.0	1.7	2.5	3.3	4.0	4.6

3.4.3　滚子链传动主要参数的选择

1. 传动比 i

链传动的传动比一般 $i \leqslant 6$，推荐 $i=2 \sim 3.5$。当 $v<2$ m/s 且载荷平稳时，i 允许到10(个别情况可到15)。如果传动比过大，则链包在小链轮上的包角过小，啮合的齿数太少，这将加速轮齿的磨损，容易出现跳齿，破坏正常啮合，并使传动外廓尺寸增大。通常包角最好不小于120°，传动比在3左右。

2. 链轮齿数

链轮齿数的多少对传动的平稳性和使用寿命均有很大的影响。链轮齿数不宜过少或过多。

对于小链轮而言，齿数 z_1 过少时：①增加传动的不均匀性和动载荷。②增加链节间的相对转角，从而增大功率损耗。③增加铰链承压面间的压强(因齿数少时，链轮直径小，链的工作拉力将增加)，从而加速铰链磨损等。

从增加传动均匀性和减少动载荷考虑，小链轮齿数宜适当多些。在动力传动中小链轮的最少齿数推荐见表3.10。

表3.10　滚子链小链轮齿数 z_1 选择

链速 $v/(\mathrm{m \cdot s^{-1}})$	0.6~3	3~8	>8	>25
z_1	≥17	≥21	≥25	≥35

对于大链轮而言，虽然增加小链轮齿数对传动有利，但如果 z_1 选得太大，大链轮齿数 z_2 将更大，除增大了传动的尺寸和质量外，还易发生跳齿和脱链，使链条寿命降低。

链轮齿数太多将缩短链的使用寿命。由图3.13可知，链节磨损后，套筒和滚子都被磨薄而且中心偏移。这时，链与轮齿实际啮合的节距将由 p 增至 $(p+\Delta p)$，链节势必沿着轮齿廓向外移，链轮节圆直径的增量为 $\Delta d=\Delta p/\sin(180°/z)$，因而分度圆直径将由 d 增至 $(d+\Delta d)$。若 Δp 不变，则链轮齿数越多，所需的分度圆直径的增量 Δd 就越大。链节越向外移，链从链轮上脱落下来的可能性也就越大，链的使用期限也就越短。因此，链轮最多齿数限制为 $z_{max}=150$，一般不大于114。

所以链轮齿数的取值范围为 $17 \leqslant z \leqslant 150$。从限制大链轮齿数和减少传动尺寸考虑，传动比大的链传动建议选取较少的链轮齿数。当链速很低时，允许最少齿数为9。

在选取链轮齿数时，应同时考虑到均匀磨损的问题。由于链节数多选用偶数，所以链轮齿数应选与链节数互质的数或不能整除链节数的数。

3. 选定链的型号,确定链节距和链排数

链的节距大小反映了链节和链轮齿的各部分尺寸的大小,链节距越大,链和链轮齿各部分的尺寸也越大,在一定条件下链的拉曳能力也越大,但传动的多边形效应增大,于是速度不均匀性、动载荷、噪声等都将增加。因此设计时,在承载能力足够的条件下,应选取较小节距的单排链;高速重载时,可选用小节距的多排链。载荷大、中心距小、传动比大时,一般选小节距多排链;若速度不太高、中心距大、传动比小,则可选大节距单排链。

若已知传递功率 P 和转速 n_1,根据式(3-25)计算出当量的单排链的额定功率 P_0',由图 3.15 选取链型号,确定节距 p。

4. 链节数 L_p 和链传动中心距 a

中心距过小,链速不变时,单位时间内链条绕转次数增多,链条曲伸次数和应力循环次数增多,因而加剧了链节距的磨损和疲劳。同时,由于中心距小,链条在小链轮上的包角变小,在包角范围内,每个轮齿所受载荷增大,且容易出现跳齿和脱链现象;若中心距大、链较长,则弹性较好,抗振能力较高,又因磨损较慢,所以链的使用寿命较长。但中心距过大,会引起从动边垂度过大,传动时造成松边颤动。因此在设计时,若中心距不受其他条件限制,一般可初选 $a_0=(30\sim50)p$,最大取 $a_{0\max}=80p$。当有张紧装置或托板时,a_0 可大于 $80p$。

链的长度常用链节数 L_p 表示,$L_p=L/p$,L 为链长。链节数的计算公式为

$$L_p=\frac{L}{p}=\frac{z_1+z_2}{2}+\frac{2a_0}{p}+\left(\frac{z_2-z_1}{2\pi}\right)^2\frac{p}{a_0} \tag{3.26}$$

计算出的 L_p 值应圆整为相近的整数,而且最好为偶数,以免使用过度链节。根据圆整后的链节数,链传动的理论中心距为

$$a=\frac{p}{4}\left[\left(L_p-\frac{z_1+z_2}{2}\right)+\sqrt{\left(L_p-\frac{z_1+z_2}{2}\right)^2-8\left(\frac{z_2-z_1}{2\pi}\right)^2}\right] \tag{3.27}$$

为了保证链条松边有一个合适的安装垂度 f,实际中心距应比理论中心距小一些。即

$$a'=a-\Delta a \tag{3.28}$$

理论中心距 a 的减小量 $\Delta a=(0.002\sim0.004)a$,对于中心距可调的链传动,$\Delta a$ 可取大值;对于中心距不可调和没有张紧装置的链传动,则 Δa 应取较小值。当链条磨损后,链节增长,垂度过大时,将引起啮合不良和链的振动。为了在工作过程中能适当调整垂度,一般将中心距设计成可调的,调整范围 $\Delta a\geqslant 2p$,松边垂度 $f=(0.01\sim0.02)a$。当无张紧装置,而中心距又不可调时,必须精算中心距 a。

5. 链速及润滑方式

链速的提高受到动载荷的限制,所以一般最好不超过 12 m/s。如果链和链轮的制造质量很高,链节距较小,链轮齿数较多,安装精度很高,以及采用合金钢制造的链,则链速最高可达 40 m/s。

根据链速 v,由图 3.16 选择合适的润滑方式。

6. 小链轮轮毂孔最大直径

对于链速 $v<0.6$ m/s 的低速链传动,因抗拉静力强度不够而破坏的概率很大,故常按下式进行抗拉静力强度计算。

计算安全系数

$$S_{ca}=\frac{Q_{min}m}{K_A(F_\theta+F_c+F_f)}\geqslant 4\sim 8 \tag{3.29}$$

式中　Q_{min}——单排链的极限拉伸载荷(kN),见表3.1;

m——链的排数;

K_A——工况系数,见表3.8;

F_θ——工作拉力(有效圆周力)(kN);

F_c——离心拉力(kN);

F_f——悬垂拉力(kN)。

3.5　链传动的布置、张紧和润滑

3.5.1　链传动的布置

链传动一般应布置在铅垂面内,尽可能避免布置在水平面或倾斜平面内。如确有需要,则应考虑加托板或张紧轮等装置,并且设计较紧凑的中心距。

链传动的布置应考虑表3.11中提出的一些布置原则。

表3.11　链传动的布置

传动参数	正确布置	不正确布置	说明
$i=2\sim3$ $a=(30\sim50)p$ (i与a较佳场合)	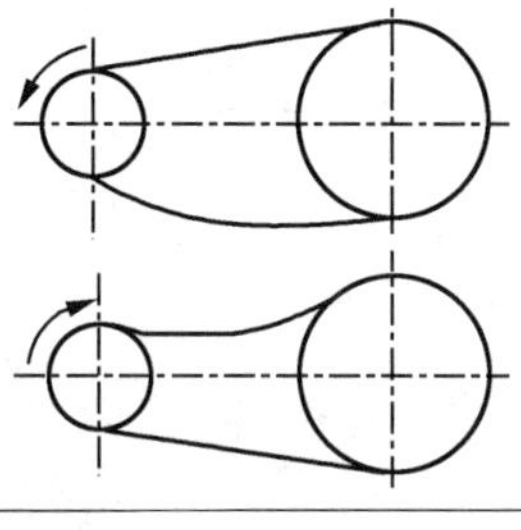		传动比和中心距中等大小: 两轮轴线在同一水平面,紧边在上、在下都可以,但在上好些
$i>2$ $a<30p$ (i大a小场合)	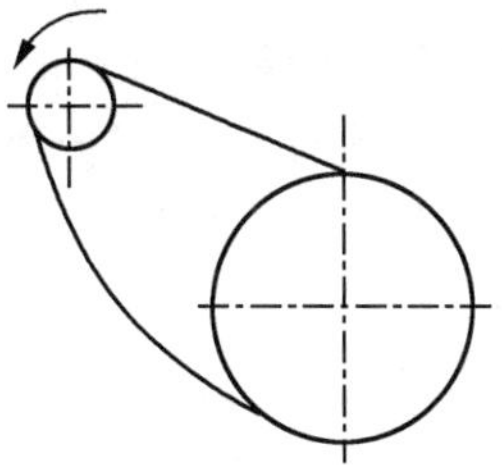	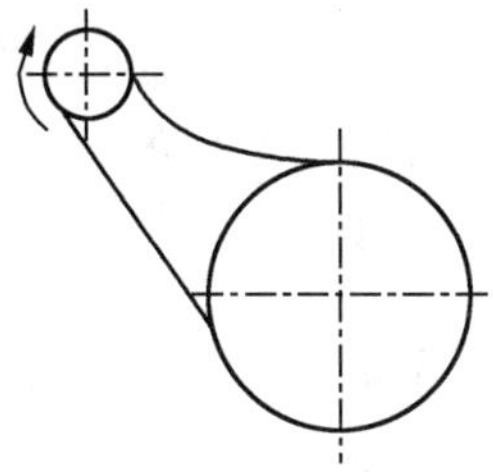	中心距较小: 两轮轴线不在同一水平面,松边应在下面,否则松边下垂量增大后,链条易与链轮卡死

续表 3.11

传动参数	正确布置	不正确布置	说明
$i>1.5$ $a>60p$ （i 小 a 大场合）	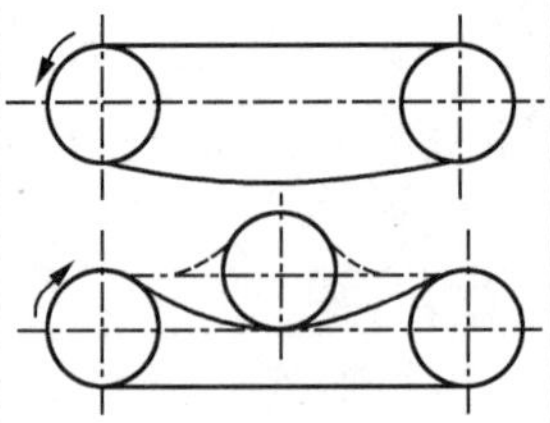	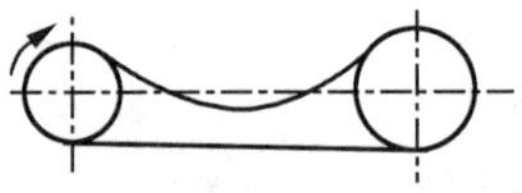	传动比小，中心距较大： 两轮轴线在同一水平面， 松边应在下面，否则松边下垂量增大后，松边会与紧边相碰，需经常调整中心距
i、a 为任意值 （垂直传动场合）	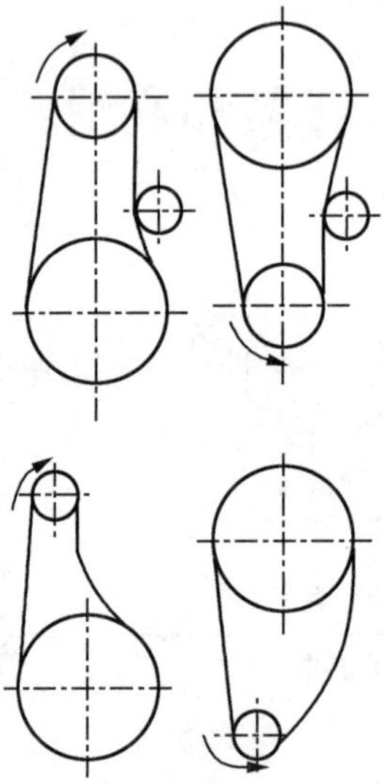	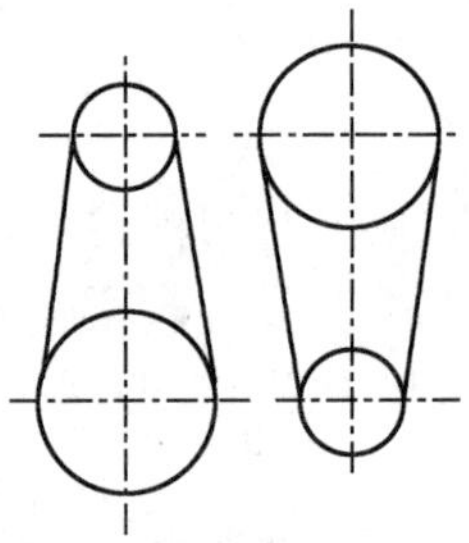	两轮轴线在同一铅垂面内，经过使用，链节距加大，链下垂量增大，会减少下链轮的有效啮合齿数，降低传动能力。为此应采用： (1)中心距可调 (2)设置张紧装置 (3)上、下两轮偏置，使两轮的轴线不在同一铅垂面内

3.5.2 链传动的张紧

链传动中如果松边垂度过大，将引起啮合不良和链条振动现象，所以链传动张紧的目的和带传动不同，张紧力并不决定链的工作能力，而只是决定垂度的大小。链传动张紧的目的主要是避免垂度太大时的啮合不良和链条振动，同时也为了增加链条和链轮的啮合角。

常见的链传动的张紧方法由增大中心距、加张紧装置或在链条磨损后从中去掉一两个链节。当链传动的中心距可调整时，可通过调整中心距张紧；当中心距不可调时，可通过设置张紧轮张紧。

调整中心距的方法与带传动一样。用张紧轮时，张紧轮应装在松边上靠近主动链轮的地方。所用张紧装置为带齿链轮、不带齿的滚轮、压板或托板，如图 3.18 所示。不论是带齿的还是不带齿的张紧轮，其分度圆直径最好与小链轮的分度圆直径相近。不带齿的张紧轮可以用夹布胶木支撑，宽度应比链约宽 5 mm。张紧装置有自动张紧和定期调整两种。前者多用弹簧、吊重等自动张紧装置（图 3.18(a)、(b)），后者可用螺旋、偏心等调整装置（图 3.18(c)、(d)）。中心距大的链传动用托板控制垂度更为合理（图 3.18(e)）。

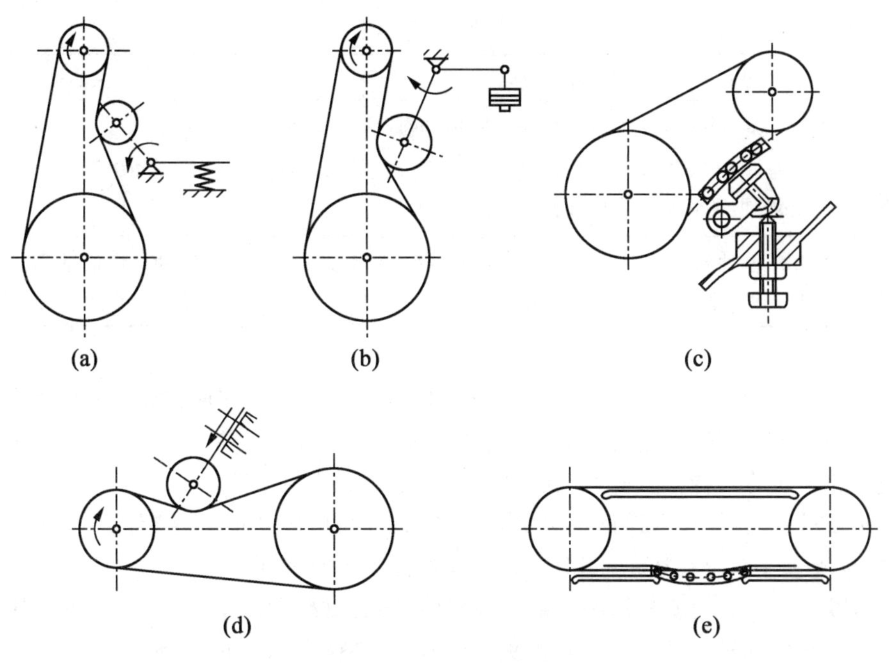

图3.18　链传动张紧装置

3.5.3　链传动的润滑性

链条的润滑对链条的寿命和工作性能的影响很大。链传动的润滑十分重要，对高速重载的链传动更重要。良好的润滑可缓和链节和链轮的冲击、减轻磨损，又能防止铰链内部工作温度过高，延长链条的使用寿命。

开式链传动和不易润滑的链传动，可定期拆下用煤油清洗，干燥后放入70～80 ℃的润滑油中，在铰链间隙中充满油后再安装使用。闭式链传动的推荐润滑方式如图3.16所示，滚子链的润滑方法和供油量见表3.12。

表3.12　滚子链的润滑方法和供油量

润滑方式	润滑方法	供油量
人工润滑	用刷子或油壶定期在链条松边内、外链板间隙中注油	每班注油一次
滴油润滑	装有简单外壳，用油杯滴油	单排链，每分钟供油5～20滴，速度高时取大值
油浴供油	采用不漏油的外壳，使链条从油槽中通过	一般浸油深度为6～12 mm。链条浸入油面过深，搅油损失大，油易发热变质

续表 3.12

润滑方式	润滑方法	供油量
飞溅润滑	采用不漏油的外壳,在链轮侧边安装甩油盘,飞溅润滑。甩油盘圆周速度 $v>3$ m/s。当链条宽度大于 125 mm 时,链轮两侧各装一个甩油盘	甩油盘浸油深度为 12 ~ 35 mm
压力供油	采用不漏油的外壳,液压泵强制供油,喷油管口设在链条啮入处,循环油可起冷却作用	每个喷油口供油量可根据链节距及链速大小查阅有关手册

润滑油推荐采用牌号为 L－AN32、L－AN46、L－AN68 的全损耗系统用油。油温低时取 L－AN32。对于开式及重载、低速传动,可在润滑油中加入 MoS_2、WS_2 等添加剂。对于转速很慢且用润滑油不便的场合,允许涂抹润滑脂,但应定期清洗与涂抹。

润滑时,应设法将油注入链活动关节间的缝隙中,并均匀分布在链宽上。润滑油应加在松边上,因这时链节处于松弛状态,润滑油容易进入各摩擦面之间。

采用喷镀塑料的套筒或粉末冶金的含油套筒,因有自润滑作用,允许不另加润滑油。

为了工作安全、保持环境清洁、防止灰尘侵入、减小噪声以及润滑需要等原因,链传动常用铸造或焊接护罩封闭。兼作油池的护罩应设置油面指示器、注油孔、排油孔等。传动功率较大和转速较高的链传动,常采用落地式链条箱。

例 设计拖动某带式运输机用的链传动。已知电动机功率 $P=10$ kW,转速 $n_1=970$ r/min,传动比 $i=3$,电动机轴径 $D=50$ mm,载荷平稳,链传动中心距不大于 780 mm(水平布置)。

解

表 3.13 设计步骤

步骤	计算内容	计算公式及参数选择	计算结果
1	选择链轮齿数 z_1、z_2	假定链速 由表 3.10 选取小链轮齿数 从动链轮齿数	$z_1=21$ $z_2=63$
2	计算当量额定功率 P_0'	由表 3.8 查得 $K_A=1.0$ 由图 3.17 查得小链轮齿数系数 $K_z=1.21$ 选单排链,由表 3.9 查得排数系数 $K_p=1.0$ 由式(3.25)计算 $P_0'=\dfrac{K_AK_z}{K_p}P=12.1$ kW	$P_0'=12.1$ kW
3	选择链型号、确定链条的节距 p	根据 $n_1=970$ r/min 以及所需要的额定功率 P_0 查图 3.15,选择链号为 12A 的单排链 由表 3.1 查得 $p=19.05$ mm	$p=19.05$ mm

续表 3.13

步骤	计算内容	计算公式及参数选择	计算结果
4	确定链条的链节数 L_p	初选 $a_0=40p$ 由式(3.36)计算链节数 $L_p=\frac{L}{p}=\frac{z_1+z_2}{2}+\frac{2a_0}{p}+\left(\frac{z_2-z_1}{2\pi}\right)^2\frac{p}{a_0}=123.12$ 节	$L_p=124$ 节
5	确定链长 L 及中心距 a	因为 $L_p=L/p$，所以链长 $L=p\times L_p=19.05\ \text{mm}\times124=2.36\ \text{m}$ 由式(3.27)计算链传动的理论中心距为 $a=\frac{p}{4}\left[\left(L_p-\frac{z_2+z_1}{2}\right)+\sqrt{\left(L_p-\frac{z_2+z_1}{2}\right)^2-8\left(\frac{z_2-z_1}{2\pi}\right)^2}\right]\approx770\ \text{mm}$ 理论中心距 a 的减小量 $\Delta a=(0.002\sim0.004)a=1.54\sim3.08\ \text{mm}$ 由式(3.28)计算实际中心距 $a'=a-\Delta a=768.46\sim766.92\ \text{mm}$ 取 $a'=767\ \text{mm}$，小于 780 mm，符合题意	$L=2.36\ \text{m}$ $a'=767\ \text{mm}$ 中心距合适
6	校核链速 v	由式(3.1)计算链速 $v=\frac{z_1pn_1}{60\times1\ 000}=\frac{z_2pn_2}{60\times1\ 000}=6.47\ \text{m/s}$ 与假设相符。根据图 3.16 选用油浴或飞溅润滑	$v=6.47\ \text{m/s}$ 合适
7	校核小链轮轮毂孔径 d_k	查表 3.4 得，小链轮轮毂孔需用最大直径 $d_{kmax}=72\ \text{mm}$，大于电动机轴径 $D=50\ \text{mm}$，故合适	合适
8	计算压轴力 F_Q	由式(3.17)计算工作拉力 $F_\theta=\frac{1\ 000P}{v}=1\ 545.60\ \text{N}$ 由式(3.24)计算压轴力 $F_Q\approx1.2K_AF_\theta=1\ 854.72\ \text{N}$	$F_Q=1\ 854.72\ \text{N}$
9	链轮结构设计(略)	做习题时要求进行链轮的结构设计	

思考题

1. 为什么在自行车中都采用链传动，而不用带传动？与带传动和齿轮传动比较，链传动有何特点？

2. 在多级传动中(包含带、链和齿轮传动)，链传动布置在哪一级较合适？为什么？

3. 什么是链传动的运动不均匀性？其产生的原因和影响不均匀性的主要因素是什么？

4. 链传动中，由于磨损引起的链节距 p 伸长而导致的脱链，是先发生在小链轮上还是先发生在大链轮上？为什么？

5. 链传动的主要失效形式有哪些？链传动设计中链轮齿数、链节距和传动中心距的选取原则是什么？

课后习题

1. 有一滚子链传动,水平布置,采用10A单排滚子链,小链轮齿数 $z_1=18$,大链轮齿数 $z_2=60$,中心距 $a\approx730$ mm,小链轮转速 $n_1=730$ r/min,电动机驱动,载荷平稳。试计算:链节距;链传动能传递的功率;链的紧边拉力;作用在轴上的压力。

2. 设计一输送装置用的滚子链传动,已知:传递的功率 $P=12$ kW,主动链轮转速 $n_1=960$ r/min,从动链轮转速 $n_2=300$ r/min。传动由电动机驱动,载荷平稳。

3. 一双排滚子链传动,已知:传递的功率 $P=2$ kW,传动中心距 $a=500$ mm,采用链号为10A的滚子链,主动链轮 $n_1=130$ r/min,$z_1=17$,电动机驱动,中等冲击载荷,水平布置,静强度安全系数为7,试校核此链传动的强度。

第4章 齿轮传动

4.1 概 述

齿轮传动用于传递空间任意两轴之间的运动和动力，种类繁多，也是机械中应用最广泛的传动形式之一。本章以介绍最常用的渐开线齿轮传动设计为主。

4.1.1 齿轮传动的特点

齿轮传动的主要特点如下。

(1)效率高。在常用的机械传动中，齿轮传动的效率最高。一对圆柱齿轮传动的效率一般在98%以上，高精度齿轮传动的效率超过99%。这对大功率传动十分重要，因为即使效率只提高1%，也有很大的经济意义。

(2)结构紧凑。在同样的使用条件下，齿轮传动所需的结构尺寸一般较小。

(3)工作可靠、寿命长。设计制造正确合理、使用维护良好的齿轮传动，工作可靠，寿命长，这也是其他机械传动不能比拟的。

(4)传动比准确、恒定。无论是瞬时还是平均传动比，传动比准确、恒定往往是对传动的一个基本要求。齿轮传动获得广泛的应用，就是因其具有这一特点。

(5)适用的速度和功率范围广。传递功率可高达数万千瓦，圆周速度可达150 m/s(最高达300 m/s)，直径能做到10 m以上。

(6)要求加工精度和安装精度较高。制造时需要专用工具和设备，因此成本比较高。

(7)不宜在两轴中心距很大的场合使用。

4.1.2 齿轮传动的分类

齿轮传动的种类繁多，可按不同方法予以分类。齿轮传动的分类见表4.1。

表4.1　齿轮传动的分类

按齿廓曲线	渐开线、圆弧、摆线
按啮合位置	外啮合、内啮合
按齿轮外形	直齿、斜齿、人字齿、曲(线)齿
按两轴相互位置	平行轴、相交轴、交错轴
按工作条件	开式、半开式、闭式
按齿面硬度	软齿面(≤HBW350)、硬齿面(>HBW350)

开式齿轮传动是齿轮全部与大气接触,润滑情况差;半开式齿轮传动是指齿轮一部分浸入油池,上面装护罩,不封闭;闭式齿轮传动是齿轮封闭在箱体内并能得到良好的润滑。

轮齿工作面的硬度大于HBW350(或HRC38),称为硬齿面齿轮传动;轮齿工作面的硬度小于或等于HBW350(或HRC38),称为软齿面齿轮传动。

4.2　齿轮传动的失效形式及设计准则

4.2.1　齿轮传动的失效形式

一般来说,齿轮传动的失效主要是轮齿的失效,通常有轮齿折断和工作齿面点蚀、胶合、磨损及塑性变形等。至于齿轮的其他部分(如轮缘、轮辐、轮毂等),除大型齿轮外,通常是按经验设计,所定的尺寸对强度及刚度来说均较富裕,实践中也极少失效。因此,下面仅介绍轮齿的失效。

1. 轮齿折断

轮齿像一个悬臂梁,受载后齿根处产生的弯曲应力最大,再加上齿根处过渡部分的尺寸发生了急剧变化,以及沿齿宽方向留下的加工刀痕等引起的应力集中作用,当轮齿重复受载后,齿根处就会产生疲劳裂纹,并逐步扩展,最终使轮齿折断,如图4.1所示。

轮齿折断一般发生在齿根部位。折断有两种:一种是由多次重复的弯曲应力和应力集中造成的疲劳折断;另一种是因短期过载或冲击载荷而产生的过载折断,两种折断均起始于轮齿受拉应力一侧。

在斜齿圆柱齿轮(简称斜齿轮)传动中,轮齿工作面上的接触线为一斜线,轮齿受载后,如有载荷集中时,就会发生折断。若制造及安装不良或轴的弯曲变形过大,轮齿局部受载过大时,即使是直齿圆柱齿轮(简称直齿轮)也会发生局部折断,如图4.2所示。

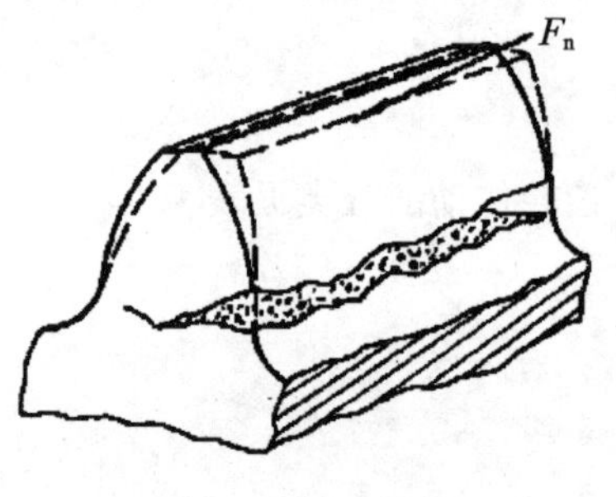

图4.1　轮齿折断

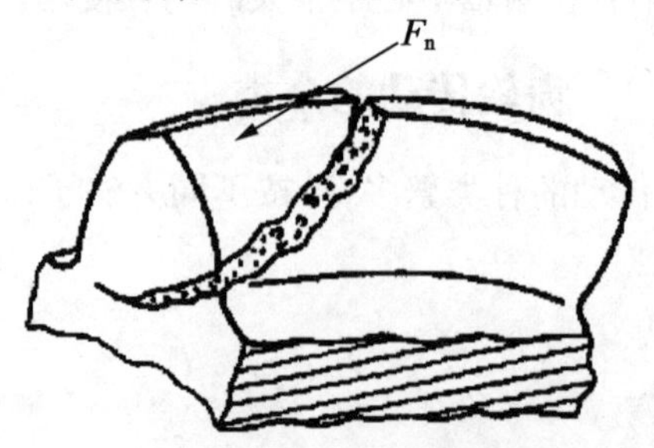

图4.2　局部折断

轮齿折断是齿轮传动最严重的失效形式，必须避免。为提高齿轮的抗折断能力，可适当增大齿根过渡圆角的半径，消除该处的加工刀痕，以降低应力集中作用；增大轴及轴承的刚度，以减小齿面上局部受载的程度；正确地选择材料和热处理形式使齿面较硬，齿芯材料具有足够的韧性；以及在齿根处施加适当的强化措施（如喷丸、碾压等）。

2. 齿面点蚀

轮齿啮合过程中，接触面间产生接触应力（两物体相互接触时，在表面上产生的局部压力称为接触应力），该应力是脉动循环变化的，在此应力的反复作用下，齿面表层就会产生细微的疲劳裂纹，封闭在裂纹中的润滑油在压力的作用下，产生楔挤作用使裂纹扩大，最后导致表层金属片状剥落，出现凹坑，形成麻点状剥伤，称为点蚀，如图 4.3 所示。严重的点蚀使齿轮啮合情况恶化而报废。实践表明轮齿啮合过程中，齿面间的相对滑动起着形成润滑油膜的作用，而且相对滑动速度越高，齿面间形成润滑油膜的作用越显著，润滑也就越好。当轮齿在靠近节线处啮合时，由于相对滑动速度低，形成油膜的条件差，润滑不良，摩擦力较大，特别是直齿轮传动，通常这时只有一对齿啮合，轮齿受力也最大。因此，点蚀首先出现在靠近节线的齿根面上，再向其他部位扩展。从相对的意义上说，就是以靠近节线处的齿根面抵抗点蚀的能力最差（即接触疲劳强度最低）。齿面抗疲劳点蚀的能力主要取决于齿面硬度，齿面硬度越高，抗疲劳点蚀的能力越强。

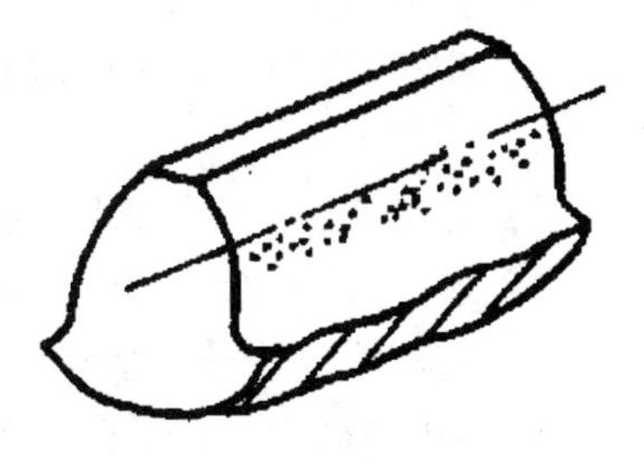

图 4.3　齿面点蚀

新齿轮在短期工作后出现的点蚀痕迹，继续工作后不再发展或反而消失的称为收敛性点蚀。收敛性点蚀只发生在软齿面（硬度≤HBW350）上，原因是齿轮初期工作时表面接触不好，在个别凸起处有很大的接触应力，但当点蚀形成后，凸起逐渐变平，接触面积扩大，待接触应力降至小于极限值时，点蚀即停止发展。

随着工作时间的延长而继续扩展的点蚀称为扩展性点蚀。常在软齿面轮齿经跑合后，接触应力高于接触疲劳极限值时发生。严重的扩展性点蚀能使齿轮在短时间内报废。硬齿面（硬度 > HBW350）齿轮不发生收敛性点蚀。原因是齿面出现小凹坑后，由于材料的脆性，凹坑边缘不易被碾平，而是继续碎裂成为大凹坑，直至齿面完全破坏为止。

在啮合的轮齿间加注润滑油可以减小摩擦，减缓点蚀，延长齿轮的工作寿命。并且在合理的限度内，润滑油的黏度愈高，上述效果也愈好。但是当齿面上出现疲劳裂纹后，润滑油就会渗入裂纹，而且黏度愈高的油，愈易渗入裂纹。润滑油渗入裂纹后，就有可能在裂纹内受到挤胀，从而加快裂纹的扩展，这是不利之处。所以对速度不高的齿轮传动，用黏度高一些的油来润滑为宜；对速度较高的齿轮传动（圆周速度 $v > 12$ m/s），要用喷油润滑（同时还起散热的作用），此时只宜用黏度低的油。

软齿面的闭式齿轮传动常因齿面点蚀而失效。在开式传动中，因为齿面磨损较快，点蚀来不及形成即被磨掉，因此通常看不到点蚀现象。

3. 齿面胶合

在高速重载的传动中，常因齿面间相对滑动速度比较高而产生瞬时高温导致润滑失效，造成齿面间的黏焊现象，黏焊处被撕脱后，轮齿表面沿滑动方向形成沟痕，这种现象称为齿面胶合，如图 4.4 所示。在低速重载传动中，由于齿面间的润滑油膜不易形成，摩擦热虽不大但也可能发生胶合破坏。采用黏度大的润滑油,减小模数,降低齿高,降低滑动系数,采用抗胶合能力强的润滑油等,均可减轻或防止齿轮的胶合。

4. 齿面磨损

齿面磨损通常有磨粒磨损和跑合磨损两种。

灰尘、硬屑粒等进入齿面间引起的磨粒磨损是开式传动中难以避免的,如图 4.5 所示。因为过度磨损,轮齿失去正确齿形,齿侧间隙增大,从而引起冲击、振动,噪声增大,最后将导致轮齿变薄而折断。

新的齿轮副,由于加工后表面具有一定的粗糙度,受载实际上只有部分峰顶接触,接触处压强很高,因此在开始运转期间,磨损速度和磨损量都较大,磨损到一定程度后,摩擦面逐渐光洁,压强减小,磨损速度缓慢,这种磨损称为跑合磨损。人们有意地使新齿轮副在轻载上进行跑合,可为随后的正常磨损创造有利条件。但应注意,跑合结束后,必须重新更换润滑油。

齿面磨损是开式齿轮传动的主要失效形式。改用闭式齿轮传动是避免齿面磨损最有效的办法,同时提高齿面硬度、降低表面粗糙度均可减轻或防止磨损。

5. 齿面塑性变形

齿面较软的轮齿,重载时可能在摩擦力的作用下产生齿面塑性流动,从而破坏正确齿形。由于在主动轮齿面的节线两侧,齿顶和齿根的摩擦力方向相背,因此在节线附近形成凹槽;从动轮则相反,由于摩擦力方向相对,因此在节线附近形成凸脊,如图 4.6 所示。这种损坏在低速重载、频繁启动和过载传动中经常见到。适当提高齿面硬度,采用黏度大的润滑油,均可减轻或防止齿面塑性变形。

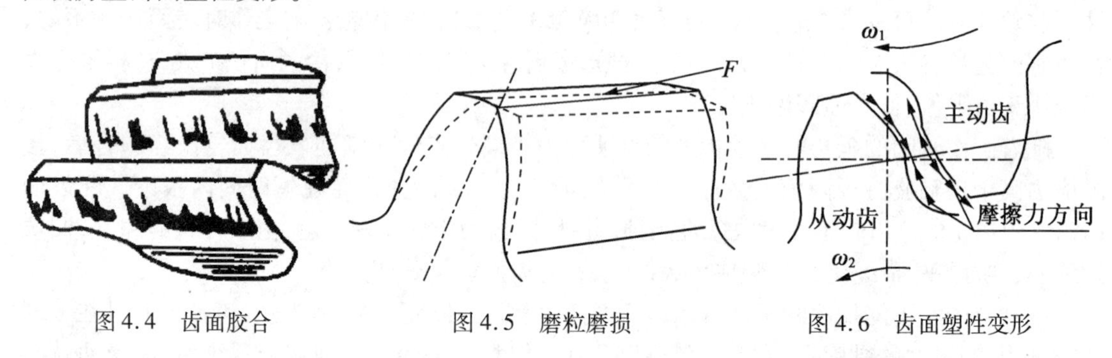

图 4.4 齿面胶合　　图 4.5 磨粒磨损　　图 4.6 齿面塑性变形

除了以上五种主要失效形式以外,齿轮传动还可能发生若干种其他的失效形式。例如,与硬齿面齿轮配对的软齿面齿轮在突然过载时齿面会发生凹陷;表面硬化的齿轮(如轮心)硬度过低,在偶然过载时会产生硬化层压裂及脱层等失效形式。但是,不论有多少种失效形式,前五种都是最基本的。

4.2.2 齿轮传动的设计准则

由上述分析可知,设计的齿轮传动在具体的工作情况下,必须具有足够的、相应的工作能力,保证在整个工作寿命期间不致失效。因此,针对上述各种工作情况及失效形式,都应分别确立相应的设计准则。但是齿面磨损、塑性变形等由于尚未建立起广为工程实际使用,并且行之有效的计算方法及设计数据,所以目前设计一般使用的齿轮传动时,通常只按保证齿根弯曲疲劳强度及保证齿面接触疲劳强度两准则进行计算。对于高速大功率的齿轮传动（如航空发动机主传动、汽轮发电机组传动等），还要按保证齿面抗胶合能力的准则进行计算。

（1）闭式软齿面和软、硬组合齿面（两齿轮之一的齿面硬度 > HBW350）的齿轮传动。其主要失效形式是疲劳点蚀，一般按齿面接触疲劳强度进行设计计算，校核齿根弯曲疲劳强度。

（2）闭式硬齿面的齿轮传动。其主要失效形式是轮齿的折断，按齿根弯曲疲劳强度进行设计计算，校核其齿面的接触疲劳强度。

（3）开式齿轮传动。开式齿轮传动的主要失效形式是磨损，往往是由于齿面的过度磨损或轮齿磨薄后弯曲折断而失效。因此采用降低许用应力的方法按齿根弯曲强度进行设计计算，即按齿根强度进行设计计算，考虑磨损的影响，将计算的模数增大 10% ~15%，通常不必校核接触强度。

功率较大的传动，如输入功率超过 75 kW 的闭式齿轮传动，发热量大，易于导致润滑不良及轮齿胶合损伤等，为了控制温升，还应进行散热能力计算。

齿轮的轮缘、轮辐、轮毂等部位的尺寸，通常仅做结构设计，不进行强度计算。

4.3　齿轮常用材料

由轮齿的失效形式可知，设计齿轮传动时，应使齿面具有较高的抗磨损、抗点蚀、抗胶合及抗塑性变形的能力。因此，对齿轮材料性能的基本要求为齿面要硬，齿芯要韧。

4.3.1　常用的齿轮材料

1. 钢

钢材的韧性好，耐冲击，还可通过热处理或化学热处理改善其机械性能及提高齿面的硬度，故最适于用来制造齿轮。

（1）锻钢。除尺寸过大或者结构形状复杂只宜铸造外，一般都用锻钢制造齿轮，常用的是含碳量在 0.15% ~0.6% 的碳钢或合金钢。

制造齿轮的锻钢可分为：

①经热处理后切齿的齿轮所用的锻钢。对于强度、速度及精度都要求不高的齿轮，应采用软齿面以便切齿，使刀具不致迅速磨损变钝。因此，应将齿轮毛坯经过常化（正火）或调质处理后切齿。其精度一般为 8 级，精切时可达 7 级。

②需进行精加工的齿轮所用的锻钢。高速、重载及精密机器（如精密机床、航空发动机）所用的主要齿轮传动，除要求材料性能优良、轮齿具有高强度及齿面具有高硬度（如 HRC58 ~65）外，还应进行磨齿等精加工。需精加工的齿轮目前多是先切齿，再做表面硬化处理，最后进行精加工，精度可达 4 级或 5 级。这类齿轮精度高，价格较高，所用热处理方法有表面淬火、渗碳、氮化、软氮化及氰化等。所用材料视具体要求及热处理方法而定。

合金钢材根据所含金属的成分及性能，可分别使材料的韧性、耐冲击、耐磨及抗胶合的性能等获得提高，也可通过热处理或化学热处理改善材料的机械性能及提高齿面的硬度。所以对于既是高速、重载，又要求尺寸小、质量轻的齿轮，一般都用性能优良的合金钢来制造。

（2）铸钢。铸钢的耐磨性及强度均较好，但应经退火及常化处理，必要时也可进行调质。

铸钢常用尺寸较大的齿轮。

2. 铸铁

灰铸铁性质较脆，抗冲击及耐磨性都较差，但抗胶合及抗点蚀的能力较好。灰铸铁齿轮常用于工作平稳、速度较低、功率不大的场合。

3. 非金属材料

对高速、轻载及精度不高的齿轮传动，为了降低噪声，常用非金属材料（如夹布塑胶、尼龙等）做小齿轮，大齿轮仍用钢或铸铁制造。为使大齿轮具有足够的抗磨损及抗点蚀的能力，齿面的硬度应为 HBW250 ~ 350。

表 4.2 给出了齿轮常用材料及其机械性能。

表 4.2 齿轮常用材料及其机械性能

材料牌号	热处理种类	截面尺寸		力学性能		硬度	
		直径 d/mm	壁厚 s/mm	σ_b/MPa	σ_s/MPa	HBW	HRC
调质钢							
45	正火	≤100	≤50	588	294	169 ~ 217	
		101 ~ 300	51 ~ 150	569	284	162 ~ 217	
		301 ~ 500	151 ~ 250	549	275	162 ~ 217	
		501 ~ 800	251 ~ 400	530	265	156 ~ 217	
	调质	≤100	≤50	647	373	229 ~ 286	
		101 ~ 300	1 ~ 150	628	343	217 ~ 255	
		301 ~ 500	151 ~ 250	608	314	197 ~ 255	
	表面淬火						40 ~ 50
35SiMn	调质	≤100	≤50	785	510	229 ~ 286	
		101 ~ 300	51 ~ 150	735	441	217 ~ 269	
		301 ~ 400	151 ~ 200	686	392	217 ~ 255	
		401 ~ 500	201 ~ 250	637	373	196 ~ 255	
	表面淬火						45 ~ 55
42SiMn	调质	≤100	≤50	785	510	229 ~ 286	
		101 ~ 200	51 ~ 100	735	461	217 ~ 269	
		201 ~ 300	101 ~ 150	686	441	217 ~ 255	
		301 ~ 500	151 ~ 250	637	373	196 ~ 255	
	表面淬火						45 ~ 55

续表 4.2

材料牌号	热处理种类	截面尺寸		力学性能		硬度	
		直径 d/mm	壁厚 s/mm	σ_b/MPa	σ_s/MPa	HBW	HRC
调质钢							
40Cr	调质	≤100	≤50	735	539	241～286	
		>100～300	>51～150	686	490	241～286	
		>300～500	>150～250	637	441	229～269	
		>500～800	>250～400	588	343	217～255	
	表面淬火						48～55
35CrMo	调质	≤100	≤50	735	539	207～269	
		>100～300	>50～150	686	490	207～269	
		>300～500	>150～250	637	441	207～269	
		>500～800	>250～400	588	392	207～269	
	表面淬火						40～45
渗碳、淬火、回火							
20Cr	渗碳、淬火、回火	≤60		637	392		56～62
	氮化						53～60
20CrMnTi	渗碳、淬火、回火	15		1079	834		56～62
	氮化						57～63
铸钢、合金铸钢							
ZG310－570	正火			570	310	163～197	
ZG40Mn2	正火、回火			588	392	≥197	
	调质			834	686	269～302	
ZG35SiMn	正火、回火			569	343	163～217	
	调质			637	412	197～248	
G42SiMn	正火、回火			588	373	163～217	
	调质			637	441	197～248	
铸钢、合金铸钢							
ZG40Cr	正火、回火			628	343	≤212	
	调质			686	471	228～321	
ZG35CrMo	正火、回火			588	392	179～241	
	调质			686	539	179～241	

续表 4.2

材料牌号	热处理种类	截面尺寸		力学性能		硬度	
		直径 d/mm	壁厚 s/mm	σ_b/MPa	σ_s/MPa	HBW	HRC
灰铸铁							
HT250			>4.0~10	270		175~263	
			>10~20	240		164~247	
			>20~30	220		157~236	
			>30~50	200		150~225	
HT300			>10~20	200		182~273	
			>20~30	250		169~255	
			>30~50	230		160~241	
HT350			>10~20	340		197~298	
			>20~30	290		182~273	
			>30~50	260		171~257	

4.3.2 齿轮热处理

1. 调质或正火

一般用于中碳钢或中碳合金钢。调质后材料的综合性能良好,硬度一般可达 HBW200~280。由于硬度不高,热处理后便于精切齿形。

正火能消除内应力细化晶粒,改善其性能,正火后硬度可达 HBW156~217。

考虑到传动时小齿轮轮齿的工作次数比大齿轮多,并为便于用跑合的方法改善轮齿的接触情况及提高抗胶合能力,对一对均为软齿面的齿轮传动,两齿轮硬度有一定差别,一般小齿轮的齿面比大齿轮的高 HBW25~50。

2. 整体淬火

整体淬火常用材料为中碳钢或中碳合金钢,如 45、40Cr 等。表面硬度可达 HRC45~55,承载能力高,耐磨性强,适用于高速齿轮传动。这种热处理工艺简单,但轮齿变形很大,芯部韧性较差,不适用于冲击载荷。热处理后必须进行磨齿、研齿等精加工。

3. 表面淬火

表面淬火一般用于中碳钢和中碳合金钢,如 45、40Cr 等。表面淬火后轮齿变形不大,可不磨齿,齿面硬度可达 HRC40~55,轮齿承载力高,耐磨性强,同时由于齿芯未淬硬,仍保持较高的韧性,所以能承受一定的冲击载荷。表面淬火的方法有高频淬火和火焰淬火等。

4. 渗碳淬火

一般用于含碳量 0.15%~0.25% 的低碳钢或低碳合金钢,如 20、20Cr 等。渗碳淬火后表面硬度可达 HRC56~62,而齿芯仍保持较高的韧性,故可承受较大的冲击载荷。渗碳淬火后轮齿的热处理变形较大,一般需磨齿。

5. 氮化

氮化是一种化学热处理方法，氮化后不再进行其他热处理，齿面硬度可达 HRC60～62。因氮化处理温度低，轮齿变形小，无须磨齿，故适用于难以磨齿的场合，如内齿轮。氮化处理的硬化层很薄，不宜用于有剧烈磨损的场合。

4.3.3　齿轮材料的选择原则

齿轮材料的种类很多，在选择时应考虑的因素也很多，下述几点可供选择材料时参考。

(1)齿轮材料必须满足工作条件的要求。对于要满足质量小、传递功率大和可靠性高等要求的齿轮，必须选择力学性能高的合金钢；对于一般功率很大、工作速度较低、周围环境中粉尘含量极高的齿轮，往往选择铸钢或铸铁等材料；对于功率很小，但要求传动平稳、低噪声或无噪声以及能在少润滑或无润滑状态下正常工作的齿轮，常选用工程塑料作为齿轮材料。总之，工作条件的要求是选择齿轮材料时首先应考虑的因素。

(2)应考虑齿轮尺寸的大小、毛坯成型方法、热处理和制造工艺。大尺寸的齿轮一般采用铸造毛坯，可选用铸钢或铸铁作为齿轮材料。中等或中等以下尺寸要求较高的齿轮常选用锻造毛坯，可选择用锻钢制作。尺寸较小而又要求不高时，选用圆钢制作毛坯。

齿轮表面硬化的方法有渗碳、氮化和表面淬火。采用渗碳工艺时，应选用低碳钢或低碳合金钢作为齿轮材料；采用表面淬火时，对材料没有特别的要求。

(3)正火碳钢，不论毛坯的制作方法如何，只能用于制作在载荷平稳或轻度冲击下工作的齿轮，不能承受大的冲击载荷；调质碳钢可用于制作在中等冲击载荷下工作的齿轮；合金钢常用于制作高速、重载并在冲击载荷下工作的齿轮，飞行器中的齿轮传动，要求齿轮尺寸尽可能小，应采用表面硬化处理的高强度合金钢。

(4)考虑配对两齿轮的齿面硬度组合，对金属制的软齿面齿轮，配对两轮齿面的硬度差应保持 HBW25～50 或更多。当小齿轮与大齿轮的齿面具有较大的硬度差，且速度又较高时，在运转过程中较硬的小齿轮齿面对较软的大齿轮齿面，会起较显著的冷作硬化效应，从而提高大齿轮齿面的疲劳极限。因此，当配对的两齿轮齿面具有较大的硬度差时，大齿轮的接触疲劳许用应力可提高约 20%，但应注意硬度高的齿面，粗糙度值也要相应地减小。齿轮齿面硬度组合举例见表 4.3。

(5)各种钢材是常用的齿轮材料，最常用的是锻钢。这类钢材性能较好，其中，调质钢热处理后的表面硬度低(＜HBW350)，可以用切削加工的方法进行加工，加工效率高，制造成本低。渗碳钢需要在热处理前进行切齿，热处理后由于硬度提高，不能再通过切削加工的方法提高精度，只能通过磨削加工的方法进行加工，消除热处理造成的齿轮变形，加工精度高，加工费用也很高，氮化钢也需要在热处理前进行切齿，热处理后不经加工便可使用。铸钢的力学性能较好，适合于制作大尺寸齿轮。

表 4.3　齿轮齿面硬度组合举例

齿面类型	齿轮种类	热处理		两轮工作齿面硬度差（HBW）	工作齿面硬度举例		备注
		小齿轮	大齿轮		小齿轮（HBW）	大齿轮（HBW）	
软齿面（≤HBW350）	直齿	调质	正火	20~25	240~270	180~220	用于重载中低速固定式传动装置
			调质		260~290	220~240	
			调质		280~310	240~260	
			调质		300~330	260~280	
	斜齿及人字齿	调质	正火	40~50	240~270	160~190	
			正火		260~290	180~210	
			调质		270~300	200~230	
			调质		300~330		
软硬组合齿面（$>HBW_1350$，$\leqslant HBW_2350$）	斜齿及人字齿	表面淬火	调质	齿面硬度差很大	HRC 40~50	200~230	用于冲击及过载都不大的重载中低速固定式传动装置
						230~260	
		渗碳淬火	调质		HRC 56~62	270~300	
						300~330	
硬齿面（>HBW350）	直齿、斜齿及人字齿	表面淬火	表面淬火	齿面硬度大致相同	HRC45~50		用在传动尺寸受结构条件限制的情形和运输机上的传动装置
		渗碳淬火	渗碳淬火		HRC56~62		

4.4　直齿圆柱齿轮传动的受力分析与计算载荷

4.4.1　直齿圆柱齿轮传动的受力分析

进行齿轮传动的强度计算时，首先要知道齿轮轮齿上所受的力，这就需要对齿轮轮齿进行受力分析。当然，对齿轮轮齿进行受力分析也是计算安装齿轮的轴及轴承时所必需的。

齿轮传动一般均加以润滑，啮合轮齿的摩擦力很小，计算轮齿受力时，可不予考虑。

如图4.7所示，沿啮合线作用在齿面上的法向载荷 F_n 垂直于齿面，为了计算方便，将法向载荷 F_n 在节点 C 处分解为两个相互垂直的分力，即圆周力 F_t 与径向力 F_r，则

$$\begin{cases} F_1 = \dfrac{2T_1}{d_1} \\ F_r = F_1 \tan\alpha \\ F_n = \dfrac{F_t}{\cos\alpha} \end{cases} \tag{4.1}$$

式中　T_1——小齿轮传递的转矩(N·mm);如果小齿轮传递的功率 P_1(kW),转速为 n_1(r/min),则小齿轮上的转矩为

$$T_1 = 9.55 \times 10^6 \frac{P_1}{n_1} \qquad (4.2)$$

d_1——小齿轮的节圆直径,对标准齿轮即为分度圆直径(mm);

α——啮合角,对标准齿轮,$\alpha = 20°$。

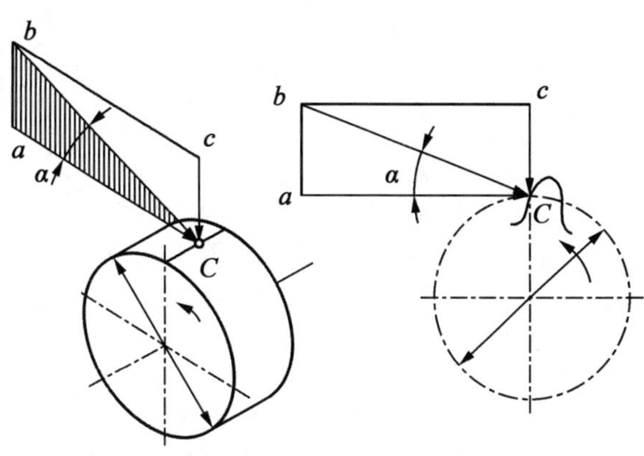

图4.7　直齿圆柱齿轮受力分析

齿轮上的圆周力 F_{t_1} 对于主动轮1为阻抗力,因此,主动轮上圆周力的方向与受力点的圆周速度方向相反;圆周力 F_{t_2} 对于从动轮2为驱动力,因此,从动轮上的圆周力的方向与受力点的圆周速度方向相同。径向力的方向对于外啮合两轮都是由受力点指向各自轮芯。

4.4.2　计算载荷

在实际传动中,由于原动机及工作机性能的影响,以及齿轮的制造误差,特别是基节误差和齿形误差的影响,因此法向载荷增大。此外,在同时啮合的齿对间,载荷的分配并不是均匀的,即使在一对齿上,载荷也不可能沿接触线均匀分布。因此在计算齿轮传动的强度时,应按计算载荷 F_{nc} 进行计算。

$$F_{nc} = KF_n \qquad (4.3)$$

式中　K——载荷系数。载荷系数 K,包括工况系数 K_A、动载系数 K_V、齿向载荷分布不匀系数 K_β 及啮合齿对间载荷分配系数 K_α,即

$$K = K_A K_V K_\alpha K_\beta \qquad (4.4)$$

1. 工况系数 K_A

K_A 是考虑外部动载荷的影响引入的系数。当原动机驱动工作机器时,齿轮传动实际承受载荷的大小,要受原动机及工作机性能和工作情况的影响(如工作阻力大小的变化幅度及变化频率的影响)。为此,即以工作情况系数 K_A 来表征原动机及工作机性能对齿轮实际所受载荷大小的影响。K_A 的实用值应针对设计对象,通过实践确定,见表4.4。

表 4.4 工况系数 K_A

载荷状态	工作机	原动机			
		均匀平稳	轻微冲击	中等冲击	严重冲击
		电动机、汽轮机	蒸汽机、经常启动的电动机	多缸内燃机	单缸内燃机
均匀平稳	发电机、均匀传送的带式运输机或板式运输机、螺旋运输机、轻型升降机、包装机、机床进给机构、通风机、轻型离心机、均匀密度材料搅拌机等	1.00	1.25	1.50	1.75
轻微冲击	不均匀传送的带式运输机或板式运输机、机床的主驱动装置、重型升降机、工业与矿用风机、重型离心机、黏稠液体或变密度材料搅拌机等	1.10	1.35	1.60	1.85
中等冲击	橡胶挤压机、轻型球磨机、木工机械、钢坯初轧机、提升装置、单缸活塞泵等	1.25	1.50	1.75	2.0
严重冲击	挖掘机、重型球磨机、破碎机、橡胶揉合机、压砖机、带材冷轧机、轮碾机等	1.50	1.75	2.0	2.25 或更大

注:对于增速传动,建议取表值的 1.1 倍;当外部机械与齿轮装置之间挠性连接时可适当减小取值

2. 动载系数 K_V

K_V 是考虑内部动载荷的影响引入的系数。齿轮传动不可避免地会有制造及装配的误差,轮齿受载后还要产生弹性变形。这些误差及变形实际上将使啮合轮齿的基圆齿距 p_{b_1} 和 p_{b_2} 不相等。如图 4.8 所示说明内部动载荷产生的原因。图 4.8(a)为从动轮基节 p_{b_2} > 主动齿轮基节 p_{b_1} 的情况,后一对轮齿在未进入啮合区时就提前进入啮合,瞬时传动比发生了变化。同理图 4.8(b)为 $p_{b_2} < p_{b_1}$ 的情况,其瞬时传动比也会发生变化。因而轮齿就不能正确地啮合传动,瞬时传动比就不是定值,从动齿轮在运转中就会产生角速度,于是引起了动载荷或冲击。为了计及动载荷的影响,引入了动载系数 K_V,对于第Ⅱ公差组精度等级为 6 ~ 10 的齿轮,K_V 值可由图 4.9 查取。

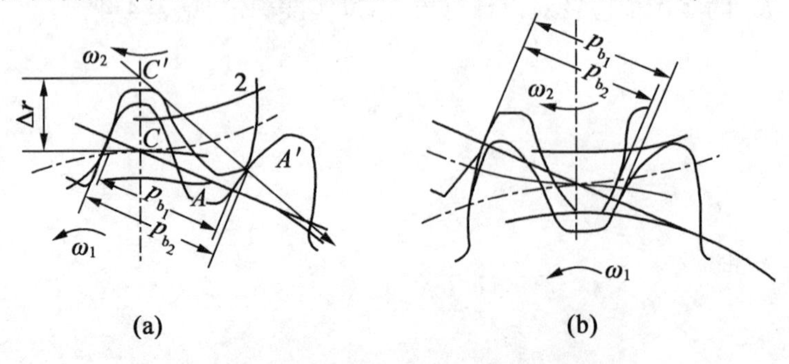

图 4.8 齿轮基节误差对传动平稳性的影响

齿轮的制造精度及圆周速度对轮齿啮合过程中产生动载荷的影响很大。提高制造精度，减小齿轮直径以降低圆周速度，均可减小动载荷。

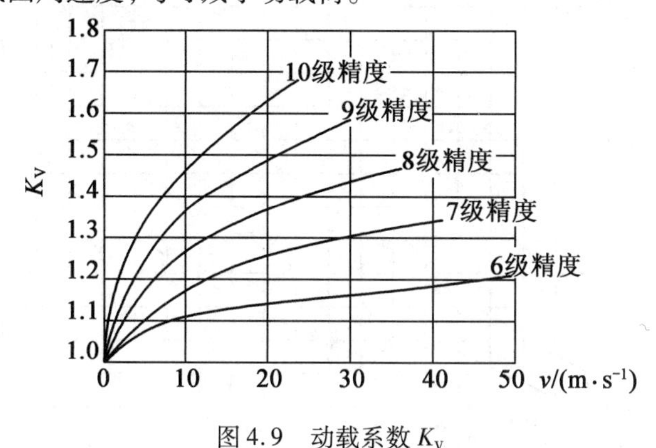

图4.9　动载系数 K_V

3. 齿向载荷分布不均系数 K_β

K_β 是考虑载荷沿接触线分布不均的影响引入的，如图4.10所示。当齿轮相对轴承做不对称配置时，受载前，轴无弯曲变形，轮齿啮合正常，两个节圆柱恰好相切；受载后轴产生弯曲变形，轴上的齿轮也就随之偏斜，如图4.11所示，因轮齿沿齿宽的变形程度不同，作用在齿面上的载荷沿接触线分布不均匀。当然轴的扭转变形，轴承、支座的变形以及制造、装配的误差等也是使齿面上载荷分布不均的因素。计算轮齿强度时，为了计及齿面上载荷沿接触线分布不均的现象，通常以系数 K_β 来表征齿面上载荷分布不均的程度对轮齿强度的影响。其数值可由图4.12查得。为了减小这一误差，可以提高有关零件的精度、刚度，减小轴的变形对齿轮的影响。此外，还可以将齿轮做成鼓形齿，即沿宽度方向将轮齿修成腰鼓形，可以避免轮齿某一端受载过大。

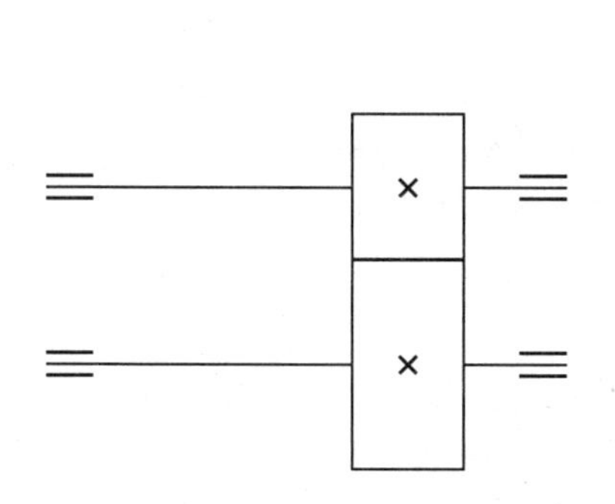

图4.10　齿轮做不对称布置

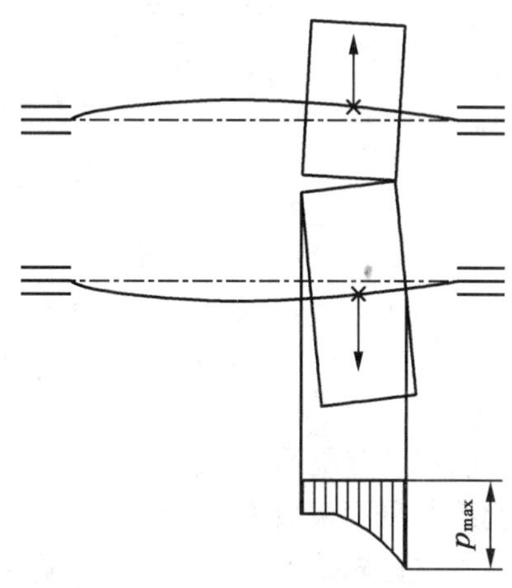

图4.11　轮齿所受的载荷分布不均

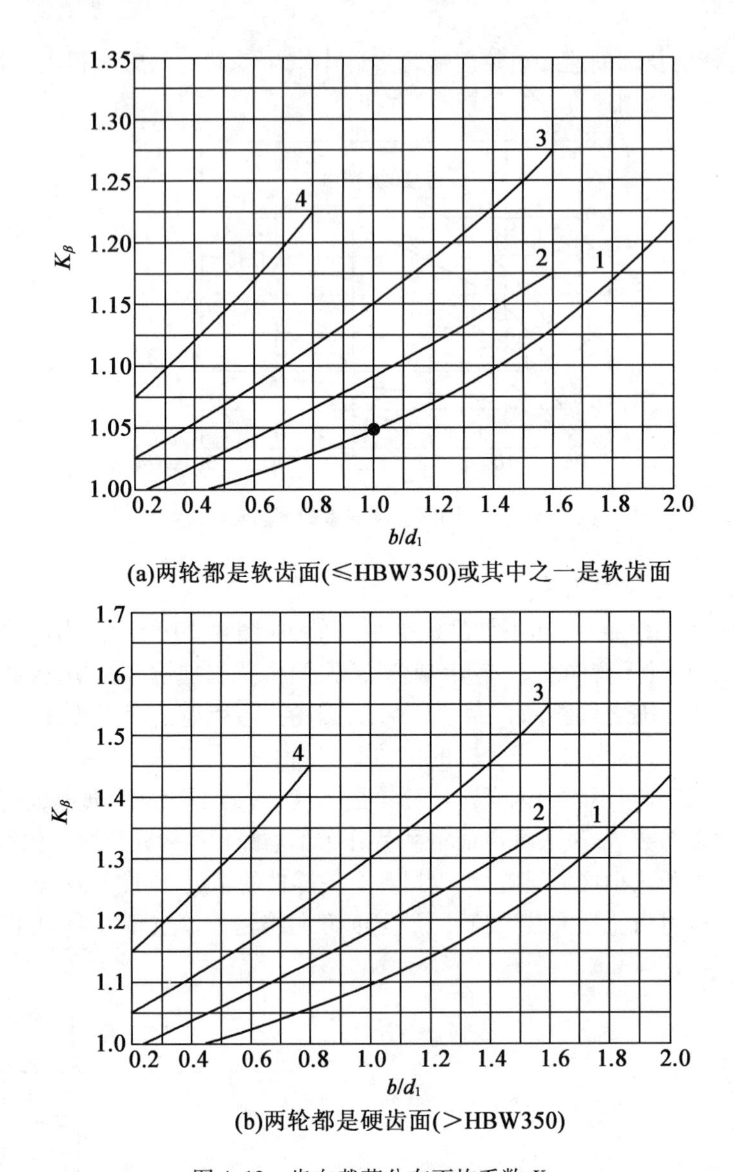

(a)两轮都是软齿面(≤HBW350)或其中之一是软齿面

(b)两轮都是硬齿面(>HBW350)

图 4.12　齿向载荷分布不均系数 K_β

1—齿轮在两轴承中间对称布置；2—齿轮在两轴承中间非对称布置，轴的刚度较大；

3—齿轮在两轴承中间非对称布置，轴的刚度较小；4—齿轮悬臂布置

4. 齿间载荷分配系数 K_α

齿间载荷分配系数 K_α 是考虑同时啮合的各对轮齿间载荷分配不均匀影响引入的系数。一对直齿圆柱齿轮传动的重合度一般都大于1。工作时，单对齿啮合和双对齿啮合交替进行，前者作用力由一对齿承担，后者作用力则由两对齿分担；另外，一对相互啮合的斜齿圆柱齿轮，有两对(或多对)齿同时工作时，则载荷并不平均分配在这两对(或多对)齿上。为此引入齿间载荷分配系数 K_α。影响齿间载荷分配不均匀的主要因素有：受载后轮齿变形；齿轮的制造误差，特别是基节误差；齿轮的跑合效果及齿廓修形等。对于一般工业传动用的直齿轮和 $\beta\leq$

30°的斜齿轮,K_α 值可按表 4.5 选取。

表 4.5　啮合齿对间载荷分配系数 K_α

<table>
<tr><td colspan="2">$K_A F_t/b$</td><td colspan="4">≥100 N/mm</td><td><100 N/mm</td></tr>
<tr><td colspan="2">精度等级(Ⅱ组)</td><td>5</td><td>6</td><td>7</td><td>8</td><td>5~9</td></tr>
<tr><td rowspan="2">硬齿面直齿轮</td><td>$K_{H\alpha}$</td><td colspan="2" rowspan="2">1.0</td><td rowspan="2">1.1</td><td rowspan="2">1.2</td><td rowspan="2">≥1.2</td></tr>
<tr><td>$K_{F\alpha}$</td></tr>
<tr><td rowspan="2">硬齿面斜齿轮</td><td>$K_{H\alpha}$</td><td rowspan="2">1.0</td><td rowspan="2">1.1</td><td rowspan="2">1.2</td><td rowspan="2">1.4</td><td rowspan="2">≥1.4</td></tr>
<tr><td>$K_{F\alpha}$</td></tr>
<tr><td rowspan="2">非硬齿面直齿轮</td><td>$K_{H\alpha}$</td><td colspan="3" rowspan="2">1.0</td><td rowspan="2">1.1</td><td rowspan="2">≥1.2</td></tr>
<tr><td>$K_{F\alpha}$</td></tr>
<tr><td rowspan="2">非硬齿面斜齿轮</td><td>$K_{H\alpha}$</td><td colspan="2" rowspan="2">1.0</td><td rowspan="2">1.1</td><td rowspan="2">1.2</td><td rowspan="2">≥1.4</td></tr>
<tr><td>$K_{F\alpha}$</td></tr>
</table>

注:$K_{H\alpha}$为齿面接触疲劳强度计算用的齿间载荷分配系数;$K_{F\alpha}$为齿根弯曲疲劳强度计算用的齿间载荷分配系数

4.5　直齿圆柱齿轮传动的强度计算

4.5.1　齿面接触疲劳强度计算

渐开线直齿圆柱齿轮传动为线接触,齿面疲劳点蚀发生在邻近节线(节点 C)附近的齿根表面上,所以用节点 C 作为计算点来进行接触强度计算,保证该处的最大接触应力 σ_H 不超过齿轮的许用应力[σ_H]。强度条件为

$$\sigma_H \leqslant [\sigma_H]$$

一对齿轮 1 和 2 在(节点 C)啮合时,可以看作两圆柱体在节线接触,这两个圆柱体的半径为别是 ρ_1 和 ρ_2,如图 4.13 所示,两圆柱体间的法向作用力为 F_n。根据弹性力学中赫兹线接触理论,节线(节点 C)处最大接触应力 σ_H 为

$$\sigma_H = \sqrt{\frac{\dfrac{F_n}{L}}{\pi\rho_\Sigma} \times \frac{1}{\dfrac{1-\mu_1^2}{E_1} + \dfrac{1-\mu_2^2}{E_2}}} \tag{4.5}$$

式中　ρ_Σ——综合曲率半径,

$$\frac{1}{\rho_\Sigma} = \frac{1}{\rho_1} \pm \frac{1}{\rho_2} \tag{4.6}$$

式中　ρ_1、ρ_2——两圆柱体曲率半径(mm),"+"表示外接触,"-"表示内接触;

E_1、E_2——两圆柱体材料的弹性模量(MPa);

μ_1、μ_2——两圆柱体材料的泊松比;

$\dfrac{F_n}{L}$——作用在圆柱体单位接触线长度上的法向力。

由式(4.6)可见,对选定材料的两圆柱体,法向力一定时,综合曲率半径越大,接触宽度越大,接触应力就越小,但接触宽度大会增大法向载荷沿接触宽度分布不均的可能性。

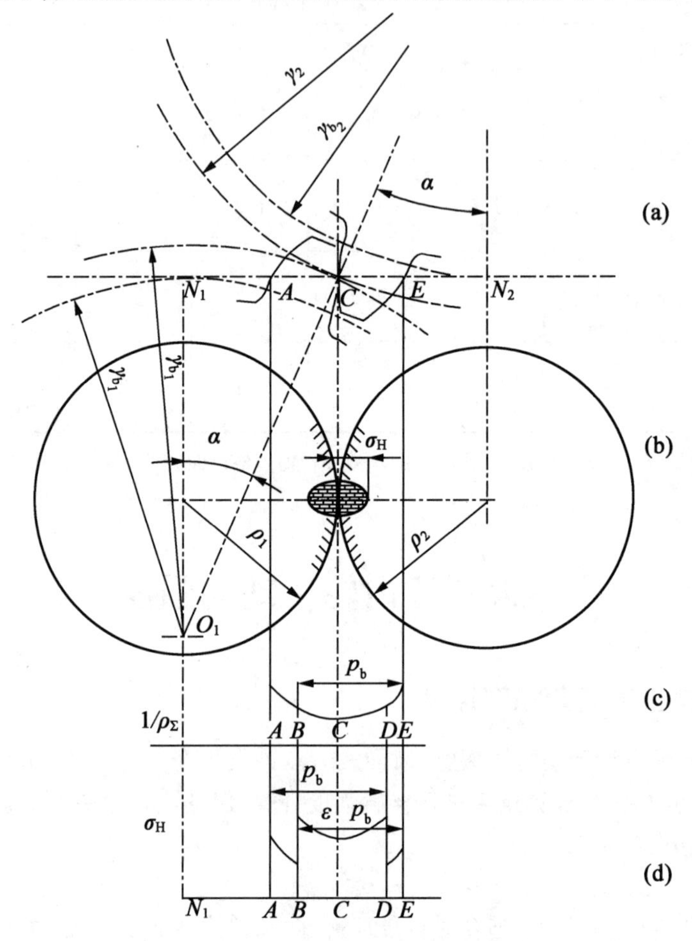

图4.13 直齿圆柱齿轮齿面接触疲劳强度计算简图

由图4.13及渐开线性质可知,一对渐开线标准直齿圆柱齿轮,在节点 C 处可视宽度为齿宽 b,半径分别为两齿廓在节点处的曲率半径 ρ_1 和 ρ_2 的两个圆柱体受法向计算载荷 F_{nC} 的接触情况。又因

$$\rho_1 = \overline{N_1C} = \frac{d_1}{2}\sin\alpha, \quad \rho_2 = \overline{N_2C} = \frac{d_2}{2}\sin\alpha$$

故

$$\frac{1}{\rho_\Sigma} = \frac{1}{\rho_1} \pm \frac{1}{\rho_2} = \frac{\rho_2 \pm \rho_1}{\rho_1\rho_2} = \frac{2(d_2 \pm d_1)}{d_1 d_2 \sin\alpha}$$

式中 d_1、d_2——大、小齿轮分度圆直径;

α——啮合角(标准直齿圆柱齿轮传动,其值等于分度圆压力角)。

设大、小齿轮的齿数分别为 z_2、z_1，则齿数比 $u=\dfrac{d_2}{d_1}=\dfrac{z_2}{z_1}$，$u \geqslant 1$，即 $d_2 \geqslant d_1$。传动比 i 为主动齿轮转速与从动齿轮转速之比，对减速传动 $u=i$，对增速传动 $u=1/i$。

$$\frac{1}{\rho_{\Sigma}}=\frac{2}{d_1 \sin \alpha} \times \frac{(u \pm 1)}{u}$$

故

$$d_1=\frac{2a}{u \pm 1}, \quad d_2=\frac{2au}{u \pm 1}$$

法向计算载荷

$$F_{nC}=\frac{2KT_1}{d_1 \cos \alpha}$$

接触线长度

$$L=\frac{b}{Z_{\varepsilon}^2}$$

式中　b——齿轮宽度；

Z_{ε}——重合度系数，是考虑重合度的影响引入的系数，一般由 $Z_{\varepsilon}=\sqrt{\dfrac{4-\varepsilon_{\alpha}}{3}}$ 计算可得，其中 ε_{α} 为齿轮端面重合度，对于标准和未经修缘的齿轮传动，ε_{α} 可按下式近似计算：

$$\varepsilon_{\alpha}=\left[1.88-3.2\left(\frac{1}{z_1} \pm \frac{1}{z_2}\right)\right] \cos \beta \tag{4.7}$$

式中　“+”表示外啮合；“-”表示内啮合。若为直齿圆柱齿轮传动，则 $\beta=0°$，得齿面接触应力

$$\sigma_{H}=\sqrt{\frac{1}{\pi\left(\dfrac{1-\mu_2^2}{E_1}+\dfrac{1-\mu_2^2}{E_2}\right)}} \times \sqrt{\frac{2}{\sin \alpha \cos \alpha}} \times Z_{\varepsilon} \sqrt{\frac{2KT_1}{bd_1^2} \times \frac{u \pm 1}{u}}$$

令 $Z_E=\sqrt{\dfrac{1}{\pi\left(\dfrac{1-\mu_2^2}{E_1}+\dfrac{1-\mu_2^2}{E_2}\right)}}$ 为材料弹性系数，由表 4.6 选取；

表 4.6　材料弹性系数 Z_E　$\sqrt{\text{MPa}}$

小齿轮材料	大齿轮材料						
	钢	铸钢	球墨铸铁	灰铸铁	铸锡青铜	锡青铜	尼龙
钢	189.8	188.9	181.4	162.0～165.4	155.0	159.8	56.4
铸钢		188.0	180.5	61.4			
球墨铸铁		180.5	173.9	156.6			
灰铸铁				143.7～146.7			

$Z_H=\sqrt{\dfrac{2}{\sin \alpha \cos \alpha}}$ 为节点区域系数，由图 4.14 选取。

所以直齿圆柱齿轮齿面接触疲劳强度的校核公式为

$$\sigma_H = Z_E Z_H Z_\varepsilon \sqrt{\frac{2KT_1}{bd_1^2} \times \frac{u \pm 1}{u}} \leqslant [\sigma_H] \quad (4.8)$$

因为设计直齿圆柱齿轮的需要，指定齿宽系数 $\varphi_d = \frac{b}{d_1}$，由表 4.7 选取，可以得到直齿圆柱齿轮齿面接触疲劳强度的设计公式

$$d_1 \geqslant \sqrt[3]{\frac{2KT_1}{\varphi_d} \times \frac{u \pm 1}{u} \times \left(\frac{Z_E Z_H Z_\varepsilon}{[\sigma_H]}\right)^2} \quad (4.9)$$

应用齿面接触疲劳强度设计公式和校核公式的说明如下。

(1)一对啮合的齿轮，齿面接触应力相等，即 $\sigma_{H_1} = \sigma_{H_2}$。

(2)由于两齿轮的材料、热处理方法不同，因而其许用应力 $[\sigma_{H_1}]$ 和 $[\sigma_{H_2}]$ 一般不相同，计算时应取两者中较小值。

(3)齿轮传动的接触疲劳强度取决于中心距或齿轮分度圆直径。

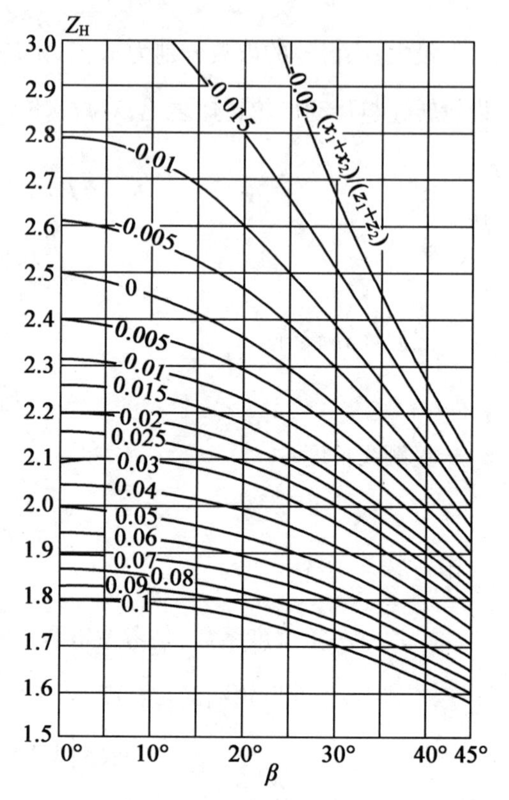

图 4.14　节点区域系数 Z_H ($\alpha_n = 20°$)

(4)齿宽 b 可由 $b = \varphi_d d_1$ 求得，取大齿轮的齿宽 $b_2 = b$，为补偿装配和调整时大、小齿轮的轴向位置偏移，并保证轮齿接触宽度，取小齿轮的齿宽 $b_1 = b_2 + (5 \sim 10)$ mm。

表 4.7　齿宽系数 φ_d

齿轮相对于轴承的位置	齿面硬度	
	软齿面(≤HBW350)	硬齿面(>HBW350)
对称布置	0.8~1.4	0.4~0.9
非对称布置	0.6~1.2	0.3~0.6
悬臂布置	0.3~0.4	0.2~0.25

如果传动尺寸(b、d_1)和有关参数(Z_H、Z_ε、K_V、K_β、K_α)均已知，则利用式(4.8)和式(4.9)进行齿面接触疲劳强度的校核和设计并不困难。但若设计新的齿轮传动时，尺寸均未知，也无法求出有关参数 K_α、K_β(因未知 b、d_1)、K_V(因未知 v 和齿轮精度)、Z_ε(因未知 ε_α)，所以式(4.9)无法用于设计计算。为此，需将该式进行简化，以便先进行初步计算，求出主要尺寸和相关参数后，再进行精确的校核计算。

若大、小齿轮均为钢质，由表 4.6 查得 $Z_E = 189.8\sqrt{\text{MPa}}$；对于标准直齿圆柱齿轮传动，由图 4.14 查得 $Z_H = 2.5$；设 $\varepsilon_\alpha = 1$，由式 $Z_\varepsilon = \sqrt{\frac{4-\varepsilon_\alpha}{3}}$ 求得 $Z_\varepsilon = 1$；取载荷系数 $K = 1.2 \sim 2$，则式

(4.9)可简化为

$$d_1 \geqslant A_d \sqrt[3]{\frac{T_1}{\varphi_d [\sigma_H]^2} \times \frac{u \pm 1}{u}} \tag{4.10}$$

此式对于直齿或斜齿圆柱齿轮均适用,式中 A_d 值及其修正系数见表4.8。若为其他材料配对时,应将 A_d 值乘以修正系数。

表4.8　A_d 值及其修正系数

螺旋角 β	A_d 值	A_d 修正系数				
		小齿轮材料	大齿轮材料			
			钢	铸钢	球墨铸铁	灰铸铁
0°	81.4～96.5	钢	1	0.997	0.970	0.906
8°～15°	80.3～95.3	铸铁	–	0.994	0.967	0.898
25°～35°	75.3～89.3	球墨铸铁	–	–	0.943	0.880

注:当载荷平稳,齿宽系数较小,对称布置、轴的刚度大、齿轮精度较高(6级以上)及螺旋角较大时,A_d 取较小值,反之取大值

4.5.2　齿根弯曲疲劳强度计算

渐开线直齿圆柱齿轮传动中为防止轮齿折断,应使齿根危险断面处的弯曲应力不超过齿轮的许用弯曲疲劳应力。强度条件为

$$\sigma_F \leqslant [\sigma_F]$$

轮齿的弯曲疲劳强度,通常以齿根处为最弱。但是计算齿根强度时,首先应按齿轮的实际工作情况确定出齿根承受最大弯矩时轮齿的啮合位置。

对于齿轮传动,重合度 $\varepsilon \geqslant 1$,可认为在双齿对啮合区内啮合时,啮合的轮齿能平均分担载荷,齿根所受的弯矩并不是最大,而是当轮齿刚进入到单齿对啮合区啮合时,仅有一对齿承受全部载荷,齿根所受的弯矩为最大。故对齿轮传动,应假设载荷作用于单齿对啮合的最高点来计算齿根的弯曲强度。对于大多数的齿轮传动,实际上多由在齿顶处啮合的轮齿分担较多的载荷,为便于计算,通常假设全部载荷作用于齿顶来计算齿根的弯曲强度。当然,采用这样的算法,轮齿的弯曲强度比较富裕。

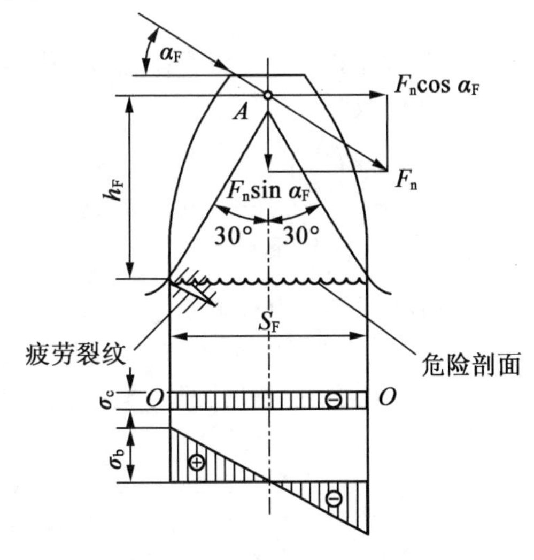

图4.15　齿根弯曲应力计算简图

如图4.15所示为单位齿宽的轮齿在齿顶啮合时的受载情况。

计算轮齿齿根弯曲应力时,可将轮齿视为一宽度为 b 的悬臂梁,可用30°切线法确定齿根危险断

面:作与轮齿对称中线成30°角并与齿根过渡曲线相切的切线,通过两切点作平行于齿轮轴线的断面,即齿根危险断面(断面实例与此基本相符)。并假设全部载荷作用于一个轮齿的齿顶(此时弯矩最大)。理论上载荷应由同时啮合的多对齿分担,但考虑到制造和安装的误差,对一般精度的齿轮按一对轮齿承担全部载荷计算较为安全。不计摩擦,当法向力作用在轮齿齿顶时,产生弯曲应力、切应力和压应力。在齿根危险断面处的压应力 σ_c 仅为弯曲应力 σ_F 的百分之几,故可忽略,仅按水平分力所产生的弯矩进行弯曲强度计算。

轮齿长期工作后,受拉侧首先产生疲劳裂纹,因此齿根弯曲疲劳强度计算应以受拉侧为计算依据。由图4.15可知,齿根危险断面上的弯曲应力为

$$\sigma_F \approx \sigma_b = \frac{M}{W} = \frac{F_n \cos \alpha_F h_F}{\dfrac{bS_F^2}{6}}$$

式中 M——危险断面的弯矩,$M = F_n \cos \alpha_F h_F$;

h_F——弯曲力臂;

W——危险截面抗弯截面模量,$W = \dfrac{bS_F^2}{6}$;

b——轮齿宽度;

S_F——危险断面齿厚;

α_F——法向力与齿廓对称线的垂线之间的夹角。

将法向力 $F_n = \dfrac{2T_1}{d_1 \cos \alpha}$ 代入,同时在分子、分母上除以模数 m,并引入载荷系数 K、应力修正系数 Y_{Sa} 和重合度系数 Y_ε,则可得

$$\sigma_F = \frac{2KT_1}{bd_1 m} \times \frac{6\left(\dfrac{h_F}{m}\right)\cos \alpha_F}{\left(\dfrac{S_F}{m}\right)^2 \cos \alpha} Y_{Sa} Y_\varepsilon$$

式中 应力修正系数用以考虑应力集中、切应力、压应力等对齿根危险断面弯曲应力的影响,由图4.16选取。

令 $Y_{Fa} = \dfrac{6\left(\dfrac{h_F}{m}\right)\cos \alpha_F}{\left(\dfrac{S_F}{m}\right)^2 \cos \alpha}$,$Y_{Fa}$ 称为齿形系数,反映了轮齿几何形状对齿根弯曲应力 σ_F 的影响。因为 h_F 与 S_F 均与模数成正比,故 Y_{Fa} 只取决于轮齿的齿形(随压力角 α、齿数 z 和变位系数 x 变化),如图4.17所示压力角 α 增大,使齿根厚度增大,Y_{Fa} 减小,如图4.17(a)所示;变位系数增大,使齿根厚度增大,Y_{Fa} 减小,如图4.17(b)所示;齿数 z 增多,使齿根厚度增大,Y_{Fa} 减小,如图4.17(c)所示;模数 m 的变化只引起齿廓尺寸大小的变化,并不改变齿廓的形状。因此 Y_{Fa} 值可根据 z(或 z_V)和 x 由图4.18查取。

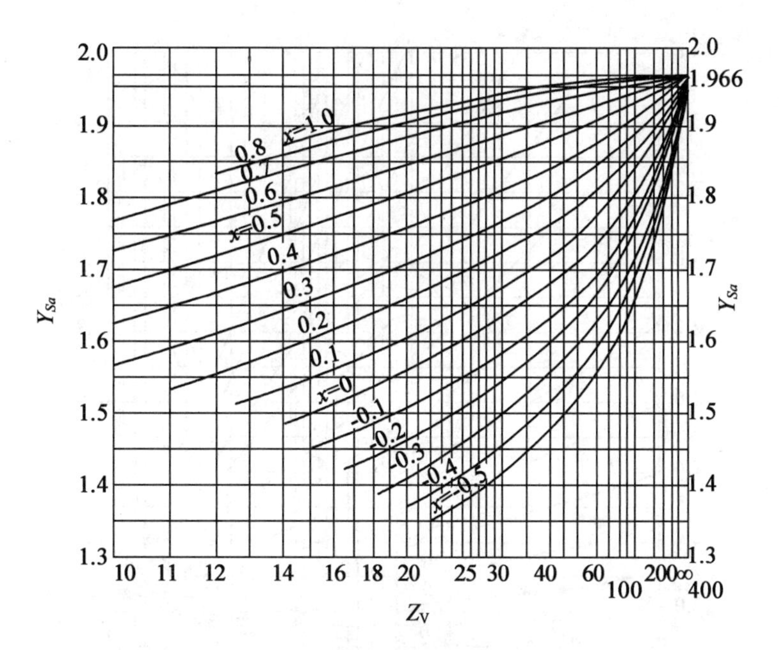

图4.16　应力修正系数 Y_{Sa}

($\alpha_n=20°, h_a^*=1, c^*=0.25, \rho_f=0.38m$)

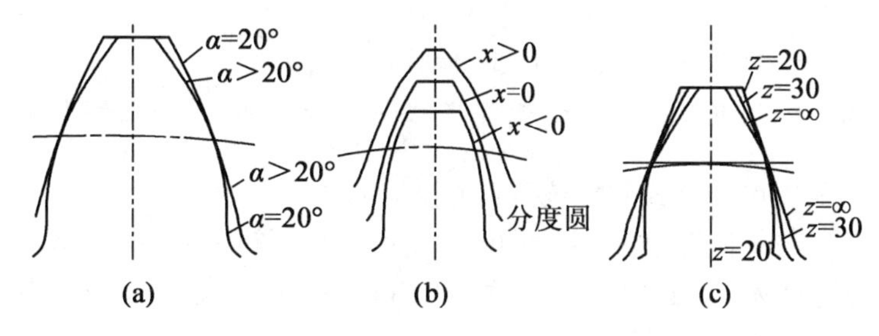

图4.17　Y_{Fa}与压力角 α、齿数 z 和变位系数 x 的关系

引入重合度系数 Y_ε 是将全部载荷作用于齿顶时的齿根应力折算为载荷作用于单对齿啮合区上界点时的齿根应力。

$Y_\varepsilon=0.25+\dfrac{0.75}{\varepsilon_a}$，$\varepsilon_a$ 可按式(4.7)近似计算。

故得齿根弯曲强度校核公式为

$$\sigma_F=\frac{2KT_1}{bd_1m}Y_{Fa}Y_{Sa}Y_\varepsilon=\frac{2KT_1}{bm^2z_1}Y_{Fa}Y_{Sa}Y_\varepsilon\leqslant[\sigma_F] \tag{4.11}$$

以 $\varphi_d=\dfrac{b}{d_1}$、$d_1=mz_1$ 代入，可以得到齿根弯曲疲劳强度的设计公式

$$m\geqslant\sqrt[3]{\frac{2KT_1}{\varphi_d z_1^2}\times\frac{Y_{Fa}Y_{Sa}Y_\varepsilon}{[\sigma_F]}} \tag{4.12}$$

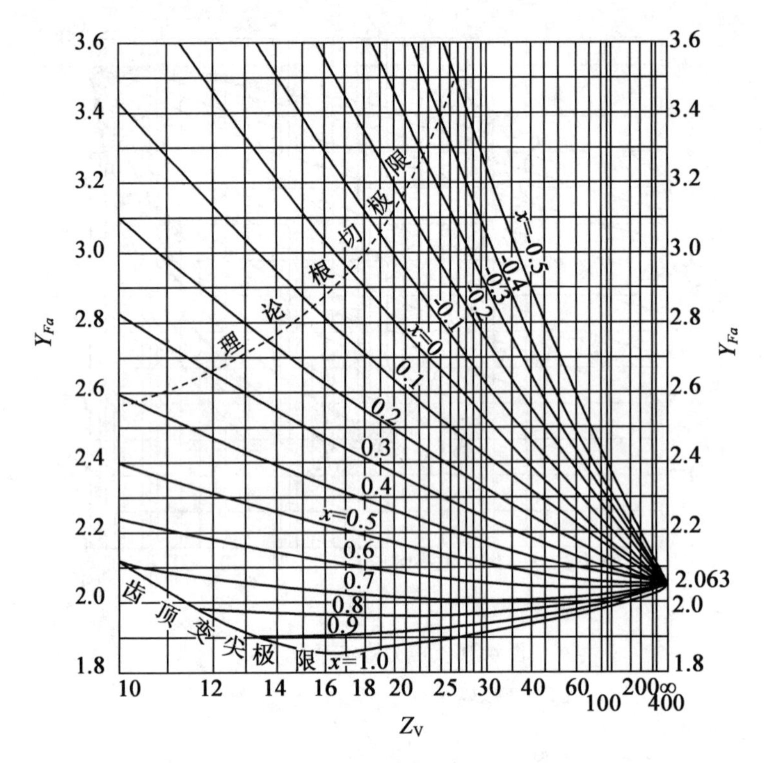

图 4.18 齿形系数 Y_{Fa}

($\alpha_n=20°, h_a^*=1, c^*=0.25, \rho_f=0.38m$,斜齿轮当量齿数 $z_V=z/\cos^3\beta$,锥齿轮当量齿数 $z_V=z/\cos\delta$)

应用齿根弯曲强度设计公式和校核公式的说明如下。

(1)由于 Y_{Fa}、Y_{Sa}与 z 有关,而相啮合的齿轮一般齿数不等,所以 $\sigma_{F_1}\neq\sigma_{F_2}$。

(2)由于两齿轮的材料、热处理方法不同,因而其许用应力$[\sigma_{F_1}]$和$[\sigma_{F_2}]$一般也不相同。

(3)按齿根弯曲强度设计时,应代入$\dfrac{Y_{Fa_1}Y_{Sa_1}}{[\sigma_{F_1}]}$和$\dfrac{Y_{Fa_2}Y_{Sa_2}}{[\sigma_{F_2}]}$中较大者,齿根弯曲强度校核时,也应同时满足 $\sigma_{F_1}\leqslant[\sigma_{F_1}]$和 $\sigma_{F_2}\leqslant[\sigma_{F_2}]$。

(4)齿根弯曲应力的大小,主要取决于模数。计算出模数,应取标准值,对于传递动力的齿轮,模数不宜过小,一般应使 $m\geqslant(1.5\sim2)$mm。

4.5.3 直齿圆柱齿轮的参数、精度选择和许用应力

1. 设计参数和选择

(1)齿数比 u 与传动比 i。

齿数比 $u=\dfrac{z_2}{z_1}$,传动比 $i=\dfrac{n_1}{n_2}$,减速传动时,$u=i$,增速传动时,$u=\dfrac{1}{i}$。一般工程上允许传动比误差小于或等于 3%。

单级闭式传动,一般常取 $i\leqslant5$,需要更大传动比时,可采用二级或二级以上的传动。单级开式传动或手动,一般取 $i\leqslant7$。

(2)齿数 z_1。

对于软齿面闭式传动,承载能力主要取决于齿面接触强度,其齿根弯曲强度往往比较富裕。这时,在传动尺寸不变并满足弯曲强度的条件下,齿数宜取多些,模数相应减少。齿数增多有利于如下情况。

①增大重合度,提高传动平稳性。

②减小滑动系数,提高传动效率。

③减小毛坯外径,减轻齿轮质量。

④减少切削量,延长刀具使用寿命,减少加工工时等。一般可取 $z_1 = 20 \sim 40$。

对于硬齿面闭式传动及开式传动,承载能力往往取决于齿根弯曲强度,故齿数不宜过多,推荐 $z_1 = 17 \sim 20$。

(3)齿宽系数 φ_d。

齿宽系数选得越大,齿轮越宽。增大齿宽系数可使中心距 a 和模数 m 减小,从而缩小径向尺寸和减小齿轮的圆周速度。但轮齿过宽,会使载荷沿齿向分布不均程度严重。应严格按表4.7选取。

(4)中心距 a。

中心距 a 按承载能力要求算出后,尽可能圆整成整数,最好个位数为“0”或“5”。

2.齿轮传动的精度

在我国,渐开线圆柱齿轮和锥齿轮均已制定有精度标准。标准规定了13个精度等级,0级精度最高,12级精度最低,常用的是6~9级。齿轮副中两个齿轮的精度等级一般取成相同,也允许取成不同。

(1)精度等级。

标准中规定,将影响齿轮传动的各项精度指标分为Ⅰ、Ⅱ、Ⅲ三个公差精度等级。各公差组对传动性能的影响见表4.9。

表4.9　公差组对传动性能的影响

序号	公差组	主要影响
1	第Ⅰ公差组精度等级	传递运动的准确性
2	第Ⅱ公差组精度等级	传递运动的平稳性
3	第Ⅲ公差组精度等级	轮齿载荷分布的不均匀性

齿轮的制造精度及传动精度由规定的精度等级及齿侧间隙(侧隙)决定。

①运动精度。指传递运动的准确程度。主要限制齿轮在一转内实际传动比的最大变动量,即要求齿轮在一转内最大和最小传动比的变化不超过工作要求所允许的范围。运动精度等级的高低影响齿轮传递速度或分度的准确性。

②工作平稳性精度。指齿轮传动的平稳程度,冲击、振动及噪声的大小。它主要用来限制齿轮在传动中瞬时传动比的变化不超过工作要求所允许的范围。工作平稳性精度等级的高低影响齿轮传动的平稳、振动和噪声,以及机床的加工精度。

③接触精度。指啮合齿面沿齿宽和齿高的实际接触程度(影响载荷分布的均匀性)。它

主要用来限制齿轮在啮合过程中的实际接触面积要符合传递动力大小的要求,以保证齿轮的强度及磨损寿命。

由于齿轮传动的工作条件不同,对上述三方面的精度要求也不一样。因此在齿轮精度标准中规定,即使是同一齿轮传动,其运动精度、工作平衡精度和接触精度亦可按工作要求分别选择不同的等级。

选择精度等级时,应根据齿轮传动的用途、工作条件、传递功率及圆周速度的大小,以及其他技术要求,并以主要的精度要求作为选择的依据,如仪表及机床分度机构中的齿轮传动,以运动精度要求为主;机床齿轮箱中的齿轮传动,以工作平稳性精度要求为主;而轧钢机或锻压机械中的低速重载齿轮传动,则应以接触精度要求为主。所要求的主要精度可选取较其他精度为高的等级。具体选择时,可参考同类型、同工作条件的现用齿轮传动的精度等级进行选择。

确定精度等级时,还要考虑加工条件,正确处理精度要求与加工技术及经济的矛盾。

(2)齿厚的极限偏差及侧隙。

为了防止齿轮在运转中,轮齿的制造误差、传动系统的弹性变形以及热变形等因素使啮合轮齿卡死,同时也为了在啮合轮齿之间存留润滑剂等,啮合齿对的齿厚与齿槽间应留有适当的间隙(即侧隙)。对高速、高温、重载工作的齿轮传动,应具有较大的侧隙;一般齿轮传动,应具有中等大小的侧隙;经常正反转、转速又不高的齿轮传动,应具有较小的侧隙。

3. 许用接触应力$[\sigma_H]$

许用接触应力按下式计算:

$$[\sigma_H]=\frac{\sigma_{Hlim}Z_N}{S_{Hmin}} \tag{4.13}$$

式中 σ_{Hlim}——齿轮材料接触疲劳极限,失效概率为1%时,试验齿轮的接触疲劳极限,可由图4.19-1~4.19-5查出;

Z_N——接触疲劳强度计算的寿命系数,可由图4.20查出;

S_{Hmin}——接触疲劳强度安全系数,可由表4.10选取。

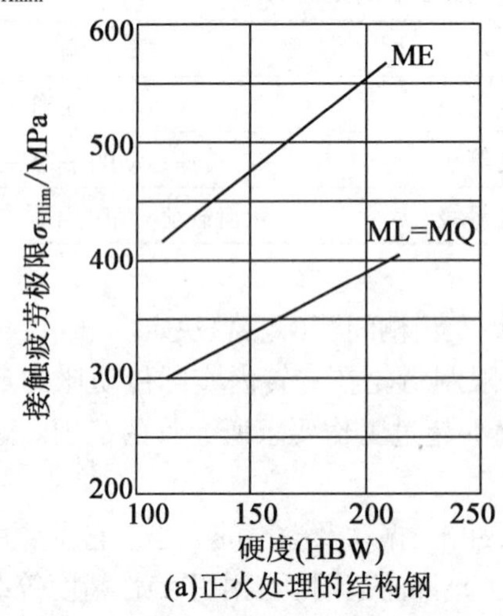

(a)正火处理的结构钢

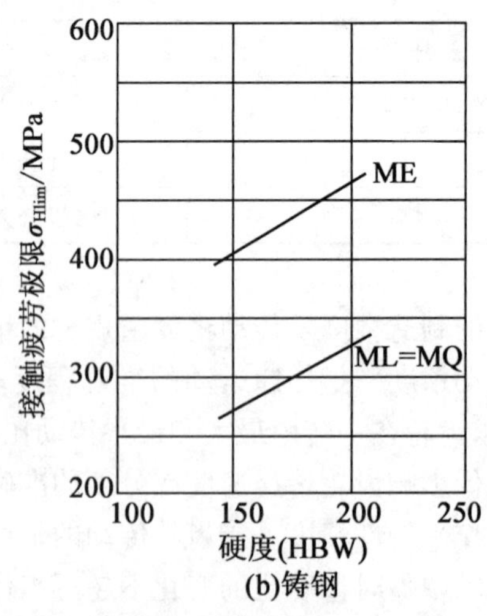

(b)铸钢

图4.19-1 正火处理的结构钢和铸钢的σ_{Hmin}

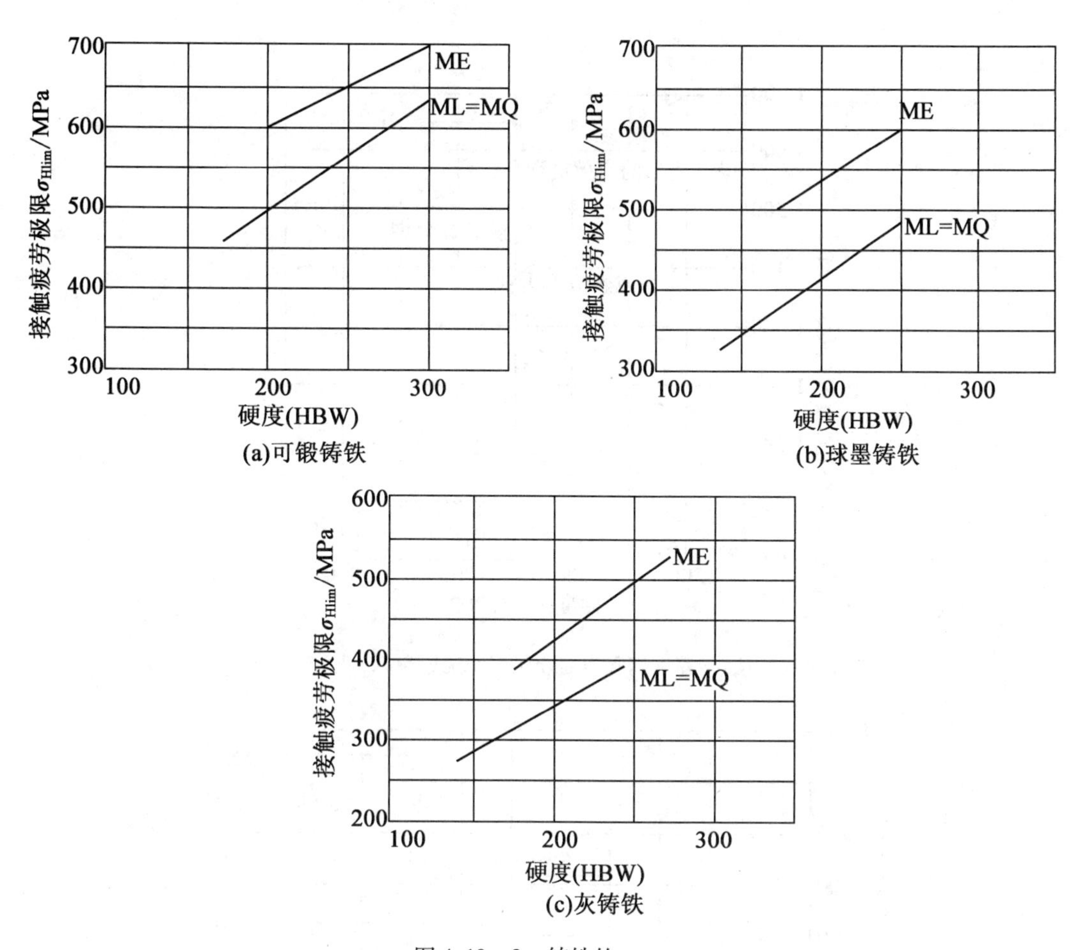

图 4.19－2　铸铁的 σ_{Hmin}

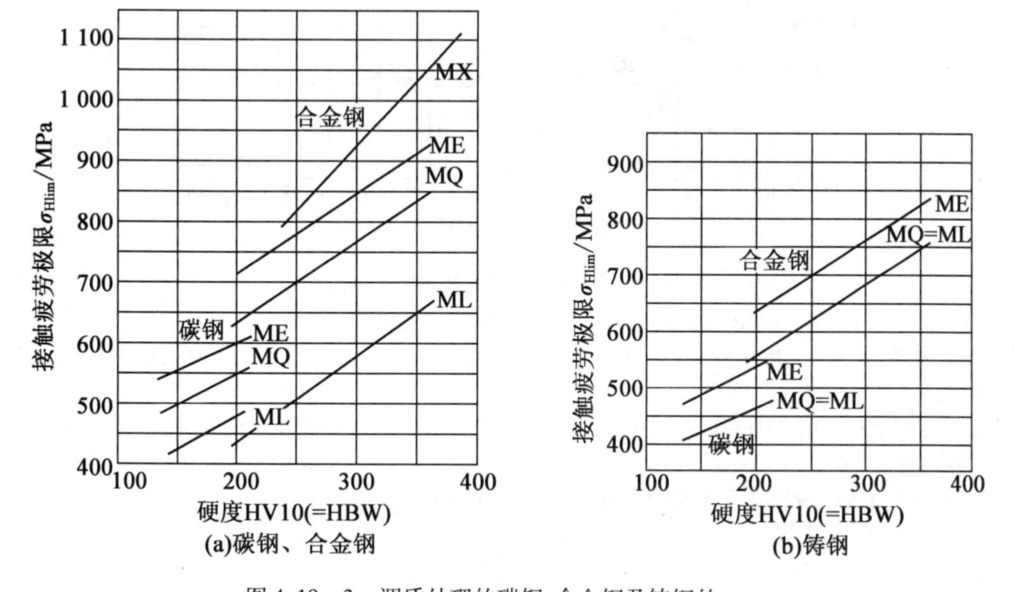

图 4.19－3　调质处理的碳钢、合金钢及铸钢的 σ_{Hmin}

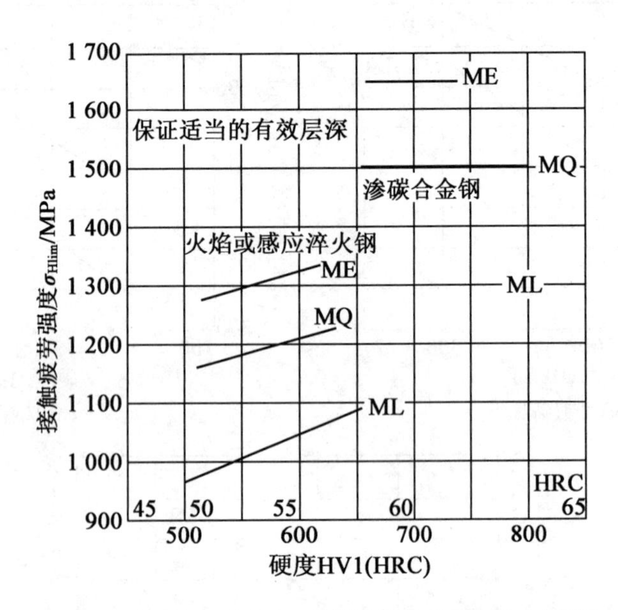

图 4.19－4　渗碳淬火钢和表面硬化(火焰或感应淬火)钢的 σ_{Hmin}

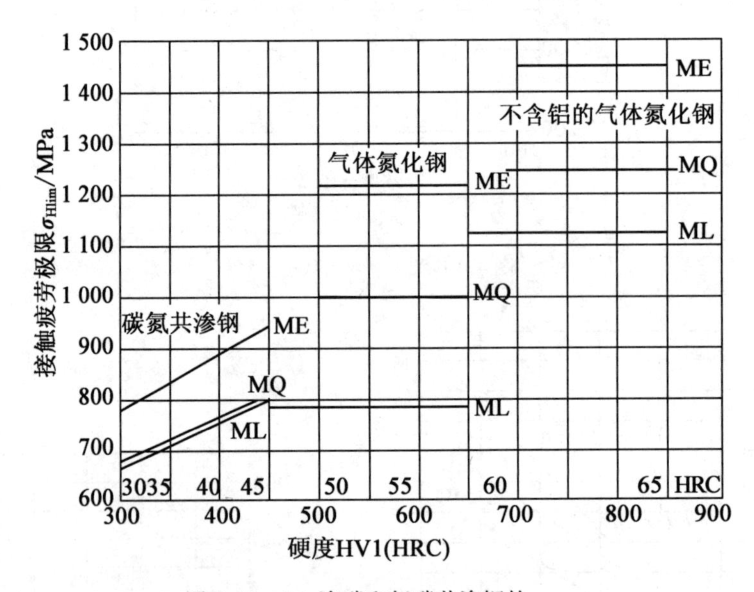

图 4.19－5　渗碳和氮碳共渗钢的 σ_{Hmin}

注:图中 ML——齿轮材料质量和热处理质量达到最低要求时的疲劳极限取值线

MQ——齿轮材料质量和热处理质量达到中等要求时的疲劳极限取值线,此要求是有经验的工业齿轮制造者以合理的生产成本所能达到的

ME——齿轮材料质量和热处理质量达到很高要求时的疲劳极限取值线,这只是在具备高可靠度的制造过程可控能力时才能达到的

MX——对淬透性及金相组织有特殊考虑的调质合金钢的取值线

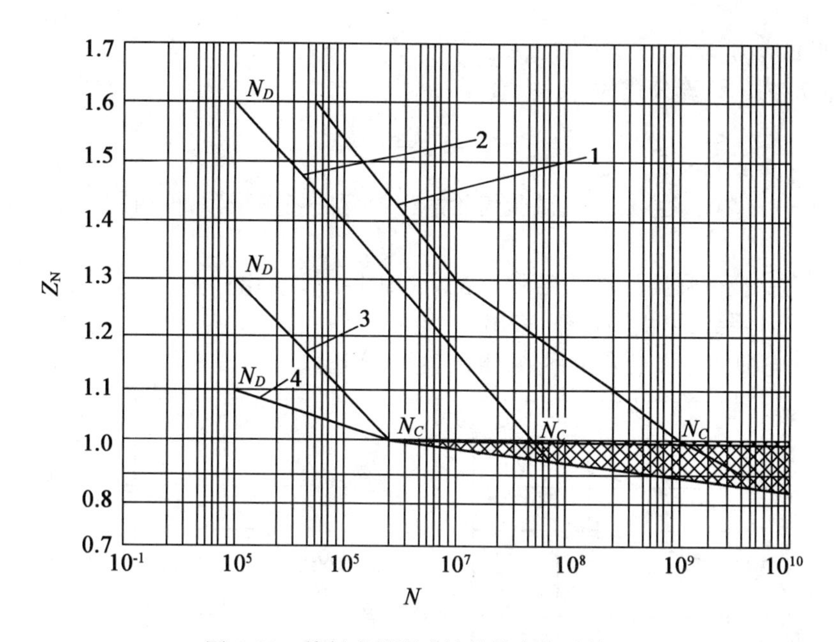

图4.20　接触疲劳强度计算的寿命系数 Z_N

1—调质钢，球墨铸铁（珠光体、贝氏体），珠光体可锻铸铁；2—渗碳淬火的渗碳钢，全齿廓火焰或感应淬火的钢、球墨铸铁；3—渗氮的渗氮钢，球墨铸铁（铁素体），灰铸铁，结构钢；4—氮碳共渗的调质钢、渗碳钢

表4.10　接触疲劳强度和弯曲疲劳强度最小安全系数 S_{Hmin}、S_{Fmin} 的参考值

使用要求	最小安全系数	
	S_{Hmin}	S_{Fmin}
高可靠度（失效率不大于1/10 000）	1.50～1.60	2.00
较高可靠度（失效率不大于1/1 000）	1.25～1.30	1.60
一般可靠度（失效率不大于1/100）	1.00～1.10	1.25
低可靠度（失效率不大于1/10）	0.85	1.00

按图4.20查取寿命系数 Z_N 时，其应力循环次数 N 有以下两种情况。

载荷稳定时

$$N = 60 \times \gamma n t_h \tag{4.14}$$

式中　γ——齿轮每转一周，同一侧齿面的啮合次数；

n——齿轮转速（r/min）；

t_h——齿轮的设计寿命（h）。

载荷不稳定时

$$N = 60 \times \gamma \times \sum_{i=1}^{n} n_i \times t_{h_i} \left(\frac{T_i}{T_{max}}\right)^m \tag{4.15}$$

式中　T_{max}——较长周期作用的最大转矩；

i——第 i 个循环；

m——指数。

4. 许用弯曲应力$[\sigma_F]$

许用弯曲应力的计算公式为

$$[\sigma_F]=\frac{\sigma_{Flim}Y_NY_X}{S_{Fmin}} \tag{4.16}$$

式中 $[\sigma_F]$——失效概率为1%时,试验齿轮的齿根弯曲疲劳极限,可由图4.21－1～4.21－5查出;

Y_N——弯曲疲劳强度计算的寿命系数,可由图4.22查出;

Y_X——尺寸系数,可由图4.23查出;

S_{Fmin}——弯曲疲劳强度安全系数,可由表4.10选取。

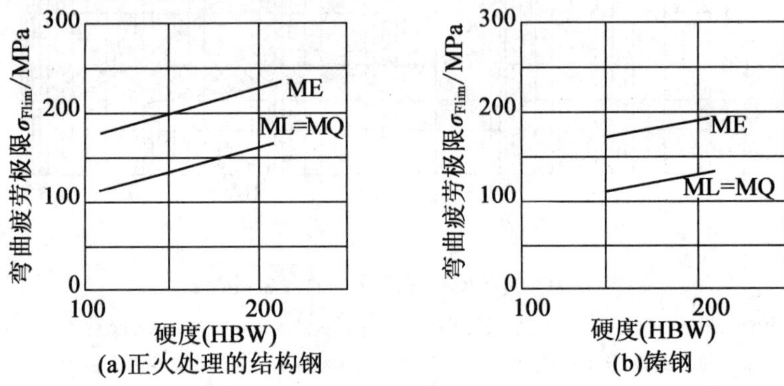

图4.21－1 正火处理的结构钢和铸钢的σ_{Flim}

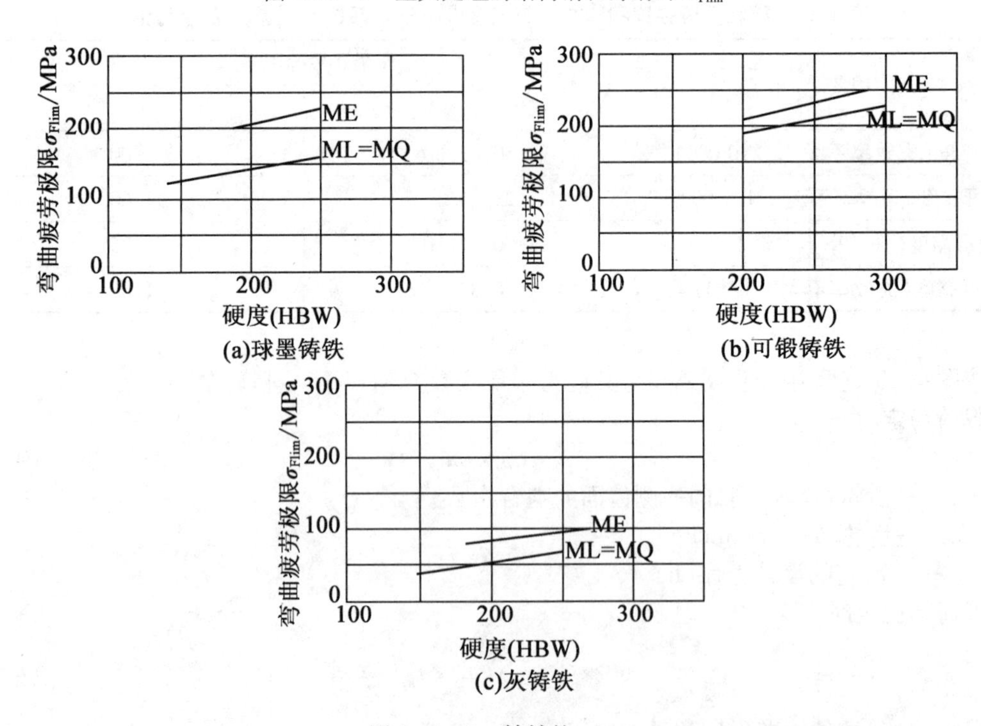

图4.21－2 铸铁的σ_{Flim}

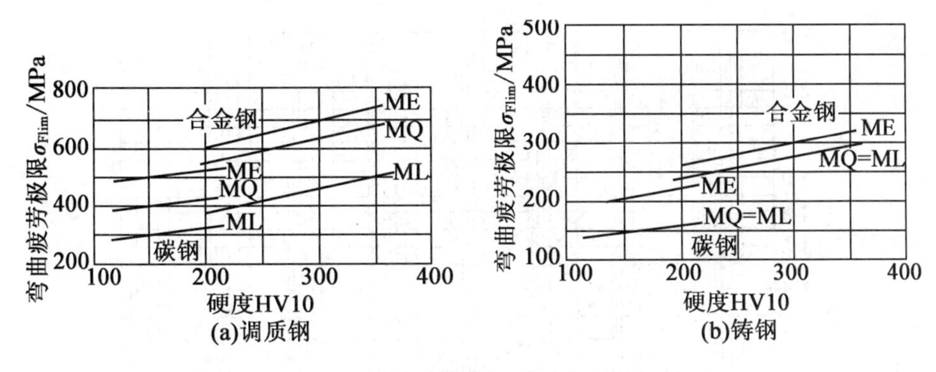

图4.21－3　调质处理的碳钢、合金钢及铸钢的σ_{Flim}

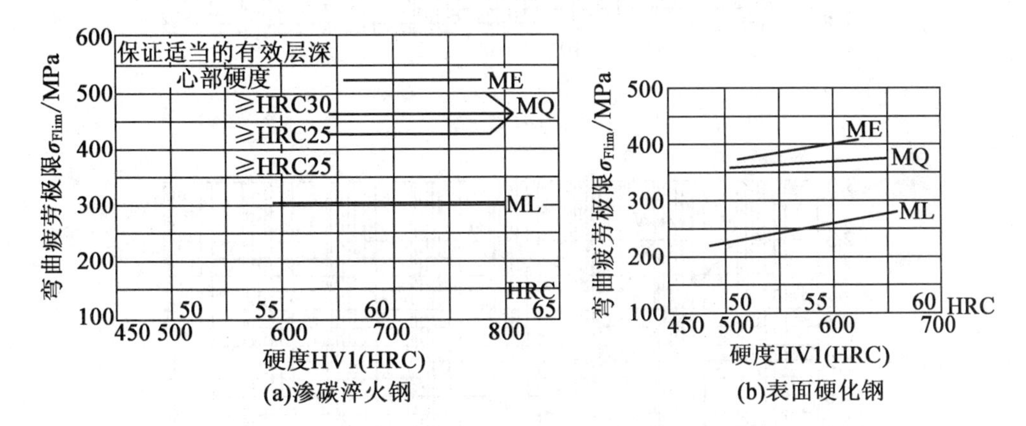

图4.21－4　渗碳淬火钢和表面硬化(火焰或感应淬火)钢的σ_{Flim}

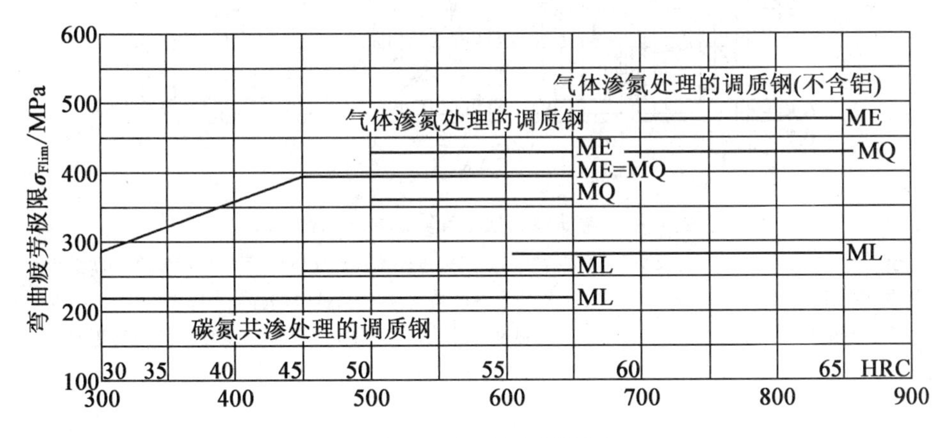

图4.21－5　渗氮和氮碳共渗钢的σ_{Flim}

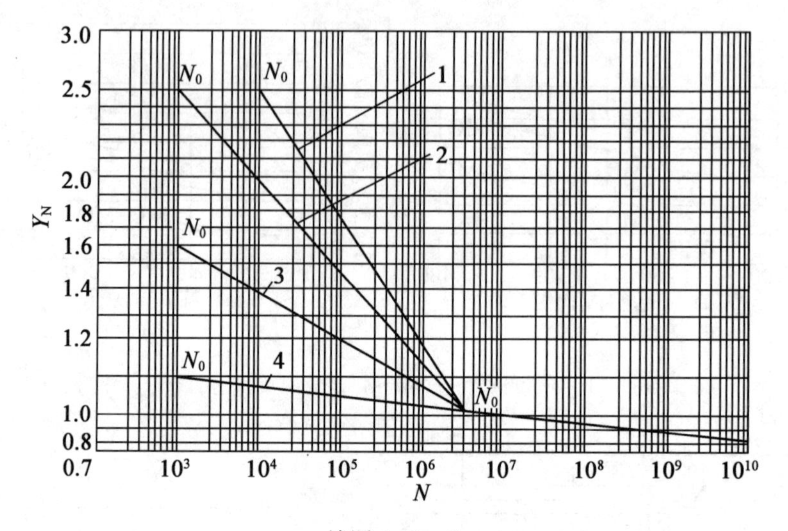

续图 4.21－5

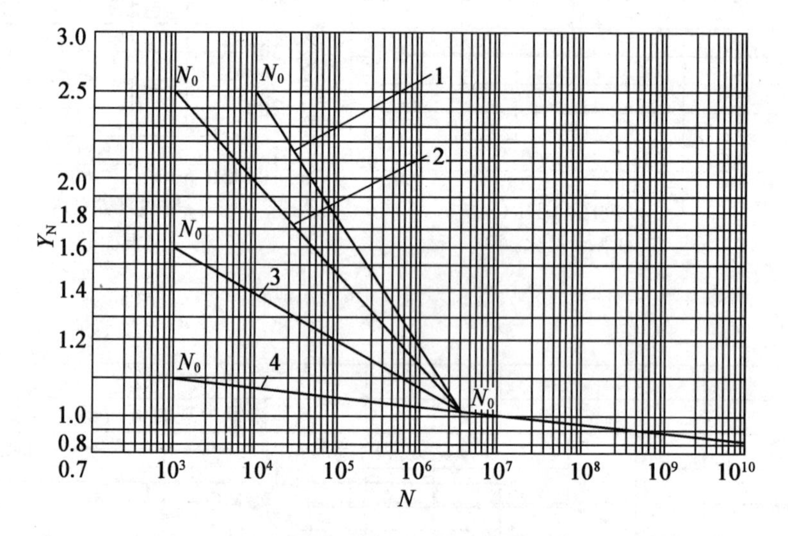

图 4.22　弯曲疲劳强度计算的寿命系数 Y_N

1—允许一定点蚀时的结构钢，调质钢，球墨铸铁（珠光体、贝氏体），珠光体可锻铸铁，渗碳淬火的渗碳钢；2—结构钢，调质钢，渗碳淬火钢，火焰或感应淬火的钢、球墨铸铁，球墨铸铁（珠光体、贝氏体），珠光体可锻铸铁；3—灰铸铁，球墨铸铁（铁素体），渗氮的渗氮钢，调质钢、渗碳钢；4—氮碳共渗的调质钢、渗碳钢

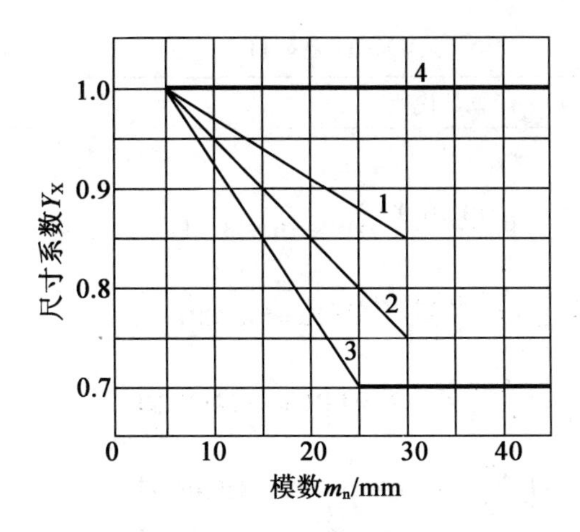

图4.23 尺寸系数 Y_X

1—正火或调质钢;2—表面硬化钢;3—铸钢、铸铁;4—静载时的所有材料

例 设计一对闭式直齿圆柱齿轮传动,小齿轮转速 $n_1=1\ 000$ r/min,传动比 $i=3$,输入功率 $P_1=20$ kW,每天工作16 h,使用寿命5年,每年工作300天。齿轮为对称布置,轴的刚性较大,原动机为电动机,工作机载荷为中等冲击,传动尺寸无严格限制。

解

表4.11 设计步骤

计算与说明	主要结果
1. 确定齿轮材料、热处理方式、精度等级和齿数 因传动尺寸无严格限制,并且传动功率稍大,由表4.2查得,小齿轮采用40Cr调质,齿面硬度为HBW241~286,取HBW260;大齿轮采用45钢调质,齿面硬度为HBW197~255,取HBW230;精度7级。 取 $z_1=27, z_2=z_1 i=27\times 3=81$	小齿轮用40Cr调质 硬度为HBW260 大齿轮用45钢调质 硬度为HBW230 $z_1=27, z_2=81$
2. 确定许用应力 查图4.19-3,得 $\sigma_{\mathrm{Hlim}_1}=710$ MPa, $\sigma_{\mathrm{Hlim}_2}=580$ MPa 查图4.21-3,得 $\sigma_{\mathrm{Flim}_1}=600$ MPa, $\sigma_{\mathrm{Flim}_2}=450$ MPa 查表4.10,取 $S_{\mathrm{Hmin}}=1.1$ $S_{\mathrm{Fmin}}=1.25$ $u=\dfrac{z_2}{z_1}=3$ $N_1=60\times 1\ 000\times 5\times 300\times 16=14.4\times 10^8$ $N_2=\dfrac{N_1}{u}=\dfrac{14.4\times 10^8}{3}=4.8\times 10^8$	$\sigma_{\mathrm{Hlim}_1}=710$ MPa $\sigma_{\mathrm{Hlim}_2}=580$ MPa $\sigma_{\mathrm{Flim}_1}=600$ MPa $\sigma_{\mathrm{Flim}_2}=450$ MPa $S_{\mathrm{Hmin}}=1.1$ $S_{\mathrm{Fmin}}=1.25$
查图4.20,得 $Z_{N_1}=0.975$ $Z_{N_2}=1.043$	$Z_{N_1}=0.975$ $Z_{N_2}=1.043$
查图4.22,得 $Y_{N_1}=0.884$ $Y_{N_2}=0.903$	$Y_{N_1}=0.884$ $Y_{N_2}=0.903$

续表 4.11

计算与说明	主要结果
查图 4.23,得 $Y_{X_1}=Y_{X_2}=1$	$Y_{X_1}=Y_{X_2}=1$
$[\sigma_{H_1}]=\frac{\sigma_{Hlim_1}}{S_{Hmin}}Z_{N_1}=\left(\frac{710\times0.975}{1.1}\right)MPa=629.3\ MPa$	$[\sigma_{H_1}]=629.3\ MPa$
$[\sigma_{H_2}]=\frac{\sigma_{Hlim_2}}{S_{Hmin}}Z_{N_2}=\left(\frac{580\times1.043}{1.1}\right)MPa=550\ MPa$	$[\sigma_{H_2}]=550\ MPa$
$[\sigma_{F_1}]=\frac{\sigma_{Flim_1}}{S_{Hmin}}Y_{N_1}Y_{X_1}=\left(\frac{600}{1.25}\times0.884\times1\right)MPa=424.32\ MPa$	$[\sigma_{F_1}]=424.32\ MPa$
$[\sigma_{F_2}]=\frac{\sigma_{Flim_2}}{S_{Hmin}}Y_{N_2}Y_{X_2}=\left(\frac{450}{1.25}\times0.903\times1\right)MPa=325.08\ MPa$	$[\sigma_{F_2}]=325.08\ MPa$
3.齿面接触疲劳强度计算	
(1)计算工作转矩	
$T_1=9.55\times10^6\frac{P_1}{n_1}=\left(9.55\times10^6\times\frac{20}{1\ 000}\right)N\cdot mm=191\ 000\ N\cdot mm$	$T_1=191\ 000\ N\cdot mm$
(2)初步计算小齿轮直径,由式(4.10)得	
$d_1\geqslant A_d\times\sqrt[3]{\frac{T_1}{\varphi_d[\sigma_H]^2}\times\frac{u\pm1}{u}}$	
查表 4.8,取 $A_d=96$	$A_d=96$
查表 4.7 齿宽系数 $\varphi_d=1$	$\varphi_d=1$
$d_1\geqslant\left(96\times\sqrt[3]{\frac{191\ 000}{550^2}\times\frac{3+1}{3}}\right)mm=90.6\ mm$	
取 $d_1=95\ mm$	$d_1=95\ mm$
则齿宽 $b=\varphi_d d_1=95\ mm$	$b=95\ mm$
(3)按齿面接触疲劳强度设计。	
由式(4.9)得	
$d_1\geqslant\sqrt[3]{\frac{2KT_1}{\varphi_d}\times\frac{u\pm1}{u}\times\left(\frac{Z_E Z_H Z_\varepsilon}{[\sigma_H]}\right)^2}$	
因工作机有中等冲击,查表 4.4 得 $K_A=1.5$	$K_A=1.5$
设计齿轮精度为 7 级	
$v=\frac{\pi d_1 n_1}{60\times1\ 000}=\frac{\pi\times95\times1\ 000}{60\times1\ 000}=4.97(m/s)$	$K_V=1.1$
查图 4.9 取 $K_V=1.1$	$K_\beta=1.05$
齿轮对称布置,$\varphi_d=1$;查图 4.12 取 $K_\beta=1.05$	
$\frac{K_A F_t}{b}=\frac{\frac{K_A 2T_1}{d_1}}{b}=\frac{\frac{1.5\times2\times191\ 000}{95}}{95}=63.5$	
查表 4.5 取 $K_\alpha=1.2$	$K_\alpha=1.2$
$K=K_A K_V K_\beta K_\alpha=1.5\times1.1\times1.05\times1.2=2.08$	$K=2.08$

续表 4.11

计算与说明	主要结果
(4)计算齿面接触应力。 查图 4.14 得 $Z_H = 2.5$ 查表 4.6 得 $Z_E = 189.8\ \sqrt{\text{MPa}}$ $\varepsilon_a = \left[1.88 - 3.2\left(\frac{1}{z_1} + \frac{1}{z_2}\right)\right]\cos\beta = \left[1.88 - 3.2\left(\frac{1}{27} + \frac{1}{81}\right)\right] \times 1 = 1.722$ $Z_\varepsilon = \sqrt{\frac{4-\varepsilon_a}{3}} = \sqrt{\frac{4-1.722}{3}} = 0.87$ 则 $d_1 \geqslant \sqrt[3]{\frac{2KT_1}{\varphi_d} \cdot \frac{u+1}{u} \cdot \left(\frac{Z_E Z_H Z_\varepsilon}{[\sigma_H]}\right)^2}$ $= \sqrt[3]{\frac{2 \times 2.08 \times 191\ 000 \times (3+1)}{1 \times 3} \times \left(\frac{2.5 \times 189.8 \times 0.87}{550}\right)^2}\ \text{mm} = 84\ \text{mm}$	
$m = \frac{d_1}{z_1} = \frac{84}{27} = 3.11(\text{mm})$，取 $m = 4$ mm	$m = 4$ mm
则 $d_1 = mz_1 = 4 \times 27 = 108(\text{mm})$	$d_1 = 108$ mm
$b = \varphi_d d_1 = 108$ mm	$b = 108$ mm
4. 校核轮齿弯曲疲劳强度 由图 4.18 查得，$Y_{Fa_1} = 2.58$，$Y_{Fa_2} = 2.22$ 查图 4.16 得，$Y_{Sa_1} = 1.62$，$Y_{Sa_2} = 1.75$	$Y_{Fa_1} = 2.58$ $Y_{Fa_2} = 2.22$ $Y_{Sa_1} = 1.62$ $Y_{Sa_2} = 1.75$
因 $\varepsilon_a = 1.722$，所以得 $Y_\varepsilon = 0.25 + \frac{0.75}{\varepsilon_a} = 0.686$	$Y_\varepsilon = 0.686$
由式(4.11)得 $\sigma_{F_1} = \frac{2KT_1}{bd_1 m} Y_{Fa_1} Y_{Sa_1} Y_\varepsilon = \frac{2 \times 2.08 \times 191\ 000}{108 \times 108 \times 4} \times 2.58 \times 1.62 \times 0.686$ $= 48.83(\text{MPa}) < [\sigma_{F_1}] = 424.32$ MPa	$\sigma_{F_1} = 48.83 < [\sigma_{F_1}]$
$\sigma_{F_2} = \frac{2KT_1}{bd_1 m} Y_{Fa_2} Y_{Sa_2} Y_\varepsilon = \sigma_{F_1} \frac{Y_{Fa_2} Y_{Sa_2}}{Y_{Fa_1} Y_{Sa_1}}$ $= 48.83 \times \frac{2.22 \times 1.75}{2.58 \times 1.62} = 45.39(\text{MPa}) < [\sigma_{F_2}] = 325.08$ MPa	$\sigma_{F_2} = 45.39 < [\sigma_{F_2}]$
大小轮齿弯曲疲劳强度满足要求 5. 确定传动主要尺寸 $d_1 = 108(\text{mm})$ $d_2 = d_1 i = 108 \times 3 = 324(\text{mm})$ $a = \frac{d_1 + d_2}{2} = \frac{108 + 324}{2} = 216(\text{mm})$ 6. 绘制齿轮零件工作图(略)	

4.6 斜齿圆柱齿轮传动强度计算

4.6.1 斜齿圆柱齿轮传动的受力分析

在斜齿圆柱齿轮传动中，不考虑摩擦力的影响，作用于齿面上的法向载荷 F_n 仍垂直于齿面。如图 4.24 所示，F_n 位于法向 $Pabc$ 内，与其在节圆柱的切面 $Pa'be$ 内的投影夹角为法向啮合角 $\alpha_n=20°$，法向与端面的夹角为 β，其中 α_t 为端面压力角，β_b 为法向内的螺旋角，F_n 可沿齿轮的周向、径向及轴向分解成三个相互垂直的分力，即周向的分力（圆周力）F_t、径向的分力（径向力）F_r 及沿轴向的分力（轴向力）F_a。

1. 各力的大小

$$\begin{cases} F_t = 2T_1/d_1 \\ F' = F_t/\cos\beta \\ F_r = F'\tan\alpha_n = F_t\tan\alpha_n/\cos\beta \\ F_n = F_t\tan\beta \\ F_n = F'/\cos\alpha_n = F_t/(\cos\alpha_n\cos\beta) = F_t/(\cos\alpha_t\cos\beta_b) \end{cases} \tag{4.17}$$

式中 β——节圆螺旋角，对标准斜齿轮即为分度圆螺旋角；

β_b——啮合平面的螺旋角，即基圆螺旋角；

α_t——端面压力角。

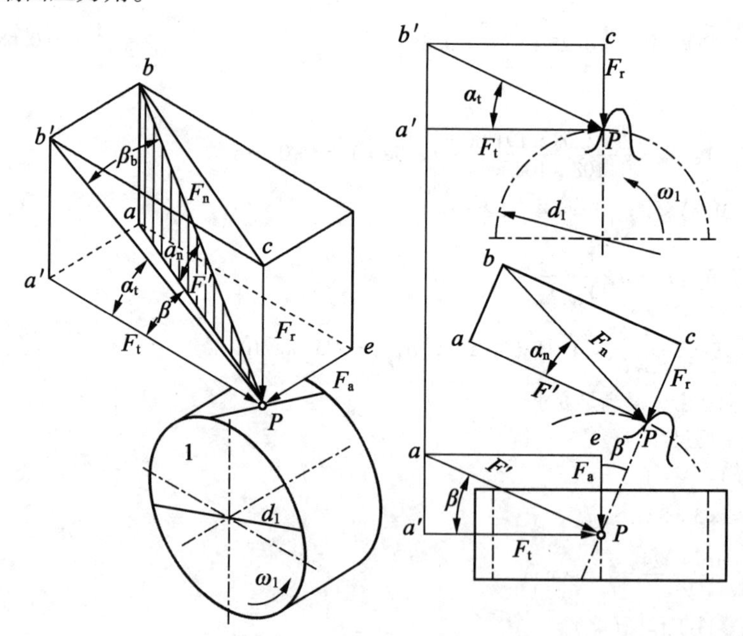

图 4.24 斜齿圆柱齿轮受力分析

2. 力的方向

圆周力 F_t 和径向力 F_r 方向的确定与直齿轮传动相同。轴向力 F_a 的方向与主动轮或从动轮的转向、轮齿的旋向有关。判断轴向力 F_a 的方向关键是确定轮齿的工作面，F_a 总是指向工作面的。也可以用主动轮左、右手定则评定：左旋齿轮用左手，右旋齿轮用右手，判断时四指方向与齿轮的转向相同，拇指的指向即为齿轮所受轴向力 F_{a_1} 的方向。而从动轮轴向力的方向与主动轮的相反。斜齿轮传动中的轴向力随着螺旋角的增大而增大，故 β 角不宜过大；但 β 角过小，又失去了斜齿轮传动的优越性。所以，在设计中一般取 $\beta = 8° \sim 20°$。

4.6.2　斜齿圆柱齿轮齿面接触疲劳强度计算

斜齿圆柱齿轮的接触疲劳强度计算物理模型和数学模型与直齿圆柱齿轮基本相同，不同的只是力是作用在法平面内，按节点处的法平面内当量直齿圆柱齿轮传动进行计算分析的。其原理与直齿轮传动相似，还利用式(4.5)赫兹公式

$$\sigma_H = \sqrt{\frac{\frac{F_n}{L}}{\pi\rho_\Sigma} \times \frac{1}{\frac{1-\mu_1^2}{E_1} + \frac{1-\mu_2^2}{E_2}}}$$

在斜齿轮中，$\frac{1}{\rho_\Sigma} = \frac{1}{\rho_{n_1}} \pm \frac{1}{\rho_{n_2}}$，其中，$\rho_{n_1}$、$\rho_{n_2}$ 分别为齿轮 1 和齿轮 2 节点处齿廓法向的曲率半径。

由图 4.25 可知 $\rho_n = \rho_t / \cos\beta_b$，而 $\rho_t = \frac{d\sin\alpha_1}{2}$，$u = \frac{z_2}{z_1}$，即齿数比。

所以

$$\frac{1}{\rho_\Sigma} = \frac{2\cos\beta_b}{d_1\sin\alpha_t} \pm \frac{2\cos\beta_b}{ud_1\sin\alpha_t} = \frac{2\cos\beta_b}{d_1\sin\alpha_t}\left(\frac{u \pm 1}{u}\right)$$

$$F_n = \frac{F_t}{\cos\alpha_t\cos\beta_b} = \frac{2T_1}{d_1} \times \frac{1}{\cos\alpha_t\cos\beta_b}$$

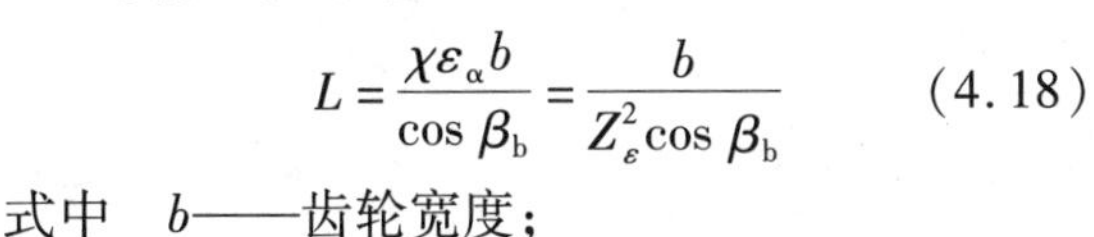

接触线总长度

$$L = \frac{\chi\varepsilon_\alpha b}{\cos\beta_b} = \frac{b}{Z_\varepsilon^2\cos\beta_b} \qquad (4.18)$$

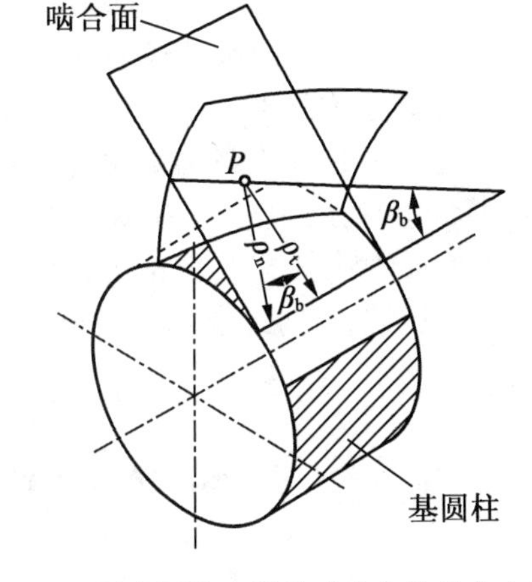

图 4.25　斜齿圆柱齿轮传动节点的曲率半径

式中　b——齿轮宽度；

Z_ε——重合度系数，$Z_\varepsilon = \sqrt{\frac{4-\varepsilon_\alpha}{3}(1-\varepsilon_\beta) + \frac{\varepsilon_\beta}{\varepsilon_\alpha}}$；　(4.19)

χ——接触线长度变化系数；

ε_α——端面重合度，$\varepsilon_\alpha = \left[1.88 - 3.2\left(\frac{1}{z_1} \pm \frac{1}{z_2}\right)\right]\cos\beta$；

ε_β——纵向重合度，$\varepsilon_\beta = \frac{b\sin\beta}{\pi m_n} = 0.318\varphi_d z_1\tan\beta$，如 $\varepsilon_\beta \geq 1$，取 $\varepsilon_\beta = 1$。

将 L、$\frac{1}{\rho_\Sigma}$ 和 F_n 代入式(4.5)并计算载荷系数 K 和螺旋角系数 Z_β，螺旋角系数可按 $Z_\beta = \sqrt{\cos\beta}$ 计算，得斜齿轮圆柱齿轮齿面接触疲劳强度校核公式

$$\sigma_{\mathrm{H}}=\sqrt{\frac{1}{\pi\left(\frac{1-\mu_2^2}{E_1}+\frac{1-\mu_2^2}{E_2}\right)}}\times\sqrt{\frac{2\cos\beta_{\mathrm{b}}}{\sin\alpha_{\mathrm{t}}\cos\alpha_{\mathrm{t}}}}\times Z_\varepsilon Z_\beta\sqrt{\frac{2KT_1}{bd_1^2}\times\frac{u\pm1}{u}}$$

$$\sigma_{\mathrm{H}}=Z_E Z_{\mathrm{H}} Z_\varepsilon Z_\beta\sqrt{\frac{2KT_1}{bd_1^2}\times\frac{u\pm1}{u}}\leqslant[\sigma_{\mathrm{H}}] \tag{4.20}$$

节点区域系数 $Z_{\mathrm{H}}=\sqrt{\frac{2\cos\beta_{\mathrm{b}}}{\sin\alpha_{\mathrm{t}}\cos\alpha_{\mathrm{t}}}}$，也可由图 4.14 确定，其余参数同直齿轮。

引入齿宽系数 $\varphi=\frac{b}{d_1}$，得斜齿圆柱齿轮齿面接触疲劳强度设计公式

$$d_1\geqslant\sqrt[3]{\frac{2KT_1}{\varphi_{\mathrm{d}}}\times\frac{u\pm1}{u}\left(\frac{Z_E Z_{\mathrm{H}} Z_\varepsilon Z_\beta}{[\sigma_{\mathrm{H}}]}\right)^2} \tag{4.21}$$

4.6.3 斜齿圆柱齿轮齿根弯曲疲劳强度计算

如图 4.26 所示，斜齿轮齿面接触线为一斜线，轮齿折断为局部折断，但如果按局部折断建立弯曲疲劳强度条件，则分析计算过程比较复杂。因此考虑用直齿圆柱齿轮传动的强度计算公式计算斜齿圆柱齿轮。因为 F_{n} 作用于法平面内，按过节点处法向内当量直齿圆柱齿轮进行计算，受载时轮齿的齿厚也是在法向内的齿厚，其模数为法向模数 m_{n}，其齿数为当量齿数 Z_{V}。由于斜齿圆柱齿轮的接触线是倾斜的，有纵向重合度 ε_β，它的齿根弯曲应力比其当量齿轮小，因此引入螺旋角系数 Y_β 以考虑纵向重合度的影响。这样，斜齿圆柱齿轮弯曲疲劳强度校核计算公式为

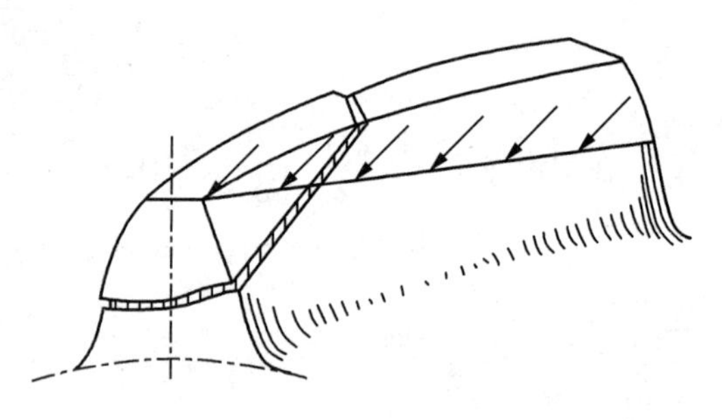

图 4.26　斜齿圆柱齿轮传动接触线

$$\sigma_{\mathrm{F}}=\frac{2KT_1}{bd_1m_{\mathrm{n}}}Y_{Fa}Y_{Sa}Y_\varepsilon Y_\beta\leqslant[\sigma_{\mathrm{F}}] \tag{4.22}$$

斜齿圆柱齿轮弯曲疲劳强度设计计算公式为

$$m_{\mathrm{n}}\geqslant\sqrt[3]{\frac{2KT_1Y_\beta Y_\varepsilon\cos^2\beta}{\varphi_{\mathrm{d}}z_1^2}\times\frac{Y_{Fa}Y_{Sa}}{[\sigma_{\mathrm{F}}]}} \tag{4.23}$$

式中　Y_ε——重合度系数，$Y_\varepsilon=0.25+\frac{0.75}{\varepsilon_{\mathrm{a}}}$，其中，$\varepsilon_{\mathrm{a}}$ 为斜齿轮的端面重合度，由式(4.7)计算；

Y_{Fa}——齿形系数，由图 4.17 查取；

Y_{Sa}——斜齿轮应力修正系数，由图 4.16 查取；

Y_β——螺旋角影响系数，按 $Y_\beta=1-\varepsilon_\beta\frac{\beta}{120°}\geqslant Y_{\beta\min}$，$Y_{\beta\min}=1-0.25\varepsilon_\beta\geqslant0.75$，若 $Y_\beta<0.75$，则取 $Y_\beta=0.75$，当 $\beta>30°$时，按 $\beta=30°$计算；

ε_β——纵向重合度，$\varepsilon_\beta=b\sin\beta/\pi m_{\mathrm{n}}=0.318\varphi_{\mathrm{d}}Z_1\tan\beta$，当 $\varepsilon_\beta\geqslant1$ 时，按 $\varepsilon_\beta=1$ 计算。

例　将 4.5.3 节例题的设计标准直齿圆柱齿轮传动改为设计标准斜齿圆柱齿轮传动。已知条件、材料、热处理以及精度等级等均不变。

解

表4.12　设计步骤

计算与说明	主要结果
1. 确定齿轮材料、热处理方式、精度等级和齿数 同4.5.3节例题 2. 确定许用应力 同4.5.3节例题 3. 齿面接触疲劳强度计算 (1)计算工作转矩 $T_1=9.55\times10^6\dfrac{P_1}{n_1}=\left(9.55\times10^6\times\dfrac{20}{1\ 000}\right)\text{N}\cdot\text{mm}=191\ 000\ \text{N}\cdot\text{mm}$	$z_1=27$ $z_2=z_1\times i=27\times3=81$ $[\sigma_{H_1}]=629.3$ MPa $[\sigma_{H_2}]=550$ MPa $[\sigma_{F_1}]=424.32$ MPa $[\sigma_{F_2}]=325.08$ MPa $T_1=191\ 000\ \text{N}\cdot\text{mm}$
(2)初步计算小齿轮直径,由式(4.10)得 $d_1\geqslant A_d\cdot\sqrt[3]{\dfrac{T_1}{\varphi_d[\sigma_H]^2}\times\dfrac{u\pm1}{u}}$ 查表4.8,估计$\beta\approx15°$,取$A_d=90$ 查表4.7齿宽系数$\varphi_d=1$ $d_1\geqslant\left(90\times\sqrt[3]{\dfrac{191\ 000}{550^2}\times\dfrac{3+1}{3}}\right)\text{mm}=84.98\ \text{mm}$ 取$d_1=85$ mm 则齿宽$b=\varphi_d d_1=85$ mm $m_t=\dfrac{d_1}{z_1}=\dfrac{85}{27}\ \text{mm}=3.15\ \text{mm}$ 取$m_n=3$ mm $\beta=\arccos\dfrac{m_n}{m_t}=\arccos\dfrac{3}{3.15}=17.75°$	$d_1=85$ mm $\varphi_d=1$ $b=85$ mm $m_n=3$ mm $\beta=17.75°$
(3)按齿面接触疲劳强度设计。 由式(4.21)得 $d_1\geqslant\sqrt[3]{\dfrac{2KT_1}{\varphi_d}\times\dfrac{u\pm1}{u}\times\left(\dfrac{Z_E Z_H Z_\varepsilon Z_\beta}{[\sigma_H]}\right)^2}$ 因工作机有中等冲击,查表4.4得$K_A=1.5$ 设计齿轮精度为7级,$v=\dfrac{\pi d_1 n_1}{60\times1\ 000}=\dfrac{\pi\times85\times1\ 000}{60\times1\ 000}=4.45$ m/s 查图4.9取$K_V=1.1$ 齿轮对称布置,$\varphi_d=1$;查图4.12取$K_\beta=1.05$ $\dfrac{K_A F_t}{b}=\dfrac{\dfrac{F_A 2T_1}{d_1}}{b}=\dfrac{\dfrac{1.5\times2\times191\ 000}{85}}{85}=79.3$ 查表4.5取$K_\alpha=1.4$ $K=K_A K_V K_\beta K_\alpha=1.5\times1.1\times1.4\times1.05=2.43$	$K_A=1.5$ $K_V=1.1$ $K_\beta=1.05$ $K_\alpha=1.4$ $K=2.43$
(4)计算齿面接触应力。 查图4.14得$Z_H=2.4$	$Z_H=2.4$

续表 4.12

计算与说明	主要结果
查表 4.6 得 $Z_E = 189.8\ \sqrt{\text{MPa}}$	$Z_E = 189.8\ \sqrt{\text{MPa}}$
$\varepsilon_a = \left[1.88 - 3.2\left(\frac{1}{z_1} + \frac{1}{z_2}\right)\right]\cos\beta = \left[1.88 - 3.2\left(\frac{1}{27} + \frac{1}{81}\right)\right]\cos 17.75^\circ$	
$\varepsilon_\beta = \frac{b\sin\beta}{\pi m_n} = 0.318\varphi_d z_1 \tan\beta = 0.318 \times 1 \times 27 \times \tan 17.75^\circ = 2.75$	$\varepsilon_a = 1.64$
取 $\varepsilon_\beta = 1$	$\varepsilon_\beta = 1$
$Z_\varepsilon = \sqrt{\frac{4-\varepsilon_a}{3}(1-\varepsilon_\beta) + \frac{\varepsilon_\beta}{\varepsilon_a}} = \sqrt{\frac{4-1.64}{3}(1-1) + \frac{1}{1.64}} = 0.78$	$Z_\varepsilon = 0.78$
$Z_\beta = \sqrt{\cos\beta} = \sqrt{\cos 17.75^\circ} = 0.976$	$Z_\beta = 0.976$
$d_1 \geqslant \sqrt[3]{\frac{2KT_1}{\varphi_d} \cdot \frac{u+1}{u} \cdot \left(\frac{Z_E Z_H Z_\varepsilon Z_\beta}{[\sigma_H]}\right)^2}$	
$= \sqrt[3]{\frac{2 \times 2.43 \times 191\ 000 \times (3+1)}{1 \times 3} \times \left(\frac{2.4 \times 189.8 \times 0.78 \times 0.976}{550}\right)^2}\ \text{mm}$	
$= 78.95\ \text{mm}$ 或 $d_1 = 85\ \text{mm}$	$d_1 = 85\ \text{mm}$
$m_t = \frac{d_1}{z_1} = \frac{85}{27}\ \text{mm} = 3.148\ \text{mm}$	
取 $m_n = 3\ \text{mm}$	$m_n = 3\ \text{mm}$
$\beta = \arccos\frac{m_n z_1}{d_1} = \arccos\frac{3 \times 27}{85} = 17.65^\circ$	$\beta = 17.65^\circ$
则 $d_1 = mz_1 = (4 \times 27)\text{mm} = 108\ \text{mm}$	$b = 85\ \text{mm}$
$b = \varphi_d d_1 = 85\ \text{mm}$	
4. 校核轮齿弯曲疲劳强度	
$z_{V_1} = \frac{z_1}{\cos^3\beta} = \frac{27}{\cos^3 17.65^\circ} = 31.2$	$z_{V_1} = 31.2$
$z_{V_2} = \frac{z_2}{\cos^3\beta} = \frac{81}{\cos^3 17.65^\circ} = 93.6$	$z_{V_2} = 93.6$
由图 4.18 查得，$Y_{Fa_1} = 2.53$；$Y_{Fa_2} = 2.22$	$Y_{Fa_1} = 2.53$
查图 4.16 得，$Y_{Sa_1} = 1.63$；$Y_{Sa_2} = 1.80$	$Y_{Fa_2} = 2.22$
因 $\varepsilon_a = 1.64$，得 $Y_\varepsilon = 0.25 + \frac{0.75}{\varepsilon_a} = 0.707$	$Y_{Sa_1} = 1.63$
$\varepsilon_\beta = \frac{b\sin\beta}{\pi m_n} = \frac{85 \times \sin 17.65^\circ}{\pi \times 3} = 2.74$，取 $\varepsilon_\beta = 1$	$Y_{Sa_2} = 1.80$
$Y_{\beta\min} = 1 - 0.25\varepsilon_\beta = 0.75$	$Y_\varepsilon = 0.707$
$Y_\beta = 1 - \varepsilon_\beta \frac{\beta}{120^\circ} = 1 - 1 \times \frac{17.65^\circ}{120^\circ} = 0.853 \geqslant Y_{\beta\min}$，取 $Y_\beta = 0.853$	$Y_\beta = 0.853$
由式(4.22)得	
$\sigma_F = \frac{2KT_1}{bd_1 m_n} Y_{Fa} Y_{Sa} Y_\varepsilon Y_\beta \leqslant [\sigma_F]$	

续表 4.12

计算与说明	主要结果
$\sigma_{F_1}=\frac{2KT_1}{bd_1m_n}Y_{Fa_1}Y_{Sa_1}Y_\varepsilon Y_\beta$ $=\left(\frac{2\times2.43\times191\ 000}{85\times85\times3}\times2.53\times1.63\times0.707\times0.853\right)\text{MPa}$ $=106.51\ \text{MPa}<[\sigma_{F_1}]=424.32\ \text{MPa}$	$\sigma_{F_1}=106.51\ \text{MPa}<[\sigma_{F_1}]$
$\sigma_{F_2}=\frac{2KT_1}{bd_1m_n}Y_{Fa_2}Y_{Sa_2}Y_\varepsilon Y_\beta=\sigma_{F1}\frac{Y_{Fa_2}Y_{Sa_2}}{Y_{Fa_1}Y_{Sa_1}}$ $=\left(106.51\times\frac{2.22\times1.80}{2.53\times1.63}\right)\text{MPa}=103.21\ \text{MPa}<[\sigma_{F_2}]=325.08$ 大小轮齿弯曲疲劳强度满足要求。	$\sigma_{F_2}=103.21\ \text{MPa}<[\sigma_{F_2}]$
5. 确定传动主要尺寸 $d_1=85\ \text{mm}$ $d_2=d_1i=(85\times3)\text{mm}=255\ \text{mm}$ $a=\frac{d_1+d_2}{2}=\frac{85+255}{2}\text{mm}=170\ \text{mm}$ （中心距应选择 0、5 结尾的整数，如不符合则应重新选择齿数进行计算）	
6. 绘制齿轮零件工作图（略）	

4.7　标准直齿锥齿轮传动强度计算

锥齿轮传动用于传递两相交轴之间的运动和动力，有直齿、斜齿和曲线齿之分，直齿最常用，斜齿已逐渐被曲线齿代替。轴交角可为任意角度，最常用的是 90°。下面着重介绍最常用的、轴交角 $\Sigma=90°$的直齿锥齿轮传动。

直齿锥齿轮沿齿宽方向的齿廓大小与其距锥顶的距离成正比。轮齿刚度大端大，小端小，故沿齿宽的载荷分布不均匀。和圆柱齿轮相比，直齿锥齿轮的制造精度较低，工作时振动和噪声都较大，故圆周速度不宜过高。

直齿锥齿轮传动的强度计算比较复杂。为了简化，将一对直齿锥齿轮传动转化为一对当量直齿圆柱齿轮传动进行强度计算。其方法是：用锥齿轮齿宽中点处的平均当量直齿圆柱齿轮代替该直齿锥齿轮，其分度圆半径即为齿宽中点处的背锥母线长，模数即为齿宽中点的平均模数 m_m，法向力即为齿宽中点的合力 F_n。这样，直齿锥齿轮传动的强度计算即可引用直齿圆柱齿轮传动的相应公式。

4.7.1　几何计算

直齿锥齿轮是以大端参数为标准值的。由图 4－27 可知，齿数比 u，锥角 δ_1、δ_2，锥距 R，分度圆直径 d_1、d_2 和平均分度圆直径 d_{m_1}、d_{m_2}之间的关系分别为

$$u=\frac{z_2}{z_1}=\frac{d_2}{d_1}=\cot\delta_1=\tan\delta_2 \tag{4.24}$$

$$\cos\delta_1=\frac{u}{\sqrt{\tan^2\delta_2+1}}=\frac{u}{\sqrt{u^2+1}} \tag{4.25}$$

$$\cos\delta_2=\frac{u}{\sqrt{\tan^2\delta_2+1}}=\frac{u}{\sqrt{u^2+1}} \tag{4.26}$$

$$R=\sqrt{\left(\frac{d_1}{2}\right)^2+\left(\frac{d_2}{2}\right)^2}=d_1\frac{\sqrt{(d_2/d_1)^2+1}}{2}=d_1\frac{\sqrt{u^2+1}}{2} \tag{4.27}$$

$$\frac{d_{m_1}}{d_1}=\frac{d_{m_2}}{d_2}=\frac{R-0.5b}{R}=1-0.5\frac{b}{R} \tag{4.28}$$

令 $\varphi_R=b/R$,称为直齿锥齿轮传动的齿宽系数,通常取 $\varphi_R=0.25\sim0.35$,最常用的值为 $\varphi_R=1/3$。于是

$$d_m=d(1-0.5\varphi_R) \tag{4.29}$$

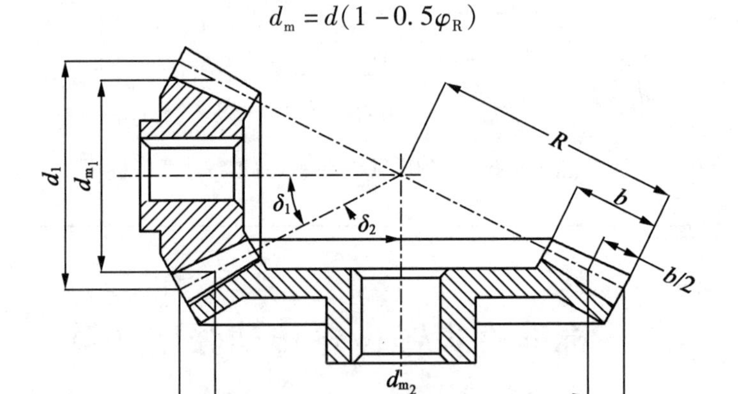

图 4.27　直齿锥齿轮传动的几何参数(轴交角 $\Sigma=90°$)

由图 4.27 可知平均当量直齿圆柱齿轮的分度圆直径为

$$d_{V_1}=\frac{d_{m_1}}{\cos\sigma_1}=(1-0.5\varphi_R)d_1\frac{\sqrt{u^2+1}}{u} \tag{4.30}$$

$$d_{V_2}=\frac{d_{m_2}}{\cos\sigma_2}=(1-0.5\varphi_R)d_2\frac{\sqrt{u^2+1}}{u} \tag{4.31}$$

现以 m_m 表示平均当量直齿圆柱齿轮的模数,亦即直齿锥齿轮平均分度圆上轮齿的模数(简称平均模数),则当量齿数 z_V 为

$$z_V=\frac{d_V}{m_m}=\frac{z}{\cos\sigma} \tag{4.32}$$

平均当量直齿圆柱齿轮传动的齿数比为

$$u_V=\frac{z_{V_2}}{z_{V_1}}=\frac{z_2\cos\delta_1}{z_1\cos\delta_2}=u^2 \tag{4.33}$$

显然,为使锥齿轮不发生根切,应使当量齿数不小于直齿圆柱齿轮的根切齿数。另外,由

式(4.28)极易得出平均模数 m_m 和大端模数 m 的关系为

$$m_m = m(1 - 0.5\varphi_R) \tag{4.34}$$

4.7.2　受力分析

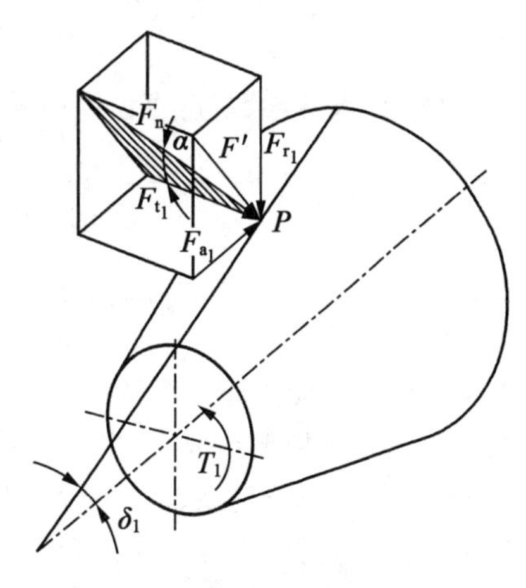

图 4.28　直齿锥齿轮传动的受力分析

忽略摩擦力，假设法向力 F_n 集中作用在齿宽节线中点处的平均分度圆上，即在齿宽中点的法向截面 $N-N$($Pabc$ 平面)内(图 4.28)。则 F_n 可分解为互相垂直的三个力：圆周力 F_t、径向力 F_r、轴向力 F_a。

$$\begin{cases} F_t = 2T_1/d_{m_1} \\ F_{r_1} = F'\cos\delta_1 = F_t\tan\alpha\cos\delta_1 \\ F_{a_1} = F'\sin\delta_1 = F_t\tan\alpha\sin\delta_1 \\ F_n = F_t/\cos\alpha \end{cases} \tag{4.35}$$

圆周力方向在主动轮上与回转方向相反，在从动轮上与回转方向相同；径向力方向分别指向各自的轮心；轴向力方向分别指向大端；且有以下关系：$F_{t_1} = -F_{t_2}$，$F_{r_1} = -F_{a_2}$，$F_{a_1} = -F_{r_2}$，负号表示方向相反。

4.7.3　计算载荷

直齿锥齿轮传动的计算载荷同样为 $F_{ca} = KF_n$，载荷系数同样为 $K = K_A = K_V K_\alpha K_\beta$；工况系数 K_A 查表 4.4；动载系数 K_V 查图 4.9(图中 v 为齿宽中点圆周速度)；齿向载荷分布不均系数 K_β 查表 4.11；啮合齿对间载荷分配系数 K_α 查表 4.5。

4.7.4　齿面接触疲劳强度

将平均当量直齿圆柱齿轮的有关参数代入式(4.8)并考虑齿面抵触线长短对齿面应力的影响，取有效齿宽为 $0.85b$，得

$$\sigma_H = Z_E Z_H Z_\varepsilon \sqrt{\frac{2KT_{V_1}}{0.85bd_{V_1}} \times \frac{u \pm 1}{u_V}} \leqslant [\sigma_H]$$

代入式(4.30)、式(4.33)及式

$$T_{V_1} = F_{t_1} d_{V_1}/2 = \frac{F_{t_1} d_{m_1}}{2\cos\delta_1} = \frac{T_1}{\cos\delta_1} = T_1 \frac{\sqrt{u^2+1}}{u}, \quad b = \varphi_R d_1 \frac{\sqrt{u^2+1}}{u}$$

得直齿锥齿轮传动的齿面接触疲劳强度校核公式和设计公式分别为

$$\sigma_H = Z_E Z_H Z_\varepsilon \sqrt{\frac{4.7KT_1}{\varphi_R(1-0.5\varphi_R)^2 d_1^3 u}} \leqslant [\sigma_H] \tag{4.36}$$

$$d_1 \geqslant \sqrt[3]{\frac{4.7KT_1}{\varphi_R(1-0.5\varphi_R)^2 u}\left(\frac{Z_E Z_H Z_\varepsilon}{[\sigma_H]}\right)^2} \tag{4.37}$$

4.7.5 齿根弯曲疲劳强度计算

将平均当量直圆柱齿轮的有关参数代入式(4.11),并取有效齿宽为 0.85b,得

$$\sigma_F=\frac{2KT_{V_1}}{0.85bd_{V_1}m_m}Y_{Fa}Y_{Sa}Y_\varepsilon\leqslant[\sigma_F]$$

式中代入各参数,得直齿锥齿轮传动的齿根弯曲疲劳强度校核公式和设计公式分别为

$$\sigma_F=\frac{0.47KT_1}{\varphi_R(1-0.5\varphi_R)^2z_1^2m^3\sqrt{u^2+1}}Y_{Fa}Y_{Sa}Y_\varepsilon\leqslant[\sigma_F] \tag{4.38}$$

$$m\geqslant\sqrt[3]{\frac{4.7KT_1}{\varphi_R(1-0.5\varphi_R)^2z_1^2\sqrt{u^2+1}}\times\frac{Y_{Fa}Y_{Sa}Y_\varepsilon}{[\sigma_F]}} \tag{4.39}$$

式中 Y_{Sa}——应力修正系数;

Y_{Fa}——齿形系数,按当量齿数 z_V 分别由图 4.16 和图 4.18 查取;

Y_ε——重合度系数,其选取同直齿圆柱齿轮(计算 ε_α 时代入当量齿数 z_V)。

4.8 齿轮的结构设计

通过齿轮传动强度计算,只能确定出齿轮的主要尺寸,如齿数、模数、齿宽、螺旋角、分度圆直径等,而齿圈、轮辐、轮毂等的结构形式及尺寸大小,通常都由结构设计而定。

齿轮的结构与齿轮的几何尺寸、毛坯材料、加工工艺、生产批量、使用要求及经济性等因素有关。通常是先按齿轮的直径大小,选定合适的结构形式,然后由荐用的经验公式进行结构设计。

对于直径很小的钢制齿轮(图 4.29-1),当为圆柱齿轮时,若齿根圆到键槽底部的距离 $e<2m_t$(m_t 为端面模数);当为锥齿轮时,按齿轮小端尺寸计算而得的 $e<1.6m$ 时,均应将齿轮和轴制成一体,称为齿轮轴(图 4.29-2)。这样,轴和齿轮必须用同一种材料制造。若 e 值超过上述尺寸,则不论是从制造还是从贵重材料的观点考虑,都应把齿轮和轴分开制造。

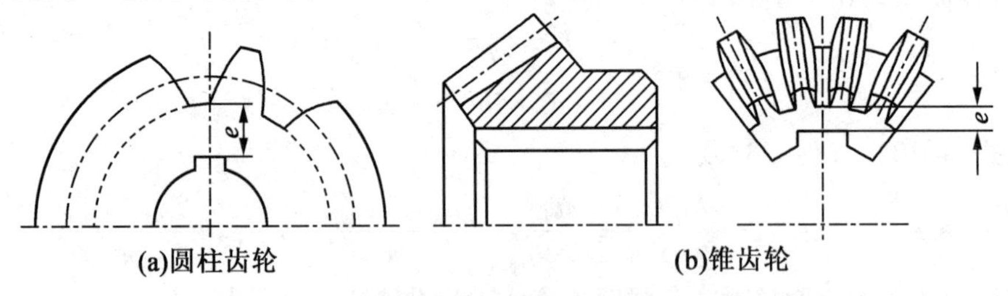

图 4.29-1 齿轮结构尺寸

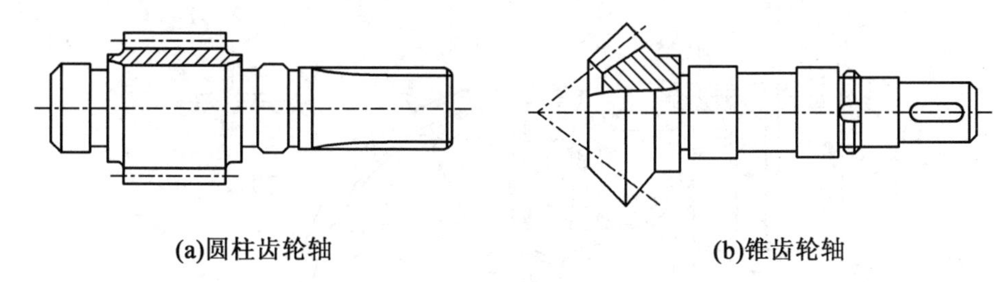

图4.29-2　齿轮结构尺寸

当齿顶圆直径 $d_a \leqslant 160$ mm 时，可以做成实心结构的齿轮(图4.30)。

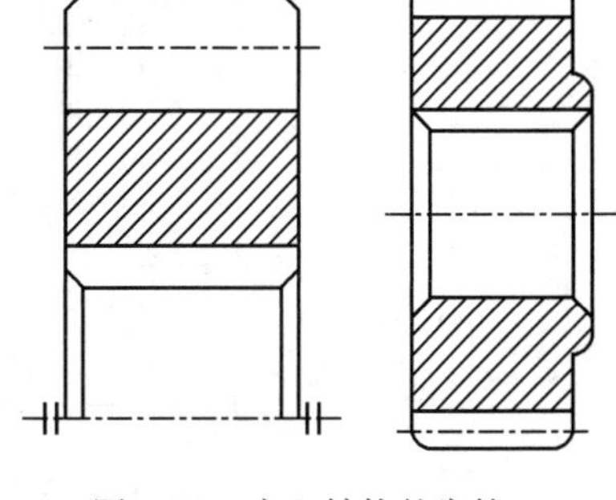

图4.30　实心结构的齿轮

当齿顶圆直径 $d_a < 500$ mm 时，可做成腹板式结构(图4.31)，腹板上开孔的数目按结构尺寸大小及需要而定。

$D_1 \approx (D_0 + D_3)/2$，$D_2 \approx (0.25 \sim 0.35)(D_0 - D_3)$，$D_3 \approx 1.6D_4$(钢材)，$D_3 \approx 1.7D_4$(铸铁)，$n_1 \approx 0.5m_n$，$r \approx 5$ mm

圆柱齿轮：$D_0 \approx d_a - (10 - 14)m_n$，$C \approx (0.2 \sim 0.3)B$

锥齿轮：$l \approx (1 \sim 1.2)D_4$，$C \approx (3 \sim 4)m$，尺寸 J 由结构设计而定，$\Delta_t = (0.1 \sim 0.2)B$

常用齿轮的 C 值不应小于 10 mm，航空用齿轮可取 $C \approx 3 \sim 6$ mm

齿顶圆直径 $d_a > 300$ mm 的铸锥齿轮，可做成带加强肋的腹板式结构，加强肋厚度 $C_1 \approx 0.8C$，其他结构尺寸与腹板式相同。

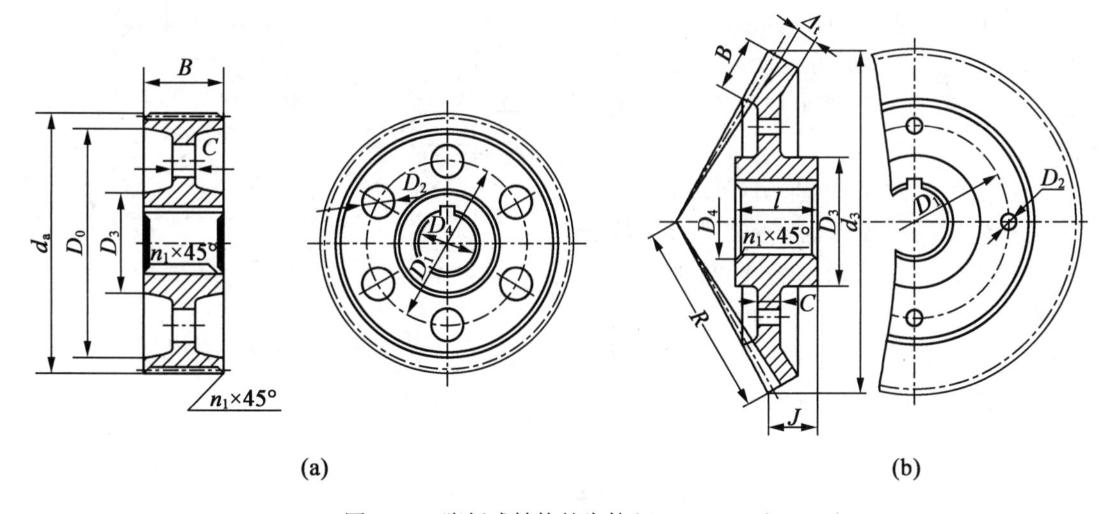

图4.31　腹板式结构的齿轮($d_a < 500$ mm)

当齿顶圆直径 400 mm $< d_a <$ 1 000 mm 时，可做成轮辐截面为“十”字形的轮辐式结构齿轮(图4.32)。

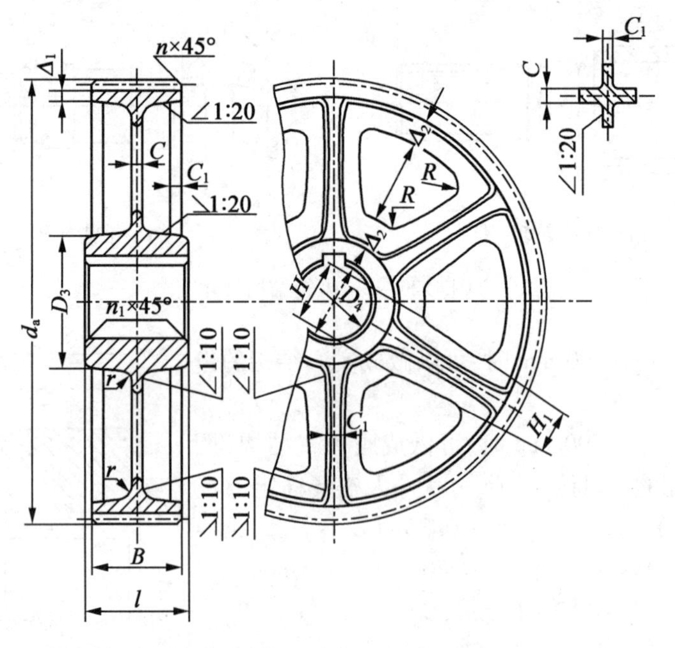

图 4.32　轮辐式结构的齿轮（$400\ \text{mm} < d_a < 1\ 000\ \text{mm}$）

$B < 240$ mm，$D \approx 1.6D_4$（铸钢），$D \approx 1.7D_4$（铸铁），$\Delta_1(3 \sim 4)m_n$，但不应小于 8 mm，$\Delta_2 \approx (1 \sim 1.2)\Delta_1$，$H \approx 0.8D_4$（铸钢），$H \approx 0.9D_4$（铸铁），$H_1 \approx 0.8H$，$C \approx H/5$，$C_1 \approx 6$，$R \approx 0.5H$，$1.5D_4 > l \geqslant B$，轮辐数常取为 6

对于尺寸很大的圆柱齿轮，为了节约贵重金属，可做成组装齿圈式结构（图 4.33）。齿圈用钢制，而轮芯则用铸铁或铸钢。两者用过盈连接，在配合接缝上加装 4 ~ 8 个紧定螺钉。

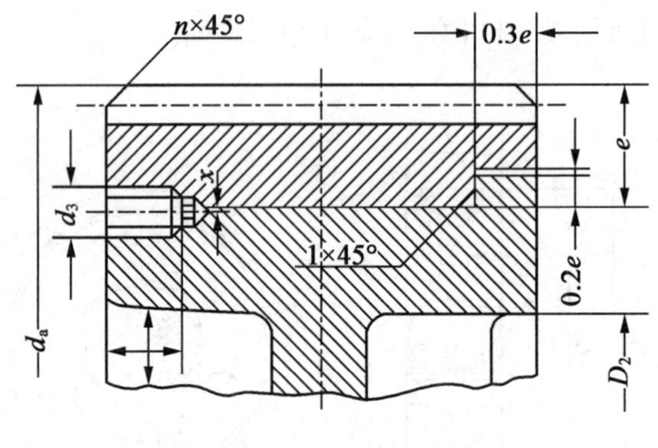

图 4.33　组装齿圈式结构

单件生产的大齿轮可采用焊接结构。

进行齿轮结构设计时，还要进行齿轮和轴的连接设计。常采用单键连接，但当齿轮转速较高时，要考虑轮芯的平衡及对中性，这时齿轮和轴的连接应采用花键或双键连接。对于沿轴滑移的齿轮，为操作灵活，也应采用花键或双导向健连接。

4.9　齿轮传动的效率和润滑

4.9.1　齿轮传动的效率

齿轮传动的功率损失主要包括以下损失。

（1）啮合中的摩擦损失。

（2）润滑油被搅动的油阻损失。

(3)轴承中的摩擦损失。

闭式齿轮传动的效率η为

$$\eta=\eta_1\eta_2\eta_3 \tag{4.40}$$

式中　η_1——考虑齿轮啮合损失的效率；

η_2——考虑油阻损失的效率；

η_3——轴承的效率。

满载时,采用滚动轴承的齿轮传动,计入上述三种损失后的平均效率列于表4.13。

表4.13　采用滚动轴承时齿轮传动的平均效率

传动类型	精度等级和结构形式		
	6级或7级精度的闭式传动	8级精度的闭式传动	脂润滑的开式传动
圆柱齿轮传动	0.98	0.97	0.95
锥齿轮传动	0.97	0.96	0.94

4.9.2　齿轮传动的润滑

齿轮在传动时,相啮合的齿面间有相对滑动,因此就要发生摩擦和磨损,增加动力消耗,降低传动效率。特别是高速传动,就更需要考虑齿轮的润滑。

轮齿啮合面间加注润滑剂,可以避免金属直接接触,减少摩擦损失,还可以散热及防锈蚀。因此,对齿轮传动进行适当的润滑,可以大大改善轮齿的工作状况,确保运转正常及预期的寿命。

1.齿轮传动的润滑方式

开式及半开式齿轮传动,或速度较低的闭式齿轮传动,通常由人工进行周期性加油润滑,所用润滑剂为润滑油或滑润脂。

通用闭式齿轮传动,其润滑方式根据齿轮圆周速度大小而定。当齿轮的圆周速度$v<12$ m/s时,常将大齿轮轮齿浸入油池中进行浸油润滑(图4.34)。这样,齿轮传动时,就把润滑油带到啮合的齿面上,同时也将油甩到箱壁上,借以散热。齿轮浸入油中的深度可视齿轮圆周速度大小而定,对圆柱齿轮通常不宜超过一个齿高,但一般亦不应小于10 mm;对锥齿轮应浸入全齿宽,至少应浸入齿宽一半。在多级齿轮传动中,可借带油轮将油带到未浸入油池内的齿轮的齿面上(图4.35)。油池中油量多少,取决于齿轮传递功率的大小。对单级传动,每传递1 kW的功率,需油量为0.35~0.7 L。对于多级传动,需油量按级数成倍地增加。

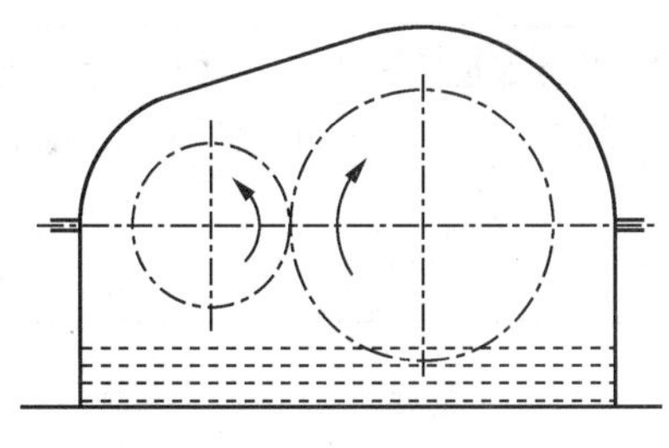

图4.34　浸油润滑

当齿轮的圆周速度$v>12$ m/s时,应采用喷油润滑(图4.36),即油泵或中心供油站以一定的压力供油,借喷嘴将润滑油喷到轮齿的啮合面上。当$v\leqslant25$ m/s时,喷嘴位于轮齿啮入边或啮出边均可;当$v>25$ m/s时,喷嘴应位于轮齿啮出的一边,以便借润滑油及时冷却刚啮合过的轮齿,同时亦对轮齿进行润滑。

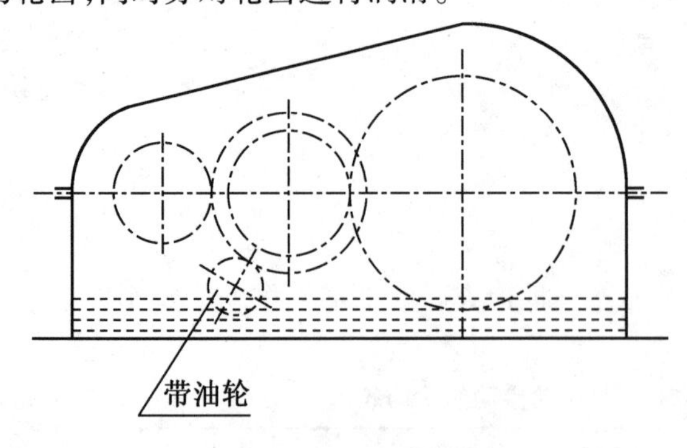

图 4.35　用带油轮带油

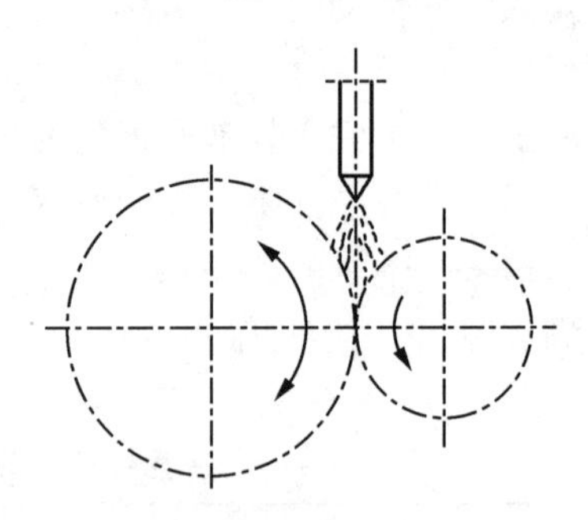

图 4.36　喷油润滑

2. 润滑剂的选择

齿轮传动常用的润滑剂为润滑油或润滑脂。润滑油的黏度按表 4.14 选取,所用的润滑油或润滑脂的牌号按表 4.15 选取。

表 4.14　齿轮传动润滑油黏度荐用值

齿轮材料	拉伸强度极限 σ_b/MPa	圆周速度 v/(m·s^{-1})						
		<0.5	0.5~1	1~2.5	2.5~5	5~12.5	12.5~25	>25
塑料、铸铁、青铜	—	350	220	150	100	80	55	—
钢	450~1 000	500	350	220	150	100	80	55
	1 000~1 250	500	500	350	220	150	100	80
渗碳或表面淬火的钢	1 250~1 580	900	500	500	350	220	150	100

注:1. 多级齿轮传动,采用各级传动圆周速度的平均值来选取润滑油黏度

2. 对于 σ_b >800 MPa 的镍铬钢制齿轮(不渗碳)的润滑油黏度应取一挡的数值

表 4.15　齿轮传动常用的润滑剂

名称	牌号	运动黏度(40 ℃) v/(mm^2·s^{-1})	应用
L-AN 全损耗系统用油(GB/T 443—1989)	L-AN7 L-AN7	6.12~7.48 9.0~11.0	用于各种调整轻载机械轴承的润滑和冷却(循环式或油箱式),如转速在 1 000 r/min 以上的精密机械、机床及纺织纱锭的润滑和冷却
	L-AN7 L-AN7	13.5~16.5 19.8~24.2	用于小型机床齿轮箱、传动装置轴承,中小型电动机,风动工具等

续表 4.15

名称	牌号	运动黏度(40 ℃) $v/(mm^2 \cdot s^{-1})$	应用
L-AN 全损耗系统用油 (GB/T 443—1989)	L-AN7	288~352	主要用在一般机床变速箱、中小型机床导轨及10 kW以上电动机轴承
	L-AN7	41.4~50.6	主要用于大型机床上、大型刨床上
	L-AN7 L-AN7 L-AN7	61.2~74.8 90.0~110.0 135.0~165.0	主要用在低速重载的纺织机械及重型机床、锻压、铸工设备上
工业闭式齿轮油 (GB/T 5903—1995)	68 100 150 220 320 460	61.2~74.8 90~100 135~165 198~242 288~352 414~506	适用于煤炭、水泥和冶金等工业部门的大型闭式齿轮传动装置的润滑
普通开式齿轮轴 (SH/T 0363—1992)		100 ℃	主要适用于开式齿轮、链条和钢丝绳的润滑
	68 100 150	60~75 90~110 135~165	
硫-磷型极压工业齿轮轴		50 ℃	适用于经常处于边界润滑的重载,高冲击的直、斜齿轮和蜗轮装置及轧钢机齿轮装置
	120 150 200 250 300 350	110~130 130~170 180~220 230~270 280~320 330~370	
钙钠基润滑脂 (SH/T 0368—1992)	ZGN-2 ZGN-2		适用于80~100 ℃,有水分或较潮湿的环境中工作的齿轮传动,但不适于低温工作情况
石墨钙基润滑脂 (SH/T 0369—1992)	ZG-S		适用于起重机底盘的齿轮传动、开式齿轮传动、需耐潮湿处

注:表中所列仅为齿轮油的一部分,必要时可参阅有关资料

课后习题

1. 齿轮传动主要有哪些优缺点？

2. 轮齿的失效形式有哪些？闭式和开式传动的失效形式有哪些不同？

3. 齿面点蚀常发生在什么部位？如何提高抗点蚀的能力？

4. 轮齿折断通常发生在什么部位？如何提高抗弯曲疲劳折断的能力？

5. 齿面胶合通常发生在什么情况下？产生的原因是什么？可采取哪些预防措施？

6. 外啮合齿轮传动中，齿面塑性流动的结果分别使哪个齿轮出现凹槽和凸脊？

7. 齿轮材料的选择原则是什么？常用齿轮材料和热处理方法有哪些？

8. 齿面和硬齿面的界限是如何划分的？设计中如何选择软、硬齿面？

9. 齿轮传动中，为何引入动载荷系数 K_V？减小动载荷的方法有哪些？

10. 齿面接触疲劳强度计算和齿根弯曲疲劳强度计算的理论依据是什么？一般闭式软齿面齿轮需进行哪些强度计算？

11. 使用齿面接触疲劳强度设计公式和齿根弯曲疲劳强度设计公式计算得到的主要参数是什么？说明什么问题？各应用在什么场合？

12. 开式齿轮传动应按何种强度条件进行计算？为什么？怎样考虑磨损的影响？

13. 什么是齿形系数？齿形系数与哪些因素有关？如果两个齿轮的齿数和变位系数相同，模数却不同，齿形系数是否有变化？同一齿数的标准直齿圆柱齿轮、标准斜齿圆柱齿轮和标准直齿锥齿轮的齿形系数是否相同？为什么？

14. 一对圆柱齿轮传动，小齿轮和大齿轮在啮合处的接触应力是否相等？如果大、小齿轮的材料及热处理情况均相同，则其接触疲劳许用应力是否相等？如其接触疲劳许用应力相等，则大、小齿轮的接触疲劳强度是否相等？

15. 计算一对圆柱齿轮传动的大、小齿轮的接触疲劳强度时，其计算公式是否一样？应注意什么问题？

16. 闭式双级斜齿圆柱齿轮减速器如图 4.37 所示，要求轴Ⅱ上的两齿轮产生的轴向力 F_{a_2} 与 F_{a_3} 相互抵消。设第一对齿轮的螺旋角 $\beta_1 = 15°$，试确定第二对齿轮的螺旋角 β_2 是多少？第二对 3 和 4 的螺旋线方向如何？

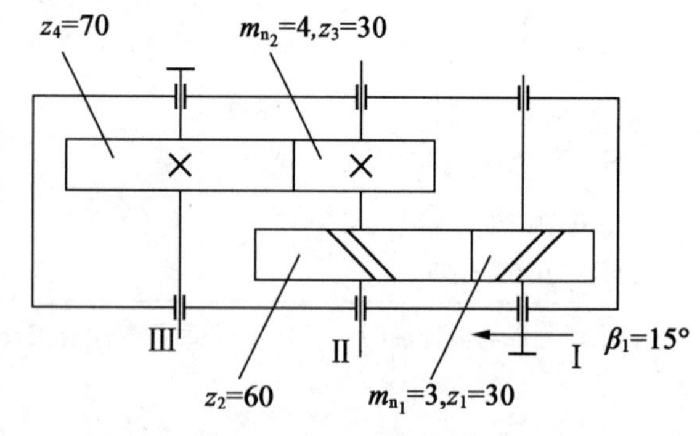

图 4.37　闭式双级斜齿圆柱齿轮减速器

17. 有一台单级直齿圆柱齿轮减速器，已知：$z_1 = 32$，$z_2 = 108$，中心距 $a = 210$ mm，齿宽 $b = 72$ mm，大小齿轮材料均为 45 钢，小齿轮调质，硬度为 HBW250 ~ 270，齿轮精度为 8 级。输入转速 $n_1 = 1\ 460$ r/min。电动机驱动，载荷平稳，齿轮寿命为 10 000 h。试求该齿轮传动所允许传递的最大功率。

18. 试设计提升机构上用的闭式直齿圆柱齿轮传动。已知：齿数比 $u_1 = 4.6$，转速 $n_1 = 730$ r/min，传递功率 $P_1 = 10$ kW，双向传动，预期寿命 5 年，每天工作 16 h，对称布置，原动机为电动机，载荷为中等冲击，$z_1 = 25$，大小齿轮材料均为 45 钢，调质处理，齿轮精度等级为 8 级，可靠性要求一般。

19. 试设计闭式双级圆柱齿轮减速器(图 4.37)中高速级斜齿圆柱齿轮传动。已知：传递功率 $P_1 = 20$ kW，转速 $n_1 = 1\ 430$ r/min，齿数比 $u = 4.3$，单向传动，齿轮不对称布置，轴的刚性较小，载荷有轻微冲击。大小齿轮材料均用 40Cr，表面淬火，齿面硬度为 HRC48 ~ 55，齿轮精度为 7 级，两班制工作，预期寿命 5 年，可靠性一般。

20. 试设计一闭式单级直齿锥齿轮传动。已知：输入转矩 $T_1 = 90.5$ N · m，输入转速 $n_1 = 970$ r/min，齿数 $u = 2.5$。载荷平稳，长期运转，可靠性一般。

第5章 蜗杆传动

5.1 概　述

蜗杆传动由蜗杆1和蜗轮2组成(图5.1),用于传递空间交错轴之间的运动和动力,通常两轴交错角为90°,一般以蜗杆为主动件做减速运动。如果蜗杆导程角较大,也可以用蜗轮为主动件做增速运动。蜗杆根据其螺旋线的旋向不同,有右旋和左旋之分,通常采用右旋蜗杆。由于蜗杆传动具有传动比大、工作平稳、噪声小和蜗轮做主动件时可自锁等优点,因此得到了广泛的应用。

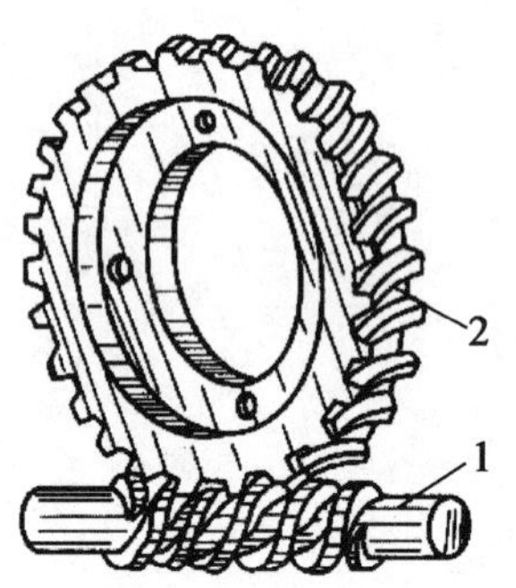

图5.1　蜗杆传动

1—蜗杆;2—蜗轮

5.1.1　蜗杆传动的类型

按照蜗杆形状的不同,蜗杆传动可分为圆柱蜗杆传动(图5.2(a))、环面蜗杆传动(图5.2(b))和锥蜗杆传动(图5.2(c))。其中,圆柱蜗杆传动在工程中应用最广。

圆柱蜗杆传动又分为普通圆柱蜗杆传动和圆弧齿圆柱蜗杆传动。普通圆柱蜗杆轴向截面上的齿形为直线(或近似为直线),而圆弧齿圆柱蜗杆轴向截面上的齿形为内凹圆弧线。由于圆弧齿圆柱蜗杆传动的承载能力大,传动效率高,尺寸小,因此,目前动力传动的标准蜗杆减速器多采用圆弧齿圆柱蜗杆传动。普通圆柱蜗杆传动根据加工蜗杆时所用的刀具及安装位置不同,又可分为多种形式。根据不同的齿廓曲线,普通圆柱蜗杆可分为阿基米德蜗杆(ZA蜗杆)、渐开线蜗杆(ZI 蜗杆)、法向直廓蜗杆(ZN 蜗杆)和锥面包络蜗杆(ZK 蜗杆)四种。其中,阿基米德蜗杆传动最为简单,也是认识其他蜗杆传动的基础。

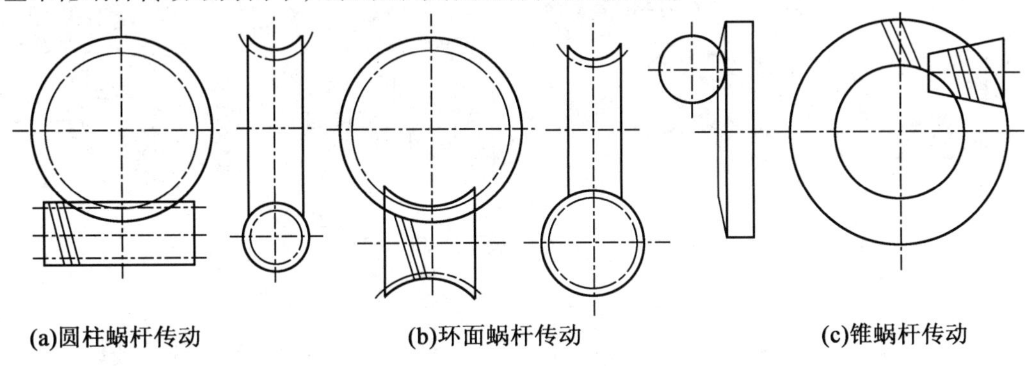

图 5.2　蜗杆传动的类型

阿基米德蜗杆(ZA 蜗杆)如图 5.3 所示,蜗杆的螺旋齿是用刀刃为直线的车刀车削而成。车削蜗杆时,使刀刃顶平面通过蜗杆轴线,其轴面齿廓是直线,端面齿廓是阿基米德螺旋线。阿基米德螺旋线加工容易,但不能磨削,故难以获得高精度。一般用于低速、轻载或不太重要的传动。

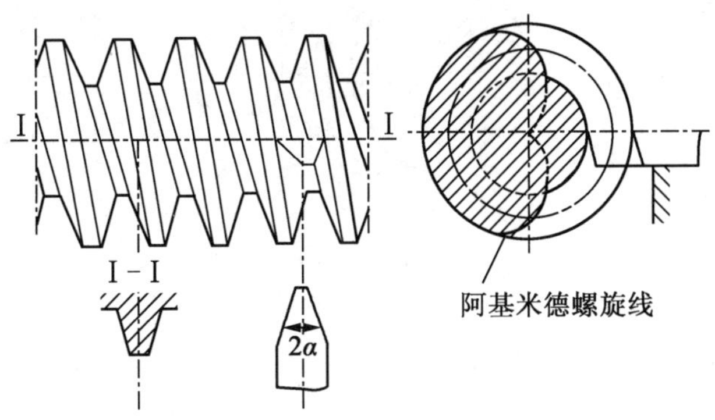

图 5.3　阿基米德蜗杆(ZA 蜗杆)

渐开线蜗杆(ZI 蜗杆)如图 5.4 所示。加工该蜗杆时,车刀刀刃顶平面切于蜗杆基圆柱,ZI 蜗杆端面齿廓为渐开线,在切于基圆柱的轴向截面内,齿形一侧为直线,另一侧为凸面曲线。该蜗杆可用滚铣刀滚铣,也可用平面砂轮磨削。

法向直廓蜗杆(ZN 蜗杆)如图 5.5 所示,车削该蜗杆时,车刀刀刃置于垂直螺旋线的法向面 N—N 内,切削出的蜗杆法向齿形为直齿梯形,端面内的齿形为延伸渐开线。该蜗杆可用直母线砂轮磨齿。

锥面包络蜗杆(ZK 蜗杆)如图 5.6 所示,该蜗杆采用直母线双锥面盘铣刀或砂轮置于蜗杆齿槽内加工制成。加工时盘铣刀或砂轮在蜗杆的法向面内绕其轴线做回转运动,蜗杆做螺旋运动。这时铣刀或砂轮回转曲面的包络面即为蜗杆的螺旋齿廓,在蜗杆的任意截面 N—N 及 I—I 内,蜗杆的齿廓都是曲线。

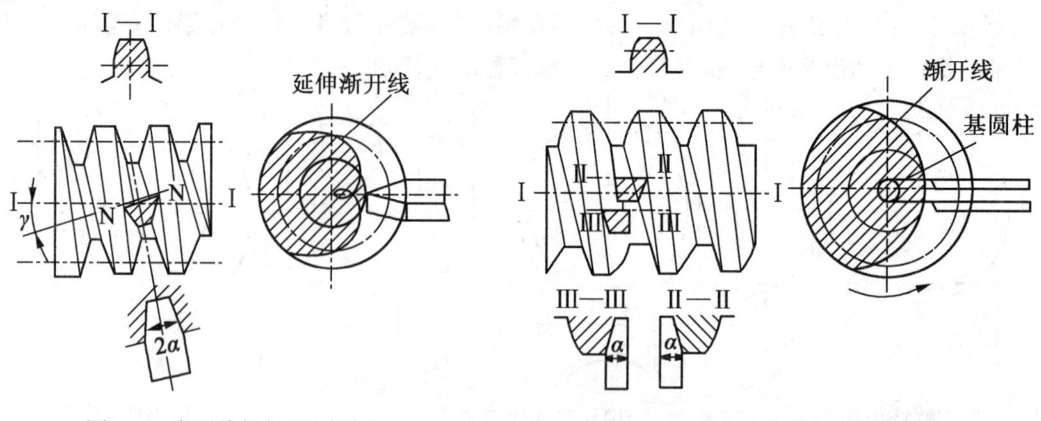

图5.4　渐开线蜗杆(ZI蜗杆)

图5.5　法向直廓蜗杆(ZN蜗杆)

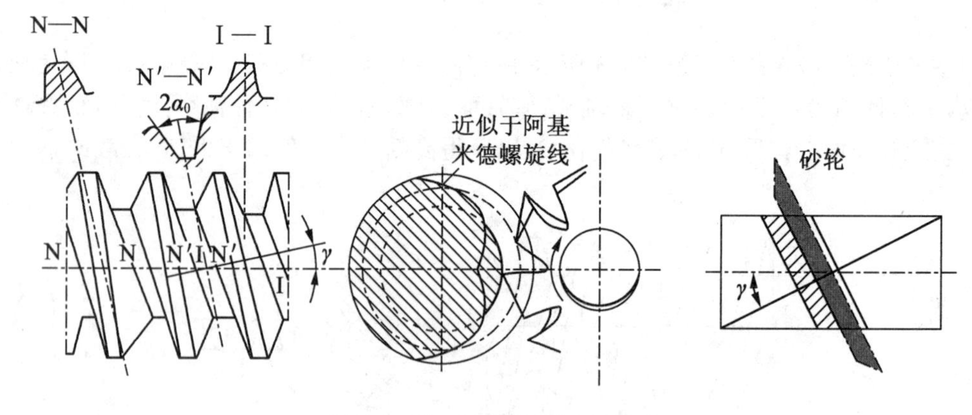

图5.6　锥面包络蜗杆(ZK蜗杆)

5.1.2　蜗杆传动的特点

(1)能实现大的传动比。在动力传动中,一般传动比 $i=10\sim80$;在分度机构或手动机构中,传动比可达300;若只传递运动,传动比可达1 000。由于传动比大,零件数目又少,因此结构紧凑。

(2)在蜗杆传动中,由于蜗杆齿是连续不断的螺旋齿,它和蜗杆齿是逐渐进入啮合及逐渐退出啮合的,同时啮合的齿对又较多,故冲击载荷小,传动平稳,噪声低。

(3)当蜗杆的导程角小于啮合面的当量摩擦角时,蜗杆传动便具有自锁性。

(4)蜗杆传动与螺旋齿轮传动相似,在啮合处产生相对滑动。当滑动速度很大,工作条件较差时,会产生较严重的摩擦与磨损,从而引起过度发热,使润滑情况恶化。因此,摩擦损失较大,效率低;当传动其自锁性时,效率低于0.5。

(5)为了减轻齿面的磨损及防止胶合,蜗轮一般使用贵重的减磨材料制造,故成本高。

(6)对制造和安装误差较为敏感,安装时对中心距的尺寸精度要求较高。

5.1.3　普通圆柱蜗杆传动的精度

《圆柱蜗杆、蜗轮精度》(GB/T 10089—1988)对蜗杆、蜗轮和蜗杆传动规定了 12 个精度等级,1 级精度最高,依次降低。与齿轮公差相仿,蜗杆、蜗轮和蜗杆传动的公差也分成 3 个公差组。

普通圆柱蜗杆传动的精度,一般 6 ~ 9 级应用得最多。表 5.1 中列出普通圆柱蜗杆传动的精度及其应用。

表 5.1　普通圆柱蜗杆传动的精度及其应用

精度等级	蜗轮圆周速度 $v_2/(\mathrm{m \cdot s^{-1}})$	适用范围
6	>5	中等精度机床分度机构;发动机调节系统转动
7	≤5	中等精度、中等速度、中等功率减速器
8	≤3	不重要的转动,速度较低的间歇工作动力装置
9	≤1.5	一般手动、低速、间歇、开式转动

5.2　普通圆柱蜗杆传动的主要参数及几何尺寸计算

普通圆柱蜗杆传动中,通过蜗杆轴线并垂直于蜗轮轴线的平面称为蜗杆传动的中间平面。对于阿基米德蜗杆传动,在中间平面内,蜗杆相当于一个齿条,蜗轮的齿廓为渐开线。蜗轮与蜗杆的啮合就相当于渐开线齿轮与齿条的啮合,如图 5.7 所示。因此,蜗杆传动的设计计算都以中间平面为准。

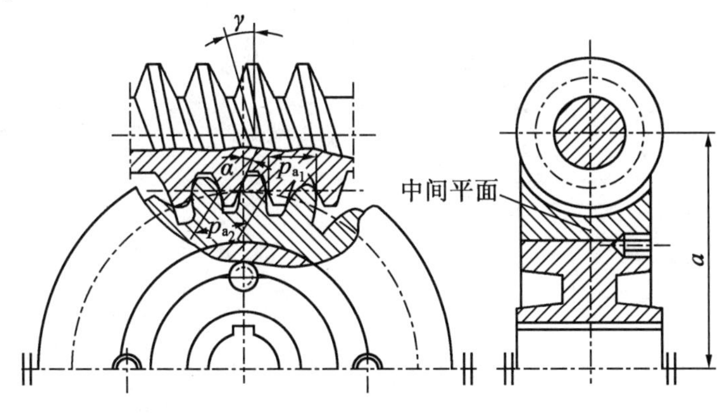

图 5.7　普通圆柱蜗杆传动

5.2.1　普通圆柱蜗杆传动的主要参数及其选择

普通圆柱蜗杆传动的主要参数有模数 m、压力角 α、蜗杆的头数 z_1、蜗轮的齿数 z_2 及蜗杆分度圆直径 d_1 等。进行蜗杆传动的设计时,首先要正确地选择参数。

1. 模数 m 和压力角 α

由于中间平面为蜗杆的轴面和蜗轮的端面，故蜗杆传动的正确啮合条件是

$$\begin{cases} m_{a_1} = m_{t_2} = m \\ \alpha_{a_1} = \alpha_{t_2} = \alpha \\ \gamma = \beta \end{cases} \tag{5.1}$$

式中 m_{a_1}、α_{a_1}——蜗杆的轴面模数和轴面压力角；

m_{t_2}、α_{t_2}——蜗轮的端面模数和端面压力角；

m——标准模数，见表 5.2；

γ——蜗杆分度圆的导程角；

β——蜗轮的螺旋角，γ 与 β 两者应大小相等，旋向相同。

ZA 型蜗杆的轴向压力角 $\alpha_a = 20°$ 为标准值，其余三种 ZI、ZN、ZK 型蜗杆的法向压力角 $\alpha_n = 20°$ 为标准值，蜗杆的轴向压力角与法向压力角的关系为

$$\tan\alpha_a = \frac{\tan\alpha_n}{\cos\gamma} \tag{5.2}$$

表 5.2 普通圆柱蜗杆基本尺寸和参数及其与蜗杆参数的匹配

中心距 a/mm	模数 m/mm	分度圆直径 d/mm	蜗杆头数 z	直径系数 q	m^2d_1/mm^3	分度圆导程角 γ	蜗轮齿数 z_2	变位系数 x_2
40 50	1	18	1	18.00	18	3°10′47″	62 82	0 0
40		20	1	16.00	31.25	3°34′35″	49	-0.500
50 63	1.25	22.4		17.92	35	3°11′38″	62 82	+0.040 +0.440
50		20	1	12.50	51.2	4°34′26″	51	-0.500
			2			9°05′25″		
	1.6		4			17°44′41″		
63 80		28	1		71.68	3°16′14″	61 82	+0.125 +0.250
40 (50) (63)		22.4	1	11.2	89.6	5°06′08″	29 (39) (51)	-0.100 (-0.100) (+0.400)
			2			10°07′29″		
	2		4			19°39′14″		
			6			28°10′43″		
80		35.5	1	17.75	142	3°13′28″	62	+0.125
100							82	

续表 5.2

中心距 a/mm	模数 m/mm	分度圆直径 d/mm	蜗杆头数 z	直径系数 q	m^2d_1/mm^3	分度圆导程角 γ	蜗轮齿数 z_2	变位系数 x_2
50 (63) (80) 100	2.5	28	1	11.20	175	5°04′16″	29 (39) (53)	−0.100 (+0.100) (−0.100)
			2			10°03′48″		
			4			19°32′29″		
			6			28°01′50″		
		45	1	18.00	281.25	3°13′10″	62	0
63 (80) (100)	3.15	35.5	1	11.27	352.25	5°04′16″	29 (39) (53)	−0.134 9 (+0.261 9) (−0.388 9)
			2			10°03′48″		
			4			19°32′29″		
			6			28°01′50″		
125		56	1	17.778	555.66	3°13′10″	62	−0.206 3
80 (100) (125)	4	40	1 2 4 6	10.00	640	5°42′38″	31 (41) (51)	−0.500 (−0.500) (+0.750)
						11°18′36″		
						21°48′06″		
						30°57′50″		
160		71	1	17.75	1 136	3°13′28″	62	+0.125
100 (125) (160) (180)	5	50	1	10.00	1 250	5°42′38″	31	−0.500
			2			11°18′36″	(41)	(−0.500)
			4			21°48′05″	(53)	(+0.500)
			6			30°57′50″	(61)	(+0.500)
200		90	1	18.00	2 250	3°10′47″	62	0
125 (160) (180) (200)	6.3	63	1	10.00	2 500.47	5°42′38″	31	−0.658 7
			2			11°18′36″	(41)	(−0.103 2)
			4			21°48′05″	(48)	(−0.428 6)
			6			30°57′50″	(53)	(+0.246 0)
250		112	1	17.778	4 445.28	3°13′10″	61	+0.293 7
160	8	80	1	10.00	5 120	5°42′38″	31	−0.500
(200)			2			11°18′36″	(41)	(−0.500)
(225)			4			21°48′05″	(47)	(−0.375)
(250)			6			30°57′50″	(52)	(+0.250)

注:本表摘自 GB/T 10089—1998

括号中的参数不适用于头数为 6 的蜗杆

2. 蜗杆的分度圆直径 d_1

在蜗杆传动中,为了保证蜗杆与配对蜗轮的正确啮合,常用与蜗杆具有同样直径和参数的蜗轮滚刀来加工与其配对的蜗轮。这样,只要有一种尺寸的蜗杆,就得有一种对应的蜗轮滚刀。对于同一模数,可以有很多不同直径的蜗杆,因而对每一模数就要配备很多蜗轮滚刀。显然,这样很不经济,为了限制蜗轮滚刀的数目及便于滚刀的标准化,就对每一标准模数规定了一定数量的蜗杆分度圆直径 d_1,而把比值

$$q=\frac{d_1}{m} \tag{5.3}$$

称为蜗杆的直径系数。由于 d_1 与 m 均为标准值,所以得出的 q 不一定是整数。

3. 蜗杆的头数 z_1

蜗杆的头数 z_1 通常为1、2、4、6。当要求蜗杆传动具有大的传动比或蜗轮主动自锁时,取 $z_1=1$,此时传动效率较低;当要求蜗杆传动具有较高的传动效率时,取 $z_1=2$、4、6。一般情况下,蜗杆的头数 z_1 可根据传动比按表5.3选取。

表5.3 蜗杆头数选取

传动比 i	5~8	7~16	15~32	30~80
蜗杆头数 z_1	6	4	2	1

4. 蜗轮的齿数 z_2 和传动比 i_{12}

蜗轮的齿数主要由传动比来确定,蜗轮的齿数 $z_2=i_{12}z_1$。在蜗杆传动中,为了避免蜗轮轮齿发生根切,理论上应使 $z_{2\min}\geqslant 17$。但当 $z_2<26$ 时,啮合区要显著减小,影响传动的平稳性,所以通常规定 $z_{2\min}\geqslant 28$。而当 $z_2>80$ 时,蜗轮直径较大,使蜗杆的支承跨度也相应增大,从而降低了蜗杆的刚度。故在动力蜗杆传动中,常取 $z_2=28\sim 80$。

5. 蜗杆分度圆上的导程角 γ

蜗杆的直径系数 q 和蜗杆头数 z_1 选定之后,蜗杆分度圆上的导程角 γ 也就确定了。由图5.8可知

$$\tan\gamma=\frac{p_z}{\pi d_1}=\frac{z_1 p_a}{\pi d_1}=\frac{z_1 m}{d_1}=\frac{z_1}{q} \tag{5.4}$$

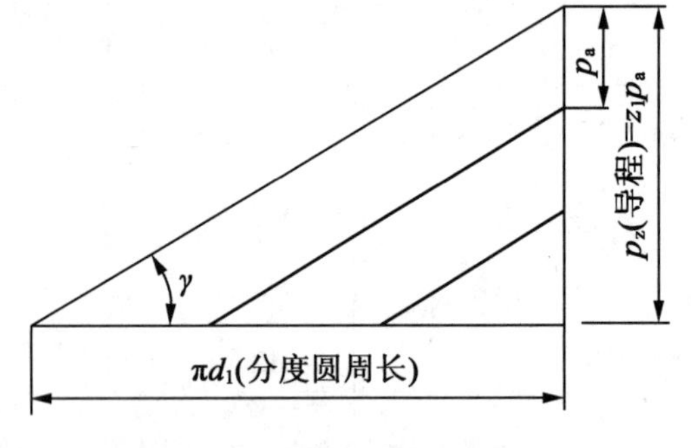

图5.8 导程角与导程的关系

6. 蜗杆传动的标准中心距 a

蜗杆传动的标准中心距为

$$a=\frac{1}{2}(d_1+d_2)=\frac{1}{2}(q+z_2)m \tag{5.5}$$

5.2.2 蜗杆传动的变位

为了配凑中心距或提高蜗杆传动的承载能力及传动效率,常采用变位蜗杆传动。变位方法与齿轮传动的变位方法相似,也是在切削时,利用刀具相对于蜗轮毛坯的径向位移来实现的。但是在蜗杆传动中,由于蜗杆的齿廓形状和尺寸要与加工蜗轮的滚刀形状和尺寸相同,所

以为了保持刀具尺寸不变,蜗杆尺寸是不能变动的,因而只能对蜗轮进行变位。如图 5.9 所示为蜗杆传动的变位情况(图中 a'、z_2'分别为变位后的中心距及蜗轮齿数,x_2 为蜗轮变位系数)。变位后,蜗轮的分度圆和节圆仍旧重合,只是蜗杆在中间平面上的节线有所改变,不再与其分度线重合。

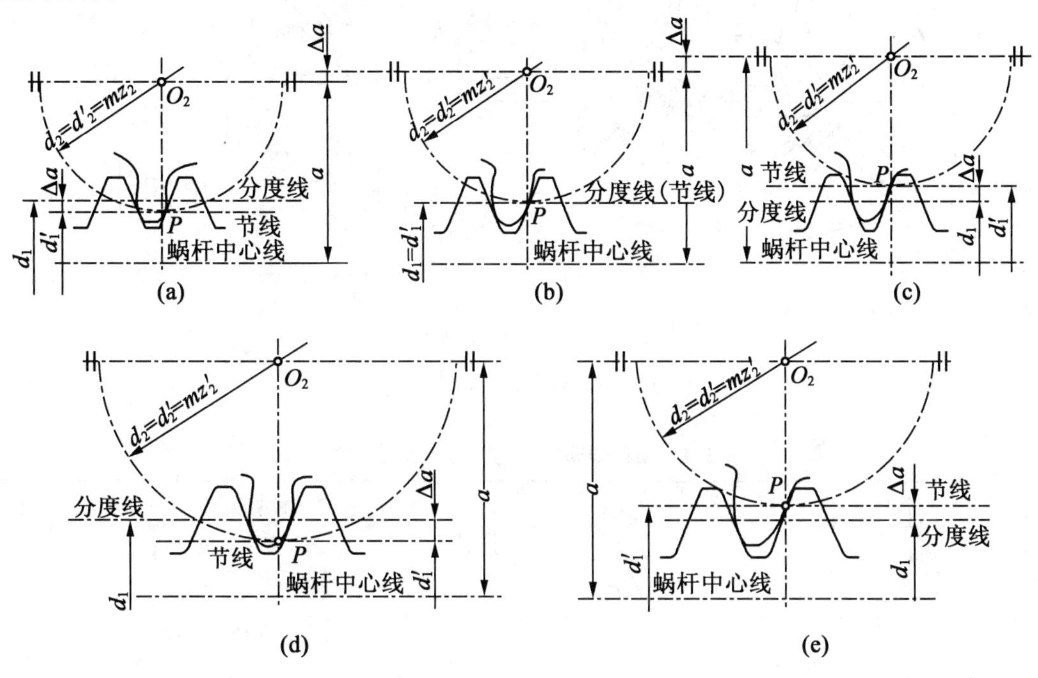

图 5.9　蜗杆传动的变位

蜗杆传动变位的目的一般为配凑中心距或配凑传动比,使之符合推荐值。如图 5.9(b)所示为标准蜗杆传动,变位蜗杆传动根据传动使用场合的不同,可以在下述两种变位方式中选择一种。

(1)变位前后,蜗轮的齿数不变($z_2' = z_2$),蜗杆传动的中心距改变($a' \neq a$),如图 5.9(a)、(c)所示,其中心距的计算如下:

$$a' = a + x_2 m = \frac{d_1 + d_2 + 2x_2 m}{2} \tag{5.6}$$

(2)变位前后,蜗杆传动的中心距不变($a' = a$),蜗轮的齿数变化($z_2' = z_2$),如图 5.9(d)、(e)所示,z_2'可计算如下:

$$\frac{d_1 + d_2 + 2x_2 m}{2} = \frac{m}{2}(q + z_2' + 2x_2) = \frac{1}{2}(q + z_2)m$$

$$z_2' = z_2 - x_2 \tag{5.7}$$

5.2.3　普通圆柱蜗杆传动的几何尺寸计算

普通圆柱蜗杆传动的几何尺寸如图 5.10 所示,其计算公式见表 5.4。

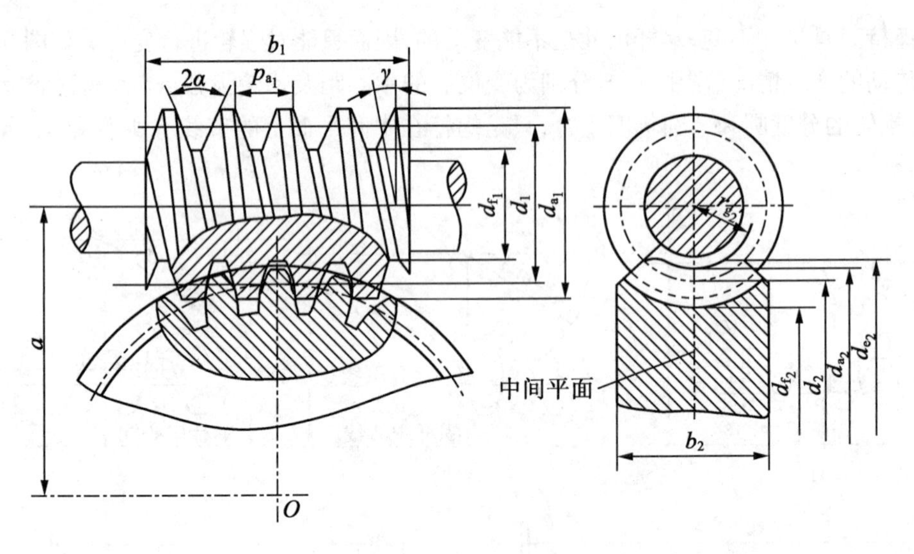

图 5.10　普通圆柱蜗杆传动的基本几何尺寸

表 5.4　蜗杆传动主要几何尺寸计算公式

名称	代号	计算公式
齿顶高	h_a	$h_a = h_a^* m = m(h_a^* = 1)$
齿根高	h_f	$h_f = (h_a^* + c^*)m = 1.2m(c^* = 0.2)$
全齿高	h	$h = h_a + h_f = 2.2m$
分度圆直径	d	d_1 由表 5.2 确定,$d_2 = mz_2$
齿顶圆直径	d_a	$d_{a_1} = d_1 + 2h_a, d_{a_2} = d_2 + 2h_a$
齿根圆直径	d_f	$d_{f_1} = d_1 - 2h_f$, $d_{f_2} = d_2 - 2h_f$
中心距	a	$a = (d_1 + d_2)/2$
蜗轮咽喉母圆半径	r_{g2}	$r_{g2} = a - d_{a_2}/2$
蜗轮外圆直径	d_{e_2}	当 $z_1 = 1$ 时,$d_{e_2} \leqslant d_{e_2} + 2m$ 当 $z_1 = 2$ 时,$d_{e_2} \leqslant d_{e_2} + 1.5m$ 当 $z_1 = 4,6$ 时,$d_{e_2} \leqslant d_{e_2} + m$
蜗轮齿宽	b_2	当 $z_1 \leqslant 2$ 时,$b_2 \leqslant 0.75d_{a_1}$ 当 $z_1 > 2$ 时,$b_2 \leqslant 0.67d_{a_1}$
蜗杆分度圆导程角	γ	$\tan\gamma = mz_1/d_1$
蜗杆螺旋部分长度	b_1	当 $z_1 \leqslant 2$ 时, $b_1 \geqslant (11 + 0.06z_2)m$ 当 $z_1 > 2$ 时, $b_1 \geqslant (12.5 + 0.09z_2)m$

5.3　圆柱蜗杆传动的失效形式、设计准则和材料选择

5.3.1　蜗杆传动的失效形式

与齿轮传动一样,蜗杆传动的失效形式也有轮齿折断、齿面点蚀、胶合及过度磨损等。由于蜗杆传动的相对滑动速度大、效率低、发热量大,因此其主要失效形式为轮齿的胶合、点蚀和磨损。但由于胶合和磨损尚未建立起简明而有效的计算方法,因此蜗杆传动目前常作齿面接触疲劳强度或齿根弯曲疲劳强度的条件性计算。

在蜗杆传动中,蜗轮的材料较弱,所以失效多发生在蜗轮轮齿上,故一般只对蜗轮轮齿进行承载能力计算。

5.3.2　蜗杆传动的设计准则

在开式传动中多发生齿面磨损和轮齿折断,因此应以保证齿根弯曲疲劳强度作为开式传动的主要设计准则。

在闭式传动中,蜗杆副多因齿面胶合或点蚀而失效。因此,通常是按蜗轮轮齿的齿面接触疲劳强度进行设计,对 $z_2 \geq 90$ 的蜗轮还应按蜗轮轮齿的齿根弯曲疲劳强度进行校核。此外,闭式蜗杆传动由于散热较为困难,还应做热平衡核算。

由上述蜗杆传动的失效形式可知,蜗杆、蜗轮的材料不仅要求具有足够的强度,更重要的是具有良好的啮合和耐磨性能。

5.3.3　蜗杆传动的常用材料

针对蜗杆传动的主要失效形式,要求蜗杆、蜗轮的材料组合具有良好的减摩和耐磨性。对于闭式传动的材料,还要注意抗胶合性能,并满足强度要求。

蜗杆一般采用碳素钢或合金钢制造(表5.5),高速重载蜗杆常用15Cr或20Cr,并经渗碳淬火;也可用40、45钢或40Cr并经淬火。这样可以提高表面硬度,增加耐磨性。通常要求蜗杆淬火后的硬度为HRC40~45,经氮化处理后的硬度为HRC55~62。一般不太重要的低速中载的蜗杆,可采用40或45钢,并经调质处理,其硬度为HBW220~300。

表5.5　蜗杆材料及工艺要求

蜗杆材料	热处理	硬度	表面粗糙度/μm
40Cr、40CrNi、42SiMn、35CrMo	表面淬火	HRC40~55	1.6~0.80
20Cr、20CrMnTi、12CrNi3A	表面渗碳淬火	HRC58~63	1.6~0.80
45、40Cr、42CrMo、35SiMn	调质	<HBW350	6.3~3.2
38CrMoA、50CrV、35CrMo	表面渗氮	HRC60~70	3.2~1.6

常用的蜗轮材料为铸锡青铜、铸铝青铜及灰铸铁等。锡青铜耐磨性最好,但价格较高,用

于滑动速度 $v_s \geqslant 30$ m/s 的重要传动；铝青铜的耐磨性较锡青铜差一些，但价格较便宜，一般用于滑动速度 $v_s \leqslant 4$ m/s 的传动；如果滑动速度不高（$v_s < 2$ m/s），可用灰铸铁制造。

5.4　普通圆柱蜗杆传动承载能力计算

5.4.1　蜗杆传动的受力分析

蜗杆传动的受力分析和斜齿圆柱齿轮传动相似。为简化起见，受力分析时通常不考虑摩擦力的影响

1. 力的大小

如图 5.11 所示为以右旋蜗杆为主动件并沿图示的方向旋转时，蜗杆螺旋面上的受力情况。

蜗杆与蜗轮啮合传动，轮齿间的相互作用力为法向力 F_n，它作用于法向截面内如图 5.11（a）所示。法向力 F_n 分解为相互垂直的三个分力，即圆周力 F_{t_1}、径向力 F_{r_1} 和轴向力 F_{a_1}。显然，在蜗杆和蜗轮间相互作用着 F_{t_1} 和 F_{a_2}、F_{a_1} 和 F_{t_2}、F_{r_1} 和 F_{r2} 这三对大小相等、方向相反的力，如图 5.11（c）所示。

各力的大小分别为

$$F_{t_1} = F_{a_2} = \frac{2T_1}{d_1} \tag{5.8}$$

$$F_{a_1} = F_{t_2} = \frac{2T_2}{d_2} \tag{5.9}$$

$$F_{r_1} = F_{r2} = F_{t_2} \tan \alpha \tag{5.10}$$

$$F_n = \frac{F_{a_1}}{\cos \alpha_n \cos \gamma} = \frac{F_{t_2}}{\cos \alpha_n \cos \gamma} = \frac{2T_2}{d_2 \cos \alpha_n \cos \gamma} \tag{5.11}$$

式中　T_1、T_2——作用在蜗杆和蜗轮上的公称转矩（ng · mm），$T_2 = T_1 i_{12} \eta$，其中 i_{12} 为传动比，η 为蜗杆传动的效率；

d_1、d_2——蜗杆和蜗轮的分度圆直径（mm）。

2. 力的方向

蜗杆和蜗轮上各分力方向判别方法与斜齿轮传动相同。在确定各力的方向时，尤其需注意蜗杆所受轴向力方向的确定，因为轴向力的方向是由螺旋线的旋向和蜗杆的转向来决定的。右（左）旋蜗杆所受轴向力的方向可用右（左）手法则确定。所谓右（左）手法则，是指右（左）手握拳时，以四指所示的方向表示蜗杆的回转方向，则拇指伸直时所指的方向就表示蜗杆所受轴向力 F_{a_1} 的方向。至于蜗杆圆周力 F_{t_1} 的方向，总是与力作用点的线速度方向相反的；径向力 F_{r_1} 的方向则总是指向轴心，如图 5.11（b）所示。关于蜗轮上各力的方向，可由图 5.11（c）所示的关系定出。

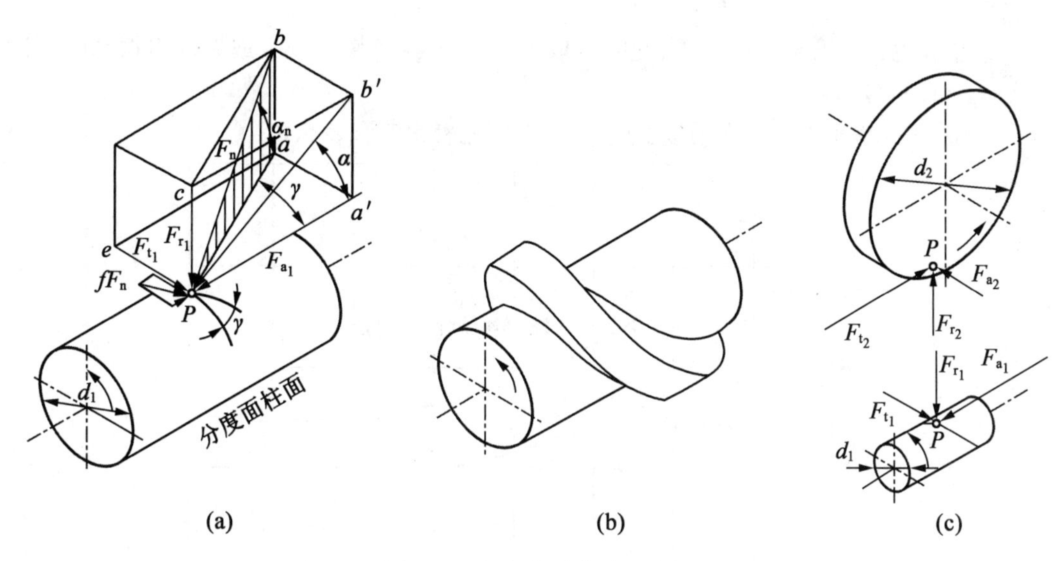

图5.11　蜗杆传动的受力分析

5.4.2　蜗杆传动强度计算

由于材料和结构等因素，蜗杆螺旋齿的强度要比蜗轮轮齿的强度高，因而在强度计算中一般只计算蜗轮轮齿的强度。

1. 蜗轮齿面接触疲劳强度计算

蜗轮的齿面接触疲劳强度计算的原始公式仍来源于赫兹公式。接触应力 α_{H}(MPa)为

$$\alpha_{\mathrm{H}}=\sqrt{\frac{KF_{\mathrm{n}}}{L_0\rho_{\Sigma}}}\times Z_E \tag{5.12}$$

式中　F_{n}——啮合齿面上的法向载荷(N)；

L_0——接触线总长(mm)；

K——载荷系数；

ρ_{Σ}——材料的弹性系数(MPa)，对于青铜或铸铁蜗轮与钢蜗杆配对时，取 Z_E = 160 MPa。

将以上公式中的法向载荷 F_{n} 用蜗轮分度圆直径 d_2(mm)与蜗轮转矩 T_2(Ng · mm)的关系式，再将 d_2、L_0、ρ_{Σ} 等换算成中心距 a(mm)的函数后，经过整理可得蜗轮齿面接触疲劳强度的校核公式为

$$\sigma_{\mathrm{H}}=Z_EZ_{\rho}\sqrt{KT_2/a^3}\leqslant[\sigma_{\mathrm{H}}] \tag{5.13}$$

式中　Z_{ρ}——蜗杆传动的接触线长度和曲率半径对接触强度的影响系数(接触系数)，可从图5.12中查得；

K——载荷系数，$K=K_{\mathrm{A}}K_{\mathrm{V}}K_{\beta}$，其中，$K_{\mathrm{A}}$ 为使用系数，查表5.6，K_{V} 为动载荷系数，由于蜗杆传动一般较平稳，动载荷要比齿轮传动的小得多，故 K_{V} 值可取值如下：对于精确制造，且蜗轮圆周速度 $v_2\leqslant 3$ m/s 时，取 $K_{\mathrm{V}}=1.0\sim1.1$；$v_2>3$ m/s 时，$K_{\mathrm{V}}=1.1\sim1.2$。$K_{\beta}$ 为齿向载荷分布系数，当蜗杆传动在平稳载荷下工作时，载荷分布不均现象将由于工作

表面良好的磨合而得到改善，此时可取 $K_\beta=1$；当载荷变化较大或有冲击振动时，可取 $K_\beta=1.3\sim1.6$；

$[\sigma_H]$——蜗轮齿面的许用接触应力（MPa），见表5.7和表5.8。

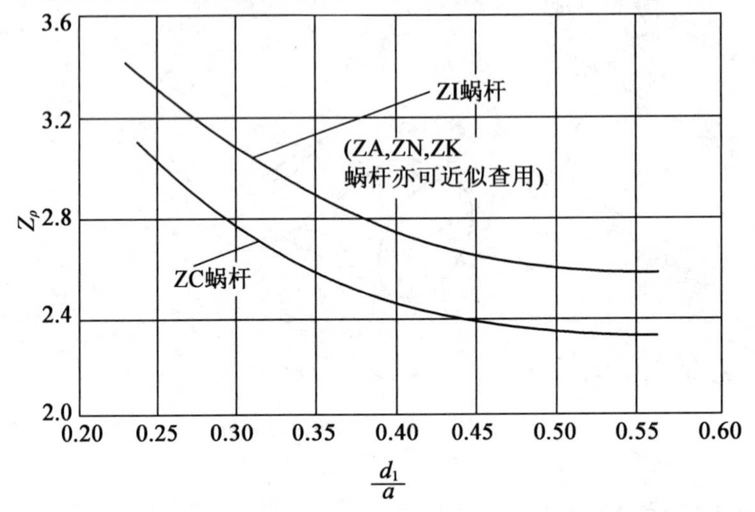

图5.12　圆柱蜗杆传动的接触系数 Z_ρ

表5.6　使用系数 K_A

工作类型	Ⅰ	Ⅱ	Ⅲ
载荷性质	均匀，无冲击	不均匀，小冲击	不均匀，大冲击
每小时启动次数	<25	25~50	>50
启动载荷	—	较大	大
K_A	1	1.15	1.2

表5.7　铸锡青铜蜗轮的基本许用接触应力

蜗轮材料	铸造方法	蜗杆齿面硬度	
		≤HRC45	≥HRC45
铸锡磷青铜 ZCuSn10P1	砂模铸造	150	180
	金属模铸造	220	268
铸锡锌铅青铜 ZCuSn5Pb5Zn5	砂模铸造	113	135
	金属模铸造	128	140

表 5.8　灰铸铁及铸铝铁青钢蜗轮的许用接触应力$[\sigma_H]$

蜗轮材料	蜗杆材料	滑动速度 $v/(m \cdot s^{-1})$						
		<0.25	0.25	0.5	1	2	3	4
灰铸铁 HT150	20 或 20Cr 渗碳、淬火,45 钢淬火,齿面硬度大于 HRC45	206	166	150	127	95	—	—
灰铸铁 HT200		250	202	182	154	115	—	—
铸铝铁青钢 ZCuAl10Fe3		—	—	250	230	210	180	160
灰铸铁 HT150	45 钢或 Q275	172	139	125	106	79	—	—
灰铸铁 HT200		208	168	152	128	96	—	—

注:蜗杆未经淬火时,需将表中$[\sigma_H]$值降低 20%

当蜗轮材料为强度极限 $\sigma_b < 300$ MPa 的锡青铜时,因蜗轮主要为接触疲劳失效,故应先从表 5.7 中查出蜗轮的基本许用接触应力$[\sigma_H]'$,再按$[\sigma_H] = K_{HN}[\sigma_H]'$算出许用接触应力的值。式中,$K_{HN}$为接触强度的寿命系数,$K_{HN} = \sqrt[8]{\dfrac{10^7}{N}}$。其中,应力循环次数 $N = 60jn_2L_b$(当$N > 25 \times 10^7$ 时,取 $N = 25 \times 10^7$),此处 n_2 为蜗轮转速(r/min);L_b 为工作寿命(h);j 为蜗轮每转一转每个轮齿啮合的次数。

若蜗轮材料为灰铸铁或高强度青铜($\sigma_b \geqslant 300$ MPa),蜗杆传动的承载能力主要取决于齿面胶合强度。但目前尚无完善的胶合强度计算公式,故采用接触疲劳强度计算是一种条件性计算,在查取蜗轮齿面的许用接触应力时,要考虑相对滑动速度的大小。由于胶合不属于疲劳失效,$[\sigma_H]$的值与应力循环次数 N 无关,因而可直接从表 5.8 中查出许用接触应力$[\sigma_H]$的值。

从式(5.13)中可得到按蜗轮齿面接触疲劳强度条件设计计算的公式为

$$a \geqslant \sqrt[3]{KT_2\left(\frac{Z_E Z_\rho}{[\sigma_H]}\right)^2} \tag{5.14}$$

从式(5.14)算出蜗杆传动的中心距 a(mm)后,可根据预定的传动比 $i(z_2/z_1)$从表 5.2 中选择一合适的 a 值,以及相应的蜗杆、蜗轮的参数。

2. 蜗轮齿根弯曲疲劳强度计算

在蜗轮齿数 $z_2 > 90$ 或开式传动中,蜗轮轮齿常因弯曲强度不足而失效。在闭式蜗杆传动中通常只进行弯曲强度的校核计算,但这种计算是必须进行的。因为校核蜗轮轮齿的弯曲强度不只是为了判别其弯曲断裂的可能性,对于承受重载的动力蜗杆副,蜗轮轮齿的弯曲变形量直接影响到蜗杆副的运动平稳性精度。

由于蜗轮的形状复杂,且与中间平面平行的截面上的轮齿厚度是变化的,因此,蜗轮轮齿的弯曲疲劳强度难以精确计算,只能进行条件性的概略估算。按照斜齿圆柱齿轮的计算方法,推导可得蜗轮齿根弯曲疲劳强度的校核公式为

$$\sigma_F = \frac{3.53KT_2}{d_1 d_2 m} Y_{F_{a2}} Y_\beta \leqslant [\sigma_F] \tag{5.15}$$

式中　$[\sigma_F]$——蜗轮的许用弯曲应力(MPa),其值$[\sigma_F] = K_{FN}[\sigma_F]'$(其中,$[\sigma_F]'$为考虑齿根

应力修正系数后的基本许用弯曲应力，见表 5.9；K_{FN} 为寿命系数，$K_{FN}=\sqrt[9]{\frac{10^6}{N}}$，$N$ 为应力循环次数，计算方法同前。当 $N>25\times10^7$ 时，取 $N>25\times10^7$；当 $N<10^5$ 时，取 $N=10^5$）；

$Y_{F_{a2}}$——齿形系数，按蜗轮当量齿数 $z_{v2}=z_2/\cos^2\gamma$ 及蜗轮的变位系数 x_2 查图 5.13；

Y_β——螺旋角系数，$Y_\beta=1-\frac{\gamma}{140}$。

表 5.9　蜗杆材料的基本许用弯曲应力

蜗轮材料		锻造方法	$[\sigma_F]'$/MPa	
			单侧工作	双侧工作
ZCuSn10P1		砂模铸造	40	29
		金属模铸造	56	40
ZCuSn5Pb5Zn5		砂模铸造	26	22
		金属模铸造	32	26
ZCuAl10Fe3		砂模铸造	80	57
		金属模铸造	90	64
灰铸铁	HT150	砂模铸造	40	28
	HT200	砂模铸造	48	34

5.4.3　蜗杆传动刚度计算

蜗杆受力后如产生过大的变形，就会造成轮齿上的载荷集中，影响蜗杆与蜗轮的正确啮合，所以蜗杆还需进行刚度校核。校核蜗杆的刚度时，通常是把蜗杆螺旋部分看作蜗杆齿根圆直径为直径的轴段，主要是校核蜗杆的弯曲刚度，其最大挠度 y(mm)可按下式做近似计算，并得其刚度条件为

$$y=\frac{\sqrt{F_{t_1}^2+F_{r_1}^2}}{48EI}l^3\leqslant[y] \tag{5.16}$$

式中　y——蜗杆弯曲变形的最大挠度(mm)；

I——蜗杆危险截面的惯性矩，$I=\pi d_{f_1}^4/64\ \text{mm}^4$，其中，$d_{f_1}$ 为蜗杆齿根圆直径(mm)；

E——蜗杆材料的拉、压弹性模量，通常 $E=2.06\times10^5$ MPa；

l——蜗杆两端支承间的跨度(mm)，视具体结构而定，初步计算时可取 $l\approx0.9d_2$，其中，d_2 为蜗轮分度圆直径(mm)；

$[y]$——许用最大挠度值，$[y]=d_1/1\ 000$，此处 d_1 为蜗杆分度圆直径(mm)。

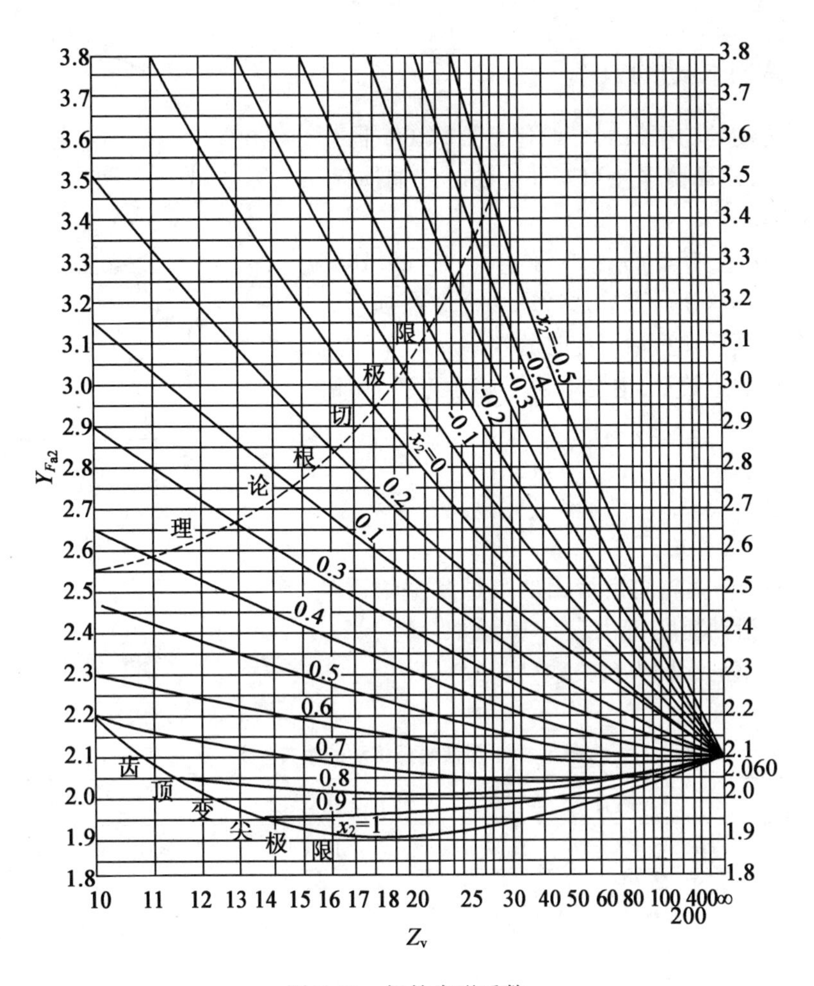

图5.13　蜗轮齿形系数

5.5　蜗杆传动的相对滑动速度、效率及热平衡计算

5.5.1　蜗杆传动的相对滑动速度

蜗杆传动与螺旋传动相似,齿面相对滑动速度较大。齿面相对滑动速速(图5.14)为

$$v_s = \frac{v_1}{\cos\gamma} = \frac{\pi d_1 n_1}{60 \times 1\ 000 \cos\gamma} \tag{5.17}$$

式中　v_1——蜗杆分度圆的圆周速度(m/s);

d_1——蜗杆分度圆直径(mm);

n_1——蜗杆的转速(r/min)。

5.5.2 蜗杆传动的效率

闭式蜗杆传动的功率损耗一般包括三部分,即由啮合摩擦损耗、轴承摩擦损耗和零件搅油时溅油损耗组成,因此总效率为

$$\eta = \eta_1 \eta_2 \eta_3 \tag{5.18}$$

式中 η_1、η_2、η_3——分别为单独考虑啮合摩擦损耗、轴承摩擦损耗和溅油损耗时的效率。

而蜗杆传动的总效率,主要取决于啮合摩擦损耗时的效率 η_1,当蜗杆主动时,则

$$\eta = (0.95 \sim 0.97)\frac{\tan \gamma}{\tan(\gamma + \rho_v)} \tag{5.19}$$

式中 γ——蜗杆导程角;

ρ_v——蜗杆与蜗轮轮齿齿面的当量摩擦角,其值可根据滑动速度 v_s 由表5.10选取。

蜗杆传动效率与蜗杆头数关系,见表5.11。

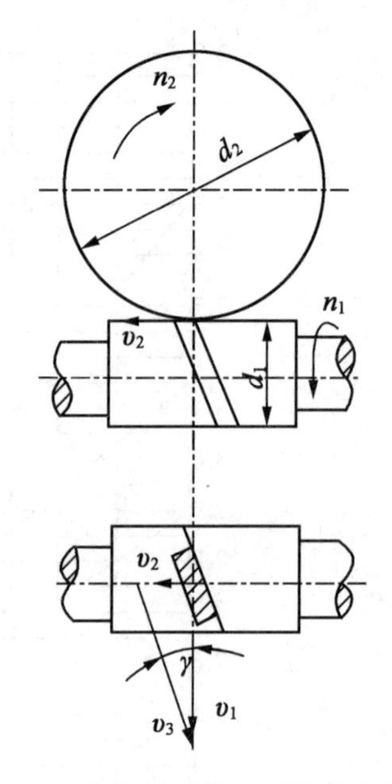

图5.14 蜗杆传动的相对滑动速度

表5.10 圆柱蜗杆传动的相关参数

蜗齿轮圈材料	锡青铜				无锡青铜		灰铸铁			
蜗杆齿面硬度	≥HRC45		其他		≥HRC45		≥HRC45		其他	
滑动速度 $v_s/(\mathrm{m \cdot s^{-1}})$	f_v	ρ_v	f_v	ρ_v	f_v	ρ_v	f_v	ρ_v	f_v	ρ_v
0.01	0.110	6°17	0.120	6°51	0.180	10°12	0.180	10°12	0.190	10°45
0.05	0.090	5°09	0.100	5°43	0.140	7°58	0.140	7°58	0.160	9°06
0.10	0.080	4°34	0.090	5°09	0.130	7°24	0.130	7°24	0.140	7°58
0.25	0.065	3°43	0.075	4°17	0.100	5°43	0.100	5°43	0.120	6°51
0.50	0.055	3°09	0.065	3°43	0.090	5°09	0.090	5°09	0.100	5°43
1.0	0.045	2°35	0.055	3°09	0.070	4°00	0.070	4°00	0.090	5°09
1.5	0.040	2°17	0.050	2°52	0.065	3°43	0.065	3°43	0.080	4°34
2.0	0.035	2°00	0.045	2°35	0.055	3°09	0.055	3°09	0.070	4°00
2.5	0.030	1°43	0.040	2°17	0.050	2°52	—	—	—	—
3.0	0.028	1°36	0.035	2°00	0.045	2°35	—	—	—	—
4.0	0.024	1°22	0.031	1°47	0.040	2°17	—	—	—	—
5.0	0.022	1°16	0.029	1°40	0.035	2°00	—	—	—	—

续表 5.10

蜗齿轮圈材料	锡青铜				无锡青铜		灰铸铁			
蜗杆齿面硬度	≥HRC45		其他		≥HRC45		≥HRC45		其他	
滑动速度 $v_s/(\mathrm{m \cdot s^{-1}})$	f_v	ρ_v	f_v	ρ_v	f_v	ρ_v	f_v	ρ_v	f_v	ρ_v
8.0	0.018	1°02	0.026	1°29	0.030	1°43	—	—	—	—
10.0	0.016	0°55	0.024	1°22	—	—	—	—	—	—
15.0	0.014	0°48	0.020	1°09	—	—	—	—	—	—
24.0	0.013	0°45	—	—	—	—	—		—	—

注:如滑动速度与表中数值不一致,可用插值法求得

适用于蜗杆表面经磨削或抛光并仔细磨合、正确安装、采用黏度合适的润滑油进行充分的润滑时

表 5.11　蜗杆传动的效率

蜗杆头数 z_1	1	2	4	6
传动效率 η	0.7 ~ 0.8	0.8 ~ 0.86	0.86 ~ 0.90	0.91 ~ 0.92

注:蜗杆转速高,齿面相对滑动速度大时取大值,反之取小值

5.5.3　蜗杆传动的热平衡计算

由于蜗杆传动的效率低,所以工作时发热量大,在闭式传动中,如果产生的热量不能及时散逸,将因油温不断升高而使润滑油稀释,从而增大摩擦损失,甚至发生胶合破坏。因此,对于连续运转的动力蜗杆传动,还应进行热平衡计算,以保证油温处于规定的范围内。

在热平衡状态下,蜗杆传动单位时间内由摩擦力功耗产生的热量等于箱体散发的热量,即

$$1\,000P(1-\eta) = K_s A(t_i - t_0)$$

$$t_i = \frac{1\,000P(1-\eta)}{K_s A} + t_0 \tag{5.20}$$

式中　P——蜗杆传递的功率(kW);

K_s——箱体表面散热系数 $\mathrm{kW/(m^2 \cdot ℃)}$,可取 $K_s = 8.15 \sim 17.45\ \mathrm{kW \cdot m^2 \cdot ℃}$,当周围空气流通良好时,取偏大值;

t_0——周围空气温度(℃),常温可取 20 ℃;

t_i——热平衡时油的工作温度,一般限制在 60 ~ 70 ℃,最高不超过 80 ℃;

η——传动效率;

A——箱体有效散热面积,即指箱体外壁与空气接触而内壁被油飞溅到的箱体表面积($\mathrm{m^2}$)。

若传动温升过高,在 $t > 80$ ℃时,说明有效散热面积不足,则需采取措施,以增大蜗杆传动的散热能力,常用方法如下。

(1)增加散热面积。采用在箱体外加散热片,散热片表面按总面积的 50% 计算,如图 5.15 所示。

(2)在蜗杆的端部加装风扇(图 5.15),加速空气流通,提高散热效率。

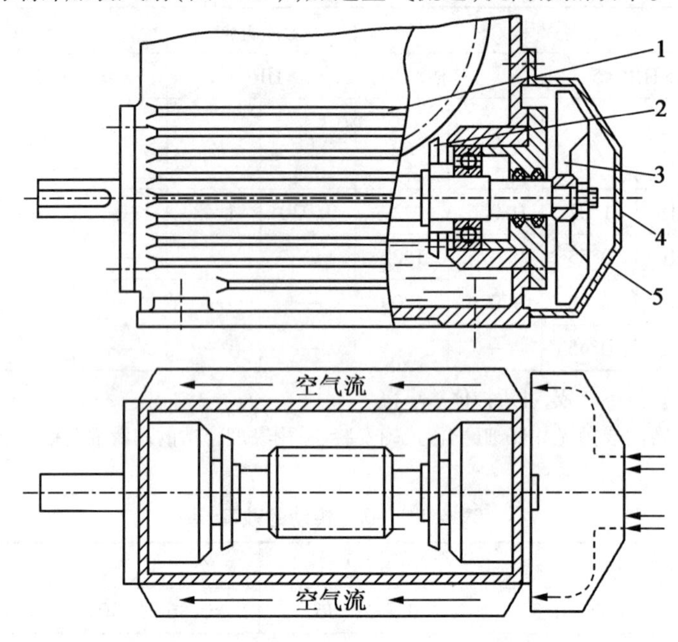

图 5.15　加散热片和风扇的蜗杆传动

1—散热片;2—溅油轮;3—风扇;4—过滤网;5—集气罩

(3)传动箱内装循环冷却管路,如图 5.16 所示。

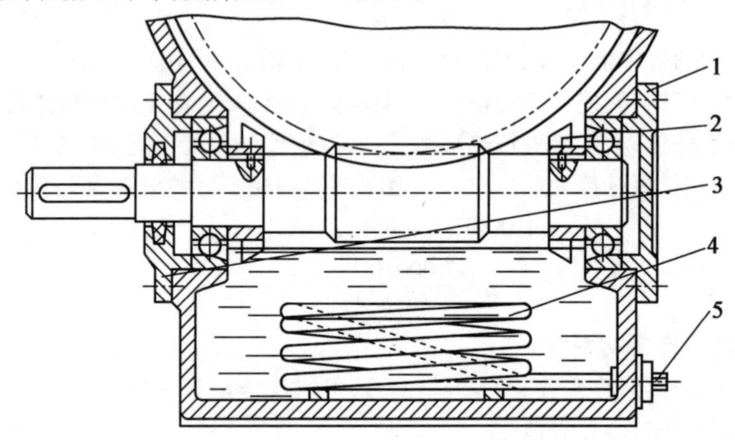

图 5.16　装有循环冷却管路的蜗杆传动

1—闷盖;2—溅油轮;3—透盖;4—蛇形管;5—冷却水出、入接口

5.5.4　蜗杆传动的润滑

润滑对蜗杆传动来说,具有特别重要的意义。因为当润滑不良时,传动效率将显著降低,并且会带来激烈的磨损和产生胶合破坏的危险,所以往往采用黏度大的矿物油进行良好的润滑,在润滑油中还常加入添加剂,提高其抗胶合能力。

蜗杆传动所采用的润滑油,润滑方法及润滑装置与齿轮传动的基本相同。

1. 润滑油

润滑油的种类很多，需根据蜗杆、蜗轮配对材料和运转条件合理选用。在钢蜗杆配青铜蜗轮时，常用的润滑油见表 5.12，也可参照有关资料进行选取。

表 5.12　蜗杆传动常用润滑油

CKE 轻负荷蜗轮蜗杆油	220	320	460	680
运动黏度 v_{40}(cSt)	198 ~ 242	288 ~ 352	414 ~ 506	612 ~ 748
闪点(开口)/℃		≥180		
倾点/℃		≥ −6		

注：其他指标参看 SH 0094—1991

2. 润滑油黏度及给油方法

润滑油黏度及给油方法，一般根据相对滑动速度及载荷类型进行选择。对于闭式传动，常用的润滑油黏度及给油方法见表 5.13；对于开式传动，则采用黏度较高的齿轮油或润滑脂。

表 5.13　蜗杆传动的润滑油黏度荐用值及给油方法

相对滑动速度 $v_t/(m \cdot s^{-1})$	0 ~ 1	0 ~ 2.5	0 ~ 5	>5 ~ 10	>10 ~ 15	>15 ~ 25	>25
载荷类型	重	重	中	(不限)	(不限)	(不限)	(不限)
运动黏度 v_{40}(cSt)	900	500	350	220	150	100	80
给油方法		油池润滑		喷油润滑或油池润滑		喷油润滑时的喷油压力/MPa	
					0.7	2	3

如果采用喷油润滑，喷油嘴要对准蜗杆啮入端。蜗杆正反转时，两边都要装有喷油嘴，而且要控制一定的油压。

3. 润滑油量

对闭式蜗杆传动采用油池润滑时，在搅油损耗不致过大的情况下，应有适当的油量。这样不仅有利于动压油膜的形成，而且有助于散热。对于蜗杆下置式或蜗杆侧置式的传动，浸油深度应为蜗杆的一个齿高；对于蜗杆上置式的传动，浸油深度约为蜗轮外径的 1/3。

5.6　圆柱蜗杆和蜗轮的结构

5.6.1　蜗杆的结构

由于蜗杆螺旋部分的直径不大，所以通常和轴做成一体，称为蜗杆轴，其结构形式如图 5.17所示。其中，图 5.17(a)的结构无退刀槽，加工螺旋部分时只能用铣制的办法；图 5.17(b)所示的结构则有退刀槽,螺旋部分可以车削,也可以铣削,但这种结构的刚度比前一种差。当蜗杆螺旋部分的直径较大时,可以将蜗杆与轴分开制作。

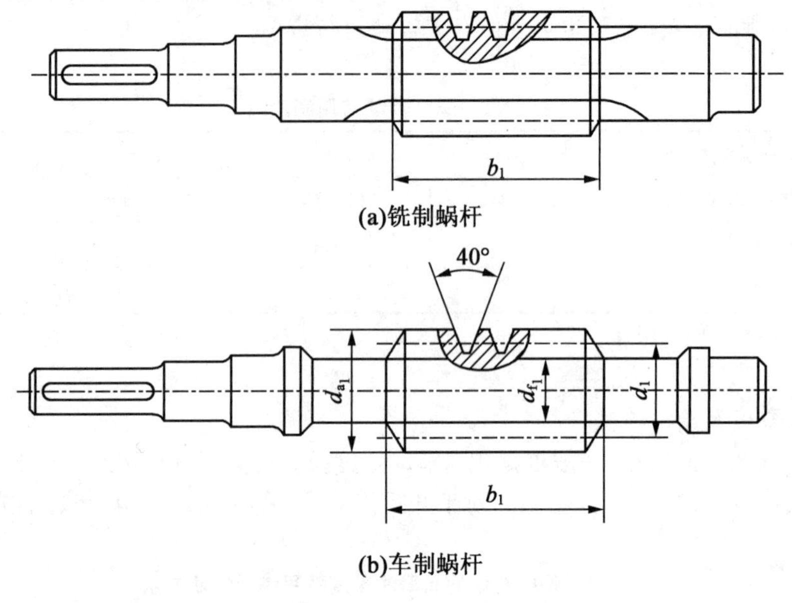

图 5.17 蜗杆的结构

5.6.2 蜗轮的结构

蜗轮的结构形式取决于蜗轮所用的材料和蜗轮的尺寸大小。常用的结构形式有以下几种。

(1)整体式。主要用于铸铁蜗轮或尺寸很小的青铜蜗轮(图 5.18(a))。

(2)齿圈式。为了节约贵重有色金属,对尺寸较大的蜗轮通常采用组合式结构,即齿圈用有色金属制造,而轮芯用钢或铸铁制造。采用过盈连接(图 5.18(b))、螺栓连接(图 5.18(c))、拼铸(图 5.18(d))等方式将其组合到一起。

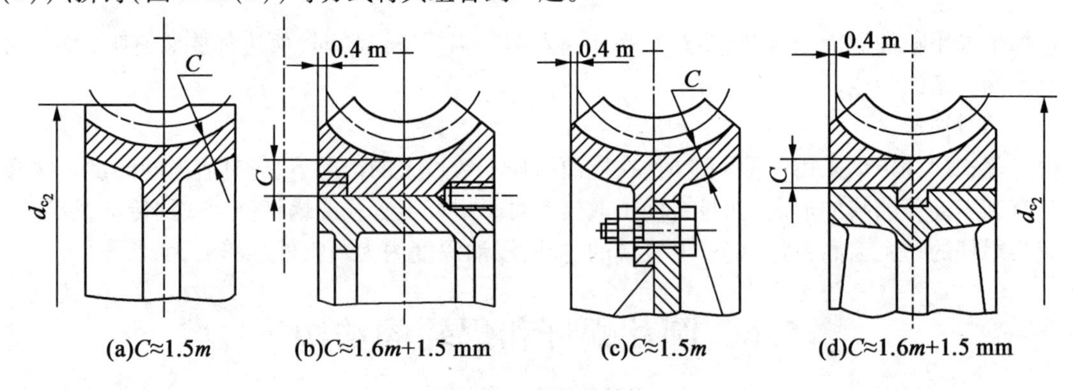

图 5.18 蜗轮的结构

例　试设计一由电动机驱动的 ZA 型单级闭式蜗杆减速器。已知电动机功率 $P_1=8.5$ kW，转速 $n_1=1\,440$ r/min，传动比 $i_{12}=21$，载荷较平稳，但有不大的冲击，单向传动，工作寿命 12 000 h。

解

表 5.14　设计步骤

计算与说明	主要结果
1. 选择蜗杆类型、材料和精度等级	
(1)类型选项。	
根据题目要求，选用 ZA 型蜗杆传动	选用 ZA 型蜗杆传动
(2)材料选择。	
蜗杆选用 40Cr，表面淬火处理，查表 5.5，表面硬度为 HRC40 ~ 55；	蜗杆选用 40Cr，表面淬火处理，齿面硬度为 HRC40 ~ 55
蜗轮选用 ZCuSn10P1，金属模铸造	蜗轮选用 ZCuSn10P1 金属模铸造
(3)精度选择。	
查表 5.1，选 8 级精度	8 级精度
2. 按齿面接触疲劳强度设计	
由式(5.14)，中心距 a 为	
$$a\geqslant\sqrt[3]{KT_2\left(\frac{Z_EZ_\rho}{[\sigma_H]}\right)^2}$$	
(1)确定公式中的参数。	
①初选齿数 z_1。	
由传动比 $i_{12}=21$。查表 5.3，取 $z_1=2$	
②传动效率 η。	
查表 5.11，由 $z_1=2$，闭式传动，估取效率 $\eta=0.83$	
③计算作用在蜗轮上的转矩 T_2。	
$T_2=i_{12}\eta T_1=i_{12}\eta\dfrac{0.55\times10^6P_1}{n_1}=\left(21\times0.83\times\dfrac{9.55\times10^6\times8.5}{1\,440}\right)$ ng · mm	
$=98.26\times10^4$ ng · mm	$T_2=982\,600$ ng · mm
④确定载荷系数 K。	
由表 5.6 选取使用系数 $K_A=1.15$；由于转速不高，冲击不大，可取动载荷系数 $K_V=1.1$；因载荷较平稳，故取载荷分布系数 $K_\beta=1$；则	
$K=K_AK_VK_\beta=1.15\times1\times1.1=1.27$	$K=1.27$
⑤材料系数 Z_E。	
对于青铜或铸铁蜗轮与钢蜗杆配对时，取 $Z_E=160\ \sqrt{\text{MPa}}$	$Z_E=160\ \sqrt{\text{MPa}}$
⑥接触系数 z_ρ。	
假设蜗杆分度圆直径 d_1 和中心距 a 之比 $d_1/a=0.35$，查图 5.12，$z_\rho=2.9$	$z_\rho=2.9$
⑦确定许用接触应力。	
蜗轮材料的基本许用应力：查表 5.7，$[\sigma_H]'=268$ MPa	$[\sigma_H]'=268$ MPa
应力循环次数：$N=60jn_2L_h=60\times1\times\dfrac{1\,440}{21}\times12\,000=4.937\times10^7$	$N=4.937\times10^7$

续表 5.14

计算与说明	主要结果
寿命系数：$K_{HN}=\sqrt[8]{\frac{10^7}{N}}=\sqrt[8]{\frac{10^7}{4.937\times10^7}}=0.819$	$K_{HN}=0.819$
许用接触应力：$[\sigma_H]=K_{HN}g[\sigma_H]'=(0.819\times268)\text{MPa}=219.5\text{ MPa}$	$[\sigma_H]=219.5\text{ MPa}$
(2)设计计算。	
①计算中心距。	
$a\geqslant\sqrt[3]{KT_2\left(\frac{Z_EZ_\rho}{[\sigma_H]}\right)^2}\geqslant\sqrt[3]{1.27\times98.26\times10^4\left(\frac{160\times2.9}{219.5}\right)^2}=177(\text{mm})$	
取 $a=200$ mm	$a=200$ mm
②初选模数、蜗杆分度圆直径、分度圆导程角根据 $a=200$ mm，$i_{12}=21$	$m=8$ mm
查表5.2，取 $m=8$ mm，$d_1=80$ mm，$\gamma=11°18'36''$	$d_1=80$ mm
③确定接触系数 z_ρ。	$\gamma=11°18'36''$
根据 $d_1/a=80/200=0.4$，查图5.12，$z_\rho=2.74$	$z_\rho=2.74$
④计算滑动速度。	
$v_s=\frac{\pi d_1n_1}{60\times1\,000\cos\gamma}=\frac{\pi\times80\times1\,440}{60\times1\,000\times\cos11°18'36''}=6.15(\text{m/s})$	$v_s=6.15$ m/s
⑤当量摩擦角 ρ_v。	
查表5.10，$\rho_v=1°16'$	$\rho_v=1°16'$
⑥计算啮合效率 η_1。	
$\eta_1=\frac{\tan\gamma}{\tan(\gamma+\rho_v)}=\frac{\cos11°18'36''}{\tan(11°18'36''+1°16')}=0.90$	$\eta_1=0.90$
⑦传动效率。	
$\eta=(0.95\sim0.97)\eta_1=(0.95\sim0.97)\times0.9=0.855\sim0.873$，取 $\eta=0.87$	$\eta=0.87$
⑧校核齿面接触疲劳强度。	
$T_2=9.55\times10^6\frac{P\eta}{n_1/i}=(9.55\times10^6\times\frac{8.5\times0.87}{1\,440/21})\text{ng}\cdot\text{mm}=102.99\times10^4\text{ ng}\cdot\text{mm}$	
$\sigma_H=Z_EZ_\rho\sqrt{KT_2/a^3}=(160\times2.74\times\sqrt{1.27\times102.99\times10^4/200^3})\text{MPa}$	$\sigma_H=177.27$ MPa
$=177.27\text{ MPa}\leqslant[\sigma_H]=219.5\text{ MPa}$	$\leqslant[\sigma_H]=219.5$ MPa
原选参数满足齿面接触疲劳强度的要求。	
3. 主要几何尺寸计算	
查表5.2	
$m=8$ mm，$d_1=80$ mm，$\gamma=11°18'36''$，$z_1=2$，$z_2=41$，$x_2=-0.5$	
(1)蜗杆。	
①齿数 $z_1=2$	
②分度圆直径 $d_1=80$ mm	$d_1=80$ mm
③齿顶圆直径 $d_{a_1}=d_1+2h_{a_1}=(80+2\times8)\text{mm}=96\text{ mm}$	$d_{a_1}=96$ mm
④齿根圆直径 $d_{f_1}=d_1-2h_{f_1}=(80-2\times1.2\times8)\text{mm}=60.8\text{ mm}$	$d_{f_1}=60.8$ mm
⑤蜗杆的分度圆导程角 $\gamma=11°18'36''$	$\gamma=11°18'36''$

续表 5.14

计算与说明	主要结果
(2)蜗轮。	
①齿数 $z_2=41$	$z_2=41$
②变位系数 $x_2=-0.5$	$x_2=-0.5$
③校核传动比误差。	
传动比 $i=\dfrac{z_2}{z_1}=20.5$	$i=20.5$
传动比相对误差 $\left\|\dfrac{21-20.5}{21}\right\|=2.38\%<5\%$,在允许范围内。	
④蜗轮分度圆直径 $d_2=mz_2=8\times41=328(\text{mm})$	$d_2=328\text{ mm}$
⑤蜗轮齿顶圆直径 $d_{a_2}=d_2+2h_{a_2}=328+2\times8\times(1-0.5)=336(\text{mm})$	$d_{a_2}=336\text{ mm}$
⑥齿根圆直径 $d_{f_2}=d_2-2h_{f_2}=328-2\times8\times(1.2+0.5)=300.8(\text{mm})$	$d_{f_2}=300.8\text{ mm}$
⑦蜗轮螺旋角 $\beta=11°18'36''$	$\beta=11°18'36''$
其余几何尺寸计算从略。	
4. 校核齿根弯曲疲劳强度(从略)	

课后习题

1. 选择题

(1)与齿轮传动相比较,(　　)不能作为蜗杆传动的优点。

A. 传动平稳,噪声小　　B. 传动效率高

C. 可自锁　　D. 传动比大

(2)阿基米德圆柱蜗杆与蜗轮传动的(　　)模数,应符合标准值。

A. 法面　　B. 端面

C. 中间平面

(3)蜗杆直径系数 $q=$(　　)

A. d_1/m　　B. d_1m

C. a/d_1　　D. a/m

(4)在蜗杆传动中,当其他条件相同时,增加蜗杆直径系数 q,将使传动效率(　　)

A. 提高　　B. 减小

C. 不变　　D. 增大,也可能减小

(5)在蜗杆传动中,当其他条件相同时,增加蜗杆头数 z_1,则传动效率(　　)

A. 提高　　B. 降低

C. 不变　　D. 提高,也可能降低

(6)在蜗杆传动中,当其他条件相同时,增加蜗杆头数 z_1,则滑动速度(　　)

A. 增大　　B. 减小

C. 不变　　　　　　　　　　　　　　D. 增大,也可能减小

(7)在蜗杆传动中,当其他条件相同时,减少蜗杆头数 z_1,则(　　)

A. 有利于蜗杆加工　　　　　　　　　B. 有利于提高蜗杆刚度

C. 有利于实现自锁　　　　　　　　　D. 有利于提高传动效率

(8)起吊重物用的手动蜗杆传动,宜采用(　　)的蜗杆。

A. 单头、小导程角　　　　　　　　　B. 单头、大导程角

C. 多头、小导程角　　　　　　　　　D. 多头、大导程角

2. 填空题

(1)普通圆柱蜗杆传动变位的主要目的是________和________。

(2)蜗杆传动中,蜗杆导程角为 γ,分度圆圆周速度为 v_1,则其滑动速度 v_s 为________,它使蜗杆蜗轮的齿面更容易发生________和________。

(3)两轴交错角为 90° 的蜗杆传动中,其正确的啮合条件是________、________和________(等值同向)。

(4)闭式蜗杆传动的功率损耗,一般包括三个部分:________、________和________。

(5)在蜗杆传动中,蜗杆头数越少,则传动效率越________,自锁性越________,一般蜗杆头数取 z_1 = ________。

(6)阿基米德蜗杆传动在中间平面相当于________与________相啮合。

(7)变位蜗杆传动只改变________的尺寸,而________尺寸不变。

(8)在标准蜗杆传动中,当蜗杆为主动时,若蜗杆头数 z_1 和模数 m 一定时,增大直径系数 q,则蜗杆刚度________;若增大导程角 γ,则传动效率________。

3. 判断题

(1)由于蜗轮和蜗杆之间的相对滑动较大,更容易产生胶合和磨粒磨损。　(　　)

(2)蜗杆传动的正确啮合条件之一是蜗杆端面模数和蜗轮的端面模数相等。　(　　)

(3)蜗杆传动的正确啮合条件之一是蜗杆与蜗轮的螺旋角大小相等、方向相同。　(　　)

(4)为了提高蜗杆的传动效率,可以不另换蜗轮,只需要用直径相同的双头蜗杆代替原来的单头蜗杆。　(　　)

(5)为使蜗杆传动中的蜗轮转速降低为原来一半,可以不用另换蜗轮,而只需用一个双头蜗杆代替原来的单头蜗杆。　(　　)

(6)蜗杆传动的正确啮合条件之一是蜗杆的导程角和蜗轮的螺旋角大小相等,方向相反。　(　　)

(7)在蜗杆传动中,如果模数和蜗杆头数一定,增加蜗杆分度圆直径,将使传动效率降低,蜗杆刚度提高。　(　　)

4. 分析题

(1)已知蜗杆传动中蜗杆为主动件,螺旋线方向为左旋,转动方向如图 5.19 所示,试在图中标出蜗轮的螺旋线方向、各轮的圆周力 F_{t_1}、F_{t_2} 和轴向 F_{a_1}、F_{a_2} 的指向。

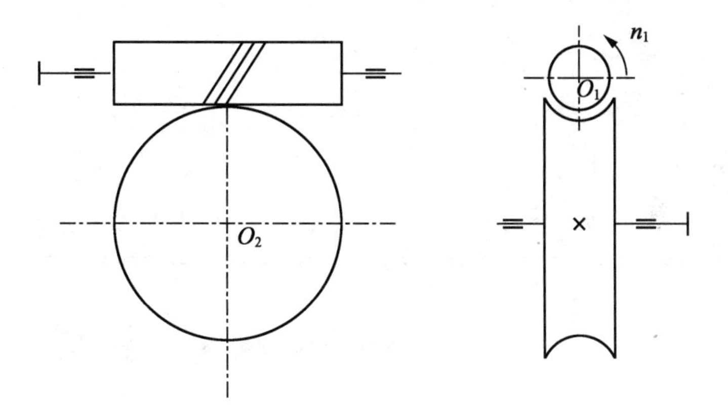

图 5.19　4(1)题图

(2)如图 5.20 所示为蜗杆传动和圆锥齿轮传动的组合。已知输出轴上的锥齿轮 z_4 的转向 n。

①欲使中间轴上的轴向力能部分抵消,试确定蜗杆传动的螺旋线方向和蜗杆的转向。

②在图中标出各轮轴向力的方向。

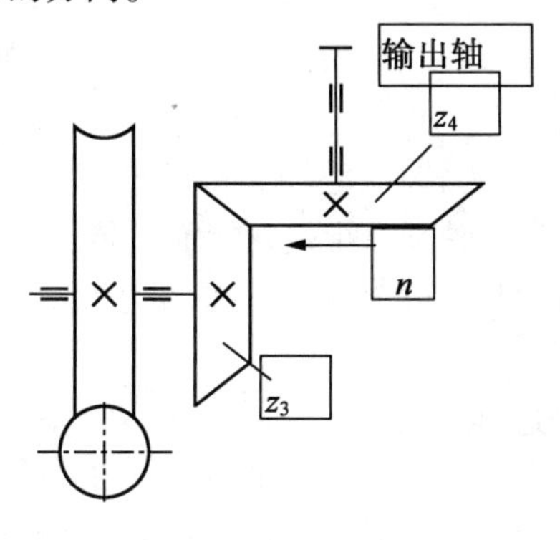

图 5.20　4(2)题图

第6章

轴和轴毂连接

6.1 概　述

6.1.1 轴的功用和分类

轴是机器中的重要零件之一，用来支承旋转的机械零件（如齿轮、蜗轮、带轮等），并传递运动和动力。

根据承受的载荷不同，轴可分为转轴、心轴和传动轴三种。转轴既传递转矩又承受弯矩，如齿轮减速器中的轴（图6.1）。心轴则只承受弯矩而不传递转矩，如铁路车辆的轴（图6.2）、自行车的前轴（图6.3）。传动轴只传递转矩而不承受弯矩或弯矩很小，如汽车的传动轴（图6.4）。

按轴线的形状，轴还可分为直轴（图6.1～6.4）、曲轴（图6.5）和挠性钢丝轴（图6.6）。直轴根据外形的不同可分为光轴和阶梯轴两种。曲轴常用于往复式机械中，挠性钢丝轴是由几层紧贴在一起的钢丝层组成的，可以把转矩和旋转运动灵活地传到任何位置。

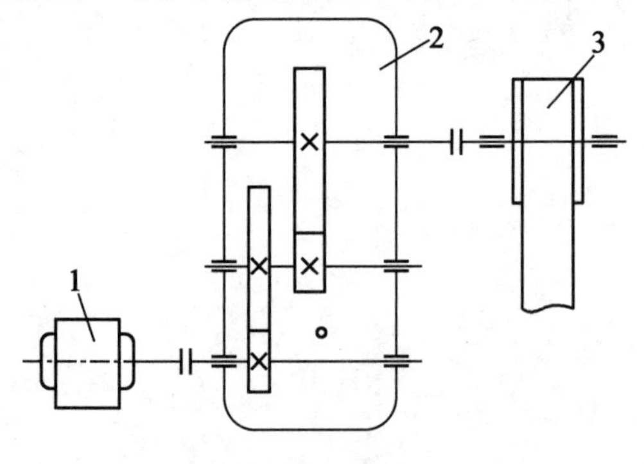

图6.1　转轴

1—电动机；2—齿轮减速器；3—传动带

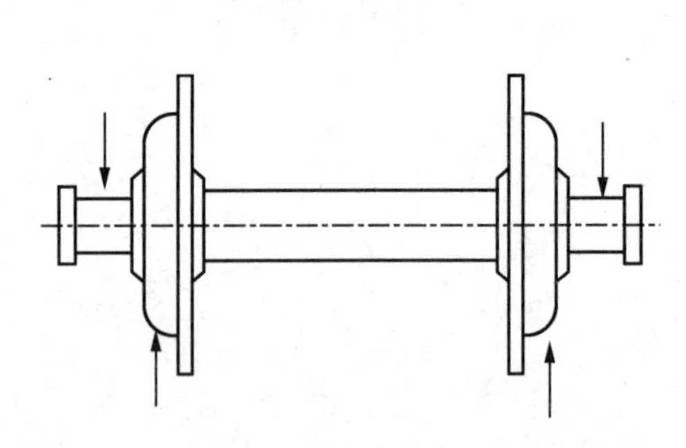

图6.2　转动心轴

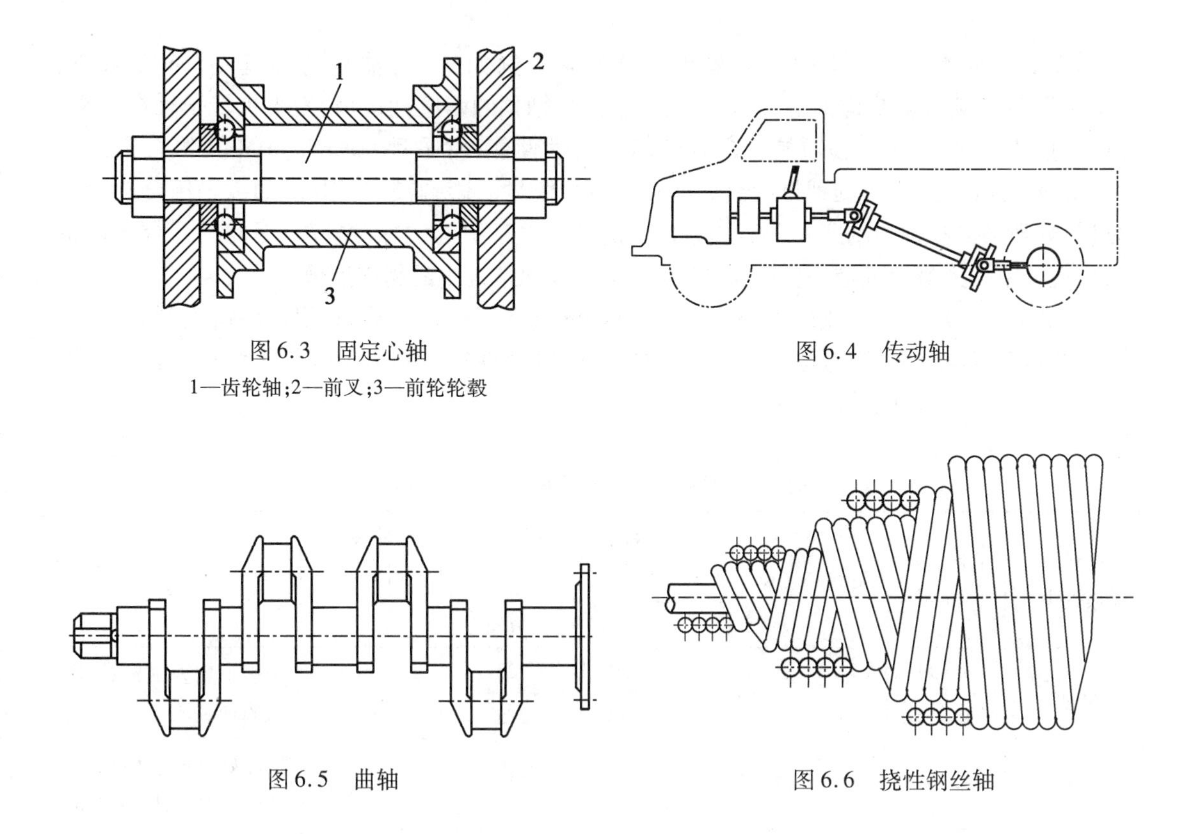

图6.3　固定心轴

1—齿轮轴;2—前叉;3—前轮轮毂

图6.4　传动轴

图6.5　曲轴

图6.6　挠性钢丝轴

6.1.2　轴设计时应满足的要求

轴的失效形式有断裂、磨损、振动和变形。为了保证轴具有足够的工作能力和可靠性,设计轴时应满足下列要求:具有足够的强度和刚度,良好的振动稳定性和合理的结构。由于轴的工作条件不同,对轴的要求也不同,如机床主轴,对于刚度要求严格,主要应满足刚度要求;对于一些高速轴,如高速磨床主轴、汽轮机主轴等,对振动稳定性的要求应特别加以考虑,防止共振造成机器的严重损坏。一般情况下的转轴,其失效形式为交变应力下的疲劳断裂,因此轴的工作能力主要取决于疲劳强度。

轴的设计,主要是根据工作要求并考虑制造工艺等因素,选用合适的材料,初算轴径进行轴的结构设计,定出轴的结构形状和尺寸,再进行轴的工作能力计算。

6.1.3　轴的材料

轴的常用材料种类很多,选择时应主要考虑以下因素:轴的强度、刚度及耐磨性要求;轴的热处理方法;机械加工工艺要求;材料的来源和价格等。

轴的材料常用碳素钢和合金钢。

碳素钢比合金钢价廉,对应力集中的敏感性型,35、45、50 等优质碳素结构钢因具有较高的综合力学性能,所以应用较多,其中,45 钢应用最广泛。为了改善其力学性能,应进行正火或调质处理。不重要或受力较小的轴,则可采用 Q235、Q275 等普通碳素结构钢。

合金钢相比碳素钢具有更好的力学性能和热处理性能,但价格较贵,多用于承载很大而尺寸、质量受限或有较高耐磨性、防腐性要求的轴。例如,滑动轴承的高度轴,常用 20Cr、20CrMnTi 等低碳合金结构钢,经渗碳淬火后可提高轴颈的耐磨性;汽轮发电机转子轴在高温、高速和重载条件下工作,必须具有良好的高温力学性能,常采用 40CrNi、40MnB 等合金结构钢。值得注意的是,钢材的种类和热处理对其弹性模量的影响甚小,因此,如欲采用合金钢或通过热处理来提高轴的刚度并无实效。合金钢对应力集中的敏感性较高,因此设计合金钢轴时,更应从结构上避免或减小应力集中,并减小其表面结构中的粗糙度值。

轴的毛坯一般用圆钢或锻钢,有时可采用铸钢或球墨铸铁。例如,用球墨铸铁制造曲轴、凸轮轴,具有成本低廉、吸振性较好、对应力集中的敏感性较低和强度较好等优点。轴的常用材料及其主要力学性能见表 6.1。

表 6.1 轴的常用材料及其主要力学性能

材料及热处理	毛坯直径 /mm	硬度(HBW)	强度极限 σ_h	屈服极限 σ_s	弯曲疲劳极限 σ_{-1}	应用说明
			/MPa			
Q235	≤100		400 ~ 420	225	170	用于不重要或载荷不大的轴
	100 ~ 250		375 ~ 390	215		
35 正火	≤100	149 ~ 187	520	270	250	塑性好,强度适中,可制成一般曲轴、转轴等
45 正火	≤100	170 ~ 217	590	295	255	用于较重要的轴,应用最为广泛
45 调质	≤200	217 ~ 255	640	355	275	
40Cr 调质	25		1 000	800	500	用于载荷较大,而无很大冲击的重要的轴
	≤100	241 ~ 286	735	540	355	
	100 ~ 300		685	490	335	
40MnB 调质	25		1 000	800	485	性能接近于 40Cr,用于重要的轴
	≤200	241 ~ 286	750	500	335	
35CrMo 调质	≤100	207 ~ 269	750	550	390	用于重载荷的轴
20Cr 渗碳淬火回火	15	表面 HRC 56 ~ 62	640	390	305	用于强度要求、韧性及耐磨性均较高的轴
	≤60					
QT400 - 15	—	HRC156 ~ 197	400	300	145	结构复杂的轴
QT600 - 3	—	HRC197 ~ 269	600	420	215	结构复杂的轴

6.2 轴的结构设计

轴的结构设计就是确定轴的合理外形和全部结构尺寸。

轴的结构设计的主要要求是:(1)满足制造安装要求。轴应便于加工,轴上零件要方便安装和拆卸(简称装拆)。(2)满足零件定位要求。轴和轴上零件有准确的工作位置,各零件要牢固而可靠地相对固定。(3)改善受力状况,减少应力集中。由于影响轴的结构的因素较多,且其结构形式又要随着具体情况不同而异,所以轴没有标准的结构形式。设计时,必须针对不同情况进行具体的分析。下面讨论轴的结构设计中要解决的几个主要问题。

6.2.1　拟定轴上零件的装配方案

拟定轴上零件的装配方案是进行轴的结构设计的前提,它决定着轴的基本形式。所谓装配方案,就是预先定出轴上主要零件的装配方向、顺序和相互关系。为了方便轴上零件的装拆,常将轴做成阶梯形。例如,图6.7中的装配方案是:依次将齿轮、套筒、右端滚动轴承、轴承端盖、半联轴器和轴端挡圈从轴的右端安装,另一滚动轴承从左端安装。这样就对各轴段的尺寸做了初步确定。拟定装配方案时,一般应考虑几个方案,再进行分析比较与选择。

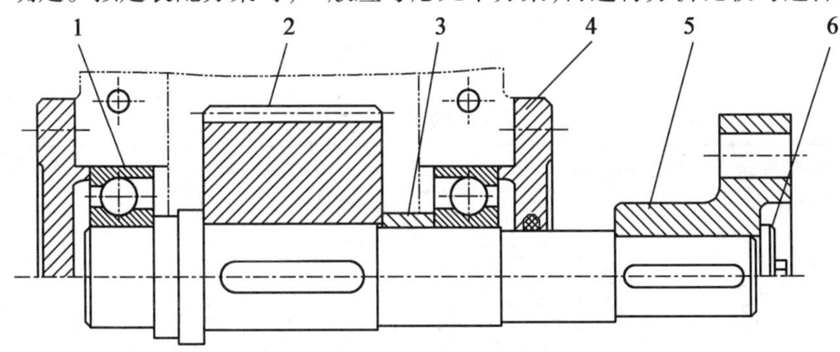

图6.7　轴的结构

1—滚动轴承;2—齿轮;3—套筒;4—轴承端盖;5—半联轴器;6—轴端挡圈

6.2.2　轴上零件轴向和周向定位

1. 轴上零件的轴向定位和固定

阶梯轴上截面尺寸变化的部位称为轴肩或轴环,利用轴肩和轴环进行轴向定位,其结构简单、可靠,并能承受较大轴向力。轴肩分为定位轴肩(图6.7中1处轴肩使左端轴承内圈定位;2处轴肩使齿轮在轴上定位;5处轴肩使右端半轴联轴器定位)和非定位轴肩(图6.7中的3处和4处的轴肩)。

常见的轴向固定方法及应用见表6.2。其中,轴肩、轴环、套筒、轴端挡圈及圆螺母应用更为广泛。为保证轴上零件沿轴向固定,可将表6.2中各种方法联合使用;为确保固定可靠,与轴上零件相配合的轴段长度应比轮毂宽度略短,如表6.2中的套筒结构图所示,$l = B - (1 \sim 3)$ mm。

2. 轴上零件的周向固定

轴上零件周向固定的目的是使其能同轴一起转动并传递转矩。轴上零件的周向固定,大多采用平键、花键、销、紧定螺钉或过盈配合等连接形成。常见的固定方法如图6.8所示。

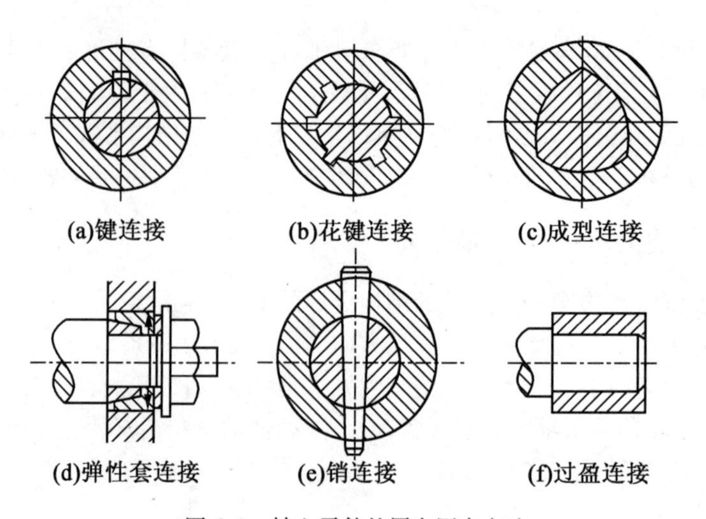

图 6.8　轴上零件的周向固定方法

表 6.2　常见的轴向固定方法及应用

轴向固定方法及结构示意图		特点和应用	设计注意要点
轴肩与轴环		简单可靠不需附加零件,能承受较大的轴向力。广泛应用于各种轴上的固定 该方法会使轴径增大,阶梯处形成应力集中,且阶梯过多将不利于加工	为保证零件与定位面靠紧,轴上过渡圆角半径 r 应小于零件圆角半径 R 或倒角尺寸 c,即 $r<c<h,r<R<h$ 一般取定位轴肩高度 $h=(0.07\sim0.1)d$,轴环宽度 $b\geq1.4h$
套筒		简单可靠,简化了轴的结构且不削弱轴的强度 常用于轴上两个近距离零件间的相对固定 不宜用于高转速轴	套筒内径一般与轴为动配合,套筒结构、尺寸可视需要灵活设计,但一般套筒壁厚大于 3 mm

续表 6.2

轴向固定方法及结构示意图		特点和应用	设计注意要点
轴端挡圈	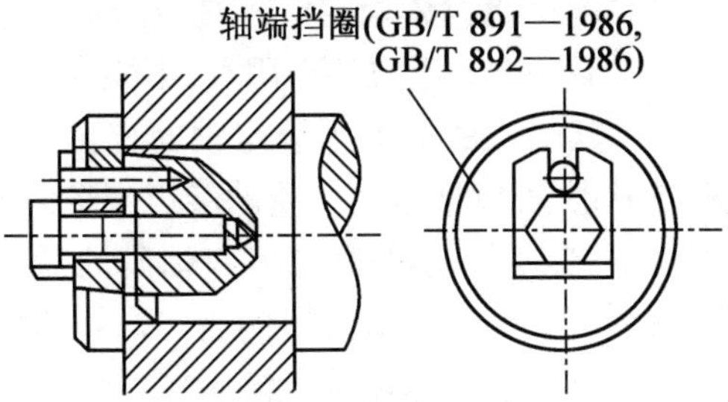 轴端挡圈(GB/T 891—1986, GB/T 892—1986)	工作可靠,能承受较大的轴向力,应用广泛	只用于轴端 应采用止动垫片等防松措施
圆锥面	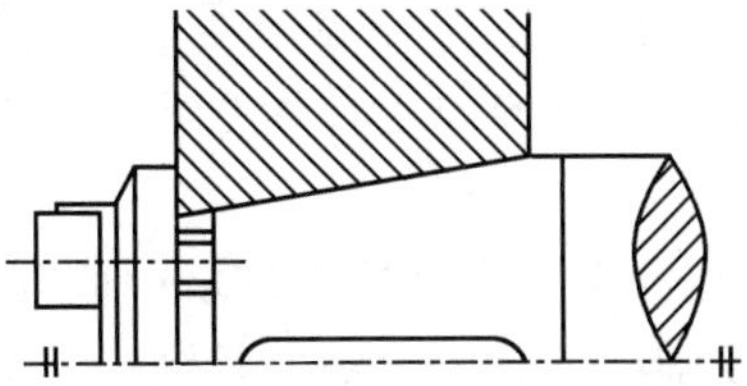	装拆方便,且可兼做周向固定 宜用于高速、冲击及对中性高的场合	只用于轴端 常与轴端挡圈联合使用,实现零件的双向固定
圆螺母	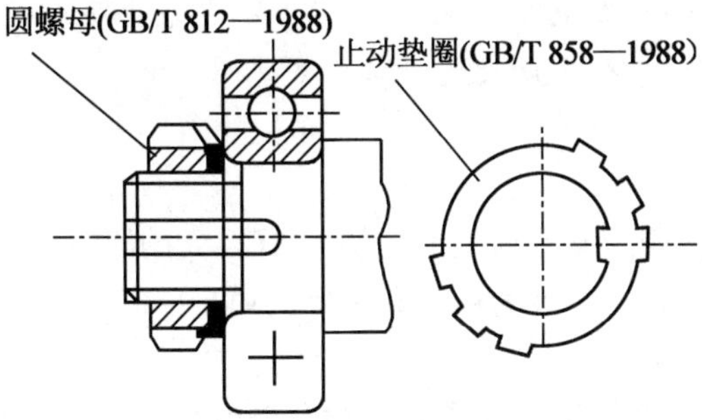 圆螺母(GB/T 812—1988) 止动垫圈(GB/T 858—1988)	固定可靠,可承受较大的轴向力,能实现轴向零件的间隙调整 常用于轴上两零件间隙较大处,亦可用于轴端	为减小对轴强度的削弱,常用于细牙螺纹 为防松,需加止动垫圈或使用双螺母
弹性挡圈	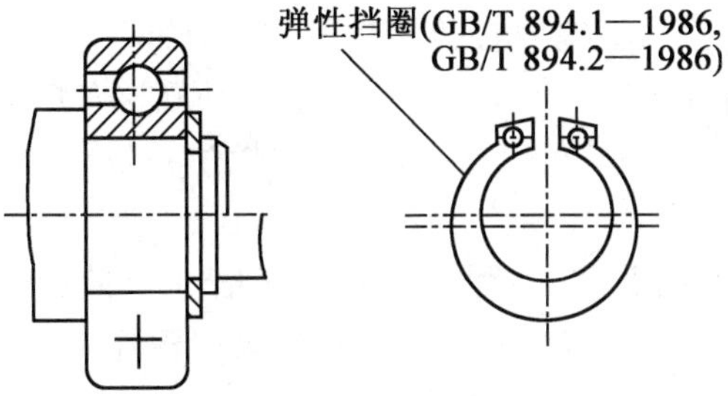 弹性挡圈(GB/T 894.1—1986, GB/T 894.2—1986)	结构紧凑、简单、装拆方便,但受力较小,且轴上切槽将引起应力集中 常用于轴承的固定	轴上切槽尺寸见 GB/T 894.1—1986
紧定螺钉与锁紧挡圈	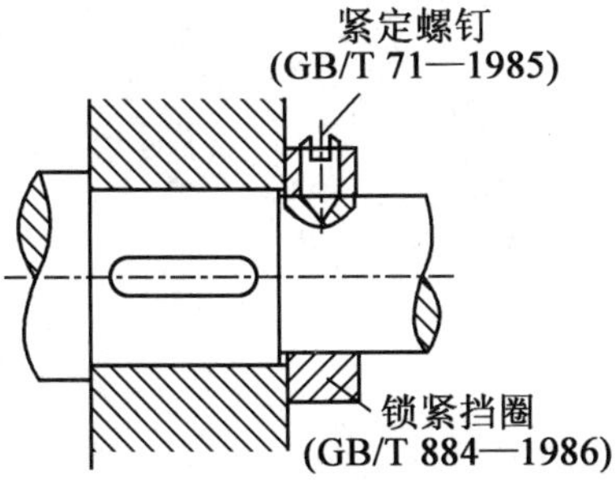 紧定螺钉(GB/T 71—1985) 锁紧挡圈(GB/T 884—1986)	结构简单,但受力较小且不适于高速场合	

6.2.3 各轴段直径和长度的确定

零件在轴上的装配方案及定位方式确定后，轴的形状便大体确定。各轴段所需的直径与轴上的载荷大小有关。初步确定轴的直径时，通常还不知道支反力的作用点，不能确定弯矩的大小和分布情况，因而还不能按轴所受的实际载荷及其引起的应力来确定轴的直径。但在进行轴的结构设计前，通常已能求得轴所受的转矩。因此，可以根据轴所受的转矩步步估算轴所需的直径（6.3 轴的工作能力计算）。将初步求出的直径作为承受转矩的轴段的最小直径 d_{min}，然后再按轴上零件的装配方案和定位要求，从 d_{min} 处逐一确定各段的直径。在实际设计中，轴的最小直径 d_{min} 亦可凭设计者的经验确定，或参考同类机器用类比的方法确定。

有配合要求的轴段，应尽量采用标准直径。安装标准件（如滚动轴承、联轴器和密封圈等）部位的轴径，应取为相应的标准件的孔径值及所选配合的公差。其他轴段直径应考虑轴上零件的定位、安装和拆卸等需要来确定。

确定各轴段长度时，应尽可能使结构紧凑，同时还要保证零件所需的装配或调整空间，一般先从与传动件轮毂相配轴段开始，然后分别确定各轴段的长度。轴的各段长度主要是根据各零件与轴配合部分的轴向尺寸和相邻零件间必要的空间来确定的。为了保证轴向定位可靠，与齿轮和联轴器等零件相配合部分的轴段长度一般应比轮毂宽度短 2 ~3 mm。

6.2.4 提高轴的强度的常用措施

轴和轴上零件的结构工艺以及轴上零件的安装布置等对轴的强度有很大的影响，所以应在这些方面进行充分考虑，以提高轴的承载能力，减小轴的尺寸和机器的质量，降低制造成本。

1. 改进轴上零件的结构以减小轴的载荷

通过改进轴上零件的结构可以减小轴的载荷。例如，在起重机卷筒的两种不同方案中，图 6.9(a) 的结构是大齿轮和卷筒连成一体，转矩经大齿轮直接传给卷筒，卷筒轴只受弯矩而不传递转矩；而图 6.9(b) 的方案是大齿轮将转矩通过轴传到卷筒，因而卷筒轴既受弯矩又受转矩。这样，起重同样载荷 Q，图 6.9(a) 中轴的直径显然可以比图 6.9(b) 中的轴径小。

2. 合理布置轴上的零件以减小轴的载荷

当动力需从两个轮输出时，为了减小轴上的载荷，应尽量将输入轮置于中间（图 6.10(a)），当输入转矩为 $T_1 + T_2$ 而 $T_1 > T_2$ 时，轴的最大转矩为 T_1；而将输入轮放在一侧时（图 6.10(b)），轴的最大转矩为 $T_1 + T_2$。

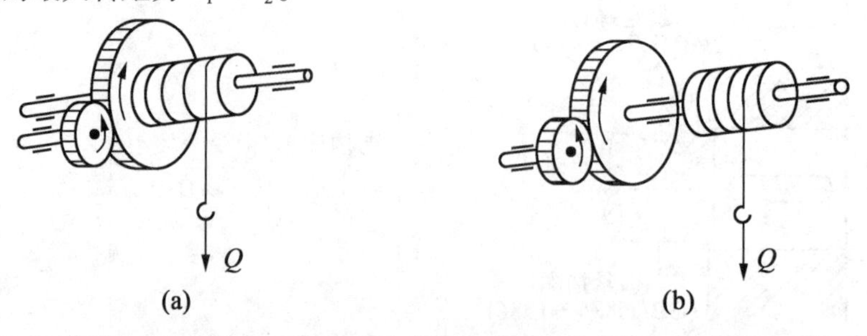

图 6.9 起重机卷筒

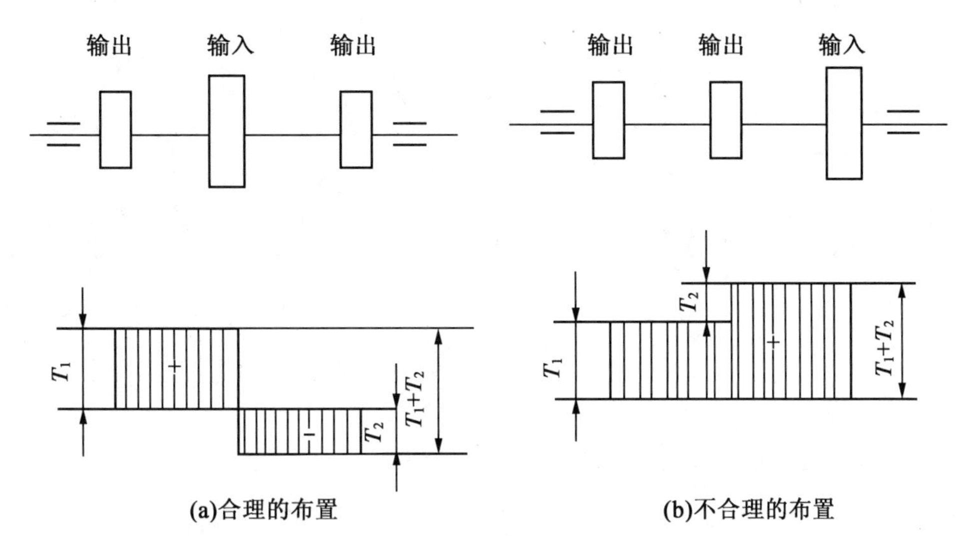

图6.10　轴上零件的两种布置方案

此外，在车轮轴中，如把轴毂配合面分为两段(图6.11(b))，可以减小轴的弯矩，从而提高其强度和刚度。把转动的心轴(图6.11(a))改成固定的心轴(图6.11(b))，可使轴不承受交变应力。

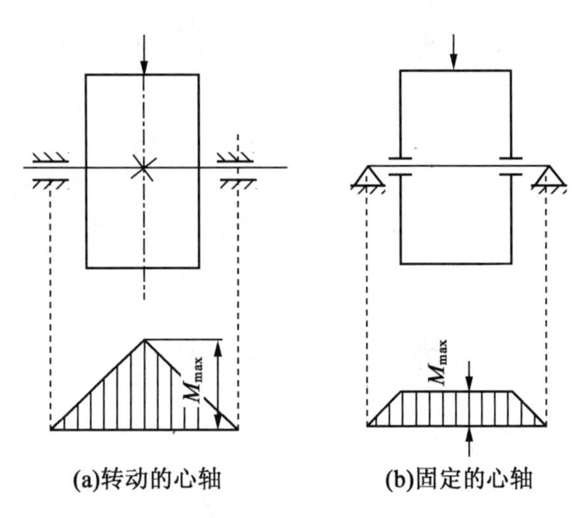

图6.11　两种不同结构产生的轴弯矩

3. 减小轴的应力集中

在零件截面尺寸发生变化处会产生应力集中现象，从而削弱零件的强度。因此，进行结构设计时，应尽量减小应力集中，特别是合金材料对应力集中比较敏感，应当特别注意。在阶梯轴的截面尺寸变化处应采用圆角过渡，且圆角半径不宜过小。另外，设计时尽量不要在轴上开横孔、切口或凹槽，必须开横孔时须将边倒圆。在重要轴的结构中，可采用卸载槽B(图6.12(a))、过渡肩环(图6.12(b))或凹切圆角(图6.12(c))增大轴肩圆角半径，以减小局部应力。在轮毂上做出卸载槽B(图6.12(d))，也能减小过盈配合处的局部应力。

4. 改进轴的表面质量，提高轴的疲劳强度

轴表面结构中的粗糙度和表面硬化处理的方法也会对轴的疲劳强度产生影响。轴的表面愈粗糙，疲劳强度也愈低。因此，应减小轴的表面及圆角处的加工粗糙度值。当采用对应力集中甚为敏感的高强度材料制作轴时，表面质量尤应予以注意。

表面强化处理的方法有：表面高频淬火等热处理；表面渗碳、氰化、氮化等化学热处理；碾压、喷丸等强化处理。通过碾压或喷丸进行表面强化处理时，可使轴的表面产生预压应力，从而提高轴的抗疲劳强度。

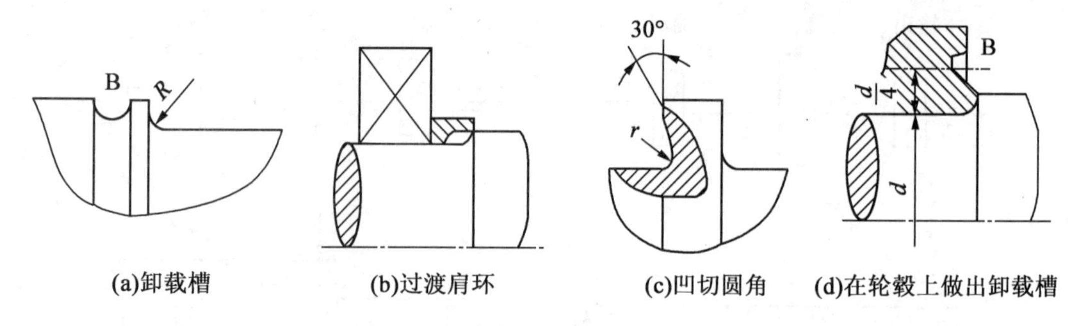

(a)卸载槽　(b)过渡肩环　(c)凹切圆角　(d)在轮毂上做出卸载槽

图 6.12　减小应力集中的措施

6.2.5　结构工艺性要求

从满足强度和节省材料考虑,轴的形状最好是等强度的抛物线回转体,但这种形状的轴既不便于加工,也不便于轴上零件的固定。从加工考虑,最好是直径不变的光轴,但光轴不利于轴上零件的定位和装拆。由于阶梯轴接近于等强度,而且便于加工和轴上零件的定位和装拆,所以实际上轴的形状多呈阶梯形。

为了便于切削加工,一根轴上的圆角应尽可能取相同的半径,退刀槽取相同的宽度,倒角尺寸相同;一根轴上各键槽应开在轴的同一轴线上(图 6.13),若开有键槽的轴段直径相差不大,应尽可能采用相同宽度的键槽,以减少换刀的次数;需要磨削的轴段,应留有砂轮越程槽(图 6.14(a));需切削螺纹的轴段,应留有退刀槽(图 6.14(b))。为了便于加工和检验,轴的直径应取圆整值;与滚动轴承相配合的轴颈直径应符合滚动轴承内径标准;有螺纹的轴段直径应符合螺纹标准直径。为了便于装配零件并去掉毛刺,轴端应加工出 45°倒角(图 6.14(c));过盈配合零件装入端通常加工出导向锥面(图 6.14(d)),使零件能较顺利地压入。

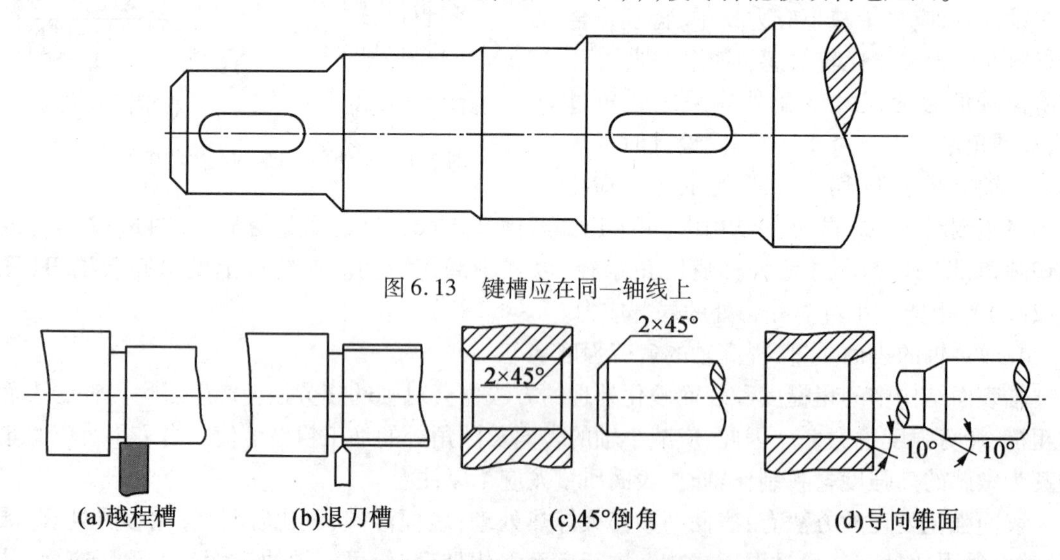

图 6.13　键槽应在同一轴线上

(a)越程槽　(b)退刀槽　(c)45°倒角　(d)导向锥面

图 6.14　越程槽、退刀槽、倒角和锥面

6.3　轴的工作能力计算

轴的工作能力主要包括强度计算、刚度计算和振动稳定性计算。

6.3.1　轴的强度计算

轴的强度计算应根据轴的承载情况，采用相应的计算方法。常见的轴的强度计算有以下两种。

1. 按扭转强度计算

对于传递转矩的圆截面轴，其强度条件为

$$\tau = \frac{T}{W_T} = \frac{9.55 \times 10^6 P}{0.2 d^3 n} \leqslant [\tau] \tag{6.1}$$

式中　τ——轴上的扭转剪应力(MPa)；

$[\tau]$——材料的许用剪切应力(MPa)；

T——转矩(N·mm)；

W_T——扭转截面系数(mm^3)，对圆截面轴，$W_T = \frac{\pi d^3}{16} \approx 0.2d^3$；

P——轴所传递的功率(kW)；

d——轴的直径(mm)；

n——轴的转矩(r/min)。

对于既传递转矩又承受弯矩的轴，也可用式(6.1)初步估算轴的直径；但必须把轴的许用剪切应力$[\tau]$（表6.3）适当降低，以补偿弯矩对轴的影响。将降低后的许用应力代入式(6.1)，并改写为设计公式

$$d \geqslant \sqrt[3]{\frac{9.55 \times 10^6}{0.2[\tau]}} \sqrt[3]{\frac{P}{n}} = C \sqrt[3]{\frac{P}{n}} \tag{6.2}$$

式中　C——由轴的材料和承载情况确定的系数（表6.3）。

应用式(6.2)求出的d值作为轴最细处的直径。

表6.3　常用材料的$[\tau]$值和C值

轴的材料	Q235,20	Q275,35	45	40Cr,35SiMn
$[\tau]$/MPa	15~25	20~35	25~45	35~55
C	149~126	135~112	126~103	112~97

注：当作用在轴上的弯矩比转矩小或只传递转矩时，C取较小值；否则取较大值

当轴截面上开有键槽时，应增大轴径以考虑键槽对轴的强度的削弱。有一个键槽时，轴径增大3%~5%；有两个键槽时，应增大7%~10%。然后将轴径圆整。应当注意，这样求出的直径，只能作为承受转矩作用的轴段的最小直径d_{min}。

此外，也可采用经验公式来估算轴的直径。例如，在一般减速器中，高速输入轴的直径可

按与其相连的电动机轴的直径 D 估算，$d=(0.8\sim1.2)D$；各级低速轴的轴径可按同级齿轮中心距 a 估算，$d=(0.3\sim0.4)a$。

2. 按弯扭合成强度计算

通过轴的结构设计，轴的主要结构尺寸、轴上零件的位置以及外载荷和支承反力的作用位置均已确定，轴上的载荷（弯矩和转矩）已可以求得，因而可按弯扭合成强度条件对轴进行强度校核计算。一般的轴用这种方法计算即可。现以图 6.15 所示的输出轴为例来介绍轴的许用弯曲应力校核轴强度的方法，其计算步骤如下。

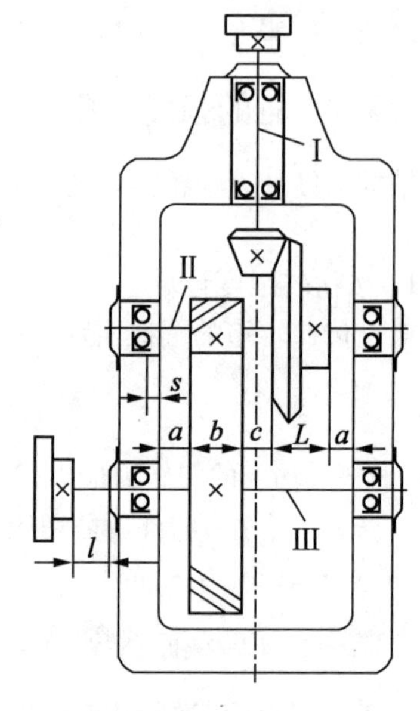

图 6.15　圆锥－圆柱齿轮减速器简图

（1）作出轴的计算简图（即力学模型）。轴所受的载荷是从轴上零件传来的。计算时，常将轴上的分布载荷简化为集中力，其作用点取为载荷分布段的中点。作用在轴上的转矩，一般从传动件轮毂宽度的中点算起。通常把当作置于铰链支座上的梁，支承反力的作用点与轴承的类型和布置方式有关，可按如图 6.16 所示来确定。图 6.16(b) 中的 a 值可查滚动轴承样本或手册，图 6.16(d) 中的 e 值与滑动轴承的宽径比 B/d 有关。当 $B/d\leqslant1$ 时，取 $e=0.5B$；当 $B/d>1$ 时，取 $e=0.5d$，但不小于 $(0.25\sim0.35)B$；对于调心轴承，$e=0.5B$。

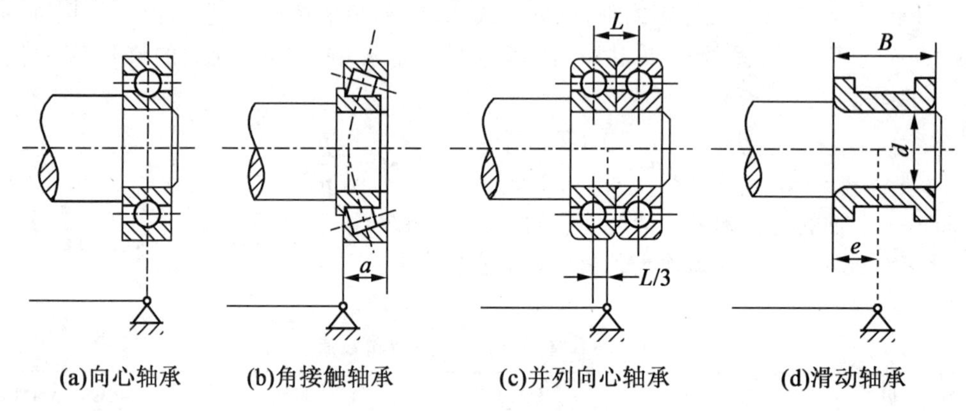

图 6.16　轴的支承反力作用点

在绘制计算简图时，应先求出轴上受力零件的载荷（若为空间力系，应把空间力系分解为圆周力、径向力和轴向力，然后把它们全部转化到轴上），如图 6.17(a) 所示。然后求出各支承处的水平反力 F_{NH} 和垂直反力 F_{NV}。

（2）绘制弯矩图。根据上述简图，分别按水平面和垂直面计算各力产生的弯矩，并按计算结果分别作出水平面上的弯矩图 M_H（图 6.17(b)）和垂直面上的弯矩图 M_V（图 6.17(c)）；然后按下式计算合成弯矩并作出合成弯矩图（图 6.17(d)）。

$$M = \sqrt{M_{H}^{2} + M_{V}^{2}} \tag{6.3}$$

(3)绘制转矩图。转矩图 T 如图6.17(e)所示。

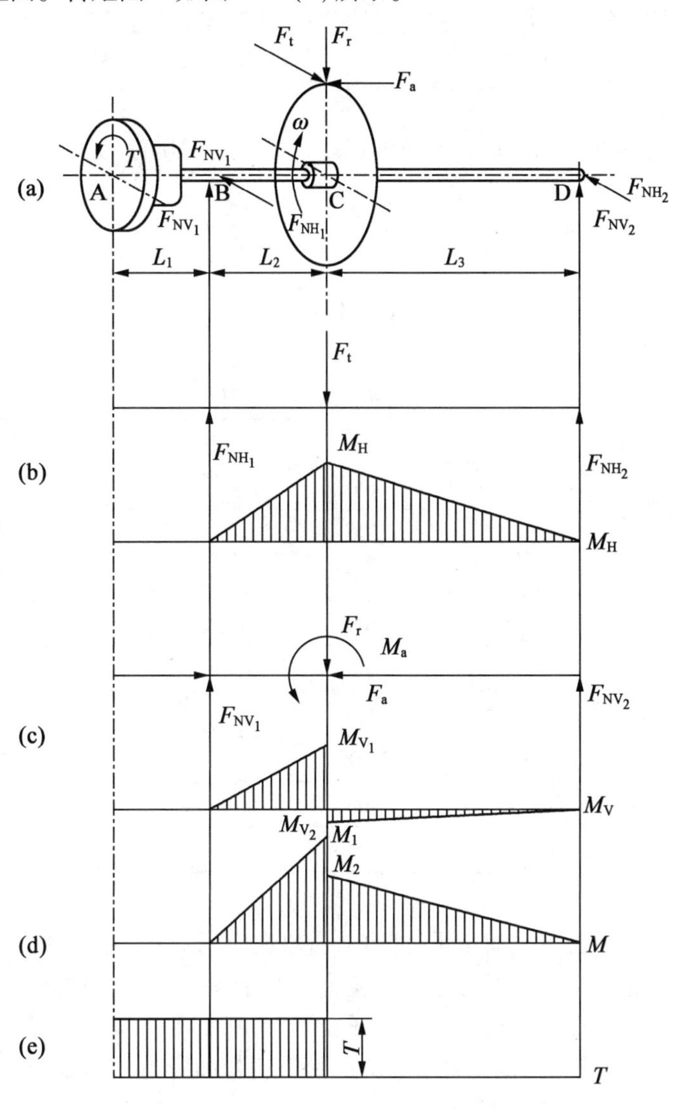

图6.17　轴的载荷分析图

(4)求当量弯矩。作出合成弯矩图和转矩图。对于一般钢制的轴,可用第三强度理论推出

$$M_{e} = \sqrt{M^{2} + (\alpha T)^{2}} \tag{6.4}$$

式中　M_e——当量弯矩(N · mm);

α——根据转矩性质而定的折算系数。对不变的转矩,$\alpha \approx 0.3$;当转矩脉动循环变化时,$\alpha \approx 0.6$;对于频繁正反转的轴,τ 可看成对称循环应力,$\alpha \approx 1$。

若转矩变化规律不清楚,一般应按脉动循环处理。

(5)选危险截面,进行轴的强度校核。

①确定危险剖面。根据弯矩、转矩最大或弯矩、转矩较大而相对尺寸较小的原则和考虑应力集中对轴的影响选一个或几个危险截面。

②轴的强度校核。针对某些危险截面,做弯扭合成强度校核计算。其强度条件为

$$\sigma_e = \frac{M_e}{W} = \frac{\sqrt{M^2 + (\alpha T)^2}}{W} \leqslant [\sigma_{-1b}] \tag{6.5}$$

式中 $[\sigma_{-1b}]$——材料在对称循环状态下的许用弯曲应力(MPa),见表6.4。

计算轴的直径时,$W = \frac{\pi d^3}{32} \approx 0.1d^3$,则式(6.5)可写成

$$d \geqslant \sqrt[3]{\frac{M_e}{0.1[\sigma_{-1b}]}} \tag{6.6}$$

表6.4 轴的许用弯应力 MPa

材料	σ_b	$[\sigma_{-1b}]$
碳素钢	400	40
	500	45
	600	55
	700	65
合金钢	800	75
	900	80
	1 000	90
铸 钢	400	30
	500	40

由于心轴工作时只承受弯矩而不承受转矩,所以在应用式(6.5)时,应取 $T=0$。转动心轴的弯矩在轴截面所引起的应力是对称循环变应力。对于固定心轴,考虑启动、停车等的影响,弯矩在轴截面上所引起的应力可视为脉动循环变应力,所以在应用式(6.5)时,固定心轴的许用弯曲应力为$[\sigma_{0b}]$($[\sigma_{0b}]$为脉动循环变应力时的许用弯曲应力),$[\sigma_{0b}] \approx 1.7[\sigma_{-1b}]$。

3. 按疲劳强度条件进行精确校核

这种校核计算的实质在于确定变应力情况下轴的安全程度。在已知轴的外形、尺寸及载荷的基础上,即可通过分析确定出一个或几个危险截面(这时不仅要考虑弯曲应力和扭转剪应力的大小,而且要考虑应力集中和绝对尺寸等因素影响的程度),求出计算安全系数 S_{ca} 并应使其大于或等于许用安全系数,即

$$S_{ca} = \frac{S_\sigma S_\tau}{\sqrt{S_\sigma^2 + S_\tau^2}} \geqslant [S] \tag{6.7}$$

$$S_\sigma = \frac{\sigma_{-1}}{\frac{K_\sigma}{\beta \xi_\sigma}\sigma_a + \varphi_\sigma \sigma_m} \tag{6.8}$$

$$S_\tau = \frac{\tau_{-1}}{\frac{K_\tau}{\beta \xi_\tau}\tau_a + \varphi_\tau \tau_m} \tag{6.9}$$

式中　S_{ca}——计算安全系数；

S_σ、S_τ——仅受弯矩、转矩作用时的安全系数；

σ_{-1}、τ_{-1}——对称循环应力时试件材料的弯曲、扭转的疲劳极限(MPa)；

K_σ、K_τ——受弯曲、扭转时轴的有效应力集中系数；

β——轴的表明质量系数；

ξ_σ、ξ_τ——受弯曲、扭转时轴的尺寸系数；

σ_a、τ_a——弯曲、扭转的应力幅(MPa)；

φ_σ、φ_τ——弯曲、扭转时平均应力折合为应力幅的等效系数；

σ_m、τ_m——弯曲、扭转的平均应力(MPa)；

$[S]$——许用安全系数；$[S]=1.3\sim1.5$，用于材料均匀，载荷与应力计算精确时；$[S]=1.5\sim1.8$，用于材料不够均匀，计算精确度较低时；$[S]=1.8\sim2.5$，用于材料均匀性及计算精确度很低或轴的直径 $d>200$ mm 时。

4. 按静强度条件进行校核

静强度校核的目的在于评定轴对塑性变形的抵抗能力。这对那些瞬时过载很大，或应力循环的不对称性较为严重的轴是很必要的。轴的静强度是根据轴上作用的最大瞬时载荷来校核的。静强度校核时的强调条件为

$$\begin{cases} S_0 = \dfrac{S_{0\sigma} S_{0\tau}}{\sqrt{S_{0\sigma}^2 + S_{0\tau}^2}} \geqslant [S_0] \\ S_{0\sigma} = \dfrac{\sigma_s}{\sigma_{max}} \\ S_{0\tau} = \dfrac{\tau_s}{\tau_{max}} \end{cases} \tag{6.10}$$

式中　S_0——静强度计算安全系数；

$S_{0\sigma}$、$S_{0\tau}$——弯曲和扭转作用的静强度安全系数；

$[S_0]$——静强度许用安全系数，若轴的材料塑性高($\sigma_s/\sigma_b \leqslant 0.6$)，取$[S_0]=1.2\sim1.4$；若轴的材料塑性中等($\sigma_s/\sigma_b=0.6\sim0.8$)，$[S_0]=1.4\sim1.8$；若轴的材料塑性较低，取$[S_0]=1.8\sim2$；对铸造的轴，取$[S_0]=2\sim3$；

σ_s、τ_s——材料抗弯、抗扭屈服极限(MPa)；

σ_{max}、τ_{max}——尖峰载荷所产生的弯曲、扭转应力(MPa)。

6.3.2　轴的刚度计算

轴受弯矩作用会产生弯曲变形(图6.18)，受转矩作用会产生扭转变形(图6.19)。如果轴的刚度不够，就会影响轴的正常工作。例如，电动机转子轴的挠度过大，会改变转子与定子的间隙而影响电动机的性能。又如机床主轴的刚度不够，将会影响加工精度。

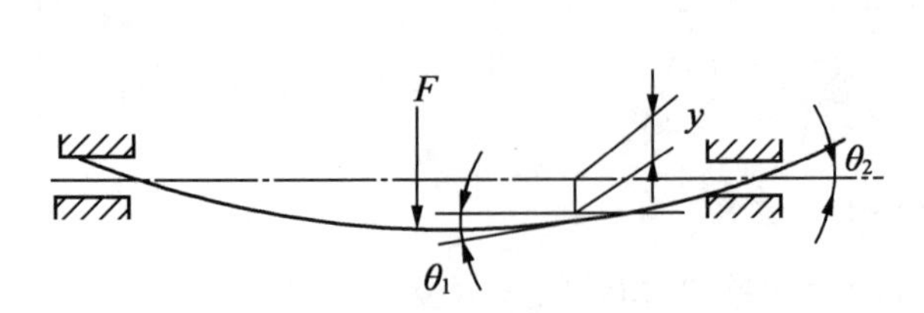

图 6.18　轴的挠度和偏转角

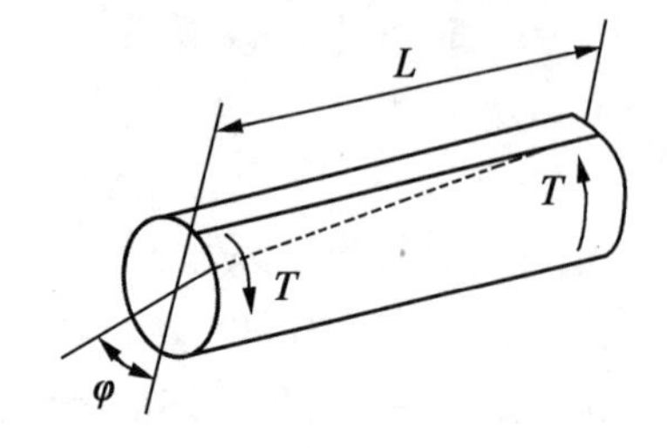

图 6.19　轴的扭转角

1. 刚度条件

为了使轴不因刚度不足而失效，设计时必须根据轴的工作条件限制其变形量，即

挠度

$$y \leqslant [y]$$

偏转角

$$\theta \leqslant [\theta]$$

扭转角

$$\varphi \leqslant [\varphi] \tag{6.11}$$

式中　$[y]$、$[\theta]$、$[\varphi]$——许用挠度、许用偏转角和许用扭转角，其值见表 6.5。

表 6.5　轴的许用挠度 $[y]$、许用偏转角 $[\theta]$、许用扭转角 $[\varphi]$

<table>
<tr><th>变形种类</th><th>适用场合</th><th>许用值</th><th>变形种类</th><th>适用场合</th><th>许用值</th></tr>
<tr><td rowspan="6">许用挠度
$[y]$/mm</td><td>一般用途的轴</td><td>$(0.000\,3 \sim 0.000\,5)L$</td><td rowspan="6">许用偏转角
$[\theta]$/rad</td><td>滑动轴承</td><td>0.001</td></tr>
<tr><td>刚度要求较高的轴</td><td>$0.000\,2L$</td><td>径向球轴承</td><td>0.005</td></tr>
<tr><td>感应电动机轴</td><td>0.1Δ</td><td>调心球轴承</td><td>0.05</td></tr>
<tr><td>安装齿轮的轴</td><td>$(0.01 \sim 0.05)M_n$</td><td>圆柱滚子轴承</td><td>0.002 5</td></tr>
<tr><td>安装蜗轮的轴</td><td>$(0.02 \sim 0.05)M_t$</td><td>圆锥滚子轴承</td><td>0.001 6</td></tr>
<tr><td colspan="2" rowspan="4">L——支承间跨距
Δ——电动机定子与转子间的空隙
M_n——齿轮法向模数
M_t——蜗轮断面模数</td><td>安装齿轮处的截面</td><td>0.001 ~ 0.002</td></tr>
<tr><td rowspan="3">每米的许用
扭转角 $[\varphi]$/
$((°)\cdot m^{-1})$</td><td>一般传动</td><td>0.5 ~ 1</td></tr>
<tr><td>较精密的传动</td><td>0.25 ~ 0.5</td></tr>
<tr><td>重要传动</td><td>0.25</td></tr>
</table>

2. 弯曲变形计算

计算轴在弯矩作用下所产生的挠度和偏转角的方法很多。在材料力学课程中已介绍过两种：按挠度曲线的近似微分方程式积分求解；变形能法，对于等直径轴，用前一种方法较简便；对于阶梯轴，用后一种方法较适宜。

3. 扭转变形的计算

等直径的轴受转矩 T 作用时，其扭转角 φ(rad) 可按材料力学中的扭转变形公式求出，即

$$\varphi = \frac{Tl}{GI_p} \tag{6.12}$$

式中　T——转矩(ng・mm)；

l——轴受转矩作用的长度(mm)；

G——材料的切变模量(MPa)；

I_p——轴截面的极惯性矩(mm^4)。

$$I_p = \frac{\pi d^4}{32}$$

对阶梯轴,其扭转角 φ(rad)的计算式为

$$\varphi = \frac{1}{G}\sum_{i=1}^{n}\frac{T_i l_i}{I_{pi}} \tag{6.13}$$

式中　T_i、l_i、I_{pi}——阶梯轴第 i 段上所传递的转矩、长度和极惯性矩,单位同式(6.12)。

6.3.3　轴的振动稳定性计算

受周期性载荷作用的轴,如果外载荷的频率与轴的自振频率相同或接近,就要发生共振。发生共振时的转速,称为临界转速。如果轴的转速与临界转速接近或是成整数倍关系的,轴的变形将迅速增大,就会使轴或轴上零件甚至整个机械发生破坏。

大多数机械中的轴,虽然不受周期性载荷的作用,但由于轴上零件材质不均,制造、安装误差等使回转零件重心偏移,回转时会产生离心力,使轴受到周期性载荷作用。因此,对于高转速的轴和受周期性外载荷作用的轴,都必须进行振动稳定性计算。所谓轴的振动稳定性计算,就是计算其临界转速,并使轴的工作转速远离临界转速,避免共振。

轴的临界转速可以有多个,最低的一个称为一阶临界转速 n_{cr_1},其余为二阶临界转速 n_{cr_2}、三阶临界转速 n_{cr_3}。在一阶临界转速下,振动激烈,最为危险,所以通常主要计算一阶临界转速。工作转速 n 低于一阶临界转速的轴称为刚性轴,对于刚性轴,通常使 $n \leqslant (0.75 \sim 0.8) n_{cr_1}$;工作转速 n 超过一阶临界转速的轴称为挠性轴,对于挠性轴,通常使 $1.4n_{cr_1} \leqslant n \leqslant 0.7n_{cr_2}$。

例　试设计如图6.15所示的带式运输机二级圆锥圆柱齿轮减速器输出轴(Ⅲ轴)。输入轴与电动机相连,输出轴与工作机相连,该运输机为单向转动(从Ⅲ轴左端看为逆时针方向)。已知该轴传递功率 $P=9.4$ kW,转数 $n=93.6$ r/min;大齿轮分度圆直径 $d_2=383.84$ mm,齿宽 $b_2=80$ mm,螺旋角 $\beta=8°6'34''$,减速器长期工作,载荷平稳。

解

表6.6　设计步骤

设计与说明	主要结果
1.初估轴的最小直径 轴的材料选用45钢,调质处理,由表6.1查得 $\sigma_b=640$ MPa,查表6.3,取 $C=110$,由式(6.2)得 $d \geqslant C\sqrt[3]{\frac{P}{n}} = (110\times\sqrt[3]{\frac{9.4}{93.6}})\text{mm} = 51.13\text{ mm}$ 所求 d 应为受扭部分的最细处,即装联轴器处的轴径(图6.20),但因该处有一个键槽,故轴径应增大5%,即 $d_{min}=(1.05\times51.13)\text{mm}=53.69$ mm, 则 $d_{Ⅰ-Ⅱ}=53.7$ mm。	$\sigma_b=640$ MPa $C=110$ $d \geqslant 51.13$ mm

续表 6.6

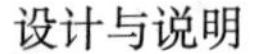

设计与说明	主要结果

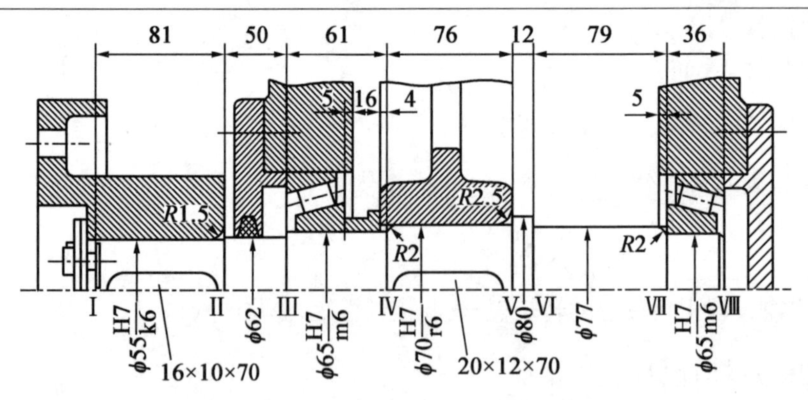

图 6.20　轴的结构与装配

设计与说明	主要结果
为了使所选的直径 $d_{\mathrm{I-II}}$ 与联轴器的孔径相适应,故需同时选联轴器。从设计手册中查得采用 LT9 型弹性柱套联轴器,该联轴器传递的公称力矩为 100 ng·m;取与轴配合的半联轴器孔径 $d_1=55$ mm,故轴径 $d_{\mathrm{I-II}}=55$ mm;与轴配合部分的长度 $L_1=84$ mm	$d_{\mathrm{I-II}}=55$ mm $L_1=84$ mm
2. 轴的结构设计 (1)拟定轴上零件装配方案。 根据减速器的安装要求,图 6.15 中给出了减速器中主要零件的相关关系:圆柱齿轮端面距箱体内壁的距离 a,锥齿轮与圆柱齿轮制件的轴向距离 c 以及滚动轴承内侧端面与箱体内壁间的距离 s 等。设计时选择合适的尺寸,确定轴上主要零件的相关位置(图 6.21(a))。图 6.21(b)和图 6.21(c)分别为输出轴的两种装配方案。如图 6.21(b)所示为圆柱齿轮、套筒、左端轴承及轴承盖和联轴器依次由轴的左端装入;而右轴承从轴的右端装入。如图 6.21(c)所示为短套筒、左轴承及轴承盖和联轴器从轴的左端装入;而圆柱齿轮、长套筒和右轴承则从右端装入,比较两个方案,后者增加了一个作为轴向定位的长套筒,使机器的零件增多,且质量增大。相比之下,前一方案较为合理,故选用图 6.21(b)所示的方案。 (2)初定各段直径(表 6.7)。 (3)确定各段长度(表 6.8)。 (4)轴上零件的轴向固定。 齿轮、半联轴器与轴的周向定位均采用普通平键连接,按 $d_{\mathrm{IV-V}}$ 由手册查得普通平键剖面 $b\times h=20\times 12\ \mathrm{mm}^2$。键槽用键槽铣刀加工,长为 70 mm,为保证齿轮与轴配合良好,选择齿轮轮毂与轴的配合代号为 H7/r6;同样,半联轴器与轴连接,选用普通平键为 16×10×70,半联轴器与轴的配合代号为 H7/k6,滚动轴承与轴的周向定位是靠过盈配合来保证,此处选 H7/m6。 (5)考虑轴的结构工艺性。 考虑轴的结构工艺性,轴肩处的圆角半径 R 的值如图 6.20 所示,轴肩倒角 $C=2$ mm;为便于加工,齿轮和半联轴器处的键槽布置在同一轴面上。	

续表 6.6

设计与说明	主要结果
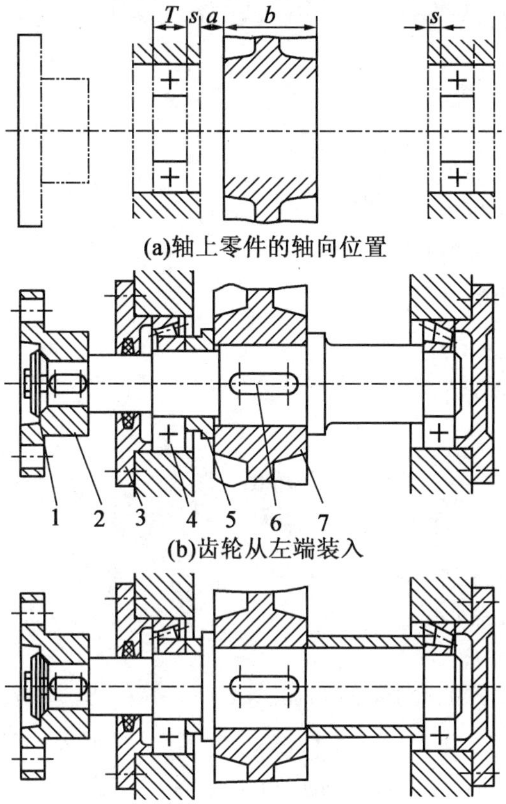 (a)轴上零件的轴向位置 (b)齿轮从左端装入 (c)齿轮从右端装入 图 6.21　轴上零件的装入方案 1—轴端挡圈;2—联轴器;3—轴承端盖;4—轴承;5—套筒;6—键;7—圆柱齿轮	
3. 轴的受力分析 先作出轴的受力计算简图(即力学模型),如图 6.22(a)所示。 (1)求轴传递的转矩(T)。	
$T=9.55\times10^{6}\dfrac{P}{n}=(9.55\times10^{6}\times\dfrac{9.4}{93.6})\ \text{mm}=959\times10^{3}\ \text{ng}\cdot\text{mm}$	$T=959\times10^{3}\ \text{ng}\cdot\text{mm}$
(2)求轴上的作用力。 齿轮上的圆周力	
$F_{t_2}=\dfrac{2T}{d_2}=\dfrac{2\times959\times10^{3}}{383.84}\ \text{N}\approx5\ 000\ \text{N}$	$F_{t_2}\approx5\ 000\ \text{N}$
齿轮上的径向力 $F_{r_2}=\dfrac{F_{t_2}\tan\alpha_n}{\cos\beta}=\dfrac{5\ 000\times959\times\tan20^\circ}{\cos8^\circ6'34''}\text{N}\approx1\ 840\ \text{N}$	$F_{r_2}\approx1\ 840\ \text{N}$
齿轮上的轴向力 $F_{a_2}=F_{t_2}\tan\beta=(5\ 000\times\tan8^\circ06'34'')\ \text{N}\approx715\ \text{N}$	$F_{a_2}\approx715\ \text{N}$

续表 6.6

设计与说明	主要结果
圆周力、径向力及轴向力方向如图 6.22(a)所示。	
4. 校核轴的强度	
(1)作轴的空间受力简图,如图 6.22(a)所示。	
(2)作水平面受力图,如图 6.22(b)所示。	
$$R_{HD}=\frac{F_{t_2}L_2}{L_2+L_3}=\frac{5\ 000\times79}{79+149}\ \text{N}=1\ 730\ \text{N}$$	$R_{HD}=1\ 730$ N
$$R_{HB}=F_{t_2}-R_{HD}=3\ 270\ \text{N}$$	$R_{HB}=3\ 270$ N
(3)作垂直面受力图,如图 6.22(d)所示。	
$$R_{VB}=\frac{F_{r_2}L_3-F_{a_2}\frac{d_2}{2}}{L_2+L_3}=\frac{1\ 840\times149-715\times\frac{384}{2}}{79+149}\ \text{N}=600\ \text{N}$$	$R_{VB}=600$ N
$$R_{VD}=\frac{F_{r_2}L_2+F_{a_2}\frac{d_2}{2}}{L_2+L_3}=\frac{1\ 840\times79+715\times\frac{384}{2}}{79+149}\ \text{N}=1\ 240\ \text{N}$$	$R_{VB}=1\ 240$ N
(4)作弯矩图,求截面 C 处的弯矩。	
a. 水平面上的弯矩图,如图 6.22(c)所示。	
$$M_{HC}=258\ 000\ \text{ng}\cdot\text{mm}$$	$M_{HC}=258\ 000\ \text{ng}\cdot\text{mm}$
b. 垂直面上的弯矩图,如图 6.22(e)所示。	
$$M_{VC_1}=47\ 400\ \text{ng}\cdot\text{mm},\quad M_{VC_2}=184\ 760\ \text{ng}\cdot\text{mm}$$	$M_{VC_1}=47\ 400\ \text{ng}\cdot\text{mm}$
c. 合成弯矩 M,如图 6.22(f)所示。	$M_{VC_2}=184\ 760\ \text{ng}\cdot\text{mm}$
$$M_{C_1}=\sqrt{M_{HC}^2+M_{VC_1}^2}=\sqrt{258\ 000^2+47\ 400^2}\ \text{ng}\cdot\text{mm}\approx262\ 318\ \text{ng}\cdot\text{mm}$$	$M_{C_1}=262\ 318\ \text{ng}\cdot\text{mm}$
$$M_{C_2}=\sqrt{M_{HC}^2+M_{VC_2}^2}=\sqrt{258\ 000^2+184\ 760^2}\ \text{ng}\cdot\text{mm}\approx317\ 333\ \text{ng}\cdot\text{mm}$$	$M_{C_2}=317\ 333\ \text{ng}\cdot\text{mm}$
(5)作转矩 T 图,如图 6.22(g)所示。	
$$T=959\times10^3\ \text{ng}\cdot\text{mm}$$	$T=959\times10^3\ \text{ng}\cdot\text{mm}$
(6)作当量弯矩图,如图 6.22(h)所示,因单向回转,视转矩为脉动循环,则截面 C 处的当量弯矩为	
$$M_{e_1}=\sqrt{M_{C_1}^2+(\alpha T)^2}=\sqrt{262\ 318^2+(0.6\times959\ 000)^2}\ \text{ng}\cdot\text{mm}\approx632\ 373\ \text{ng}\cdot\text{mm}$$	$M_{e_1}=632\ 373\ \text{ng}\cdot\text{mm}$
$$M_{e_2}=M_{C_2}=317\ 333\ \text{ng}\cdot\text{mm}$$	$M_{e_2}=317\ 333\ \text{ng}\cdot\text{mm}$
(7)按当量弯矩校核轴的强度。由图 6.22(h)可见,截面 C 处当量弯矩最大,故应对此截面校核,截面 C 处的当量弯矩为	
$$\sigma_C=\frac{M_{C_1}}{W}=\frac{632\ 373}{0.1\times70^3}=18.4(\text{MPa})$$	$\sigma_C=18.4$ MPa
由表 6.4 查得,对于 45 钢,$[\sigma_{-1b}]=60$ MPa,$\sigma_C<[\sigma_{-1b}]$,故轴的强度足够。	$[\sigma_{-1b}]=60$ MPa
(8)判断危险截面。图 6.20 和图 6.22 中的截面 A、Ⅱ、Ⅲ、B 只受转矩作用,虽然键槽、轴肩及过渡配合所引起的应力集中均将削弱轴的疲劳强度,但由于轴的最小直径是按扭转强度较为宽裕确定的,所以截面 A、Ⅱ、Ⅲ、B 均无须校核。	$\sigma_C<[\sigma_{-1b}]$,故轴的强度足够

续表 6.6

设计与说明	主要结果
从应力集中对轴的疲劳强度的影响来看，截面 Ⅳ 和 Ⅴ 处过盈配合引起的应力集中最严重；从受载的情况来看，截面 C 上 M_C 最大。截面 Ⅴ 的应力集中的影响和截面Ⅳ的相近，但截面 Ⅴ 不受转矩作用，同时轴径也较大，故不必做强度校核。截面 C 上 M_C 最大但应力集中不大(过盈配合及键槽引起应力集中均在两端)，而且这里轴的直径最大，故截面 C 也不必校核。截面Ⅳ显然更不必校核。又由于键槽的应力集中系数比过盈配合的小，因而该轴只需校核截面Ⅳ即可。 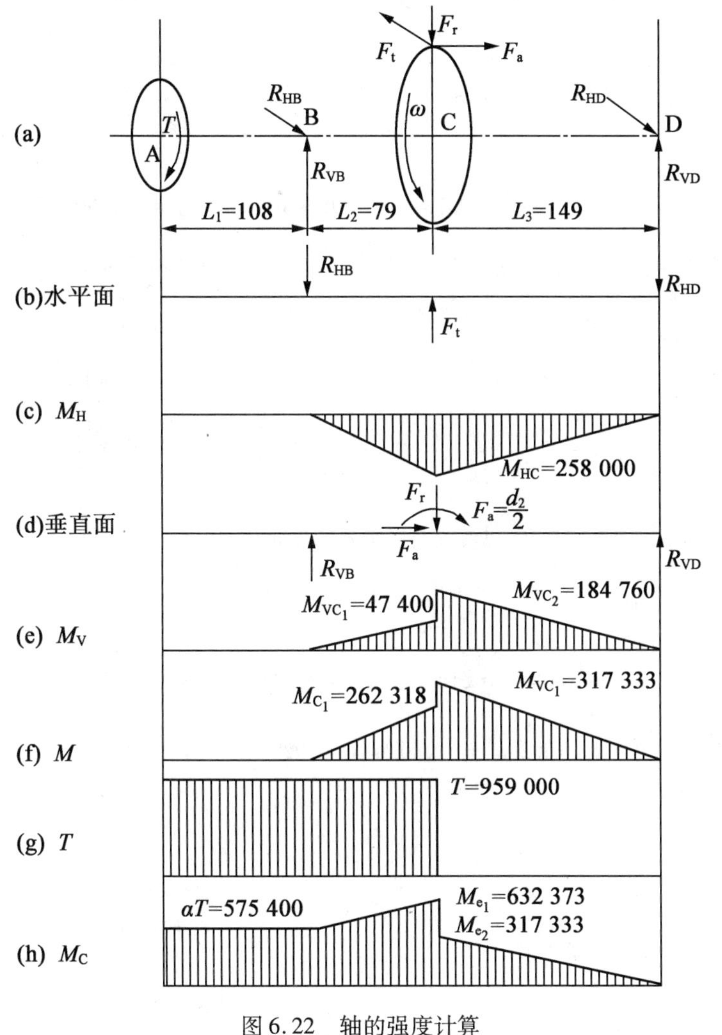 图 6.22　轴的强度计算 (9)安全系数法校核轴的强度。由于Ⅳ截面有应力集中且当量弯矩较大，比较危险，下面对此截面进行安全系数校核。 ①疲劳极限及等效系数。 a. 对称循环疲劳极限。由附表 8 得	因而该轴只需校核截面Ⅳ即可

续表 6.6

设计与说明	主要结果
$\sigma_{-1b}=0.44\sigma_b=(0.44\times640)\text{ MPa}=282\text{ MPa}$ $\tau_{-1}=0.30\sigma_b=(0.30\times640)\text{ MPa}=192\text{ MPa}$	$\sigma_{-1b}=282\text{ MPa}$ $\tau_{-1}=192\text{ MPa}$
b. 脉动循环疲劳极限。由附表 8 得 $\sigma_{0b}=1.7\sigma_{-1b}=(1.7\times282)\text{ MPa}=479.4\text{ MPa}$ $\tau_{0b}=1.6\tau_{-1}=(1.6\times192)\text{ MPa}=307.2\text{ MPa}$	$\sigma_{0b}=497.4\text{ MPa}$ $\tau_0=307.2\text{ MPa}$
c. 等效系数为 $\varphi_\sigma=\frac{2\sigma_{-1b}-\sigma_{0b}}{\sigma_{0b}}=\frac{2\times282-479.4}{479.4}=0.18$ $\varphi_\tau=\frac{2\tau_{-1}-\tau_0}{\tau_0}=\frac{2\times192-307.2}{307.2}=0.25$	$\varphi_\sigma=0.18$ $\varphi_\tau=0.25$
②Ⅳ截面上的应力。	
a. 弯矩。由线性插值得出 $M_{Ⅳ}=(262\ 318\times\frac{79-36}{79})\text{ MPa}=142\ 780.7\text{ MPa}$	$M_{Ⅳ}=142\ 780.7\text{ MPa}$
b. 弯曲应力幅 $\sigma_a=\sigma=\frac{M_{Ⅳ}}{W}=\frac{142\ 780.7}{0.1\times65^3}=5.2(\text{MPa})$	$\sigma_a=5.2\text{ MPa}$
c. 平均弯曲应力 $\sigma_m=0$	$\sigma_m=0$
d. 扭转切应力 $\tau=\frac{T}{W_T}=\frac{959\ 000}{0.2\times65^3}\text{ MPa}=17.46\text{ MPa}$	$\tau=17.46\text{ MPa}$
e. 扭转切应力幅和平均扭转切应力 $\tau_a=\tau_m=\frac{\tau}{2}=\frac{17.46}{2}\text{ MPa}=8.73\text{ MPa}$	$\tau_a=8.73\text{ MPa}$
③应力集中系数。 a. 有效应力集中系数。因为该截面有轴径变化,过渡圆角半角 $r=2$ mm,则 $\frac{D}{d}=\frac{70}{65}=1.08,\frac{r}{d}=\frac{2}{65}=0.03,\sigma_b=640\text{ MPa}$	
由附表 1,$K_\sigma=1.715,K_\tau=1.3$ 如果一个截面上有多种产生应力集中的结构,则分别求出其有效应力集中系数,从中取大值。	$K_\sigma=1.715$ $K_\tau=1.3$
b. 表面状态系数。该截面表面粗糙度 $Ra=3.2,\sigma_b=640\text{ MPa},\beta=0.92$ c. 尺寸系数。$\xi_\sigma=0.78,\xi_\tau=0.74$	
④安全系数。 由式(6.7)~(6.9)得 $S_\sigma=\frac{\sigma_{-1}}{\frac{K_\sigma}{\beta\xi_\sigma}\sigma_a+\varphi_\sigma\sigma_m}=\frac{282}{\frac{1.715}{0.92\times0.78}\times5.2+0}=22.68$ $S_\tau=\frac{\tau_{-1}}{\frac{K_\tau}{\beta\xi_\tau}\sigma_a+\varphi_\tau\tau_m}=10.18$	$\beta=0.92$ $\xi_\sigma=0.78$ $\xi_\tau=0.74$ $S_\sigma=22.68$ $S_\tau=10.18$
$S_{ca}=\frac{S_\sigma S_\tau}{\sqrt{S_\sigma^2+S_\tau^2}}=\frac{22.68\times10.18}{\sqrt{22.68^2+10.18^2}}=9.29>1.5=[S]$	$S_{ca}=9.29>1.5=[S]$
所以Ⅳ截面安全。其他截面的安全系数法校核,读者可按上述分析过程自行完成。	所以Ⅳ截面安全

表6.7　轴径计算

位置	轴径/mm	说明	主要结果
装联轴器轴端 Ⅰ－Ⅱ	$d_{\mathrm{I-II}}=55$	已在前面步骤1中说明	$d_{\mathrm{I-II}}=55$ mm
装左轴承端盖轴段 Ⅱ－Ⅲ	$d_{\mathrm{II-III}}=62$	联轴器右端用轴肩定位，故取 $d_{\mathrm{II-III}}=62$ mm	$d_{\mathrm{II-III}}=62$ mm
装轴承轴段 Ⅲ－Ⅳ Ⅶ－Ⅷ	$d_{\mathrm{III-IV}}=65$ mm $=d_{\mathrm{VII-VIII}}$	这两段直径由滚动轴承内孔决定，由于圆柱斜齿轮有轴向力及 $d_{\mathrm{II-III}}=62$ mm。初选圆锥滚子轴承，型号为30313，其尺寸 $d\times D\times T=65\times140\times36$（Ⅲ处为非定位轴肩）	$d_{\mathrm{III-IV}}=65$ mm $=d_{\mathrm{VII-VIII}}$
装齿轮轴段 Ⅳ－Ⅴ	$d_{\mathrm{IV-V}}=70$	考虑齿轮装拆方便，应使 $d_{\mathrm{IV-V}}>d_{\mathrm{III-IV}}$，取 $d_{\mathrm{IV-V}}=70$ mm	$d_{\mathrm{IV-V}}=70$ mm
自由段Ⅳ－Ⅶ	$d_{\mathrm{IV-VII}}=77$	考虑右端轴承用轴肩定位，由30313轴承查手册得轴肩处安装尺寸 $d_a=77$，取 $d_{\mathrm{IV-VII}}=77$ mm	$d_{\mathrm{IV-VII}}=77$ mm

表6.8　轴向尺寸计算

位置	轴径/mm	说明	主要结果
装联轴器轴端 Ⅰ－Ⅱ	$l_{\mathrm{I-II}}=81$	因半联轴器与轴配合部分的长度 $l_1=84$ mm 为保证轴端挡板压紧联轴器，而不会压在轴的端面上，故 $l_{\mathrm{I-II}}$ 略小于 l_1，取 $l_{\mathrm{I-II}}=81$ mm，	$l_{\mathrm{I-II}}=81$ mm
装左轴承端盖轴段 Ⅱ－Ⅲ	$l_{\mathrm{II-III}}=50$	轴段Ⅱ－Ⅲ的长度由轴承端盖宽度及其固定螺钉所需装拆空间要求决定。这里取 $l_{\mathrm{II-III}}=50$ mm（轴承端盖的宽度由减速器及轴承端盖的结构设计而定，本题取为30 mm）	$l_{\mathrm{II-III}}=50$ mm
装轴承轴段 Ⅲ－Ⅳ Ⅶ－Ⅷ	$l_{\mathrm{III-IV}}=61$	轴Ⅲ－Ⅳ段的长度由滚动轴承宽度 $T=36$ mm，轴承与箱体内壁距离 $s=(5\sim10)$ mm（取 $s=5$ mm），箱体内壁与齿轮距离 $a=(10\sim20)$ mm（取 $a=16$ mm）及大齿轮轮毂与装配轴段的长度差（此例取4 mm）等尺寸决定，$l_{\mathrm{III-IV}}=T+s+a+4=(36+5+16+4)$ mm $=61$ mm	$l_{\mathrm{III-IV}}=61$ mm
	$l_{\mathrm{VII-VIII}}=36$	轴段Ⅶ－Ⅷ的长度，即为滚动轴承的宽度 $T=36$ mm	$l_{\mathrm{VII-VIII}}=36$ mm

续表 6.8

位置	轴径/mm	说明	主要结果
装齿轮轴段 Ⅳ－Ⅴ	$l_{Ⅳ-Ⅴ}=76$	轴段Ⅳ－Ⅴ的长度由齿轮轮毂宽度 $b_2=80$ mm，为保证套筒紧靠齿轮左端，使齿轮轴向固定，$l_{Ⅳ-Ⅴ}=76$ 应略小于 b_2，故取 $l_{Ⅳ-Ⅴ}=76$ mm	$l_{Ⅳ-Ⅴ}=76$ mm
轴环段 Ⅴ－Ⅵ	$l_{Ⅴ-Ⅵ}=12$	轴环宽度一般为轴肩高度的1.4倍，即 $l_{Ⅴ-Ⅵ}=1.4h=1.4\times(80-70)/2=7$(mm)，取 $l_{Ⅴ-Ⅵ}=12$ mm	$l_{Ⅴ-Ⅵ}=12$ mm
自由段 Ⅵ－Ⅶ	$l_{Ⅵ-Ⅶ}=79$	轴段Ⅵ－Ⅶ的长度由锥齿轮轮毂长 $L=50$ mm，锥齿轮与圆柱斜齿轮之间的距离 $c=20$ mm，齿轮距箱体内壁的距离 $a=16$ mm 和轴承与箱体内壁距离 $s=5$ mm 等尺寸决定，$l_{Ⅵ-Ⅶ}=L+c+a+s-l_{Ⅴ-Ⅵ}=(50+20+16+5-12)=79$(mm)	$l_{Ⅵ-Ⅶ}=79$ mm

例 一钢质等直径轴，传递的转矩 $T=6\ 500$ N·m。已知轴的许用剪切应力$[\tau]=55$ MPa，轴的长度 $l=2\ 200$ mm，轴在全长上的扭转角 φ 不得超过1°，钢的切变模量 $G=8\times10^4$ MPa，试求该轴的直径。

解

表 6.9 设计步骤

设计与说明	主要结果
1. 按强度要求，应使 $$\tau=\frac{T}{W_T}=\frac{T}{0.2\times d^3}\leqslant[\tau]$$ 故轴的直径 $$d\geqslant\sqrt[3]{\frac{T}{0.2[\tau]_T}}=\sqrt[3]{\frac{6\ 500\times10^3}{0.2\times55}}\ \text{mm}=83.92\ \text{mm}$$	$d\geqslant83.92$ mm
2. 按扭转刚度要求，应使 $$\varphi=\frac{Tl}{GI_p}=\frac{32Tl}{G\pi d^4}\leqslant[\varphi]$$ 按题意 $l=2\ 200$ mm，在轴的全长上，$[\varphi]=1°=\frac{\pi}{180}$ rad，故 $$d\geqslant\sqrt[4]{\frac{32Tl}{\pi G[\varphi]}}=\sqrt[4]{\frac{32\times6\ 500\times10^3\times2\ 200}{\pi\times8\times10^4\times\frac{\pi}{180}}}\ \text{mm}=101.09\ \text{mm}$$	$d\geqslant101.09$ mm
故该轴的直径取决于刚度要求。圆整后可取 $d=105$ mm。	$d=105$ mm

6.4　轴毂连接

6.4.1　键连接

键主要用来实现轴和轴上零件之间的周向固定以传递转矩。有些类型的键还可实现轴上零件的轴向固定或轴向移动。

键是标准件,分为平键、半圆键、楔键和切向键等。设计时应根据各类键的结构和应用特点进行选择。

1. 平键连接

平键连接属于松连接。平键的两侧面是工作面,平键的上表面与轮毂键槽的底面有间隙,如图6.3所示。

这种键连接定心性较好、装拆方便。常用的平键有普通平键、导向平键和滑键三种。其中,普通平键应用得最广。

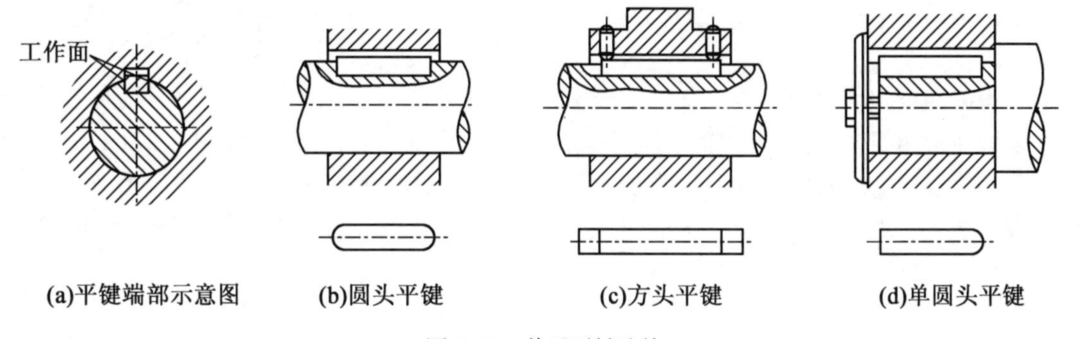

图6.23　普通平键连接

(1)普通平键。

普通平键连接属于静连接,静连接的含义是指轴与轮毂间无轴向相对移动,即轴在运转过程中,轴与轴上零件在轴向方向是静止不动的。普通平键的端部形状可制成圆头(A型)、方头(B型)或单圆头(C型)。圆头平键(图6.23(b))的轴槽用指形铣刀加工(图6.24(a)),键在槽中固定良好,但轴上键槽端部的应力集中较大。方头平键(图6.23(c))的轴槽用盘形铣刀加工(图6.24(b)),轴的应力集中较小。单圆头平键(图6.23(d))常用于轴端。

(2)导向平键和滑键。

当传动零件在工作时需要做轴向移动时(如变速箱中的滑移齿轮),可用导向平键或滑键连接(图6.25)。导向平键和滑键属于松连接,又属于动连接。导向平键是一种较长的平键,用螺钉固定在轴上的键槽中,为了便于拆卸,在键的中部制有起键螺孔,轴上的传动件可沿键做轴向滑动(图6.25(a))。当键要求滑移的距离较大时,因所需导向平键的长度过大,制造困难,故宜采用滑键(图6.25(b))。滑键的特点是键固定在轮毂上,而轴上键槽较长,工作时轮毂与滑键一起在轴槽上滑动。

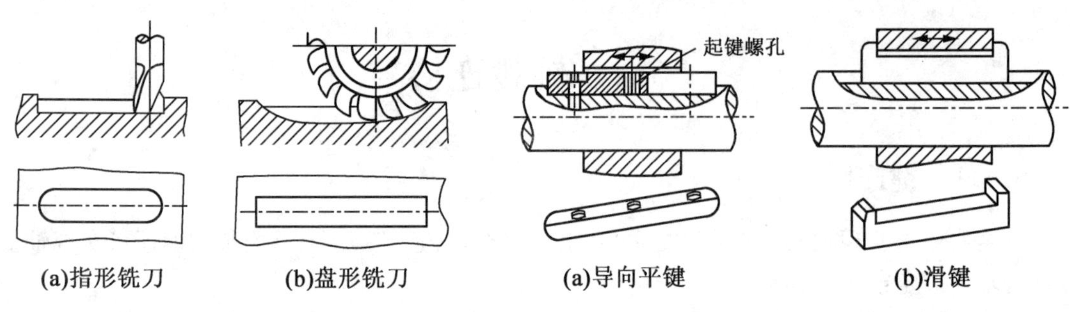

图 6.24　轴上键槽的加工

图 6.25　导向平键和滑键连接

2. 半圆键连接

半圆键连接属于松连接,同时又属于静连接。半圆键也是以两侧面为工作面,它与平键一样具有装配方便的优点。半圆键能在轴槽中摆动,对中性好。它的缺点是键槽对轴的强度削弱较大,只适用于轻载连接。

锥形轴端采用半圆键连接(图 6.26)在工艺上较为方便。

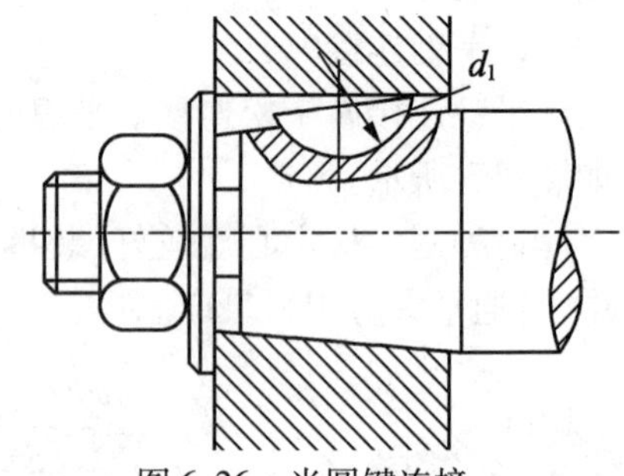

图 6.26　半圆键连接

3. 楔键连接和切向键连接

楔键连接属于紧连接,只能用于静连接。楔键的上、下两面是工作面(图 6.27(a)),键的上表面和轮毂键槽的底面均有 1:100 的斜度,把楔键打入轴和轮毂键槽内时,其工作面上产生很大的预紧力。工作时,主要靠摩擦力传递转矩,并能承受单方向的轴向力。当需要两个楔键时,其安装位置最好相隔 90°~120°角。

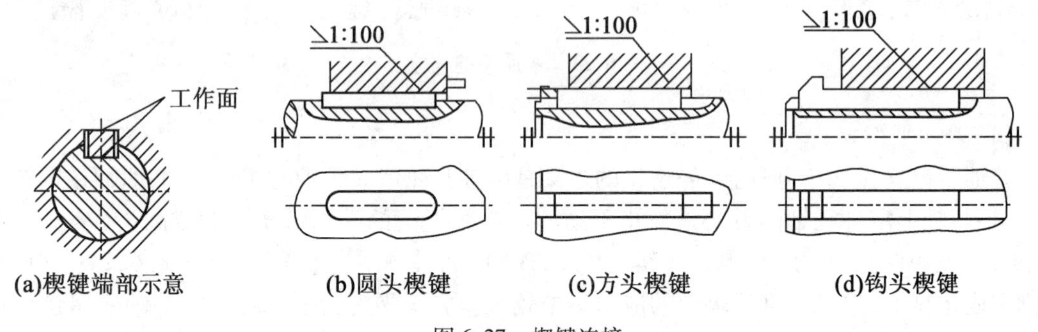

图 6.27　楔键连接

由于楔键打入时,迫使轴和轮毂产生偏心,因此模键仅适用于定心精度要求不高、载荷平稳和低速的连接。

楔键分为普通楔键和钩头楔键两种。普通楔键有圆头(图 6.27(b))和方头(图 6.27(c))之分,钩头楔键(图 6.27(d))的钩头是为了拆键用的。

此外,在重型机械中常采用切向键连接(图 6.28(a))。切向键是由一对楔键组成的。装配时将两键楔紧,这样两个楔键组合体上、下表面便形成相互平行的两个平面,这两个平面便是工作面,工作面上的压力沿轴的切线方向作用,能传递很大的转矩。当双向传递转矩时,需用两对切向键并按 120°~130°角分布(图 6.28(b))。

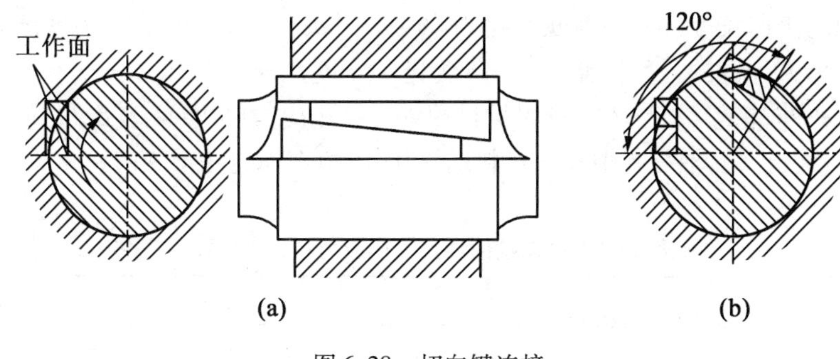

图6.28　切向键连接

6.4.2　键的选用和强度计算

1. 键的选用

键的选用包括类型的选用和规格尺寸的选用。类型的选用可根据轴和轮毂的结构特点、使用要求和工作条件来确定。键的规格尺寸的选用则根据轴的直径 d 按标准确定键宽 b 和键高 h。键的长度 L 可参照轮毂长度从标准中选取(表6.10)。

表6.10　普通平键和普通楔键的主要尺寸　mm

轴的直径 d	6 ~ 8	> 8 ~ 10	> 10 ~ 12	> 12 ~ 17	> 17 ~ 22	> 22 ~ 30	> 30 ~ 38	> 38 ~ 44
键宽 b × 键高 h	2 × 2	3 × 3	4 × 4	5 × 5	6 × 6	8 × 7	10 × 8	12 × 8
轴的直径 d	> 44 ~ 50	> 50 ~ 58	> 58 ~ 65	> 65 ~ 75	> 75 ~ 85	> 85 ~ 95	> 95 ~ 110	> 110 ~ 130
键宽 b × 键高 h	14 × 9	16 × 10	18 × 11	20 × 12	22 × 14	25 × 14	28 × 16	32 × 18
L系列:6,8,10,12,14,16,18,20,22,25,28,31,36,40,45,50,56,63,70,80,90,100,110,125,140,160,180,200,250,…								

键的材料采用强度极限不小于600 MPa的碳素钢,通常用45钢。

2. 平键连接的强度计算

平键连接的主要失效形式是工作面的压溃(对于静连接)和磨损(对于动连接)。除非有严重过载,一般不会出现键的剪断(图6.29,沿 a—a 面剪断)。

假设工作面上的载荷沿键的长度和高度均匀分布,则平键连接的挤压强度条件为

$$\sigma_p = \frac{2T \times 10^3}{kdl} \leqslant [\sigma_p] \tag{6.14}$$

对于导向平键和滑键连接,应限制工作面上的压强。即

$$p = \frac{2T \times 10^3}{kdl} \leqslant [p] \tag{6.15}$$

式中　T——转矩(N · m);

k——键与轮毂键槽的接触高度,$k = 0.5h$;

d、h——分别为轴径和键的高度(mm);

l——键的工作长度(mm);圆头平键 $l=L-b$,平头平键 $l=L$,单圆头平键 $l=L-0.5b$,
　　这里 L 为键的公称长度(mm),b 为键的宽度(mm);

$[\sigma_p]$——键、轮毂、轴三者中较弱材料的许用挤压应力(MPa)(表6.11);

$[p]$——键、轮毂、轴三者中较弱材料的许用压强(MPa)(表6.11);

表6.11　键连接的许用挤压应力和许用压强　　MPa

许用值	键或毂、轴的材料	载荷性质		
		静载荷	轻微冲击	冲击
$[\sigma_p]$	钢	125~150	100~120	60~90
	铸铁	70~80	50~60	30~45
$[p]$	钢	50	40	30

若强度不够时,可采用两个键按180°布置(图6.30)。考虑到载荷分布的不均匀性,在强度校核中可按1.5个键计算。

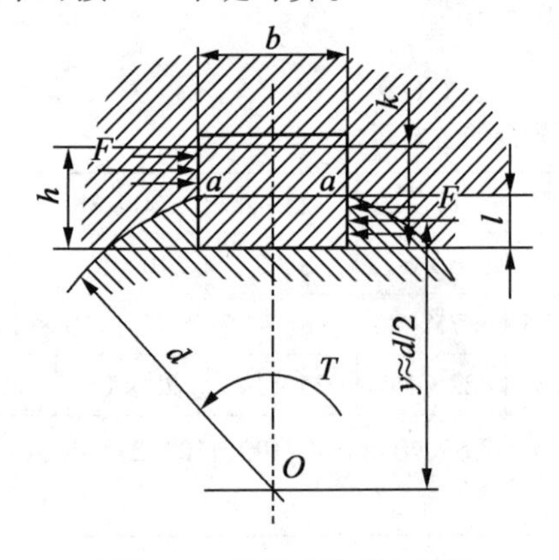

图6.29　平键连接受力情况

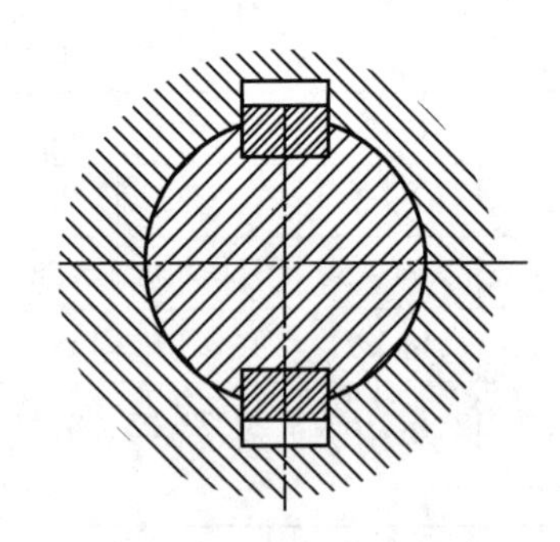

图6.30　双平键连接布置

6.4.3　花键连接

1. 花键连接的特点

花键连接是由周向均布的多个键齿的花键轴与带有相应键齿槽的轮毂相配合而成,花键齿的侧面是工作面。由于是多齿传递载荷,所以花键连接比平键连接具有承载能力高、对轴削弱程度小(齿浅、应力集中小)、定心好和导向性能好等优点。花键连接由内花键和外花键组成(图6.31),外花键可以用铣床或齿轮加工机床进行加工,需要专用的加工设备、刀具和量具,所以花键连接成本较高。它适用于定心精度要求高、载荷大或需要经常滑移的连接。

2. 花键类型选择

花键连接按其齿形不同,可分为矩形花键(图6.32)和渐开线花键(图6.33)两类。花键连接可以做成静连接,也可以做成动连接。花键连接一般只校核挤压强度和耐磨性,其计算方法与平键相似。

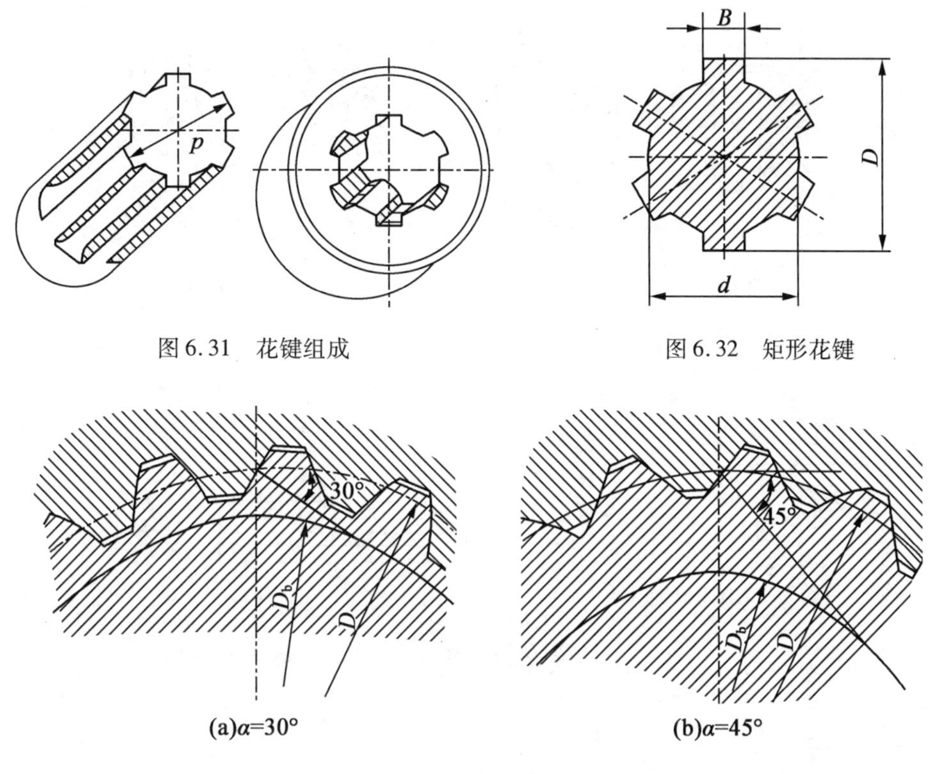

图6.31　花键组成

图6.32　矩形花键

图6.33　渐开线花键

矩形花键形状简单,加工方便。矩形花键连接定心方式为小径定心,即外花键和内花键的小径为配合面,由于外花键和内花键的小径易于磨削,故矩形花键连接的定心精度较高。国家标准规定矩形花键的表示方法为 $N\times d\times D\times B$,代表键齿数×小径×大径×键齿宽。花键通常要进行热处理,表面硬度一般应高于 HRC40。

渐开线花键的齿廓为渐开线,可以利用渐开线齿轮切制的加工方法来加工,工艺性较好。按分度圆压力角进行分类,渐开线花键分为30°压力角和45°压力角渐开线花键两种。压力角为45°的渐开线花键与压力角为30°的渐开线花键相比,齿数多、模数小、齿形短,对连接件强度的削弱小,但承载能力也较低,多用于轻载和直径小的静连接。

6.4.4　销连接

销连接主要用于固定零件之间的相对位置,并能传递较小的载荷,它还可以用于过载保护。按形状的不同,销可分方圆柱销、圆锥销和槽销等。

圆柱销(图6.34(a)),靠过盈配合固定在销孔中,如果多次装拆,其定位精度会降低。圆锥销和销孔均有1:50的锥度(图6.34(b)),因此安装方便,定位精度高,多次装拆不影响定位精度。在盲孔或装拆困难的场合,可采用端部带螺纹的圆锥销(图6.34(c))。开口销(图6.34(d))适用于有冲击、振动的场合。槽销(图6.34(e))上有三条纵向沟槽,槽销压入销孔后,它的凹槽即产生收缩变形,借助材料的弹性而固定在销孔中,故多用于传递载荷,对于受振动载荷的连接也适用。销孔无须铰制,加工方便,可多次装拆。

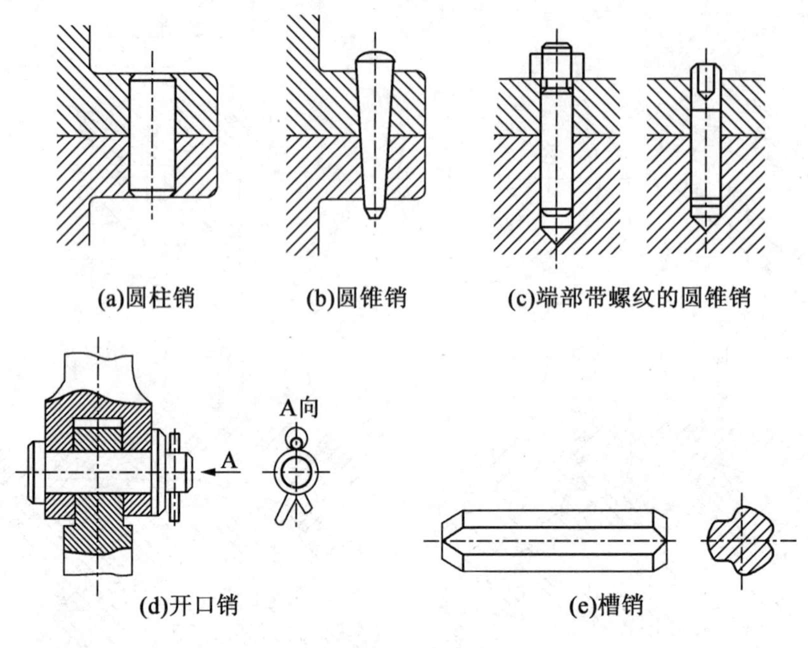

图 6.34　销连接

6.4.5　无键连接

常用的无键连接包括过盈连接和成型连接,这两种连接主要用于轴和毂孔的连接。由于轴和毂孔配合面均为光滑表面,因此,应力集中小,对中性好,承载能力大。

1. 过盈连接

过盈连接利用轴和毂孔本身的过盈配合实现连接。轴和毂孔装配后,由于过盈而在配合面间产生压力,工作时靠此压力形成的摩擦力传递转矩 T 和轴向力 F_a(图 6.35),其承载能力主要取决于过盈量的大小。这种连接结构简单,在振动下也能可靠地工作,拆卸困难,对配合表面和尺寸的加工精度要求较高,因此,多用于载荷较大或有冲击的连接。

2. 成型连接

成型连接利用非圆截面的轴与相应的毂孔构成连接,轴和毂孔可做成柱形或锥形。常用柱形型面,如图 6.36 所示。这种连接装拆方便,但型面加工较复杂,特别是为了保证配合精度,最后一道工序多要在专用机床上磨削,故目前应用得还不广泛。

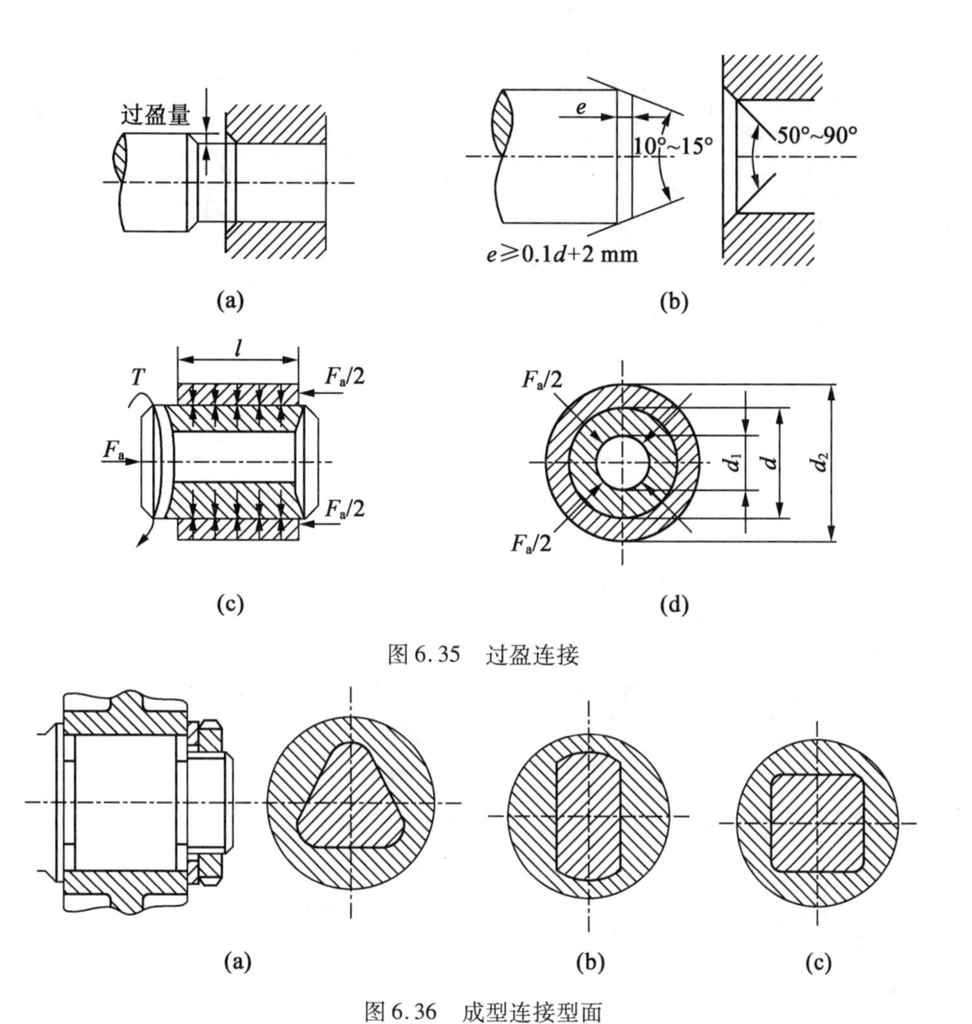

图 6.35　过盈连接

(a)　(b)　(c)

图 6.36　成型连接型面

例　已知减速器中某直齿圆柱齿轮安装在轴的两支承点间,齿轮和轴的材料都是锻钢,用键构成静连接。齿轮的精度为 7 级,装齿轮处的轴径 $d=70$ mm,齿轮轮毂宽度为100 mm,需传递的转矩 $T=2\ 200$ N · m,载荷有轻微冲击。试设计此键连接。

解

表 6.12　设计步骤

计算与说明	主要结果
1. 选择键连接的类型和尺寸 一般 8 级以上精度的齿轮有定心精度要求,应选用平键连接。由于齿轮不在轴的直径也不在轴端,故选用圆头普通平键(A 型)。 根据 $d=70$ mm 从表 6.6 中查得键的截面尺寸为:宽度 $b=20$ mm,高度 $h=12$ mm。由轮毂宽度并参考键的长度系列,取键长 $L=90$ mm(比轮毂宽度小些)。 2. 校核键连接的强度 键、轴和轮毂的材料都是钢,由表 6.7 查得,许用挤压应力$[\sigma_p]=100\sim120$ MPa,取其平均值$[\sigma_p]=110$ MPa。键的工作长度 $l=L-b=90-20=70$(mm),键与轮毂键槽的接触高度 $k=0.5h=0.5\times12=6$(mm)。由式(6.14)可得	圆头普通平键(A 型) $d=70$ mm $b=20$ mm $h=12$ mm $L=90$ mm

续表 6.12

计算与说明	主要结果
$\sigma_p=\frac{2T\times 10^3}{kdl}=\frac{2\times 2\ 200\times 10^5}{6\times 70\times 70}=149.7(\text{MPa})>[\sigma_p]=110\ \text{MPa}$ 可见连接的挤压强度不够。考虑到相差较大,因此改用双键,相隔 180°布置。双键的工作长度 $l=1.5\times 70=105(\text{mm})$。由式(6.14)可得 按题意 $l=2\ 200$ mm,在轴的全长上,$[\varphi]=1°=\frac{\pi}{180}$ rad,故	$[\sigma_p]=110$ MPa
$\sigma_p=\frac{2T\times 10^3}{kdl}=\frac{2\times 2\ 200\times 10^3}{6\times 105\times 70}=99.8(\text{MPa})>[\sigma_p]=110\ \text{MPa}$ 键的标记为:键 20×90　GB/T 1096—2003	$\sigma_p=99.8$ MPa $>[\sigma_p]$合适

课后习题

1. 选择题

(1)工作中只承受弯矩,不传递转矩的轴,称为(　　)

A. 心轴　　B. 转轴

C. 传动轴　　D. 曲轴

(2)转轴设计中在初估轴径时,轴的直径是按(　　)初步确定的。

A. 弯曲强度　　B. 扭转强度

C. 弯扭组合强度　　D. 轴段上零件的孔径

(3)轴的常用材料主要是(　　)

A. 铸铁　　B. 球墨铸铁

C. 碳钢　　D. 陶瓷

(4)对轴进行表面强化处理,可以提高轴的(　　)

A. 疲劳强度　　B. 柔韧性

C. 刚度

(5)在轴的设计中,采用轴环的目的是(　　)

A. 作为轴加工时的定位面　　B. 提高轴的刚度

C. 使轴上零件获得轴向定位　　D. 提高轴的强度

(6)平键是(　　)(由 A、B 中选一个),其剖面尺寸一般是根据(　　)(由 C、D、E、F 中选一个)按标准选取的。

A. 标准件　　B. 非标准件

C. 传递转矩大小　　D. 轴的直径

E. 轮段长度　　F. 轴的材料

(7)平键硬度主要根据(　　)选择,然后按失效形式校核强度。

A. 传递转矩大小　　B. 轴的直径

C. 轮毂长度　　D. 传递功率大小

(8)半圆键连接当采用双键时两键应(　　)布置。

A. 在周向相隔 90°　　B. 在周向相隔 120°

C. 在周向相隔 180°　　D. 在轴的同一条母线上

2. 思考题

(1)芯轴、传动轴和转轴是如何分类的？试各举一实例。

(2)在轴的设计中为什么要初算轴颈？有哪些方法？

(3)轴的结构设计应考虑哪几方面问题？

(4)键连接的功用是什么？有哪些结构形式？

(5)平键的尺寸($b \times h \times L$)如何确定？普通平键连接的失效形式是什么？

3. 设计计算题

(1)一齿轮与轴采用平键连接，材料均为 45 钢，轴径 $d = 80$ mm，齿轮轮毂宽 $B = 150$ mm，传递转矩 $T = 2\ 000$ N · m，载荷有轻微冲击，试确定平键的类型及尺寸，并校核其强度。

(2)用平键连接蜗轮与轴，已知传递转矩 $T = 1\ 580$ N · m，轴径 $d = 70$ mm，蜗轮轮毂宽 $B = 150$ mm，轴的材料为 45 钢，蜗轮轮毂材料为铸铁，工作时有轻微振动，试选择平键尺寸并校核强度。如果强度不够应采取哪些措施？

第 7 章

滚动轴承

7.1 概 述

滚动轴承是现代机械设备中广泛应用的部件之一,用以支承传动(或摆动)零件,减少运动副之间的摩擦和磨损。滚动轴承的类型、尺寸、公差等已有国家标准,并实行了专业化生产,价格便宜,因此在很多场合逐渐取代了滑动轴承而得到广泛应用。

对于滚动轴承,设计者只需要根据具体工作条件正确选择轴承的类型和尺寸;必要时,校核轴承的承载能力;最后进行滚动轴承的组合设计,其中包括定位、安装、调整、润滑、密封等结构设计。

7.1.1 滚动轴承的构造

典型滚动轴承的基本构造如图 7.1 所示,它由外圈 1、内圈 2、滚动体 3 和保持架 4 四个部分组成。内圈、外圈分别和轴颈、轴承座装配。通常是内圈随轴颈回转,外圈固定,但也可用于外圈回转而内圈不动,或是内、外圈同时回转的场合。当内、外圈相对转动时,滚动体即在内、外圈的滚道间滚动,内、外圈滚道的作用是限制滚动体进行侧向移动。常用的滚动体如图 7.2 所示,有球形、圆柱滚子、滚针、圆锥滚子、球面滚子、非对称球面滚子等几种。

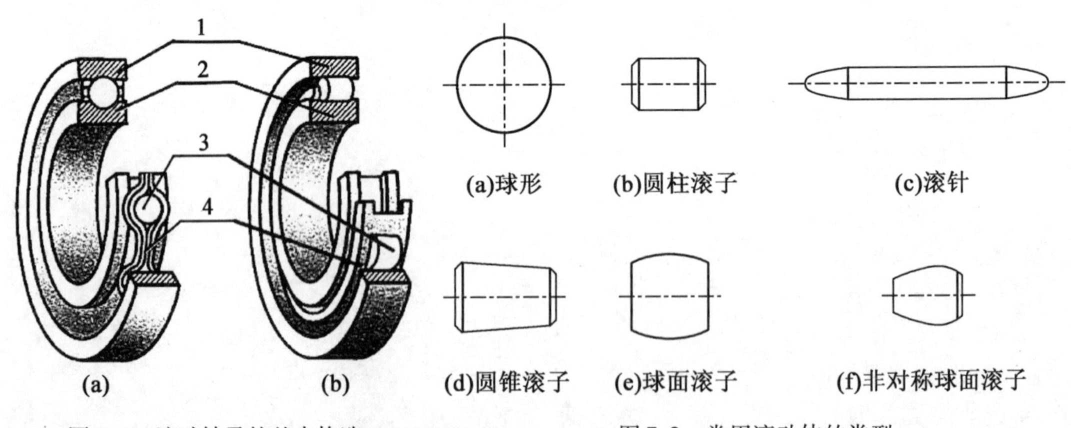

图 7.1 滚动轴承的基本构造

1—外圈;2—内圈;3—滚动体;4—保持架

图 7.2 常用滚动体的类型

保持架的主要作用是均匀地隔开滚动体,避免因相邻滚动体直接接触而使滚动体迅速发热及磨损。保持架有冲压的(图 7.1(a))和实体的(图 7.1(b))两种。

在某些情况下,可以没有内圈、外圈或保持架,这时的轴颈或轴承座就要起到内圈或外圈的作用,因而工作表面应具备相应的硬度和粗糙度。此外,还有一些轴承,除了以上四种基本零件外,还增加有其他特殊零件,如在外圈上加止动环或密封盖等。

7.1.2　滚动轴承的材料

轴承的内、外圈和滚动体,一般是用轴承钢(GCr15、GCr15SiMn 等)制造的,热处理后硬度一般不低于 HRC60 ~ 65。由于一般轴承的这些元件都经过 150 ℃的回火处理,所以通常当轴承的工作温度不高于 120 ℃时,元件的硬度不会下降。冲压保持架一般用低碳钢板冲压制成,它与滚动体间有较大的间隙,工作时噪声较大。实体保持架常用铜合金、铝合金或塑料经切削加工制成,有较好的定心作用。

7.1.3　滚动轴承的优缺点

与滑动轴承相比,滚动轴承的优点如下。

(1)摩擦阻力小,启动容易,效率高。

(2)径向游隙较小,可用预紧的方法提高支承刚度及旋转精度。

(3)对同尺寸的轴颈,滚动轴承的宽度较小,可使机器的轴向尺寸紧凑。

(4)润滑方法简便,互换性好等。

它的缺点如下。

(1)承受冲击载荷能力较差。

(2)高度转动时噪声大。

(3)轴承不能剖分,位于长轴或曲轴中间的轴承安装困难甚至无法安装使用。

(4)比滑动轴承径向尺寸大。

(5)与滑动轴承相比,寿命较低。

7.2　滚动轴承的类型及选择

7.2.1　滚动轴承的基本类型及性能特点

滚动轴承可以按不同方法分类:按滚动体的形状,可分为球轴承和滚子轴承;按调心性能,可分为调心轴承和非调心轴承;按轴承承受的载荷方向,可以分为向心轴承、推力轴承和向心推力轴承。如图 7.3 所示为它们承载情况的示意图。主要承受径向载荷 F_r 的轴承称为向心轴承,其中有几种类型还可以承受不大的轴向载荷;只能承受轴向载荷 F_a 的轴承称为推力轴承,轴承中的轴颈紧套在一起的称为轴圈,与机座相连的称为座圈;能同时承受径向载荷和轴向载荷的轴承称为向心推力轴承。向心推力轴承的滚动体与外圈滚道接触点(线)处的法线 N—N 与半径方向的夹角 α 称为轴承的接触角。轴承实际所承受的径向载荷 F_r 与轴向载荷 F_a 的合力与半径方向的夹角 β,则称为载荷角(图 7.3(c))。

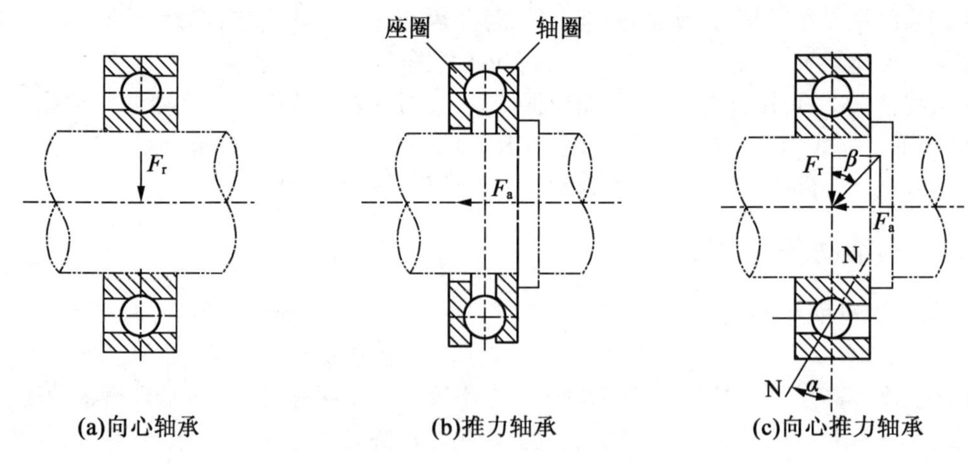

(a)向心轴承　(b)推力轴承　(c)向心推力轴承

图 7.3　不同类型轴承的承载情况

表 7.1 列出了常用滚动轴承的类型、主要性能和特点。

表 7.1　常用滚动轴承的类型、主要性能和特点

类型代号	简图及承载方向	轴承名称	基本额定动载荷比①	极限转速比②	轴向承载能力	轴向限位能力③	性能和特点
0		双列角接触球轴承	1.6 ~ 2.1	中	较大	Ⅰ	能同时承受径向和双向轴向载荷。相当于成对安装、背对背的角接触球轴承(接触角 30°)
1		调心球轴承	0.6 ~ 0.9	中	少量	Ⅰ	因为外圈滚道表面是以轴承中点为中心的球面,故能自动调心,允许内圈(轴)对外圈(外壳)轴线偏斜量为(≤)2° ~ 3°,一般不宜承受纯轴向载荷
2		调心滚子轴承	1.8 ~ 4	低	少量	Ⅰ	性能、特点与调心球轴承相同,但具有较大径向承载能力,允许内圈对外圈轴线偏斜量为(≤)1.5° ~ 2.5°

续表 7.1

类型代号	简图及承载方向	轴承名称	基本额定动载荷比①	极限转速比②	轴向承载能力	轴向限位能力③	性能和特点
2		推力调心滚子轴承	1.6～2.5	低	很大	Ⅱ	用于承受以轴向载荷为主的轴向、径向联合载荷，但径向载荷不得超过轴向载荷的55%。运转中滚动体受离心力矩作用，滚动体与座圈分离。为保证正常工作，需施加一定轴向预载荷。允许轴圈对座圈轴线偏斜量≤1.5°～2.5°
3		圆锥滚子轴承	1.5～2.5 (10°～18°)	中	较大	Ⅱ	可以同时承受径向载荷及轴向载荷。外圈可分离，安装时可调整轴承的游隙。一般成对使用
		大锥角圆锥滚子轴承	1.1～2.1 (27°～30°)	中	很多		
4		双列深沟球轴承	1.6～2.3	中	较大	Ⅰ	能同时承受径向和轴向载荷。径向刚度和轴向刚度均大于深沟球轴承，允许角偏斜8′～16′
5		推力球轴承	1	低	只能承受单向轴向载荷	Ⅱ	为了防止钢球与滚道之间的滑动，工作时必须加有一定的轴向载荷。高速时离心力大，钢球与保持架磨损，发热严重，寿命降低，故极限转速很低。轴线必须与轴承座底面垂直，载荷必须与轴线重合，以保证钢球载荷的均匀分配
		双向推力球轴承	1	低	能承受双向的轴向载荷	Ⅰ	

续表 7.1

类型代号	简图及承载方向	轴承名称	基本额定动载荷比①	极限转速比②	轴向承载能力	轴向限位能力③	性能和特点
6	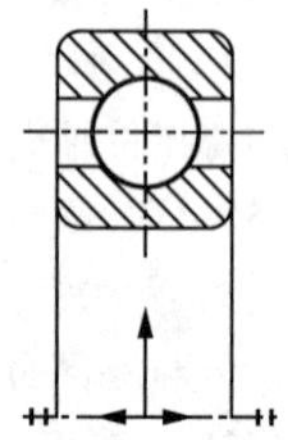	深沟球轴承	1	高	少量	Ⅰ	主要承受径向载荷,可同时承受小的轴向载荷。摩擦因数最小。在高转速时,可用来承受纯轴向载荷。工作中允许内、外圈轴线偏斜量≤8′~16′,大量生产,价格最低
7	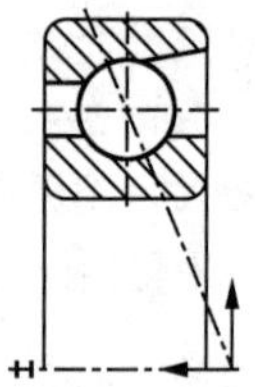	角接触球轴承	1.0~1.4 (15°)	高	一般	Ⅱ	可以同时承受径向载荷及轴向载荷,也可以单独承受轴向载荷。能在较高转速下正常工作。由于一个轴承只能承受单向的轴向力,因此,一般成对使用。承受轴向载荷的能力由接触角 α 决定。接触角大的,承受轴向载荷的能力也高
			1.0~1.3 (25°)		较大		
			1.0~1.2 (40°)		更大		
8	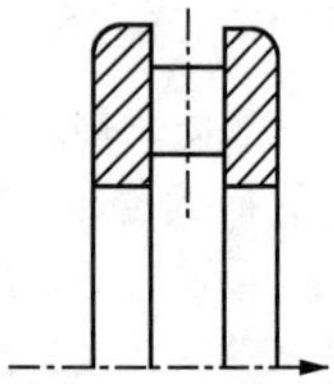	推力圆柱滚子轴承	11 12 1.7~1.9	低	能承受单向的轴向载荷	Ⅱ	能承受较大单向轴向载荷,轴向刚度高。极限转速低,不允许轴与外圈轴线有倾斜
N	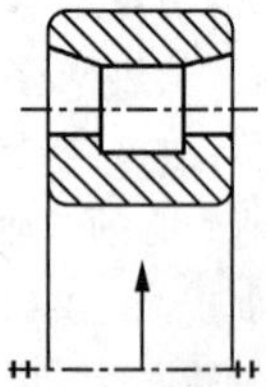	外圈无挡边的圆柱滚子轴承	1.5~3	高	无	Ⅲ	外圈(或内圈)可以分离,故不能承受轴向载荷,滚子由内圈(或外圈)的挡边轴向定位,工作时允许内、外圈有少量的轴向错动。有较大的径向承载能力,但内、外圈轴线的允许偏斜量很小(2′~4′)。这一类轴承还可以不带外圈或内圈
NU	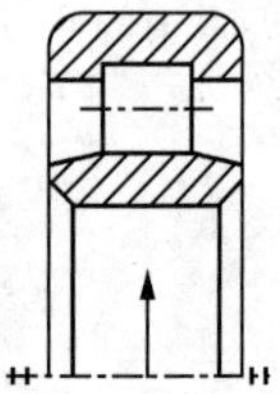	内圈无挡边的圆柱滚子轴承					

续表 7.1

类型代号	简图及承载方向	轴承名称	基本额定动载荷比①	极限转速比②	轴向承载能力	轴向限位能力③	性能和特点
NJ		内圈有单挡边的圆柱滚子轴承	1.5～3	高	少量	Ⅱ	外圈(或内圈)可以分离,故不能承受轴向载荷,滚子由内圈(或外圈)的挡边轴向定位,工作时允许内、外圈有少量的轴向错动。有较大的径向承载能力,但内、外圈轴线的允许偏斜量很小(2′～4′)。这一类轴承还可以不带外圈或内圈
NA		滚针轴承	—	低	无	Ⅲ	在同样内径条件下,与其他类型轴承相比,其外径最小,内圈或外圈可以分离,工作时允许内、外圈有少量的轴向错动。有较大的径向承载能力。一般不带保持架。摩擦因数大

①基本额定动载荷比指同一尺寸系列(直径及宽度)各种类型和结构形式轴承的基本额定动载荷与单列深沟球轴承(推力轴承则与单向推力球轴承)的基本额定动载荷之比

②极限转速比指同一尺寸系列 0 级公差的各类轴承脂润滑时的极限转速与单列深沟球轴承脂润滑时极限转速之比。高为单列深沟球轴承极限转速的 90%～100%,中为单列深沟球轴承极限转速的 60%～90%,低为单列深沟球轴承极限转速的 60% 以下

③轴向限位能力:

Ⅰ——轴的双向轴向位移限制在轴承的轴向游隙范围以内

Ⅱ——限制轴的单向轴向位移

Ⅲ——不限制轴的轴向位移

7.2.2　滚动轴承的代号

在常用的各类滚动轴承中,每种类型又有不同的结构、尺寸和公差等级,以便适应不同的技术要求。为了统一表征各类轴承的特点,便于组织生产和选用,GB/T 272—1993 规定为了轴承代号的表示方法。

滚动轴承代号由三部分组成:基本代号、前置代号和后置代号,用字母和数字等表示。滚动轴承代号的构成见表 7.2。

表 7.2　滚动轴承代号的构成

前置代号	基本代号					后置代号							
	五	四	三	二	一	1	2	3	4	5	6	7	8
轴承分部件代号	类型代号	尺寸系列代号		内径代号		内部结构代号	密封与防尘结构代号	保持架及其材料代号	特殊轴承材料代号	公差等级代号	游隙代号	多轴承配置代号	其他
		宽(高)度系列代号	直径系列代号										

注:基本代号的一至五表示代号自右向左的位置序数,后置代号的 1 ~ 8 表示代号自左向右的位置序数

1. 基本代号

基本代号包括轴承的内径、直径系列,宽度系列和类型,现分述如下。

(1)轴承的内径代号。用基本代号右起的第一、二位数字表示。对常用内径 $d = 20 \sim 480$ mm,04 表示 $d = 20$ mm。对于内径为 10 mm、12 mm、15 mm、17 mm 的轴承,内径代号依次为 00、01、02、03。对于 $d \geqslant 500$ mm 以及内径尺寸较特殊(如内径为 22 mm、28 mm、32 mm)的轴承,内径代号用公称内径毫米数直接表示,只是与直径系列代号用“/”分开。

(2)尺寸系列代号。尺寸系列代号包括直径系列代号和宽(高)度系列代号两部分,它们在基本代号中分别用右起的第三位、第四位数字表示。直径系列表示结构相同、内径相同的轴承在外径和宽度方面的变化系列。直径系列代号有 7、8、9、0、1、2、3、4 和 5,对应于相同内径轴承的外径尺寸依次递增。部分直径系列之间的尺寸对比如图 7.4 所示。

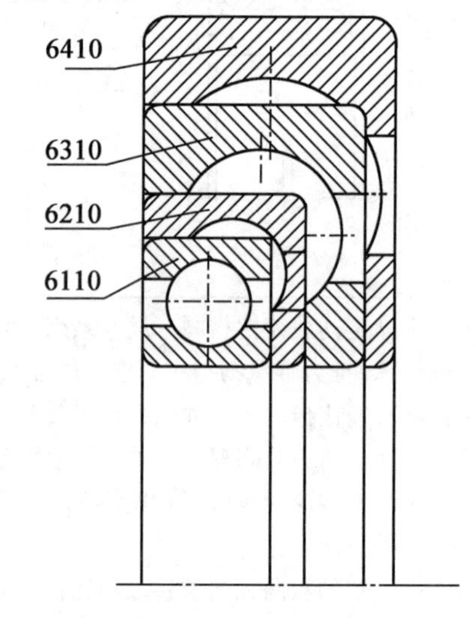

图 7.4　直径系列的对比

轴承的宽(高)度系列表示结构、内径和直径系列都相同的轴承,在宽(高)度方面的变化系列。当宽度系列为 0 系列(正常系列)时,对多数轴承在代号中不标出,但对于调心滚子轴承和圆锥滚子轴承,宽度系列代号 0 应标出。

(3)轴承类型代号。用基本代号右起的第五位数字或字母表示,其表示方法见表 7.1。

2. 后置代号

轴承的后置代号是用字母和数字等表示轴承的结构、公差及材料的特殊要求等。后置代号的内容很多,下面介绍几个常用的代号。

(1)内部结构代号用字母紧跟着基本代号表示,表示同一类型轴承内部结构的特殊变化。例如,接触角为 15°、25°、40°的角接触球轴承分别用 C、AC、B 表示内部结构的不同。

(2)轴承的公差等级分为 2、4、5、6(或 6x)和 0 级,共六个级别,依次由高级到低级,其代号分别为/P2、/P4、/P5、/P6(或/P6x)和/P0。公差等级中,6x 级仅适用于圆锥滚子轴承;0 级为普通级,在轴承代号中不标出。

(3)常用的轴承径向游隙系列分为 1 组、2 组、0 组、3 组、4 组和 5 组,共六个组别,径向游

隙依次由小到大。0组游隙是常用的游隙组别，在轴承代号中不标出，其余的游隙组别在轴承代号中分别用/C1、/C2、/C3、/C4、/C5表示。

3.前置代号

轴承的前置代号用于表示轴承的分部件，用字母表示。

实际应用的滚动轴承类型很多，相应的轴承代号也是比较复杂的。以上介绍的代号是轴承代号中最基本、最常用的部分，熟悉这部分代号，就可以识别和查选常用的轴承。关于滚动轴承详细代号的表示方法可查阅GB/T 272—1993。

代号举例：

6307表示内径为35 mm，中系列深沟球轴承，正常宽度系列，正常结构，0级公差，0组游隙。

7212C/P4表示内径为60 mm，轻系列角接触轴承，正常宽度系列，接触角$\alpha=15°$，4级公差，0组游隙。

62/22表示内径为22 mm，轻系列深沟球轴承，正常宽度系列，正常结构，0级公差，0组游隙。

7.2.3 滚动轴承类型的选择

根据滚动轴承各种类型的基本特点，在选用轴承时应从载荷的大小、性质、方向，转速的高低，调心性能以及安装拆卸等方面考虑。

1.轴承的载荷

载荷的大小通常是选择轴承类型的决定因素，同一系列滚子轴承与球轴承相比，前者的承载和抗冲击能力较大，当载荷较大时，宜选用线接触的滚子轴承。而球轴承中则主要为点接触，适用于承受较轻的或中等的载荷，故在载荷较小时，应优先选用球轴承。

根据载荷的方向选择轴承类型时，对于纯轴向载荷，一般选用推力轴承。较小的纯轴向载荷可选用推力球轴承，较大的纯轴向载荷可选用推力滚子轴承。对于纯径向载荷，一般选用深沟球轴承、圆柱滚子轴承或滚针轴承。当轴承同时承受径向载荷和轴向载荷时，应区别不同的情况：以径向载荷为主时，可选用深沟球轴承、接触角不大的角接触球轴承或圆锥滚子轴承；以轴向载荷为主时，可选用接触角较大的角接触球轴承、圆锥滚子轴承或选用向心轴承和推力轴承组合在一起的结构，分别承担径向载荷和轴向载荷(图7.12)。

2.轴承的转速

轴承转速是影响轴承温升最重要的因素之一。轴承的最高许用转速即极限转速随着轴承直径系列和宽度系列的递增而减小。轴承样本或设计手册中列入了各种类型、各种尺寸轴承的极限转速$n_{\lim}$值，其试验条件是当量动载荷$P\leqslant 0.1C$(C为基本额定动载荷)，冷却条件正常且为0级公差轴承时的最大允许转速。但是，由于极限转速主要受工作时温升的限制，因此，不能认为样本中的极限转速是一个绝对不可超越的界限。从工作转速对轴承的要求看，可以确定以下几点。

(1)球轴承比滚子轴承具有更高的极限转速和旋转精度，故在高速时应优先选用球轴承。

(2)在内径相同的条件下，外径越小，滚动体就越小，运转时滚动体加在外圈滚道上的离心惯性力也就越小，因而也就更适于在更大的转速下工作。故在高速时，宜选用同一直径系列中外径较小的轴承。外径较大的轴承，宜用于低速、重载的场合。若用一个外径较小的轴承而承载能力达不到要求时,可再并装一个相同的轴承,或者考虑采用宽系列的轴承。

(3)保持架的材料与结构对轴承转速影响极大。实体保持架比冲压保持架的允许转速高一些,青铜实体保持架允许更高的转速。

(4)推力轴承的极限转速均很低。当工作转速高时,若轴向载荷不太大,可以采用角接触轴承承受纯轴向力。

(5)若工作转速略超过样本中规定的极限转速,可以用提高轴承的公差等级,或者适当地加大轴承的径向游隙,选用循序润滑或油雾润滑,加强对循环油的冷却等措施来改善轴承的高速性能。若工作转速超过极限转速较多,应选用特制的高速滚动轴承。

3. 轴承的调心功能

若由于制造或安装等原因无法保证轴的中心线与轴承座中心线较好重合时,或因轴线发生偏斜,这时,应采用有一定调心性能的调心轴承。同一轴上调心轴承不能与其他轴承混合使用,以免失去调心作用。

4. 安装和拆卸

从安装和装拆方面来考虑,当轴承座没有剖分面而且必须沿轴向安装和拆卸轴承时,可优先选用内、外圈可分离的轴承(如N类、NA类、3类等)。当轴承安装在长轴上时,可以选用内圈孔为圆锥孔(用以安装在紧定衬套上)的轴承(图7.5),这样便于安装和拆卸。

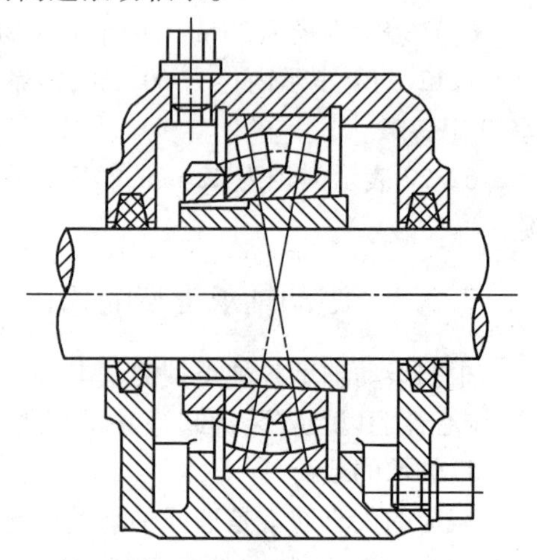

图7.5　安装在圆锥紧定衬套上的轴承

此外,轴承类型的选择还应考虑轴承装置整体设计的要求,如轴承的配置使用要求、游动要求等,详见7.6节。从经济性方面来说,一般认为单列深沟球轴承价格最低,滚子轴承比球轴承高,且轴承精度越高价格越高。

7.3　滚动轴承的载荷、应力分析及失效形式和设计准则

外载荷作用于轴承上是通过滚动体由一个套圈传给另一个套圈的,滚动体接触部分承载能力的大小对轴承承载能力起决定作用。

7.3.1　轴承元件上的载荷分布

以向心轴承为例,假定内、外圈为刚体,滚动体为弹性体,滚动体与滚道接触变形在弹性变形范围内。当轴承工作的某一瞬间,滚动体处于如图7.6所示的位置时,下半圈(承载区)的滚动体将此载荷传到外圈上。此时,内圈将下沉一个距离δ_0,不在F_r作用线上的其他各点,虽然亦下沉一个距离δ_0,但其有效变形量应是$\delta_i=\delta_0\cos(i\gamma)$,$i=1,2,\cdots,n$。即有效变形量在$F_r$作用线两侧对称分布,向两侧逐渐减小。接触载荷也是在F_r作用线上的最下面一个滚动体受力最大,而远离作用线的各滚动体,其载荷逐渐减小。

根据力的平衡原理,所有滚动体作用在内圈上的反力F_{N_i}的矢量和必定与径向载荷F_r相

平衡,即

$$\sum_{i=1}^{n} F_{N_i} + F_r = 0 \tag{7.1}$$

式中　n——受载滚动体数目。

应该指出,实际上由于轴承内存在游隙,故由径向载荷 F_r 产生的承载区的范围将小于 180°。也就是说,不是下半部滚动体全部受载。这时,如果有一定的轴向载荷同时作用,则可以使承载区扩大。

7.3.2　轴承工作时元件上的载荷及应力的变化

由滚动轴承载荷分布可知,滚动体所处的位置不同,受力不同。轴承工作时,各个滚动体所受载荷将由零逐渐增加到 F_{N_2}、F_{N_1},直到最大值 F_{N_0},然后再逐渐降低到 F_{N_1}、F_{N_2} 直至零(图 7.6),其变化如图 7.7(a)中的虚线所示。就滚动体上某一点而言,它的载荷及应力是按周期性不稳定脉动循环变化的,如图 7.7(b)所示。

转动套圈的受力情况与滚动体相似。就其滚道上某一点而言,进入承载区后,每与滚动体接触时,就承载一次,且在不同的接触位置时载荷值不同。所以,其载荷及应力的变化也可用图 7.7(a)中的实线所示。

总之,滚动轴承各元件受的都是脉动循环变化的接触应力。

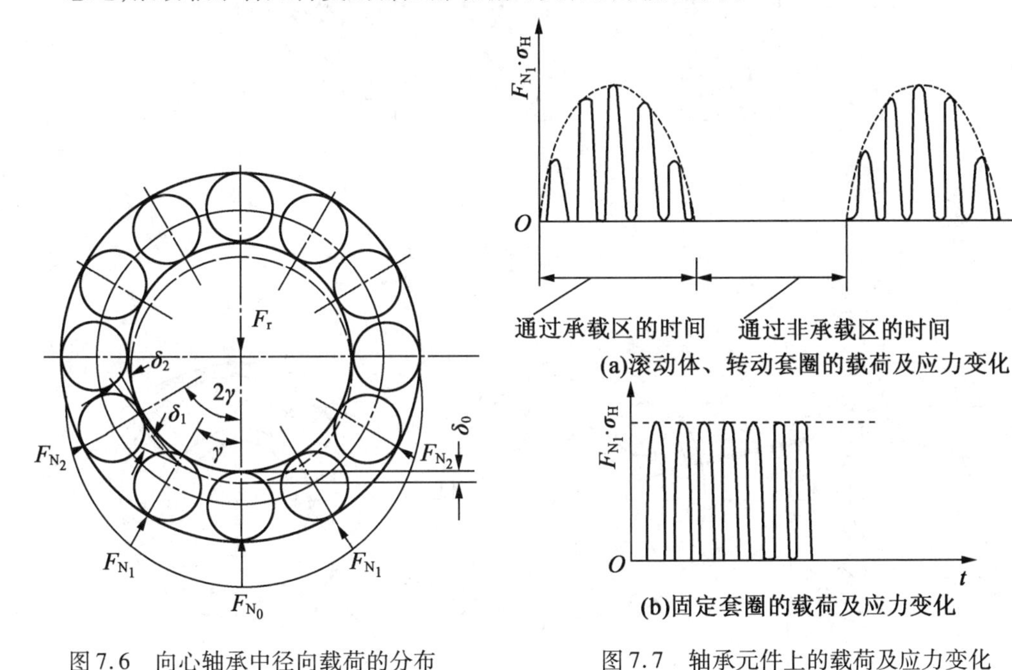

图 7.6　向心轴承中径向载荷的分布　　图 7.7　轴承元件上的载荷及应力变化

7.3.3　轴向载荷对载荷分布的影响

在向心推力轴承中(现以圆锥滚子轴承为例),当有径向载荷 F_r 作用时,如图 7.8 所示,由于滚动体与滚道的接触线与轴承轴线之间有一个接触角 α,因而各滚动体与内、外圈的作用力

F_{N_i}并不指向半径方向，它可以分解为一个径向分力 F_{N_i}和一个轴向分力 F_{d_i}，则相应的轴向分力 F_{d_i}应等于 $F_{N_i}\tan\alpha$。所有径向分力 F_{N_i}的矢量和应与径向载荷 F_r 相平衡；所有轴向分力 F_{d_i}的代数和便组合成了轴承的派生轴向力 F_d，它迫使轴颈（即内圈与外圈有分离的趋势），故应使外部轴向载荷 F_a 与之平衡（图 7.8）。派生轴向力 F_d 随受载的滚动体数目增多而增大。在正常工作时，轴承内至少要有下半圈的滚动体受载。根据研究，当 $F_a\approx1.25F_r\tan\alpha$ 时，会有约半数的滚动体同时受载（图 7.9（b））；当 $F_a\approx1.7F_r\tan\alpha$ 时，会使全部滚动体同时受载（图 7.9（c））。

应该指出，对于实际工作的向心推力轴承，为了保证它能够正常可靠地工作，应使它至少达到下半圈的滚动体全部受载。其合理的指标是 $F_a/F_r\geqslant1.25\tan\alpha$。如果外部轴向载荷不足，而使 $F_a/F_r<1.25\tan\alpha$，则受力滚动体将少于半圈。此时，轴承内、外圈将做轴向分离，间隙增大，滚动体受力加剧，结果会使轴承寿命大为降低。因此，在安装这类轴承时，不能有较大的轴向窜动量。在轴承的组合设计一节中将会讲到，向心推力轴承都是成对安装的。通过轴端的紧固和轴承端盖的压紧等调节作用，是能够产生所需的轴向载荷来使轴承正常工作的。

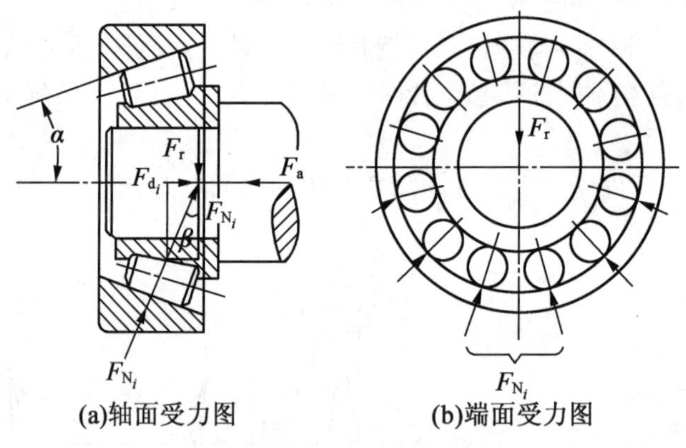

图 7.8　圆锥滚子轴承的受力

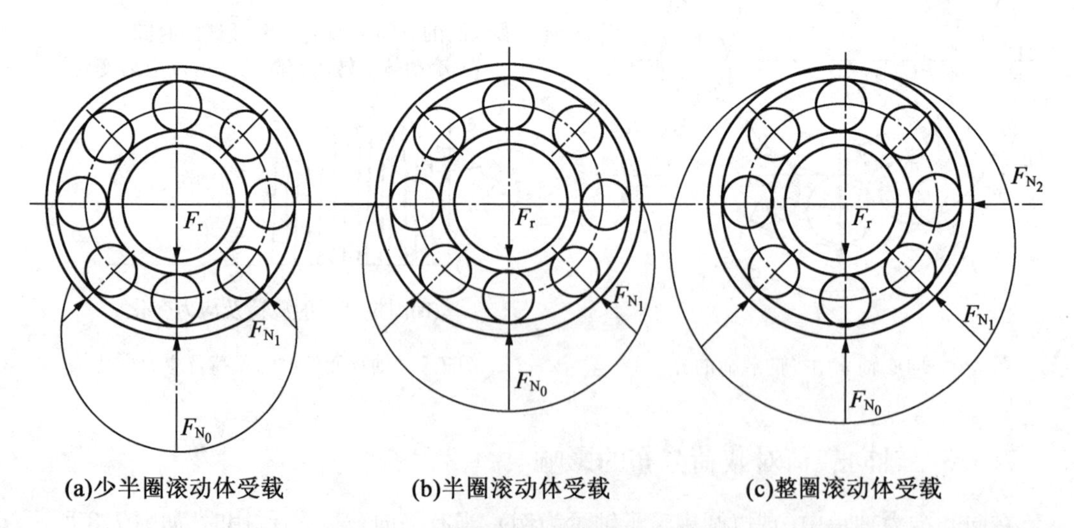

图 7.9　轴承中受载滚动体数目的变化

7.3.4　滚动轴承的主要失效形式和设计准则

1. 失效形式

滚动轴承在运转过程中,如出现异常发热、振动和噪声,则轴承元件可能已经失效,这时轴承不能继续工作。滚动轴承常见的失效形式有以下几种。

(1)接触疲劳。实践证明,有适当的润滑和密封,安装和维护条件正常时,绝大多数轴承由于承受变应力作用而发生接触疲劳失效。

(2)塑性变形。当轴承工作转速很低或只做低速摆动时,在过大的静载荷和冲击载荷作用下,致使接触应力超过材料的屈服点,工作表面出现不均匀的塑性变形凹坑,导致轴承失效。

(3)磨损。滚动轴承在密封不可靠以及多灰尘的运转条件下工作时,易发生磨粒磨损。通常在滚动体与套圈之间,特别是滚动体与保持架之间都有滑动摩擦。如果润滑不良,发热严重时,可能使滚动体回火,甚至产生胶合磨损,转速越高磨损越严重。

(4)烧伤。轴承运转时若温升剧增,会使润滑失效和金属表层组织改变,严重时产生金属黏结造成轴承卡死。这种现象称为烧伤。

除了以上失效形式外,还可能出现内、外圈破裂,滚动体破碎,保持架损坏等失效形式,这些往往是安装或使用不当造成的。

2. 设计准则

针对以上失效形式,迄今为止主要是通过寿命和强度计算以保证轴承可靠地工作。设计准则可按以下情况确定。

(1)对于一般转动的轴承,主要是接触疲劳失效,以疲劳强度计算为依据,这称为轴承的寿命计算。

(2)对工作转速很低($n \leq 10$ r/min)或只做低速摆动的轴承,主要失效形式是工作表面的塑性变形,故以静强度计算为依据,这称为轴承的静强度计算。

(3)对于工作转速较高的轴承,除了接触疲劳失效,还有工作表面的烧伤,故除了寿命计算,还要校核极限转速。

7.4　滚动轴承的寿命计算

7.4.1　滚动轴承的寿命和基本额定寿命

1. 滚动轴承寿命

滚动轴承寿命是指滚动体和套圈表面出现疲劳剥落之前,一个套圈相对另一个套圈运转的总转数或在一定转速下工作的小时数。这是针对单个轴承而言的。即使是同一批轴承(同样尺寸、结构、材料、热处理、加工方法),在完全相同条件下运转,它们的工作寿命也是非常离散的,如图7.10所示为典型的轴承寿命分布曲线。从图中可以看出,轴承的最长与最短的寿命可能相差数十倍甚至百倍。试验研究证明,滚动轴承寿命分布服从一定的统计规律,要用数理统计方法处理,来计算在一定损害概率下的轴承寿命。

2. 基本额定寿命

基本额定寿命是指同一批同一型号的滚动轴承，在同一条件下运转，其中10%的轴承出现疲劳剥落时的运转总转数或工作小时数，以 L_{10}(单位为 10^6 r)或 L_{10h}(单位为h)表示。

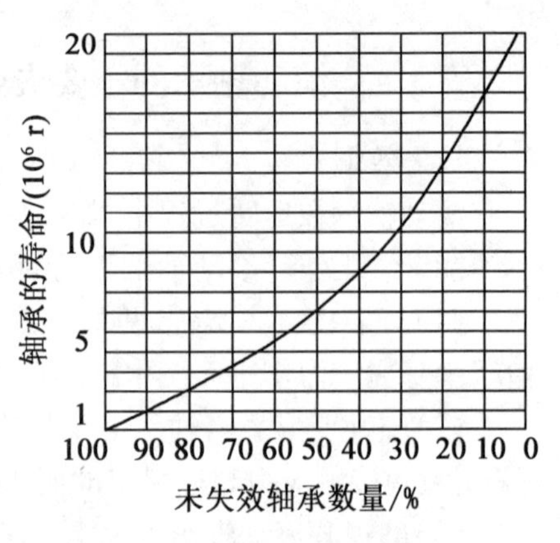

图7.10 滚动轴承寿命分布曲线

由于基本额定寿命与损坏概率有关，所以实际上按基本额定寿命计算和选择出的轴承中，可能有10%的轴承提前损坏，而90%的轴承在超过基本额定寿命后还能正常工作，有些轴承甚至还能工作一个、两个或三个基本额定寿命期。对于每个轴承来说，它能顺利地在基本额定寿命期内正常工作的概率为90%，而在基本额定寿命期到达之前即发生点蚀破坏的概率为10%。在进行轴承的寿命计算时，必须先根据机器的类型、使用条件及对可靠性的要求，确定一个恰当的预期计算寿命(即设计机器时所要求的轴承寿命，通常可参照机器的大修期限取定)。表7.3中给出了根据对机器的使用经验推荐的轴承预期计算寿命值，可供参考使用。

表7.3 推荐轴承预期计算寿命值 L_h'

机器类型	L_h'/h
不经常使用的仪器或设备，如闸门、门窗开闭装置等	500
航空发动机	500~200
短期或简短使用的机械，中断使用不致引起严重后果，如手动工具、农业机械等	4 000~8 000
间断使用的机械，中断使用后果严重，如发动机辅助设备、流水作业线自动传送装置、升降机、车间吊车、不常使用的机床等	8 000~12 000
每日工作8 h的机械(利用率不高)，如一般的齿轮传动、某些固定电动机等	12 000~20 000
每日工作8 h的机械(利用率较高)，如金属切削机床、连续使用的起重机、木材加工机械等	20 000~30 000
24 h连续工作的机械，如矿山升降机、输送道用滚子、空气压缩机等	40 000~60 000
24 h连续工作的机械，中断使用后果严重，如纤维生产或造纸设备、发电站主发电机、矿井水泵、船舶螺旋桨轴等	100 000~200 000

7.4.2 滚动轴承的基本额定动载荷

滚动轴承的寿命与所受载荷的大小有关，工作载荷越大，引起的接触应力也就越大，因而在发生点蚀破坏前所能经受的应力变化次数也就越少，亦即轴承的寿命越短。滚动轴承的基本额定动载荷，就是使轴承的基本额定寿命恰好为 10^6 r时，轴承所能承受的载荷值，用字母 C 代表。这个基本额定动载荷，对向心轴承，指的是纯径向载荷，并称为径向基本额定动载荷，常用 C_r 表示；对推力轴承，指的是纯轴向载荷，并称为轴向基本额定动载荷，常用 C_a 表示；对角接触球轴承或圆锥滚子轴承，指的是使套圈间产生纯径向位移的载荷的径向分量。

滚动轴承的基本额定动载荷 C 值与轴承的类型、规格、材料等有关，需要时可查有关标准。轴承的基本额定动载荷值是在大量实验研究的基础上，通过理论分析得出来的。

7.4.3　滚动轴承的寿命计算公式

对于具有基本额定动载荷 C 的轴承，当它所受的当量动载荷 P（计算方法见后面）恰好为 C 时，其基本额定寿命为 10^6 r。但是当 $P \neq C$ 时，轴承的寿命是多少？再假如轴承所受的当量动载荷为 P，而且轴承具有的预期计算寿命为 L'_h，那么，需选用基本额定动载荷是多少的轴承？下面就来讨论解决上述两类问题。

通过大量实验得出代号为 6207 的轴承的载荷－寿命曲线，如图 7.11 所示。对于其他型号的轴承，也存在类似的曲线。此曲线的方程为

$$P^{\varepsilon} L_{10} = 常数$$

式中　L_{10}——单位为 10^6 r；

ε——寿命指数。

对于球轴承，$\varepsilon = 3$；对于滚子轴承，$\varepsilon = 10/3$。如图 7.11 所示，当 $L_{10} = 1 \times 10^6$ r 时，轴承的载荷就是轴承的基本额定动载荷 C，因此可得出

$$P^{\varepsilon} L_{10} = C^{\varepsilon} \times 1 = 常数$$

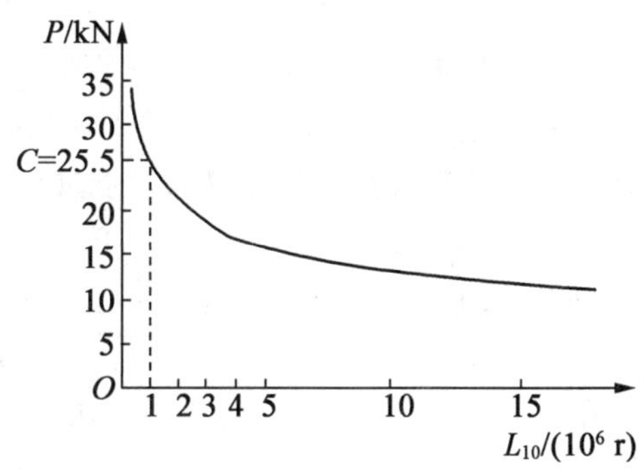

图 7.11　轴承的载荷－寿命曲线

即

$$L_{10} = \left(\frac{C}{P}\right)^{\varepsilon} \tag{7.2a}$$

实际计算时，常用小时数表示寿命。设轴承转速为 n(r/min)，则以小时数表示轴承寿命 L_h(h) 为

$$L_h = \frac{10^6}{60n}\left(\frac{C}{P}\right)^{\varepsilon} \tag{7.3a}$$

如果当量动载荷 P 和转速 n 均已知，预期计算寿命 L'_h 已选定，则可从式（7.3a）中计算出轴承应具有的基本额定动载荷 C(N)，从而可根据 C 值选用所需轴承的型号。

$$C = P\sqrt[\varepsilon]{\frac{60nL_h}{10^6}} \tag{7.4a}$$

通常在轴承样本中列出的基本额定动载荷值，是对一般温度下工作的轴承而言，在较高温度下（如高于 125 ℃）工作的轴承，应该采用经过较高温度回火处理的高温轴承。因此，如果要将该数值用于高温轴承，需乘以温度系数 f_t（表 7.4）。因此，式（7.2a）、式（7.3a）以及式（7.4a）可分别写为

$$L_{10} = \left(\frac{f_t C}{P}\right)^{\varepsilon} \tag{7.2b}$$

$$L_h = \frac{10^6}{60n}\left(\frac{f_t C}{P}\right)^{\varepsilon} \tag{7.3b}$$

$$C = \frac{P}{f_t} \sqrt[\varepsilon]{\frac{60nL_h}{10^6}} \tag{7.4b}$$

表 7.4　温度系数 f_t

轴承工作温度/℃	≤120	125	150	175	200	225	250	300	350
温度系数 f_t	1.0	0.95	0.9	0.85	0.80	0.75	0.70	0.60	0.50

7.4.4　滚动轴承的当量动载荷

滚动轴承的基本额定动载荷是在一定的运转条件下确定的，如载荷条件为向心轴承仅承受纯径向载荷 F_r，推力轴承仅承受纯轴向载荷 F_a，则必须将工作中的实际载荷换算为和基本额定动载荷等效的当量动载荷才能进行计算。换算后当量动载荷是一个假想的载荷，用字母 P 表示。在当量动载荷 P 的作用下，轴承的寿命与工作中的实际载荷作用下的寿命相同。当量动载荷的一般计算公式为

$$P = XF_r + YF_a$$

式中　X、Y——径向动载荷系数和轴向动载荷系数，其值见表 7.5。

表 7.5　径向动载荷系数 X 和轴向动载荷系数 Y

轴承类型	相对轴向载荷	单列轴承				双列轴承				判断系数 e
		$F_a/F_r \le e$		$F_a/F_r > e$		$F_a/F_r \le e$		$F_a/F_r > e$		
		X	Y	X	Y	X	Y	X	Y	
深沟球轴承	F_a/C_{or}				2.30				2.30	0.19
	0.014				1.99				1.99	0.22
	0.028				1.71				1.71	0.26
	0.056				1.55				1.55	0.28
	0.084	1	0	0.56	1.45	1	0	0.56	1.45	0.30
	0.11				1.31				1.31	0.34
	0.28				1.15				1.15	0.38
	0.42				1.04				1.04	0.42
	0.56				1.00				1.00	0.44

续表 7.5

轴承类型		相对轴向载荷	单列轴承				双列轴承				判断系数 e
			$F_a/F_r \leq e$		$F_a/F_r > e$		$F_a/F_r \leq e$		$F_a/F_r > e$		
			X	Y	X	Y	X	Y	X	Y	
角接触球轴承	α	iF_a/C									
		0.015				1.47		1.65		2.39	0.38
		0.029				1.40		1.57		2.28	0.40
		0.058				1.30		1.46		2.11	0.43
		0.087				1.23		1.38		2.00	0.46
	15°	0.12	1	0	0.44	1.19	1	1.34	0.72	1.93	0.47
		0.17				1.12		1.26		1.82	0.50
		0.29				1.02		1.14		1.66	0.55
		0.44				1.00		1.12		1.63	0.56
		0.58				1.00		1.12		1.63	0.56
	25°				0.41	0.87		0.92	0.67	1.41	0.68
	30°	—	1	0	0.39	0.76	1	0.78	0.63	1.24	0.80
	40°				0.35	0.57		0.55	0.57	0.93	1.14
调心球轴承			1	0	0.40	0.40cot α	1	0.42cot α	0.65	0.65cot α	1.5tan α
推力调心滚子轴承			—	—	1.2	1	—	—	—	—	1/0.55
圆锥滚子轴承			1	0	0.40	0.40cot α	1	0.45cot α	0.67	0.67cot α	1.5tan α

注：1. 相对轴向载荷中的 C_{or} 为轴承的基本额定径向载荷，由手册查取。F_a/C_{or} 及 iF_a/C_{or} 中间值相应的 e、Y 值可由线性插值法求得；i 为滚动体的列数

2. 由接触角 α 确定的各项 e、Y 值也可根据轴承不同型号由轴承手册查取

对于只能承受纯径向载荷 F_r 的轴承（如 N、NA 类轴承）

$$P = F_r$$

对于只能承受纯轴向载荷 F_a 的轴承（如 5 类轴承）

$$P = F_a$$

上述计算出的当量动载荷仅为一理论值。在实际工作中要考虑到机器的各种运转情况，如冲击力、不平衡作用力、惯性力以及轴挠曲或轴承座变形产生的附加力等，还应引入一个载荷系数，因此实际计算时，轴承的当量动载荷应为

$$P = f_P(XF_r + YF_a) \tag{7.5}$$

$$P = f_P F_r \tag{7.6}$$

$$P = f_P F_a \tag{7.7}$$

式中　f_P——载荷系数，其值见表 7.6。

表 7.6　载荷系数 f_P

载荷性质	f_P	举例
无冲击或轻微冲击	1.0 ~ 1.2	电动机、汽轮机、通风机、水泵等
中等冲击或中等惯性力	1.2 ~ 1.8	车辆、动力机械、起重机、造纸机、冶金机械、选矿机、卷扬机、机床等
强大冲击	1.8 ~ 3.0	破碎机、轧钢机、钻探机、振动筛等

7.4.5　向心推力轴承(角接触球轴承和圆锥滚子轴承)的载荷计算

如前所述,当向心推力轴承承受径向载荷时,要产生一个派生的轴向力。因此,它们的寿命计算要考虑派生轴向力的作用。

1. 轴承的装配形式及压力中心

为了保证这类轴承正常工作,通常轴承是成对使用的。轴承支反力作用点是滚动体和外圈滚道接触点(线)处公法线与轴心线的交点,又称为轴承的压力中心,如图 7.12 中 1、2 所示,图 7.12 中表示了两种不同的安装方式。其中图 7.12(a)称为正装(或面对面安装),这种安装方式可以使压力中心靠近,从而缩短轴的跨距。图 7.12(b)称为反装(或背对背安装),压力中心距离加长。在两轴承相距较远时,可将轴承宽度中点作为轴承压力中心,这样计算方便,且误差也不大。

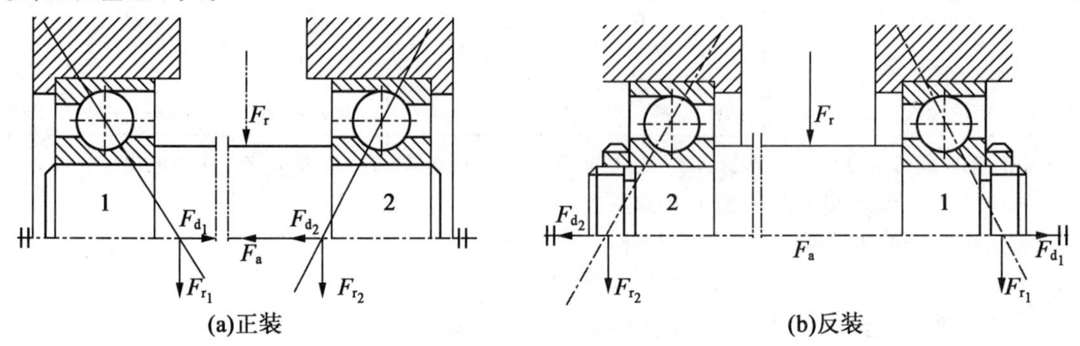

图 7.12　角接触球轴承轴向载荷的分析

2. 轴向载荷的计算

在按式(7.5)计算各轴承的当量动载荷 P 时,首先要计算出该轴承所承受的径向载荷和轴向载荷。当已知外界作用到轴上的径向力 F_r 的大小及作用位置时,根据力的径向平衡条件,很容易计算出两个轴承上的径向载荷 F_{r_1} 和 F_{r_2};但所受的轴向载荷并不完全由外界的轴向作用力 F_a 产生,而是应该根据整个轴上的轴向力 F_a 以及因径向载荷 F_{r_1}、F_{r_2} 产生的派生轴向力 F_{d_1} 和 F_{d_2} 之间的平衡条件来求出。由 F_{r_1}、F_{r_2} 派生的轴向力 F_{d_1}、F_{d_2} 的大小可按照表 7.7 中的公式计算。下面以图 7.12 所示采用角接触球轴承为例来分析两轴承所承受的轴向载荷。

表7.7　约有半数滚动体接触时派生轴向力 F_d 的计算公式

轴承类型	圆锥滚子轴承	角接触球轴承		
		70000C($\alpha=15°$)	70000AC($\alpha=25°$)	70000B($\alpha=40°$)
派生轴向力 F_d	$F_d=F_r/(2Y)$①	$F_d=eF_r$②	$F_d=0.68F_r$	$F_d=1.14F_r$

注:①Y 值对应表7.5中 $F_a/F_r>e$ 时的值

②E 值查表7.5查得

一般将派生轴向力的方向与外加轴向力 F_a 的方向一致的轴承标为2,另一轴承标为1;根据力的平衡原理,如达到轴向平衡,应满足

$$F_a+F_{d_2}=F_{d_1}$$

如果不满足上述关系式,可能出现下面两种情况。

(1)若 $F_a+F_{d_2}>F_{d_1}$,则轴有向左窜动的趋势,故相当于轴承1被“压紧”,轴承2被“放松”。但实际上轴并没有移动,因此根据力的平衡关系,轴承盖在轴承1外圈上必然施加一个附加的轴向力 F'_{d_1},因此有

$$F_a+F_{d_2}=F_{d_1}+F'_{d_2}$$

对于“压紧”轴承1,其所受轴向载荷为

$$F_{a_1}=F_{d_1}+F'_{d_2}=F_a+F_{d_2} \tag{7.8}$$

对于“放松”轴承2,要保证其正常工作(至少下半圈滚动体受载),其所受轴向载荷应等于其派生轴向力,即

$$F_{a_2}=F_{d_2} \tag{7.9}$$

(2)若 $F_a+F_{d_2}<F_{d_1}$,则轴有向右窜动的趋势,故轴承1被“放松”,轴承2被“压紧”,同理可推得

$$F_a+F_{d_2}+F'_{d_2}=F_{d_1} \tag{7.10}$$

“压紧”轴承2的轴向载荷为

$$F_{a_2}=F_{d_2}+F'_{d_2}=F_{d_1}-F_a \tag{7.11}$$

“放松”轴承1的轴向载荷为

$$F_{a_1}=F_{d_1} \tag{7.12}$$

计算角接触球轴承和圆锥滚子轴承轴向载荷的方法归纳如下。

①首先根据轴承的受力及结构,作轴系受力简图,计算两个轴承上的径向载荷 F_{r_1}、F_{r_2},再由 F_{r_1}、F_{r_2} 计算派生轴向力 F_{d_1} 和 F_{d_2}。

②根据外加的轴向力 F_a 及派生轴向力 F_{d_1} 和 F_{d_2},判定哪个轴承被“放松”、哪个轴承被“压紧”。

③被“放松”轴承的轴向载荷仅为其本身派生的轴向力。

④被“压紧”轴承的轴向载荷则为除去本身派生的轴向力后其余各轴向力的代数和。

7.5　滚动轴承的静载荷计算

对于转速极低、基本上不旋转或缓慢摆动的轴承,以及为了限制轴承在静载荷作用下产生过大的接触应力和永久变形,应进行静强度计算。为此,必须对每个型号的轴承规定一个不能超过的外载荷界限。GB/T 4662—2003《滚动轴承　额定静载荷》规定,使受载最大的滚动体与滚道接触中心处引起的接触应力达到一定值(向心球轴承为 4 200 MPa,滚子轴承为 4 000 MPa)的载荷,作为轴承静强度的界限,称为基本额定静载荷,用 C_0(C_{0r}或 C_{0a})表示。实践证明,在上述接触应力作用下所产生的永久接触变形量,除了对那些要求转动灵活性高和振动低的轴承外,一般不会影响轴承的正常工作。

轴承样本中列有各型号轴承的基本额定静载荷值,以供选择轴承时查用。

轴承上作用的径向载荷 F_r 和轴向载荷 F_a,应折合成一个当量静载荷 P_0,即

$$P_0 = X_0 F_r + Y_0 F_a \tag{7.13}$$

式中　X_0、Y_0——当量静载荷的径向载荷系数和轴向载荷系数,其值可查轴承手册。

若计算出 $P_0 < F_r$,则应取 $P_0 = F_r$。

按基本额定静载荷选择轴承的计算公式为

$$C_0 \geqslant S_0 P_0 \tag{7.14}$$

式中　S_0——轴承静强度安全系数。

S_0 的值取决于轴承的使用条件,当要求轴承转动很平稳时,则 S_0 应取大于 1 的值,以尽量避免轴承滚动表面的局部塑性变形量过大;当对轴承转动是否平稳要求不高,又无冲击载荷,或轴承仅做摆动时,则 S_0 可取 1 或小于 1 的值,以尽量使轴承在保证正常运行条件下发挥最大的承载能力。S_0 的选择见表 7.8。

表 7.8　静强度安全系数 S_0

运转条件	载荷条件	S_0	使用条件	S_0
连续转动的轴承	普通载荷	1~2	高精度旋转	1.5~2.5
	冲击载荷	2~3	有冲击和振动	1.2~2.5
不常旋转及做摆动的轴承	普通载荷	0.5	普通旋转精度	1.0~1.2
	冲击或不均匀载荷	1~1.5	允许有变形量	0.3~1.0

7.6　滚动轴承的组合设计

合理设计轴承装置是滚动轴承设计任务中的主要任务之一,它对保证轴承正常可靠地工作起着十分重要的作用。也就是说必须根据轴承的具体要求及结构特点,对轴承的支承刚度,轴承的安装、配置、紧固、调节、润滑、密封及装拆等进行全面的考虑。下面介绍轴承组合设计时通常要考虑的一些问题。

7.6.1　机座的刚度和同轴度

轴和安装轴承的机座或轴承座，以及轴承装置汇总的其他受力零件，必须有足够的刚度，因为这些零件的变形都要阻止滚动体的正常滚动而使轴承过早损坏。因此，机座及轴承座孔壁均应有适当的厚度，且辅助以加强肋来增强其刚度（图 7.13）。对于轻合金或非金属制成的机座，安装轴承处应采用钢或铸铁制成的套杯（图 7.18）。

保证同一根轴上两个轴承座孔具有良好同轴度的最佳方法是，采用整体结构的机座，并使两轴承座孔的孔径相同，将两轴承座孔一次镗出。若是分装式轴承座，则将轴承座组合在一起，一次同时镗出两座孔。例如，在一根轴上装有不同尺寸的轴承时，机座上的两轴承座孔按照大者仍一次镗出，再在外径尺寸较小的轴承与座孔制件加置套杯。

7.6.2　滚动轴承的组合方式

为了使轴、轴承和轴上零件相对机座有确定的工作位置，并能承受轴向载荷和补偿因工作温度变化引起的轴系（轴与轴承组合）自由伸缩，必须正确设计轴承的组合方式。常用的轴承组合方式有以下三种。

1. 双支点单向固定

在这种轴承组合结构中，每一个支承点用一个轴承，两个轴承各限制一个方向的轴向移动。这样，对于整个轴系而言，两个方向都受到了定位。

在图 7.14 中，采用两个深沟球轴承，这种轴承在安装时，调整端盖端面与机壳之间垫片的厚度，使轴承内外圈与端盖之间留有很小的轴向间隙（一般取 0.2 ~ 0.4 mm），以适当补偿轴受热伸长。由于轴向间隙的存在，这种支承不能做精确的轴向定位。这种支承结构简单，轴向固定可靠，安装调整方便，适用于支承跨距不大（$L < 400$ mm）和温差不大的场合。

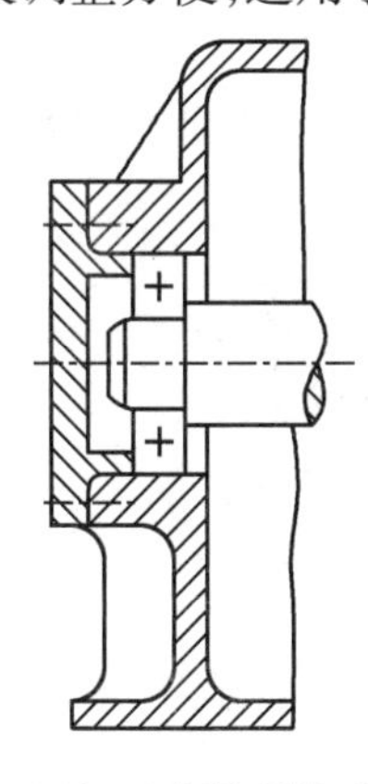

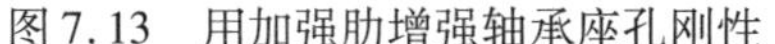

图 7.13　用加强肋增强轴承座孔刚性

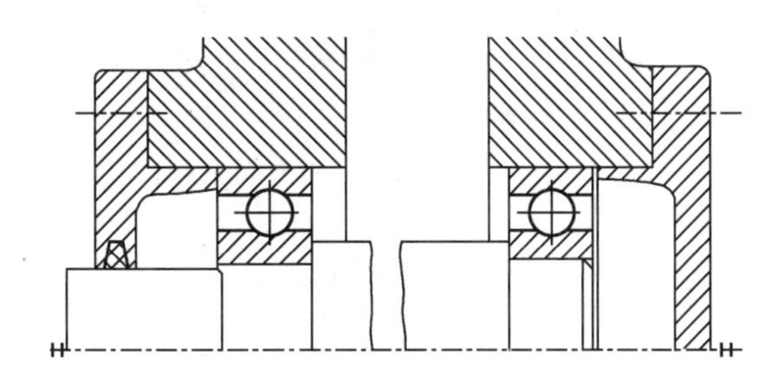

图 7.14　采用深沟球轴承的双支点单向固定

如果用一对向心推力轴承分置于两个支承处，则由于两个轴承外圈可以分离，故可以保证轴在一定游隙范围内自由伸缩的同时，又受到双向定位。如图 7.15 所示结构均为悬臂支承的小锥齿齿轮轴。如前所述，这两种结构分别为正装和反装。从图 7.15 中可以看出，在支承距离 b 相同的条件下，压力中心间的距离是不相同的。图 7.15（a）为正装形式，压力中心间的距

离 L_1 较小,悬臂较长,支承刚性较差。这种结构可用改变调整垫片厚度的方法来调整轴承外圈的轴向位置,以改变轴承游隙。在受热变形方面,因运转时轴的温度一般高于外壳的温度,轴的轴向和径向热膨胀,这时预调的间隙会减小,可能导致卡死。

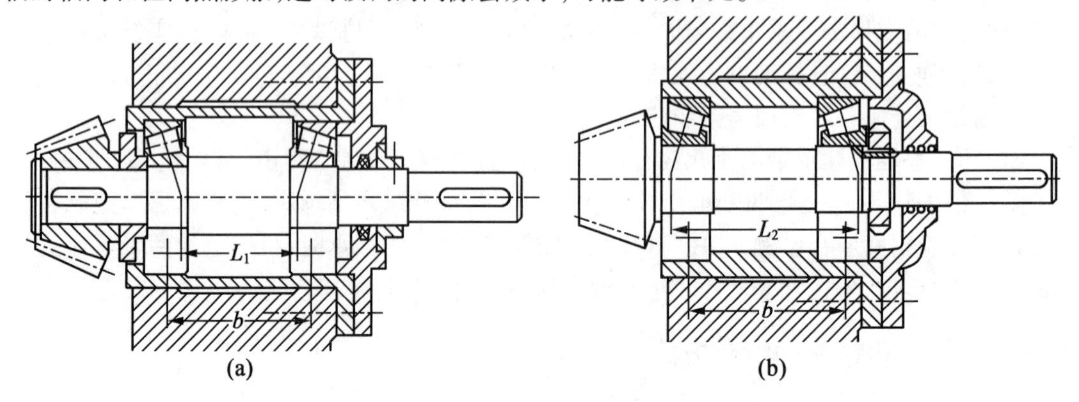

图 7.15　小锥齿齿轮轴支承结构

图 7.15(b)为反装形式,压力中心间的距离 L_2 较大,悬臂较短,支承刚性较好。两个轴承外圈内侧固定,外圈外侧与端盖窄断面处留有较大轴向间隙。因此,允许轴向有较大的热伸长移动,结构上可以避免预调间隙的减小和导致卡死的现象。

2. 单支点双向固定

这种轴的支承形式是一支点处的轴承双向固定,另一支点处的轴承可以轴向游动(通常是受载较小的支点),以适应轴的热伸长。这种结构特别适用于温度变化大和轴跨距大的场合。

作为双向固定端,当轴向载荷较小时,可采用一个能承受双向轴向载荷的轴承(如深沟球轴承),内、外圈在轴向都要固定,从而使整个轴得到双向定位,如图 7.16 所示;当轴向载荷较大时,可以采用向心轴承和推力轴承组合在一起的结构,如图 7.17 所示;也可以采用两个角接触球轴承(或圆锥滚子轴承)正装或反装组合在一起的机构,如图 7.18 所示(左端两个角接触球轴承正装结构)。

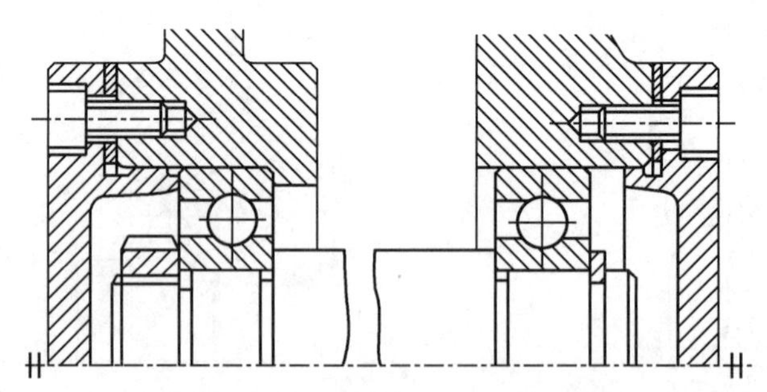

图 7.16　一端固定,另一端游动支承

对于游动端,作为补偿轴的热膨胀的游动支承,若使用的是内、外圈不可分离的轴承,只需固定内圈,其外圈在座孔内应可以轴向游动(在轴承外圈端面和轴承端盖之间留有足够大的间隙,一般为 3 ~ 8 mm),轴承外圈和座孔采用间隙配合,如图 7.16、图 7.17、图 7.18 所示。若使用的是内、外圈可分离的轴承(如 N 类、NA 类),则内、外圈都要固定,如图 7.19 所示。图中游动端为圆柱滚子轴承,则游动将发生在滚子和外圈滚道之间。

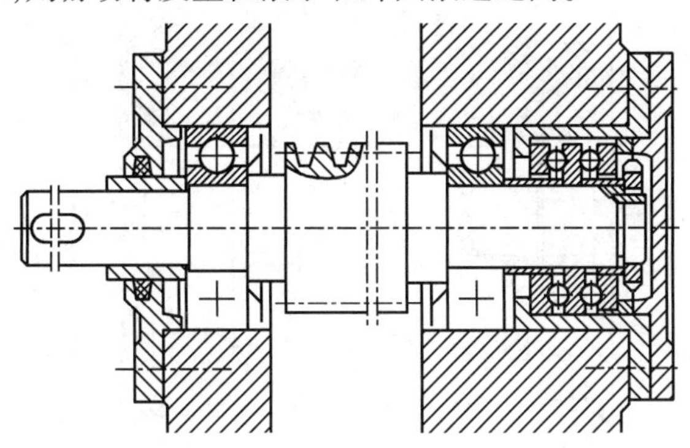

图7.17　一端固定,另一端游动

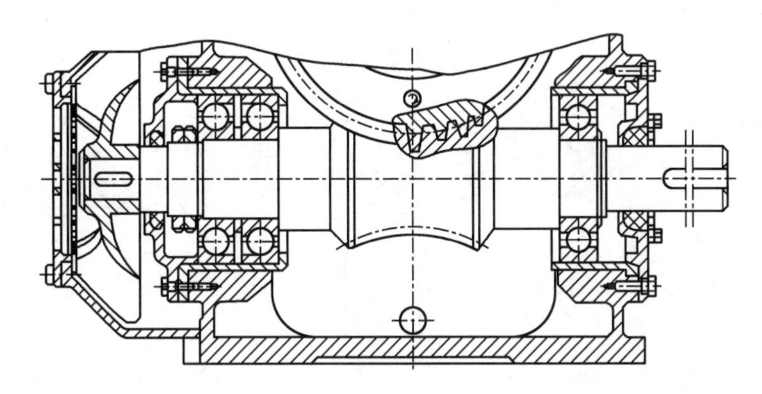

图7.18　一端固定,另一端游动支承方案(固定端为两轴承正装组合结构)

3. 两端游动

此种支承结构形式用得很少,只用于某些特殊情况,如人字齿轮传动的高速齿轮轴,由于人字齿轮的螺旋角加工不易做到左右完全一样,在啮合传动时会有左右微量窜动,因此必须用两端游动的支承结构,以防止齿轮卡死或人字齿轮两边受力不均匀。但低速齿轮轴必须做成两端固定支承,以使轴系得到轴向定位。

如图7.20所示,高速人字齿轮轴两游动端采用内、外圈可分离的圆柱滚子轴承,则内、外圈都要固定。

7.6.3　滚动轴承的轴向固定

在滚动轴承支承结构中,滚动轴承的轴向固定都是通过轴承内圈和轴之间的锁紧以及外圈和轴承座孔间的轴向固定来实现的。内圈轴向锁紧的常用方法有如图7.21所示的四种。

(1)轴用弹性挡圈锁紧(图7.21(a)),主要用于轴向载荷不大及转速不高的场合。

(2)轴端挡圈锁紧(图7.21(b)),可承受双向轴向载荷,并可在高转速下承受中等轴向载荷,用于轴颈直径较大的轴端固定。

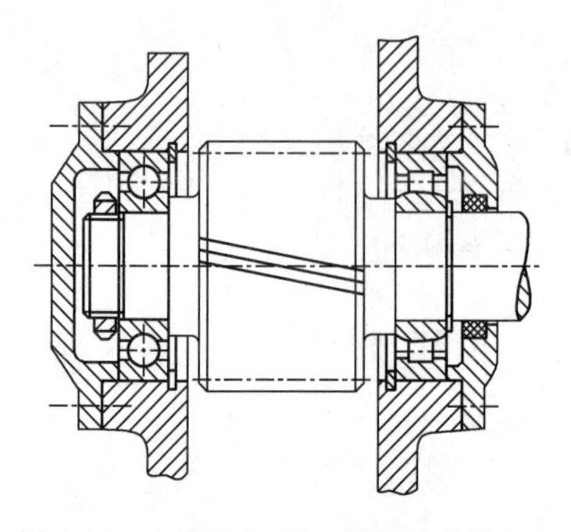

图 7.19　一端固定，另一端游动支承方案（游动端为圆柱滚子轴承）

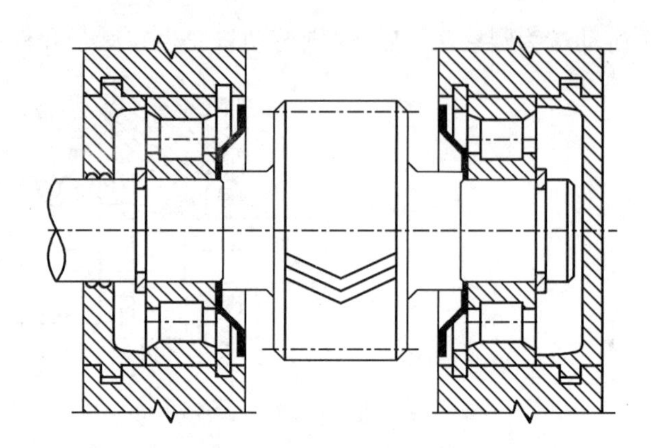

图 7.20　两游动端支承方案（高速人字齿轮轴）

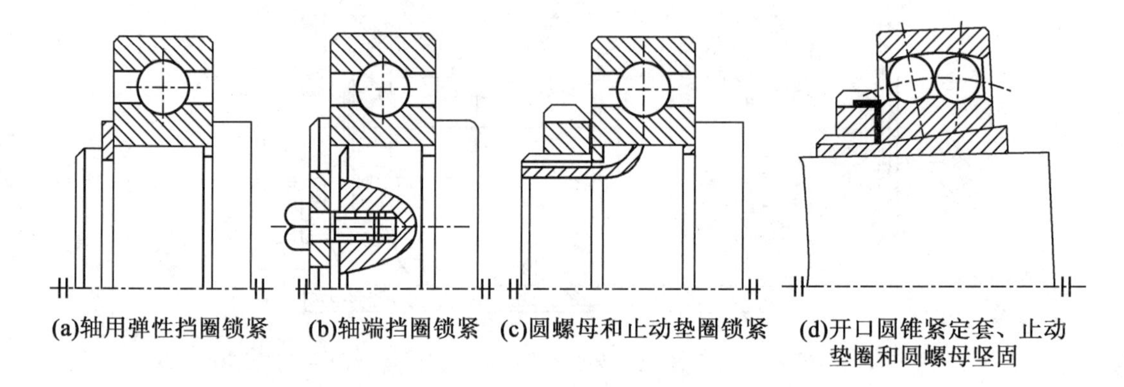

图 7.21　内圈轴向锁紧的常用方法

(3)圆螺母和止动垫圈锁紧(图 7.21(c))，主要用于转速较高、轴向载荷较大的场合。

(4)开口圆锥紧定套、止动垫圈和圆螺母紧固(图 7.21(d))，用于光轴上轴向载荷和转速都不大的调心轴承的锁紧。

内圈的另一端面通常是以轴肩作为轴向定位面。为使断面贴紧，轴肩处的圆角半径必须小于轴承内圈的圆角半径。为了便于轴承装拆，轴肩的高度应低于轴承内圈的厚度，其大小可查有关的手册。

轴承外圈在轴承座孔内的轴向固定方法，常见的有如图 7.22 所示的四种。

(1)孔用弹性挡圈紧固(图 7.22(a))，主要用于轴向载荷不大且需要减小轴承装置尺寸的深沟球轴承。

(2)止动环紧固(图 7.22(b))，用于轴承座孔内不便做凸肩且外壳为剖分式结构的情况，此时轴承外圈需带止动槽。

(3)轴承盖紧固(图 7.22(c))，用于转速高、轴向载荷大的各类轴承。

(4)螺纹环紧固(图 7.22(d))，用于转速高、轴向载荷大，且不适于用轴承盖紧固的场合。

外圈的另一端面需要时可以凸肩作为轴向定位。同样为使端面紧贴，凸肩处的圆角半径必须小于轴承外圈的圆角半径。另外，凸肩高度的选取应能便于装拆和定位。合理的凸肩高尺寸,可查有关的手册。

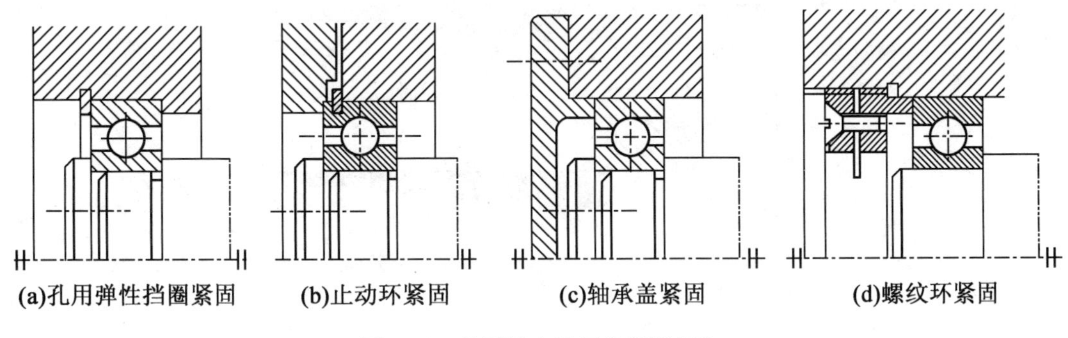

图7.22　外圈轴向紧固的常用方法

7.6.4　轴承游隙及轴上零件位置的调整

轴承游隙对轴承的寿命、旋转精度、温升和噪声影响很大,安装时应合理调整。调整游隙的常用方法有以下几种。

(1)借助于调整垫片调整,如图7.15(a)、图7.17中的右支点及图7.18中的左支点所示,轴承的游隙和预紧都是依靠端盖下的垫片来调整的,这样比较方便。

(2)借助于旋转螺母或螺钉来调整,如图7.15(b)所示的结构。轴承的游隙是依靠轴上的圆螺母来调整的,操作不方便。更为不利的是必须在轴上制出引起严重应力集中的螺纹,这样削弱了轴的强度。

在锥齿轮和蜗杆的传动中,要求两锥齿轮的节锥顶点重合,蜗杆的轴剖面对准蜗轮的中间平面,这就要求在装配时调整传动零件的轴向位置。为了便于调整,可将确定其轴向位置的轴承装在一个套杯中(参看图7.15中的圆锥滚子轴承、图7.18中的两个角接触球轴承),套杯则装在外壳孔中。通过增减套杯端面与外壳之间垫片的厚度,即可调整锥齿轮或蜗杆的轴向位置。

7.6.5　滚动轴承的配合

滚动轴承装于机器中,要通过配合来保证其相对位置,配合的松紧程度将直接影响轴承的工作状态。配合过紧,将使内圈膨胀或外圈收缩,减小了套圈与滚动体之间的游隙,可能使轴承转动失灵,同时也使装配困难;而装配太松,旋转时配合表面会因松动而引起擦伤和磨损。所以对轴承内、外圈都要规定适当的配合。

滚动轴承的配合主要是指轴承内圈与轴颈的配合以及轴承外圈与轴承座孔的配合。滚动轴承的公差配合和一般圆柱轴孔配合相比较,有如下特点。

(1)由于滚动轴承是标准件,因此轴承内圈与轴颈的配合采用基孔制,轴承外圈与座孔的配合采用基轴制。

(2)滚动轴承配合公差标准规定内径和外径的公差带均为单向制,且统一采用上偏差为零、下偏差为负值的分布(图7.23)。图7.24中表示了滚动轴承配合和其基准面(内圈内径、外圈内径)偏差与轴颈或座孔尺寸偏差的相对关系。由图7.24可以看出轴承内径和轴颈的配合比一般圆柱体公差标准中规定的基孔制同类配合要紧得多。

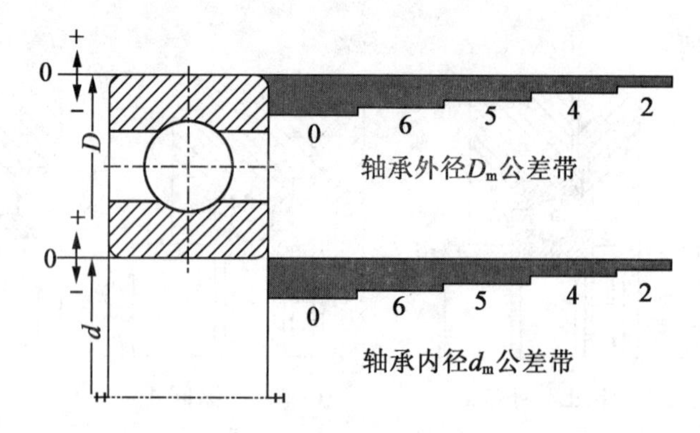

图 7.23 轴承内、外径公差带分布

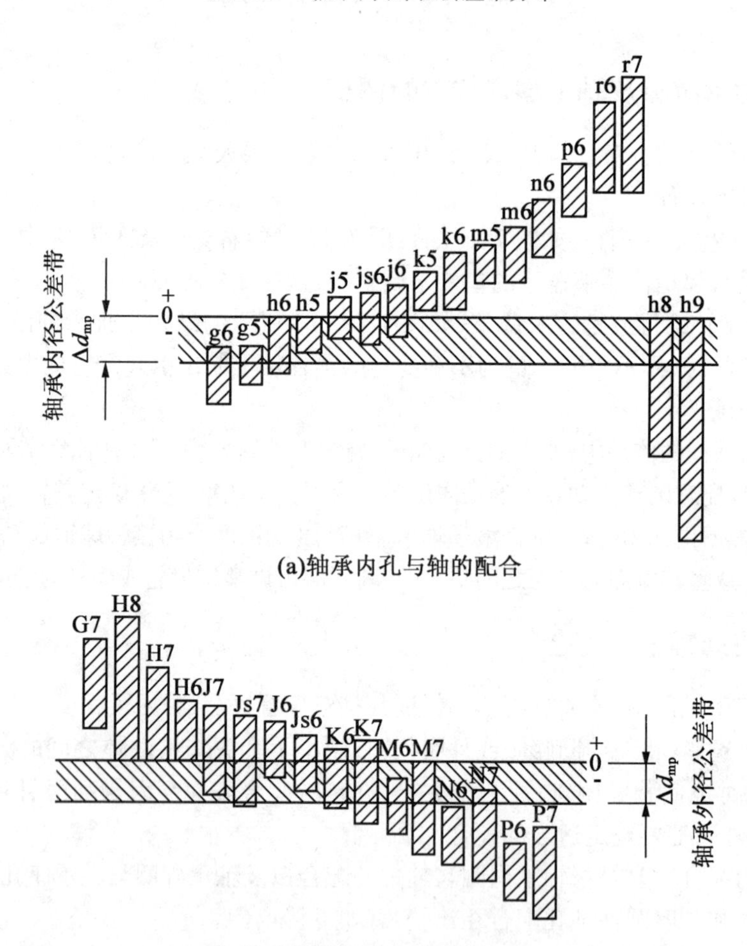

图 7.24 轴承与轴的配合

(3)标注方法与一般圆柱轴孔配合方式的标注不同,它只标注轴颈及轴承座孔直径公差带代号。因滚动轴承为标准件,不需标注轴承内径及外径公差带代号。

滚动轴承在选择配合时,应考虑以下几个因素。

（1）载荷的大小和方向以及载荷的性质。一般来说，转速越高、载荷越大、振动越强烈时，应采用紧一些的配合；对于与内圈配合的旋转轴，通常用 n6、m6、k5、k6、j5、js6；当轴承安装与薄壁座孔或空心轴上时，也应采用较紧的配合。但是过紧的配合是不利的，这时可能因内圈的弹性膨胀和外圈的收缩而使轴承内部的游隙减小甚至完全消失，也可能相配合的轴和座孔表面的不规则形状或不均匀的刚性而导致轴承内、外圈不规则的变形，这些都将破坏轴承的正常工作。过紧的配合还会使装拆困难。

（2）工作温度的高低及温度变化情况。轴承运转时，对于一般工作机械来说，套圈的温度常高于其相邻零件的温度。这时，轴承内圈可能因热膨胀而与轴松动，外圈可能因热膨胀而与轴承座孔胀紧，从而可能使原来需要有轴向游动性能的外圈支承丧失游动性。所以，在选择配合时，必须仔细考虑轴承装置各部分的温差和其热传导的方向。

（3）对开式的轴承座与轴承外圈的配合，宜采用轻松的配合，对于与不转动的外圈相配合的座孔以及经常装拆的轴承，尤其是重型机械上的轴承，应采用松配合或过盈量较小的过渡配合，以免造成装拆困难。这时常选用 J6、J7、H7、G7 等。

（4）当要求轴承的外圈在运转中能沿轴向游动时，该外圈与外壳孔的配合也应较松，但不应让外圈在外壳孔内转动。过松的配合对提高轴承的旋转精度、减少振动是不利的。

以上介绍了选择轴承配合的一般原则，具体选择时可结合机器的类型和工作情况，参照同类机器的使用经验进行。各类机器所使用的轴承配合以及各类配合的配合公差、配合表面粗糙度和几何形状允许偏差等资料可查阅有关设计手册。

7.6.6　滚动轴承的安装和拆卸

设计轴承装置时，应使轴承便于装拆。由于滚动轴承内圈与轴颈的配合一般较紧，安装前应在配合表面涂油，防止压入时产生咬伤。常见装配内圈与轴颈的方法有以下几种。

（1）压力机压套（图 7.25）。

（2）加热轴承安装法。此法多用于过盈量大的中、大型轴承，加热温度为 80 ~ 90 ℃（不应超过 120 ℃）。

（3）对中小型轴承可用锤子敲击装配套筒将轴承装入。当轴承外圈与座孔配合较紧时，压力应施加在外圈上，如图 7.25（b）所示。

更换或定期检修轴承时，轴承要拆卸下来。经过长期运转的轴承，拆卸相当困难。常用的拆卸方法有压力机拆卸和拉拔工具拆卸（图 7.26）。为了便于拆卸，设计时应使轴承内圈在轴肩上露出足够的高度，并要有足够的空间位置，以便安放拆卸工具。

7.6.7　滚动轴承的刚度和预紧

滚动轴承在载荷作用下的旋转精度取决于其刚度。对某些精密机械（如精密车床）来说，为了减少机器工作时的振动，保证加工精度，提高轴承的刚度是极为重要的。通常利用预紧轴承的方法来达到增强轴承组合刚度的目的。所谓预紧，就是在安装时使轴承保持一个相当大的轴向作用力来消除内部间隙，从而使滚动体和内、外圈接触处产生初始的弹性变形。这样，当轴承工作中受到载荷作用时，内、外圈的径向及轴向相对移动量要比未预紧的轴承大大地减小。

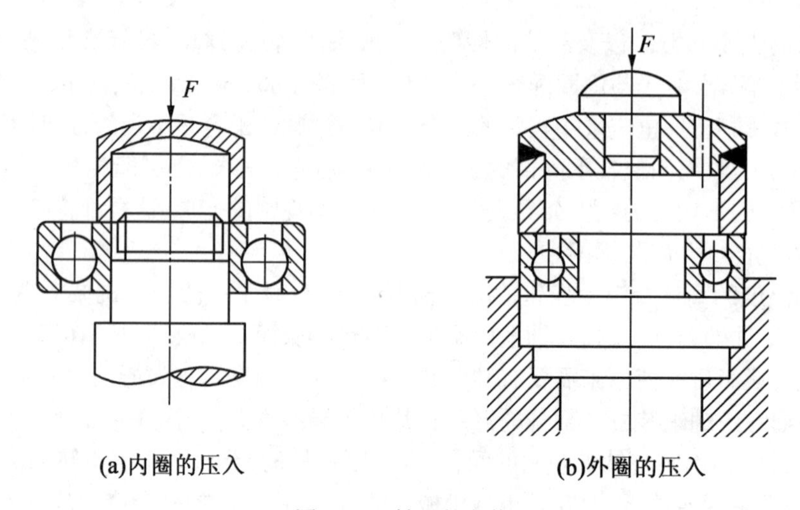

(a)内圈的压入　　(b)外圈的压入

图 7.25　轴承的安装

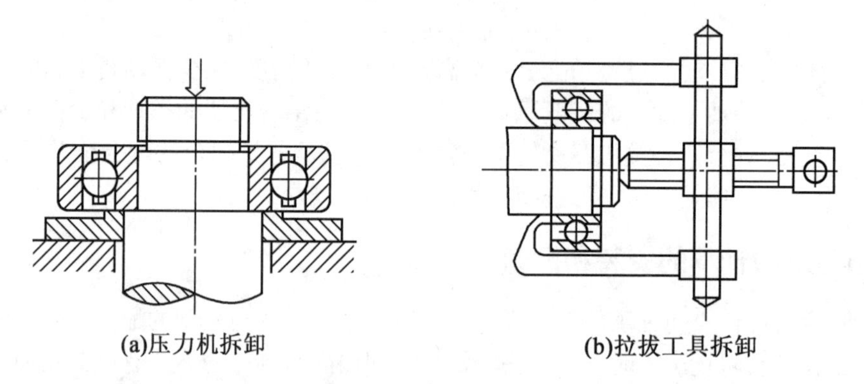

(a)压力机拆卸　　(b)拉拔工具拆卸

图 7.26　轴承的拆卸

常用的轴承预计方法是借套圈的互相移动来实现的。在结构上可采用下列措施。

(1)夹紧一对圆锥滚子轴承的外圈而预紧(图 7.27(a))。

(2)用弹簧预紧,可以得到稳定的预紧力(图 7.27(b))。

(3)在一对轴承中间装入长度不等的套筒并且预紧,预紧力大小可由两套筒的长度差控制(图 7.27(c)),这种装置刚性较大。

(4)夹紧一对磨窄了的外圈而预紧(图 7.27(d)),反装时可磨窄内圈并夹紧。这种特制的成对安装的角接触球轴承,可由生产厂选配组合成套提供。在滚动轴承样本中可以查到不同型号的成对安装的角接触球轴承的预紧荷载值及相应的内圈或外圈的磨窄量。

实践证明,仅仅几微米的预紧就可显著地提高轴承的刚度和稳定性。但若预紧过度,则温度就会大为升高。适合的套圈位移量应通过轴承的预紧力试验来确定。

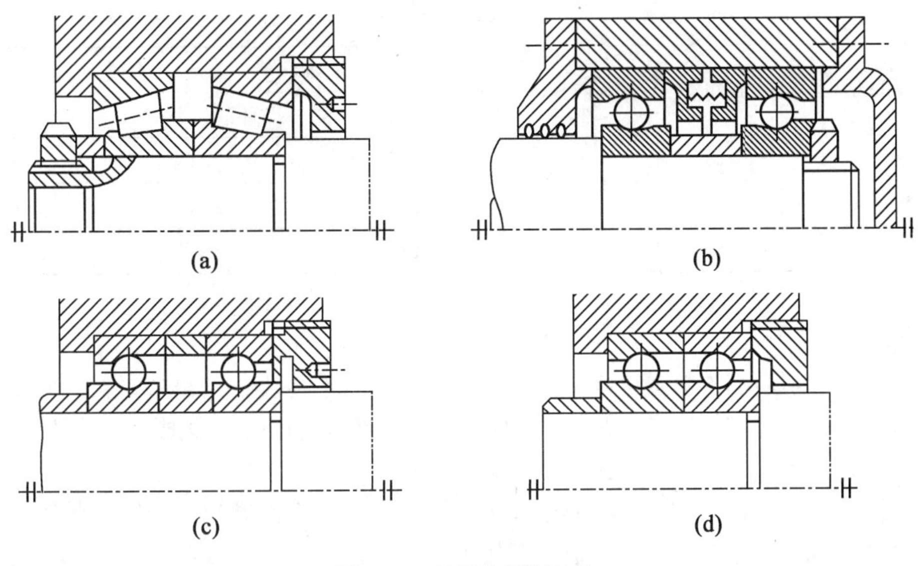

图7.27 轴承的预紧结构

7.7 滚动轴承的润滑和密封

7.7.1 滚动轴承的润滑

滚动轴承润滑的作用是降低摩擦阻力、减少磨损、防止腐蚀，同时还可以起到散热、减小接触应力、吸收振动等作用。

考虑轴承润滑时，设计者的任务是在了解润滑剂的性能特点、供给方式的基础上，根据滚动轴承的工况和使用要求等，正确选用合适的润滑剂和润滑剂的供给方式。

滚动轴承常用的润滑方式有油润滑和脂润滑两类。此外，也有使用固体润滑剂润滑的。润滑方式的选择与轴承的速度有关，一般用滚动轴承的 dn 值（d——滚动轴承内径，单位为 mm；n——轴承转速，单位为 r/min）表示轴承的速度大小。适用于脂润滑和油润滑的 dn 值界限表见7.9。

表7.9 选择润滑方式时 dn 界限值 $\times 10^4$ mm · r/min

轴承类型	脂润滑	油润滑			
		油浴	滴油	循环油（喷油）	油雾
深沟球轴承	16	25	40	60	>60
调心球轴承	16	25	40	50	—
角接触球轴承	16	25	40	60	>60
圆柱滚子轴承	12	25	40	60	>60

续表 7.9

轴承类型	脂润滑	油润滑			
		油浴	滴油	循环油(喷油)	油雾
圆锥滚子轴承	10	16	23	30	—
调心滚子轴承	8	12	20	25	—
推力球轴承	4	6	12	15	—

1. 脂润滑

脂润滑的优点是:润滑膜强度高,能承受较大的载荷,不易流失,容易密封,能防止灰尘等杂物进入轴承内部,对密封要求不高,一次加脂可以维持相当长的一段时间。其缺点是:摩擦损失大,散热效果差。

对于那些不便经常添润滑剂的部分,或不允许润滑油流失而导致污染产品的工业机械来说,这种润滑方式十分适宜。但它只适用于较低的 dn 值。使用时,润滑脂的填充量要适中,一般为轴承内部空间容积的 1/3 ~2/3。

润滑脂的主要性能指标为锥入度和滴点。轴承的 dn 值大、载荷小时,应选锥入度较大的润滑脂;反之,应选用锥入度较小的润滑脂。此外,轴承的工作温度应比润滑脂的滴点低,对于矿物油润滑脂,应低 10 ~20 ℃;对于合成润滑脂,应低 20 ~30 ℃。

2. 油润滑

在高速、高温的条件下,通常采用油润滑。采用脂润滑的轴承,如果设计上方便,有时也可用油润滑(如封闭式齿轮箱中轴承的润滑)。油润滑的优点是:摩擦因数小,润滑可靠,搅动损失小,并具有冷却作用和清洁作用。其缺点是:对密封盒供油要求较高。

润滑油的主要性能指标是黏度,转速高时,应选用黏度低的润滑油;载荷大时,应选用黏度高的润滑油。根据工作温度及 dn 值,参考图 7.28,可选出润滑油应具有的黏度值,然后按黏度值从润滑油产品目录中选出相应的润滑油牌号。

常用的润滑油方法有以下几种。

(1)油浴润滑。油浴润滑是普遍采用而又简单的方法,多用于低速、中速轴承。油面在静止时不应低于轴承最下方滚动体的中心(图 7.29)。若轴承转速高,搅动损失大,将引起油液和轴承温升大。

(2)滴油润滑。滴油量可控制,多用于需要定量供油、转速较高的小型球轴承。为使滴油通畅,常使用黏度较小的全损耗系统用油 L-AN15。

(3)飞溅润滑。在闭式传动装置中,常利用旋转零件(齿轮、曲拐、溅油盘等)的转动把箱体内的油甩到四周壁面上,然后通过适当的沟槽把油引入轴承中去。这类润滑方法广泛应用于汽车变速器、差动齿轮装置等。

(4)喷油润滑。喷油润滑用于高速旋转、载荷大、要求润滑可靠的轴承。它利用液压泵将润滑油增压,通过油管或机壳内特制的油孔,经喷嘴将润滑油对准轴承内圈与滚动体间位置喷射,润滑轴承(图 7.30)。

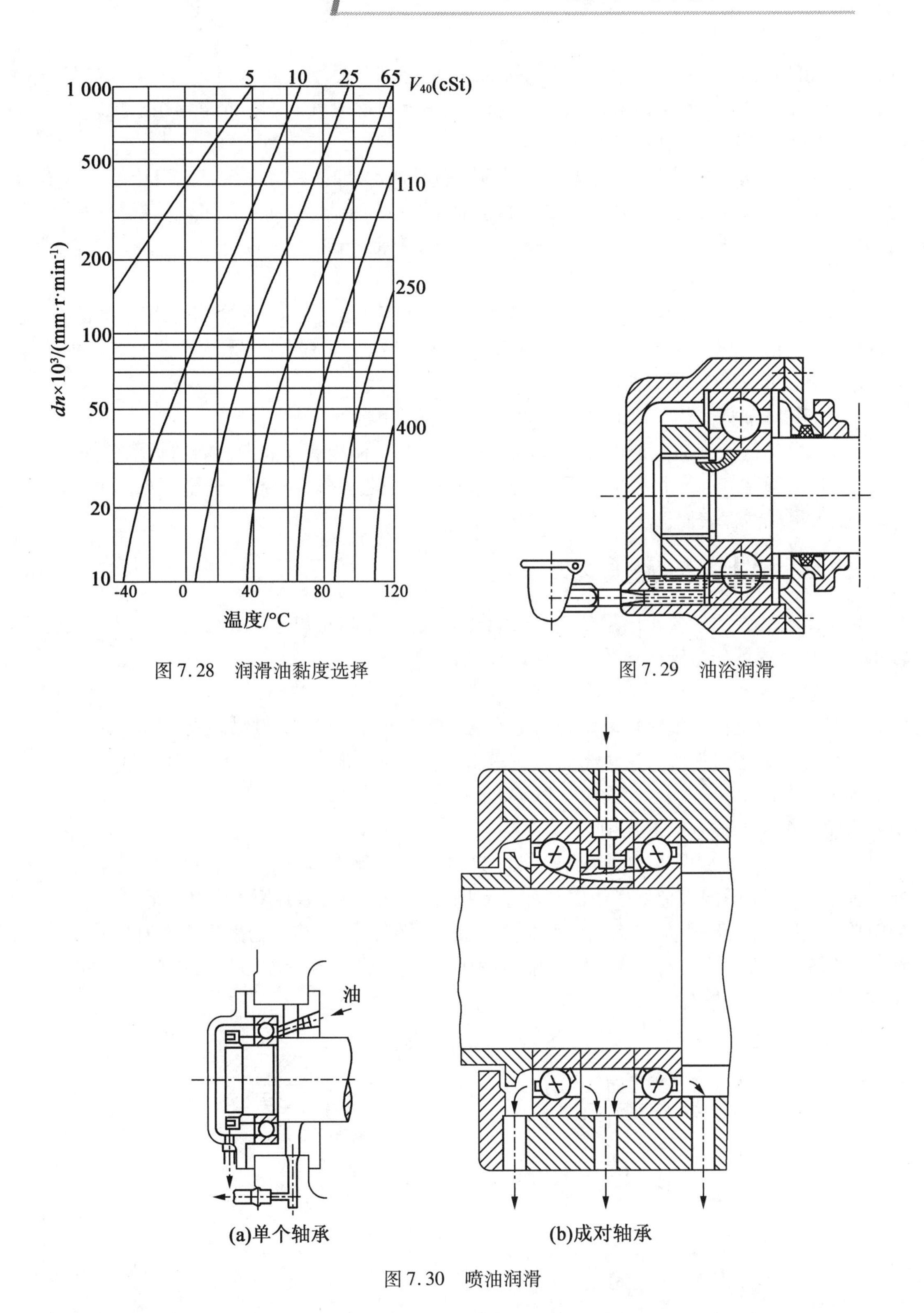

图7.28　润滑油黏度选择

图7.29　油浴润滑

图7.30　喷油润滑

(5)油雾润滑。润滑油在油雾发生器中变成油雾,油雾发生器将低压油雾送入高速旋转的轴承,起润滑、冷却作用。但润滑轴承的油雾,可能部分随空气飘散,污染环境。故在必要时,宜用油气分离器来收集油雾,或者采用通风装置来排除废气。这种润滑常用于机床的高速主轴、高速旋转泵等支承轴承的润滑。

(6)油－气润滑。近年来,出现一种新的油润滑技术,即油－气润滑。它以压缩空气为动力将润滑油油滴沿管路输送给轴承,不受润滑油黏度值的限制,从而克服了油雾润滑中存在的高黏度润滑油无法雾化、废油雾对环境造成污染、油雾量调节困难等缺点。

3. 固态润滑

固体润滑剂常采用的材料有石墨、二硫化钼、聚四氟乙烯、尼龙、铅等,主要用于极低温、高温、高(强)辐射、太空、真空等特殊工况条件或不允许污染、不易维护、无法供油的场合中工作的轴承。常用的固体润滑方法如下:

(1)用黏结剂将固体润滑剂粘结在滚道和保持架上。

(2)把固体润滑剂加入工程塑料盒粉末冶金材料上,制成有自润滑性能的轴承零件。

(3)用电镀、高频溅射、离子镀层、化学沉积等技术使固态润滑剂或软金属(金、银、铟、铅等)在轴承零件摩擦表面形成一层均匀致密的薄膜。

7.7.2 滚动轴承的密封装置

轴承密封装置的主要作用是防止内部润滑剂流失,并防止灰尘、水、酸气和其他杂物进入轴承。密封装置可分为接触式及非接触式两大类。

1. 接触式密封

接触式密封是指在轴承盖内防止由毛毡、橡胶、皮革、软木等软材料制成的密封件,直接与转动轴接触达到密封作用。这种密封形式多用于转速不高的情况下。同时与密封件接触的轴处的硬度应在 HRC40 以上,表面粗糙度 Ra 值在 1.4 ~ 1.6 μm 之间,防止轴及密封件磨损过快。常用的结构形式有以下几种。

(1)毡圈油封。如图 7.31 所示,密封件为用细毛毡制成的环形毡圈标准件,在轴承盖上开出梯形槽,将毡圈嵌入梯形槽中以与轴紧密接触。这种密封主要用于脂润滑的场合,它的结构简单,安装方便,但摩擦较大,密封压紧力较小,且不易调节,只用于滑动速度小于 4 ~ 5 m/s 的场合。如果与毡圈油封相接触的轴表面经过抛光且毛毡质量高时,则用于轴的圆周速度达 7 ~ 8 m/s 的场合。

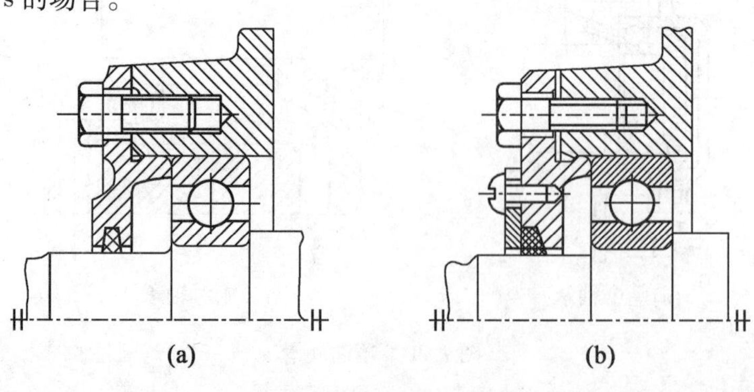

图 7.31 毡圈油封密封

(2)唇形密封圈。它是指在轴承盖的孔内,放置一个用耐油橡胶制成的唇形密封圈,依靠橡胶的弹力和环形螺旋弹簧压紧在密封圈的唇部,通过唇部与轴密切接触来起到密封作用。有的唇形密封圈还带有一个金属外壳,可与端盖较精确地装配。如果密封的目的主要是为了封油,密封唇应朝内(对着轴承)安装;如果主要是为了防止外界杂质的进入,则密封唇应朝外(背着轴承)安装,如图7.32(a)所示;如果两个作用都要有,最好放置两个唇形密封圈且密封唇安装方向相反,如图7.32(b)所示。这种密封结构简单、安装方便、易于更换、密封可靠,可用于轴的圆周速度小于10 m/s(轴颈是精车的)或小于15 m/s(轴颈是磨光的)油润滑或脂润滑处。

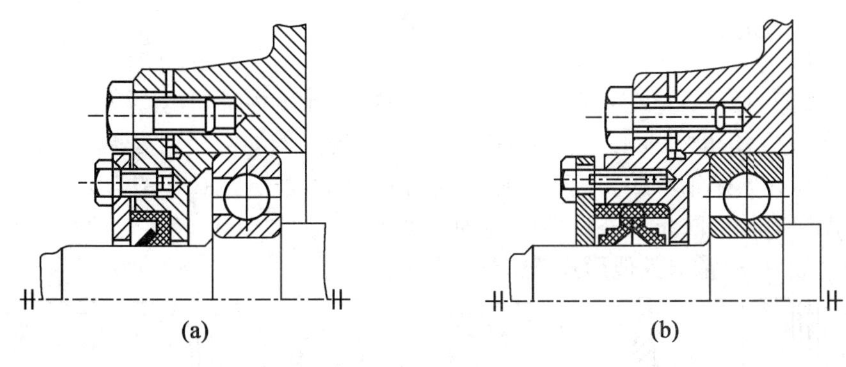

图7.32　唇形密封圈密封

(3)密封环。密封环是一种带有缺口的环状密封件,把它放置在套筒的环槽内(图7.33),套筒与轴一起转动,密封环通过缺口被压拢,因其具有弹性而紧抵在静止件的内孔壁上,起到了密封的作用。各个接触表面均需经硬化处理并磨光。密封环用含铬的耐磨铸铁制造,可用于轴的圆周速度小于100 m/s的场合。在轴的圆周速度为60~80 m/s范围内,也可以用锡青铜制造密封环。

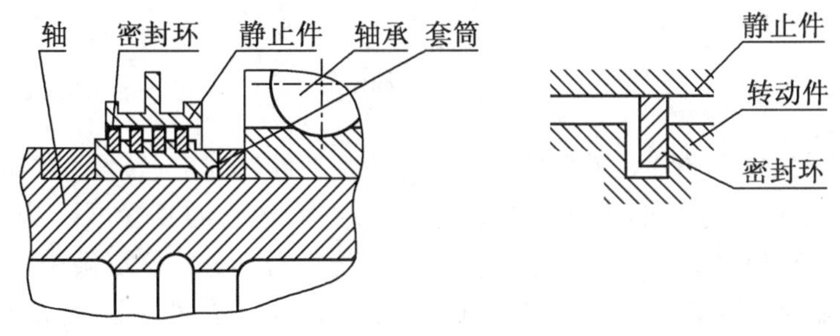

图7.33　密封环密封

2. 非接触式密封

此类密封形式没有与轴接触摩擦的情况,故多用于转速较高的结构中。常用的非接触式密封有以下几种。

(1)隙缝密封(图7.34)。最简单的结构形式是在轴和轴承盖的通孔壁之间留出半径间隙为0.1~0.3 mm的缝隙。这对使用脂润滑的轴承来说,已具有一定的密封效果。如果在轴承盖的通孔内车出环形槽(图7.34(b)),在槽中填以润滑脂,可以提高密封效果。

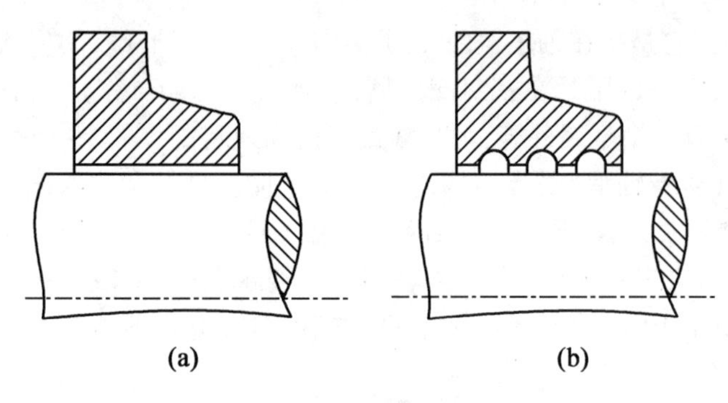

图 7.34　隙缝密封

(2)甩油密封(图 7.35)。它指在油润滑时,在轴上开出沟槽(图 7.35(a)),或装上一个油环(图 7.35(b)),借助于离心力将沿轴表面欲向外流失的油沿径向甩掉,再经过集结后流回油池。也可以在紧贴轴承处装一甩油环,在轴上车有螺纹式送油槽(图 7.35(c)),借助于螺旋的输送作用可有效地防止油外流,但这时轴必须只按一个方向旋转。这种密封形式在停车后便失去密封效果,故常与其他形式的密封一起使用。

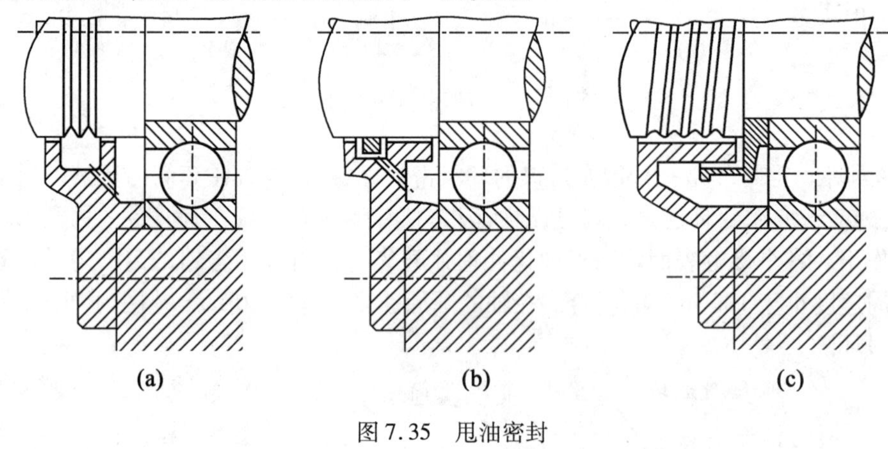

图 7.35　甩油密封

(3)迷宫式密封(图 7.36)。迷宫是指由旋转的密封件(简称旋转件)和固定的密封件(简称固定件)之间构成的隙缝是曲折的。根据部件的结构,迷宫的布置可以是径向的(图 7.36(a))或轴向的(图 7.36(b))。采用轴向迷宫时,端盖应为剖分式。缝隙中填入润滑脂,可增加密封效果。当轴因温度变化而伸缩或采用调心轴承作为支承时,都有使旋转件与固定件相接触的可能,设计时应加以考虑。

迷宫式密封用于脂润滑和油润滑时都有效,特别是当环境比较脏或比较潮湿时,采用迷宫式密封是相当可靠的。

在重要的机器中,为了获得可靠的密封效果,常将多种密封形式合理地组合使用。例如,迷宫式密封加毡圈油封(图 7.37(a))、迷宫式密封加隙缝密封(图 7.37(b))的组合等。

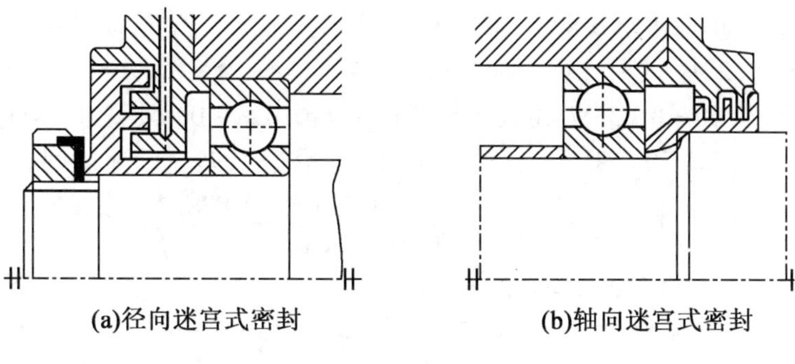

(a)径向迷宫式密封　　(b)轴向迷宫式密封

图 7.36　迷宫式密封

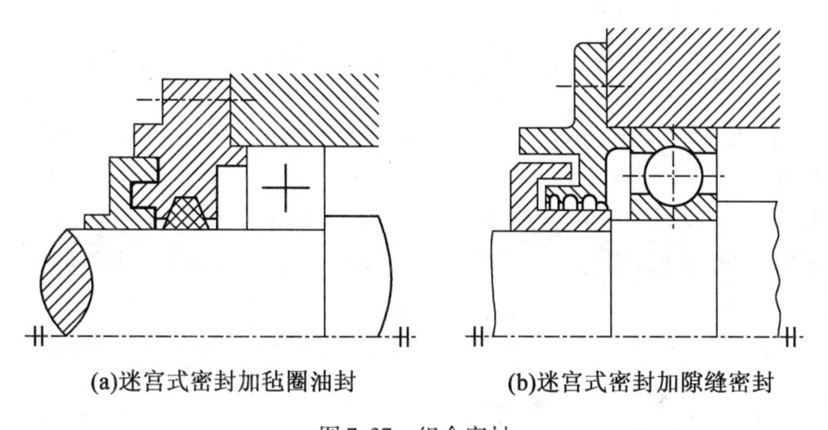

(a)迷宫式密封加毡圈油封　　(b)迷宫式密封加隙缝密封

图 7.37　组合密封

例　如图 7.38 所示,某轴轴颈直径 $d=35$ mm,转速 $n=480$ r/min,两支承上的径向载荷 $F_{r_1}=1\ 500$ N,$F_{r_2}=1\ 000$ N,轴向外载荷 $F_a=600$ N,方向如图所示。载荷有轻微振动,$L_h=10\ 000$ h。试选择轴承型号。

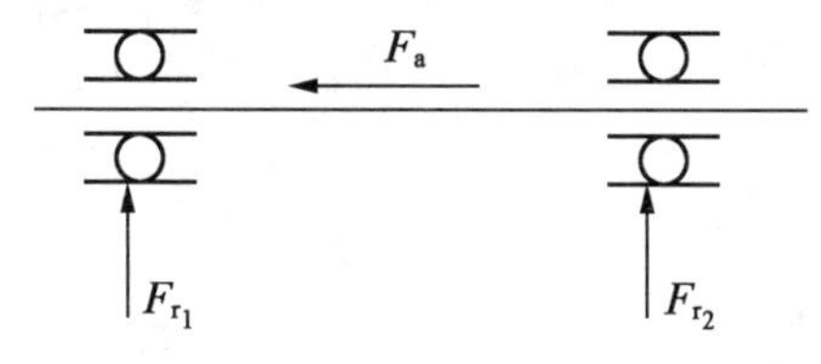

图 7.38　例题图

解

1. 选择轴承类型

轴承工作转速不是很高,承载也不大,虽然有轴向载荷,但相对径向载荷较小,故选用结构简单、价格较低的深沟球轴承。

2. 求当量动载荷

由于轴承型号未定,C、C_0、F_a/C_0、e、X、Y 等值都无法直接确定,必须进行计算。通常先试选轴承型号。

按 $d=35$ mm 试选深沟球轴承 6307,查设计手册,$C=25\ 800$ N,$C_0=17\ 800$ N。

两轴承用双支点单向固定式结构，轴向力 F_a 全部由轴承 1 承受，即 $C_0=17\ 800$ N，且轴承 1 的径向载荷比轴承 2 大，故只计算轴承 1 即可。

$F_a/C_0=600/17\ 800=0.033\ 7$，由表 7.5 可知介于 0.028～0.056 之间，对应的 $e=0.22\sim0.26$。因 $F_{a_1}/F_{r_1}=600/1\ 500=0.4>e$，则 $X=0.56$，Y 介于 1.99～1.71 之间，由线性插值可得

$$Y=1.99+\frac{(1.71-1.99)\times(0.033\ 7-0.028)}{0.056-0.028}=1.933$$

载荷有轻微振动，查表 7.6，$f_P=1.2$，则

$$P_1=f_P(XF_{r_1}+YF_{a_1})=1.2\times(0.56\times1\ 500+1.933\times600)\text{ N}=2\ 400\text{ N}$$

3. 求轴承应具有的径向额定动载荷，选择轴承型号

轴承工作温度 $t<100$ ℃，查表 7.4，$f_t=1$。又 $\varepsilon=3$，则

$$C=\frac{P}{f_t}\sqrt[\varepsilon]{\frac{60nL_h}{10^6}}=\frac{2\ 400}{1_t}\times\sqrt[3]{\frac{60\times480\times10\ 000}{10^6}}\text{ N}=15\ 849\text{ N}$$

它比所选轴承的径向额定动载荷（$C=25\ 800$ N）小得多，显然过于保守。故改选 6207 轴承重复上述计算。

6207 型轴承，$C=19\ 800$ N，$C_0=13\ 500$ N，$F_{a_1}/C_0=600/13\ 500=0.044$，同样由表 7.5 可知介于 0.028～0.056 之间，对应的 $e=0.22\sim0.26$。$F_{a_1}/F_{r_1}=600/1\ 500=0.4>e$，则 $X=0.56$，插值得 $Y=1.83$。

$$P_1=f_P(XF_{r_1}+YF_{a_1})=1.2\times(0.56\times1\ 500+1.83\times600)\text{ N}=2\ 325.6\text{ N}$$

$$C=\frac{P}{f_t}\sqrt[\varepsilon]{\frac{60nL_h}{10^6}}=\frac{2\ 325.6}{1_t}\times\sqrt[3]{\frac{60\times480\times10\ 000}{10^6}}\text{ N}=15\ 358\text{ N}$$

计算所得 C 值比 6207 轴承的 C 值小，故选用 6207 轴承。

例 设根据工作条件决定在轴的两端反装两个角接触球轴承，如图 7.39(a)所示。已知轴上齿轮受切向力 $F_t=2\ 200$ N，径向力 $F_r=900$ N，轴向外载荷 $F_a=400$ N，齿轮分度圆直径 $d=314$ mm，齿轮转速 $n=1\ 560$ r/min，运转中有中等冲击载荷，轴承预期计算寿命 $L'_h=15\ 000$ h。设初选两个轴承型号均为 7207C，试计算轴承是否可达到预期计算寿命的要求。

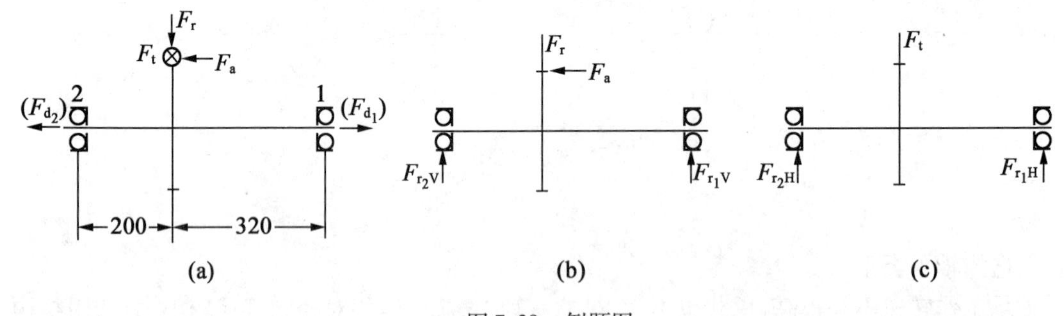

图 7.39 例题图

解

查滚动轴承样本（或设计手册）可知 7207C 轴承的 $C=30\ 500$ N，$C_0=20\ 000$ N，

1. 求两轴承受到的径向载荷 F_{r_1}、F_{r_2}

将轴系部件受到的空间力系分解为铅锤面（图 7.39(b)）和水平面（图 7.39(c)）两个平

面力系。其中,图 7.39(c)中的 F_t 为通过另加转矩而平移到指向轴线;图 7.39(a)中的 F_a 亦应通过另加弯矩而平移到作用于轴线上(上述两步转化图中均未画出)。由力分析可知

$$F_{r_1V}=\frac{F_r\times200-F_a\times(d/2)}{200+320}\text{ N}=\frac{900\times200-400\times(314/2)}{520}\text{ N}=225.38\text{ N}$$

$$F_{r_2V}=F_r-F_{r_1V}=(900-225.38)\text{ N}=674.62\text{ N}$$

$$F_{r_1H}=\frac{200}{200+320}F_t\text{ N}=\frac{200}{520}\times2\ 200\text{ N}=846.15\text{ N}$$

$$F_{r_2H}=F_t-F_{r_1H}=(2\ 200-846.15)\text{ N}=1\ 353.85\text{ N}$$

$$F_{r_1}=\sqrt{F_{r_1V}^2+F_{r_1H}^2}=\sqrt{225.38^2+846.15^2}\text{ N}=875.65\text{ N}$$

$$F_{r_2}=\sqrt{F_{r_2V}^2+F_{r_2H}^2}=\sqrt{647.62^2+1\ 353.85^2}\text{ N}=1\ 512.62\text{ N}$$

2. 求两轴承的计算轴向力 F_{a_1} 和 F_{a_2}

对于 70000C 轴承,按表 7.7,轴承派生轴向力 $F_d=eF_r$,其中 e 为表 7.5 中的判断系数,其值由 F_a/C_0 的大小来确定,但现在轴承轴向力 F_a 未知,故先初取 $e=0.4$,因此可估算

$$F_{d_1}=0.4F_{r_1}=350.26\text{ N}$$

$$F_{d_2}=0.4F_{r_2}=605.05\text{ N}$$

$$F_{d_2}+F_a=(605.05+400)\text{ N}=1\ 005.05\text{ N}$$

因为

$$F_{d_2}+F_a>F_{d_1}$$

所以轴承 1“压紧”,轴承 2“放松”。

按式(7.8)得

$$F_{a_1}=F_a+F_{d_2}=(400+605.05)\text{ N}=1\ 005.05\text{ N}$$

$$F_{a_2}=F_{d_2}=605.05\text{ N}$$

$$\frac{F_{a_1}}{C_0}=\frac{1\ 005.05}{20\ 000}=0.050\ 3$$

$$\frac{F_{a_2}}{C_0}=\frac{605.05}{20\ 000}=0.030\ 3$$

由表 7.5 仿上一例题进行插值计算,得 $e_1=0.422$,$e_2=0.401$。再计算

$$F_{d_1}=eF_{r_1}=0.442\times875.65\text{ N}=369.52\text{ N}$$

$$F_{d_2}=eF_{r_2}=0.401\times1\ 512.62\text{ N}=606.56\text{ N}$$

$$F_{a_1}=F_a+F_{d_2}=(400+606.56)\text{ N}=1\ 006.56\text{ N}$$

$$F_{a_2}=F_{d_2}=606.56\text{ N}$$

$$\frac{F_{a_1}}{C_0}=\frac{1\ 006.56}{20\ 000}=0.050\ 33$$

$$\frac{F_{a_2}}{C_0}=\frac{606.56}{20\ 000}=0.030\ 33$$

两次计算得 F_a/C_0 值相差不大,因此确定 $e_1=0.422$,$e_2=0.401$,$F_{a_1}=1\ 006.56$ N,$F_{a_2}=606.56$ N。

3. 求轴承当量动载荷 P_1 和 P_2

因为

$$\frac{F_{a_1}}{F_{r_1}}=\frac{1\ 006.56}{875.65}=1.149>e_1$$

$$\frac{F_{a_2}}{F_{r_2}}=\frac{606.56}{1\ 512.62}=0.401=e_2$$

由表 7.5 分别进行查表或插值计算得径向载荷系数和轴向载荷系数为

对轴承 1

$$X_1=0.44,\quad Y_1=1.327$$

对轴承 2

$$X_2=1,\quad Y_2=0$$

因轴承运转中有中等冲击载荷，按表 7.6，$f_P=1.2\sim1.8$，取 $f_P=1.5$，则

$$P_1=f_P(XF_{r_1}+YF_{a_1})=1.5\times(0.44\times875.65+1.327\times1\ 006.56)\text{N}=2\ 581.49\ \text{N}$$

$$P_2=f_P(XF_{r_2}+YF_{a_2})=1.5\times(1\times1\ 512.62+0\times606.56)\text{N}=2\ 268.93\ \text{N}$$

4. 校核轴承寿命

因为 $P_1>P_2$，所以按轴承 1 的受力大小校核，即

$$L_h=\frac{10^6}{60n}\left(\frac{C}{P_1}\right)^{\varepsilon}=\frac{10^6}{60\times1\ 560}\left(\frac{30\ 500}{2\ 581.49}\right)^3\text{h}=17\ 620.31\ \text{h}>L_h'$$

故所选轴承可满足寿命要求。

课后习题

1. 滚动轴承一般由哪些元件组成？各元件有什么作用？

2. 滚动轴承代号是怎样组成的？其中，基本代号包括哪几项？如何表示？试说明下列滚动轴承代号的意义：6205、N308/P4、30307、7208AC/P5、51106、1208。

3. 试述滚动轴承的基本额定寿命、基本额定动载荷、当量动载荷、基本额定静载荷的含义。

4. 一代号为 6313 的深沟球轴承，转速 $n=1\ 250$ r/min，受径向载荷 $F_r=5\ 400$ N，轴向载荷 $F_a=2\ 600$ N，工作时有轻微冲击，希望使用寿命不低于 5 000 h，常温工作。试校核该轴承能否满足要求。

5. 已知轴承受径向载荷 $F_r=1\ 800$ N，转速 $n=2\ 000$ r/min，轴承工作温度估计在 150 ℃左右，载荷平稳，希望轴承使用寿命大于 8 000 h。由结构初定轴颈直径 $d=35$ mm，试选择深沟球轴承型号。

6. 在一传动装置中，轴向反力（背靠背）安装一对 7210C 角接触球轴承，如图 12－40 所示。已知：轴承的径向载荷 $F_{r_1}=2\ 000$ N，$F_{r_2}=4\ 500$ N，轴上的轴向外载荷 $F_a=3\ 000$ N，转速 $n=1\ 470$ r/min，常温工作，载荷平稳。试计算两轴承的使用寿命。

7. 某传动轴上正向安装一对 32206 圆锥滚子轴承（图 7.41）。已知两个轴承的径向载荷分别为 $F_{r_1}=5\ 200$ N，$F_{r_2}=3\ 800$ N，轴上轴向载荷 F_a 的方向向左，转速 $n=1\ 000$ r/min，中等冲击载荷，常温下运转，要求寿命 $L_h=6\ 000$ h。试计算该轴系允许的最大轴向载荷 F_{amax}。

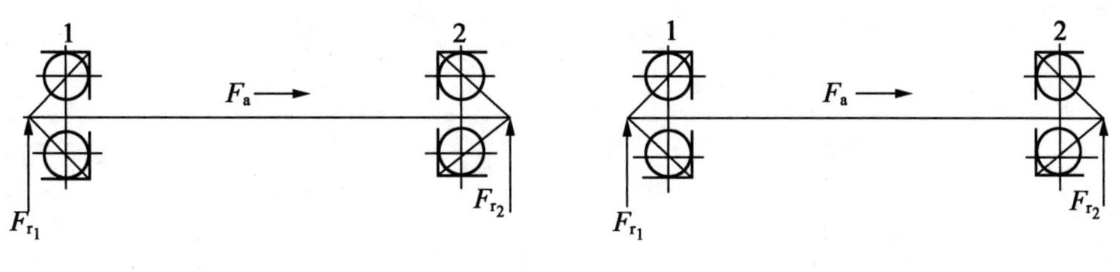

图7.40　题6图

图7.41　题7图

第8章 滑动轴承

8.1 概　述

滑动轴承结构简单、易于制造、便于安装,且具有工作稳定、无噪声、耐冲击和承载能力强等优点,但润滑不良时,会使滑动轴承迅速失效,并且轴向尺寸较大。

滑动轴承工作表面的摩擦状态有液体摩擦和非液体摩擦之分。摩擦表面完全被润滑油隔开的轴承称为液体摩擦滑动轴承。这种轴承不与轴的表面直接接触,因此避免了磨损。液体摩擦滑动轴承制造成本高,多用于高速、精度要求较高或低速、重载的场合。摩擦表面不能被润滑油完全隔开的轴承称为非液体摩擦滑动轴承。这种轴承的摩擦表面容易磨损,但结构简单,制造精度要求较低,用于一般转速、载荷不大或精度要求不高的场合。一般机械设备中使用的滑动轴承大多属于此类。

8.2 非液体摩擦滑动轴承的主要类型、结构和材料

根据轴承所能承受的载荷方向,非液体摩擦滑动轴承分为向心滑动轴承和推力滑动轴承。向心滑动轴承用于承受径向载荷,推力滑动轴承用于承受轴向载荷。

8.2.1 向心滑动轴承

1.结构形式

这类轴承的结构形式主要有整体式、剖分式、调心式和间隙可调式四种。

(1)整体式滑动轴承。图8.1(a)为无轴承座的整体式滑动轴承,它是在机架或箱体上直接制出轴承孔,有时在孔内再安装轴套。图8.1(b)为有轴承座的整体式滑动轴承,它由轴承座和轴瓦组成。使用时,将轴承座用螺栓固定在机架上。

这种轴承的结构简单,成本低廉,但是摩擦表面磨损后,轴颈与轴瓦之间的间隙无法调整,而且装拆时轴承或轴必须做轴向移动,导致装拆不便,所以整体式轴承只用于轻载、间歇工作且不重要的场合。

(2)剖分式滑动轴承。图8.2为剖分式滑动轴承的常见形式。它由轴承座1、剖分轴瓦2、

轴承盖 3、螺栓 4 和润滑油杯 5 组成。为便于装配时的对中和防止轴瓦横向错动，在轴承盖和轴承座的剖分面上设置有阶梯形止口，并且可放置少量垫片，以调整摩擦表面磨损后轴颈与轴瓦之间的间隙。

考虑到承受载荷方向的不同，剖分式滑动轴承分为水平式和斜开式两种。选用时，应保证径向载荷的作用线不超出剖分面垂直中心线左右各 35°的范围。

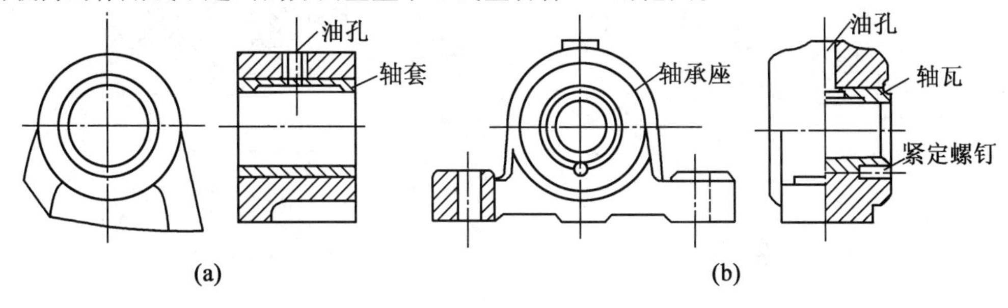

图 8.1　整体式滑动轴承

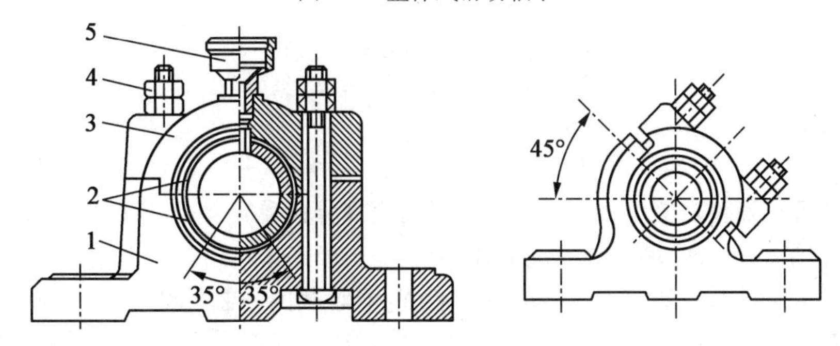

图 8.2　剖分式滑动轴承

1—轴承座；2—部分轴瓦；3—轴承盖；4—螺栓；5—润滑油杯

(3) 调心式滑动轴承。图 8.3(a) 为调心式滑动轴承，它的特点是把轴瓦的支承面做成球面，利用轴瓦与轴承座间的球面配合使轴瓦在一定角度范围内摆动，以适应轴受力后产生的弯曲变形，避免图 8.3(b) 所出现的轴与轴承两端局部接触而产生的磨损。但球面不易加工，只用于轴承宽度 B 与直径 d 之比大于 1.5 ~ 1.75 的场合。

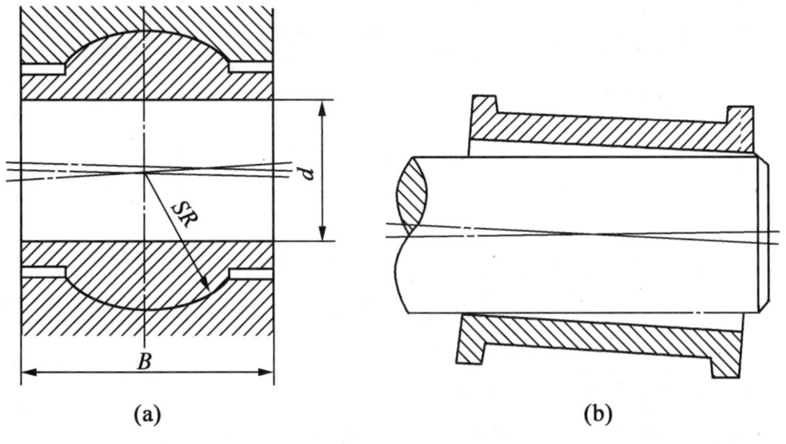

图 8.3　调心式滑动轴承

(4)间隙可调式滑动轴承。调节轴承间隙是保持轴承回转精度的重要手段。

使用中,常采用锥形轴套进行间隙调整。如图8.4所示,带锥形轴套的滑动轴承由螺母1、轴套2、销轴3和轴4组成。转动轴套上两端的圆螺母使轴套做轴向移动,即可调节轴承间隙。

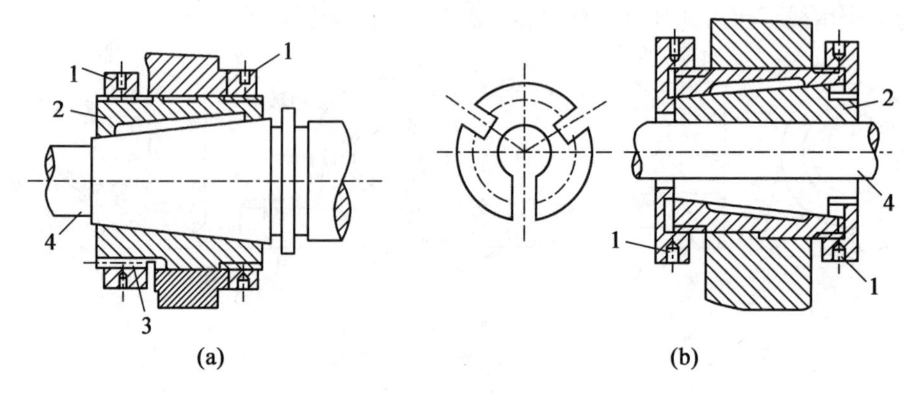

图8.4　带锥形轴套的滑动轴承

1—螺母;2—轴套;3—销轴;4—轴

2.轴瓦

轴瓦是轴承与轴颈直接接触的零件,有整体式、剖分式和分块式三种(图8.5)。整体式轴瓦用于整体式轴承;剖分式轴瓦用于剖分式轴承;为了便于运输、装配,大型滑动轴承一般采用分块式轴瓦。为了把润滑油导入摩擦面,在轴瓦的非承载区内制出油孔与油沟。为了使润滑油能均匀分布在整个轴颈上,油沟的长度应适宜。若油沟过长,会使润滑油从轴瓦端部大量流失;而油沟过短,会使润滑油流不到整个接触表面。通常可取油沟的长度为轴瓦长度的80%左右。剖分式轴瓦的油沟形式如图8.6所示。

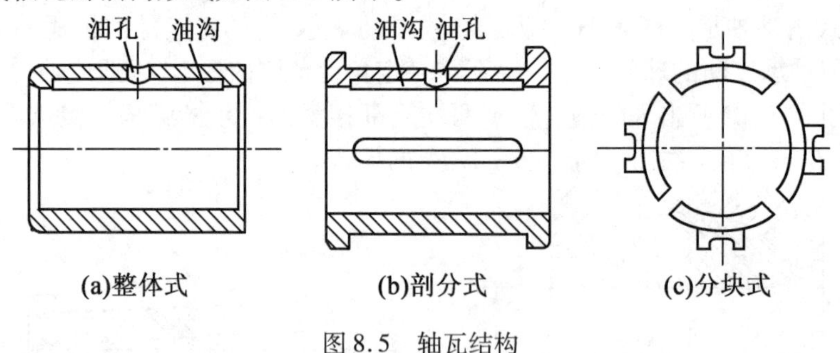

图8.5　轴瓦结构

3.轴承衬

为了改善轴瓦表面的摩擦性能,提高承载能力,对于重要轴承,常在轴瓦内表面上浇铸一层减摩材料,称为轴承衬(简称轴衬)。轴承衬的厚度在0.5~6 mm不等。为了保证轴承衬与轴瓦结合牢固,在轴瓦的内表面应制出沟槽(图8.7)。

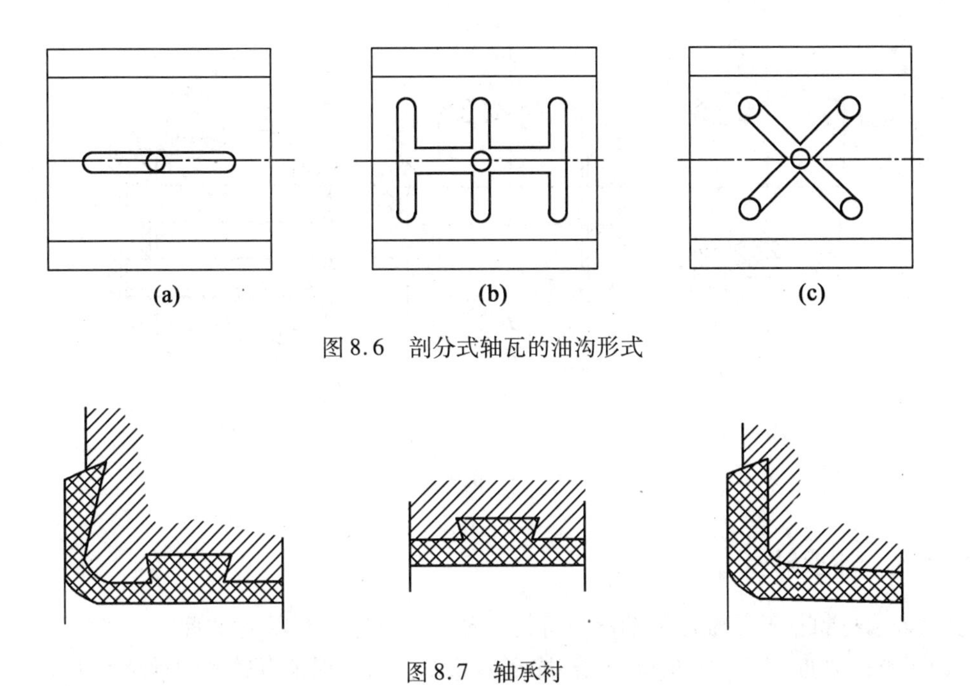

图 8.6　剖分式轴瓦的油沟形式

图 8.7　轴承衬

8.2.2　推力滑动轴承

推力滑动轴承的结构如图 8.8 所示，由轴承座 1、衬套 2、径向轴瓦 3、推力轴瓦 4 和销钉 5 组成。轴的端面与推力轴瓦是轴承的主要工作部分，轴瓦的底部为球面，可以自动进行位置调整，保证轴承摩擦表面的良好接触。销钉是用来防止推力轴瓦随轴转动的。工作时润滑油由下部注入，从上部油管导出。

图 8.9 所示为推力滑动轴承轴颈的几种常见形式。载荷较小时可采用空心端面轴颈（图 8.9(a)）和环形轴颈（图 8.9(b)），载荷较大时采用多环轴颈（图 8.9(c)）。

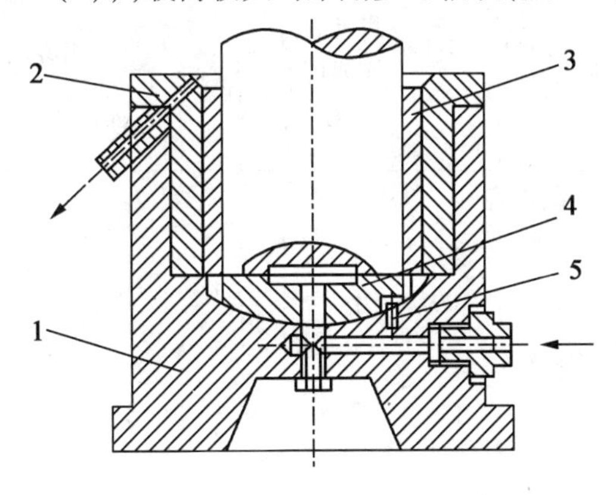

图 8.8　推力滑动轴承

1—轴承座；2—衬套；3—径向轴瓦；4—推力轴瓦；5—销钉

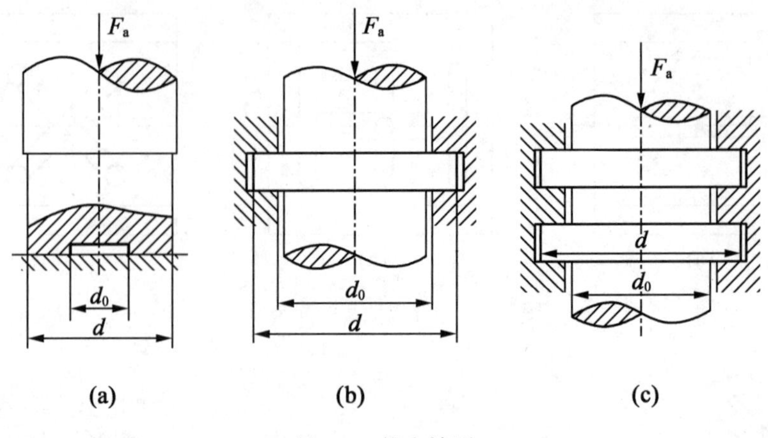

图 8.9　推力轴颈

8.2.3　轴承材料

所谓轴承材料指的是轴瓦和轴承衬材料。轴承材料应具有以下性能。

(1)足够的强度(包括抗压、抗冲击、抗疲劳等强度),以保证有较大的承载能力。

(2)良好的减摩性、耐磨性和磨合性,提高轴承的效率及延长使用寿命。

(3)较好的抗胶合性,防止因摩擦热使油膜破裂后造成胶合。

(4)良好的导热性、耐腐蚀性、工艺性及价格低廉等。

应该指出的是,任何一种材料很难全部满足这些要求。因此选用轴承材料时,应根据轴承具体工作情况,选用较合适的材料。常用的轴承材料有铸造轴承合金、铸造铜合金、铸铁等金属材料,其性能和应用见表 8.1。

表 8.1　常用轴承材料的性能和应用

轴承材料		最大许用值[1]			最高工作温度 /℃	硬度[2] (HBW)	性能				备注
		[p] /MPa	[v] /(m·s^{-1})	[pv] /(MPa·m·s^{-1})			抗胶合性	顺嵌应入性型	耐蚀性	耐疲劳	
锡基轴承合金	ZSnSb11Cu6	平稳载荷			150	$\frac{150}{20\sim30}$	1	1			用于高速、重载下工作的重要轴承 变载荷下易于疲劳,价格高
		25 (40)	80	20 (100)							
	ZSnSb8Cu4	冲击载荷									
		20	60	15							
铅基轴承合金	ZPbSb16Sn16Cu	12	12	10(50)	150	$\frac{150}{20\sim30}$	1	1			用于中速、中等载荷的轴承。不宜受显著冲击。可作为锡锑轴承合金的替代品
	ZPbSb15Sn16Cu3	5	8	5							

续表 8.1

轴承材料		最大许用值①			最高工作温度/℃	硬度②(HBW)	性能				备注
		[p]/MPa	[v]/($m \cdot s^{-1}$)	[pv]/($MPa \cdot m \cdot s^{-1}$)			抗胶合性	顺应嵌入性	耐蚀性	耐疲劳	
锡青铜	ZCuSn10P1	15	10	15(25)	280	$\frac{200}{50\sim100}$	3	5			用于中速、重载及受变载荷的轴承
	ZCuSn5Pb5Zn5	8	3	15							用于中速、中载的轴承
铅青铜	ZCuPb30	25	12	30(90)	280	$\frac{300}{40\sim280}$	3	4			用于高速、重载轴承,能承受变载和冲击
铝青铜	ZCuAl9Fe4Ni4Mn2	15(30)	4(10)	12(60)	280	$\frac{200}{100\sim120}$	5	5			最易用于润滑充分的低速、重载轴承
	ZCuAl9Fe4Ni4Mn2	20	5	15							
黄铜	ZCuZn38Mn2Pb2	10	1	10	200	$\frac{200}{80\sim150}$	3	5			用于低速、中载轴承
铝基轴承合金	20高锡铝合金 铝硅合金	28~35	14		140	$\frac{300}{45\sim50}$	4	3			用于高速、中载轴承,是较新的轴承材料。其强度高、耐腐蚀、表面性能好
铸铁	HT150 HT200 HT250	2~4	0.5~1	1~4		$\frac{200\sim250}{160\sim180}$	4	5			宜用于低速、轻载的不重要的轴承、价格低廉

注:①括号内为极限值,其余为一般值(润滑良好)。对于液体动压轴承,限制[pv]值无甚意义,因其与散热等条件关系很大

②分子数值为最小轴颈硬度,分母数值为合金硬度

③性能比较:1—最佳;2—良;3—较好;4——般;5—最差

除了上述几种材料外,还可采用非金属材料(如塑料、尼龙、橡胶以及粉末合金等)作为轴瓦材料。

8.3 非液体摩擦滑动轴承的设计计算

8.3.1 计算准则

非液体摩擦滑动轴承的主要失效形式是磨损和胶合。为了防止轴承失效,应保证轴颈与轴瓦的接触面之间形成润滑油膜。影响油膜存在的因素很多,目前为止还没有一种完善的计算方法,只能在确定其结构尺寸之后进行简化的条件性校核计算。

8.3.2 设计步骤

设计的已知条件:轴颈的直径、转速、载荷情况和工作要求。

设计步骤如下。

(1)根据工作条件和工作要求,确定轴承结构类型及轴瓦材料。

(2)根据轴颈尺寸确定轴承宽度。一般情况下取轴承的宽径比 $B/d=0.5\sim1.5$,可根据轴颈尺寸计算出轴承宽度;也可查阅设计手册确定。

(3)校核轴承的工作能力。

(4)选择轴承的配合。滑动轴承的常用配合见表 8.2。

表 8.2 滑动轴承的常用配合

配合符号	应用举例
H7/g6	磨床、车床及分度头主轴承
H7/f7	铣床、钻床及车床的轴承;汽车发动机曲轴的主轴承及连杆轴承;齿轮及蜗杆减速器轴承
H9/f9	电动机、离心泵、风扇及惰轮轴承;蒸汽机与内燃机曲轴的主轴承及连杆轴承
H11/d11	农业机械用轴承
H7/e8	汽轮发电机轴、内燃机凸轮轴、高速转轴、机车多支点轴、刀架丝杠等轴承
H11/b11	农业机械用轴承

8.3.3 向心滑动轴承的校核计算

1. 校核轴承的平均压强 p 值

$$p=\frac{F_{\mathrm{r}}}{Bd}\leqslant[p] \tag{8.1}$$

式中 F_{r}——作用在轴颈上的径向载荷(N);

d——轴颈的直径(mm);

B——轴承宽度(mm);

$[p]$——许用压强(MPa),由表 8.1 查取。

校核轴承平均压强的目的,是为了保证轴承工作面上的润滑油不因压力过大而被挤出,防止轴承产生过度磨损。

2. 校核 pv 值

$$pv=\frac{F_r}{Bd}\times\frac{\pi dn}{60\times 1\ 000}=\frac{\pi nF_r}{60\times 1\ 000B}\leqslant[pv] \tag{8.2}$$

式中　n——轴颈转速(r/min)；

$[pv]$——pv 的许用值(MPa · m/s)，由表 8.1 查取。

校核 pv 值的目的，是为了防止轴承工作时产生过高的热量而导致胶合。

当以上校核结果不能满足时，可以改变轴瓦的材料或适当增大轴承的宽度。对低速或间歇工作的轴承，只需进行压强的校核。

8.3.4　推力滑动轴承的计算

1. 校核压强 p

受力情况如图 8.9(c)所示，可得

$$p=\frac{F_a}{Z\frac{\pi}{4}(d^2-d_0^2)K}\leqslant[p] \tag{8.3}$$

式中　F_a——作用在轴承上的轴向力(N)；

d、d_0——分别为止推面的外圈直径和内圈直径(mm)；

Z——推力环数目；

$[p]$——许用压强(MPa)；表 8.3 中$[p]$值应降低 50%；

K——止推的面积减小的系数(因止推面上有油沟)，通常取 $K=0.8\sim0.9$。

2. 校核 pv_m 值

$$pv_m\leqslant[pv] \tag{8.4}$$

式中　v_m——轴颈平均直径处的圆周速度(m/s)，其值为

$$v_m=\frac{\pi d_m n}{60\times 1\ 000} \tag{8.5}$$

式中　d_m——轴颈平均直径(mm)，$d_m=(d+d_0)/2$；

$[pv]$——pv 的许用值(MPa · m/s)，见表 8.3。

表 8.3　推力轴承的$[p]$值和$[pv]$值

轴承材料	未淬火钢			淬火钢		
轴瓦材料	铸铁	青铜	轴承合金	青铜	轴承合金	淬火钢
$[p]$/MPa	2 ~ 2.5	4 ~ 5	5 ~ 6	7.5 ~ 8	8 ~ 9	12 ~ 15
$[pv]/(\mathrm{MPa\cdot m\cdot s^{-1}})$	1 ~ 2.5					

注：多环推力滑动轴承许用压强$[p]$取表值的一半

8.4　液体摩擦滑动轴承简介

液体摩擦是滑动轴承的理想摩擦状态。根据轴承获得液体润滑原理的不同，液体摩擦滑动轴承可分为液体动压滑动轴承和液体静压滑动轴承。

8.4.1　液体动压滑动轴承

如图 8.10 所示为径向滑动轴承。图 8.10(a)所示为轴颈处于静止状态，在外载荷 F 作用下，轴颈与轴孔在 A 点接触，并形成楔形间隙。如图 8.10(b)所示，轴颈开始转动，由于摩擦阻力的作用，轴颈沿轴承孔壁运动，在 B 点接触。随着转速增高，带进的油量越多，油的压力越大。图 8.10(c)所示为轴颈达到工作转速时，油压在垂直方向的合力与外载荷 F 平衡，润滑油把轴颈抬起，隔开摩擦表面，形成液体润滑。这种轴承的油压是靠轴颈的运动而产生的，故称为液体动压滑动轴承。必须指出，液体动压轴承的轴颈与轴承孔是不同心的。

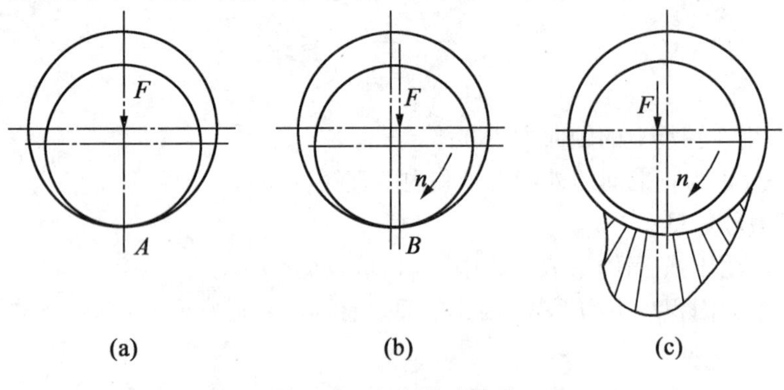

图 8.10　径向滑动轴承

8.4.2　液体静压滑动轴承

液体静压滑动轴承是利用液压泵向轴承供给具有一定压力的润滑油，强制轴颈与轴承孔表面隔开而获得液体润滑。图 8.11 所示为液体静压滑动轴承，由进油孔 1、静压轴承 2、油腔 3、轴颈 4、节流器 5 和液压泵 6 组合。压力油经节流器同时进入几个对称油腔，然后经轴承间隙流到轴承两端和油槽并流回油箱。当轴承载荷为零时，各油腔压力相等，轴颈与轴承孔同心。当轴承受到外载荷作用时，油腔压力发生变化，这时依靠节流器的自动调节使各油腔压力与外载荷保持平衡，轴承仍处于液体摩擦状态，但轴颈与轴承孔有少许偏心。这种轴承内的油压靠液压泵维持，与轴是否转动无关，故称为液体静压滑

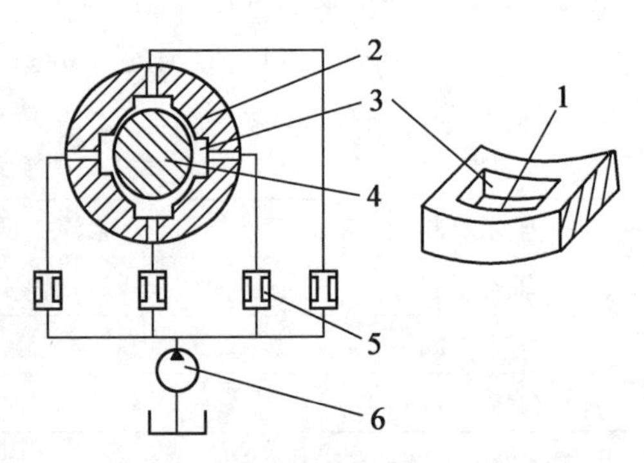

图 8.11　液体静压轴承的工作原理

1—进油孔；2—静压轴承；3—油腔；4—轴颈；5—节流器；6—液压泵

动轴承。

课后习题

1. 根据结构特点,滑动轴承可分几种?

2. 滑动轴承的轴瓦材料应具有什么性能?试列举几种常用的轴瓦材料。

第9章

联轴器和离合器

9.1 概　述

联轴器和离合器是机械传动中常用的重要部件。它们主要用来连接器与轴(有时也连接轴与其他回转零件)使之一起转动并传递运动和转矩。联轴器和离合器的不同之处在于,用联轴器连接时,则可在机器工作中随时将被连接的两轴接合或分离。

图9.1、图9.2所示分别为联轴器和离合器应用实例。

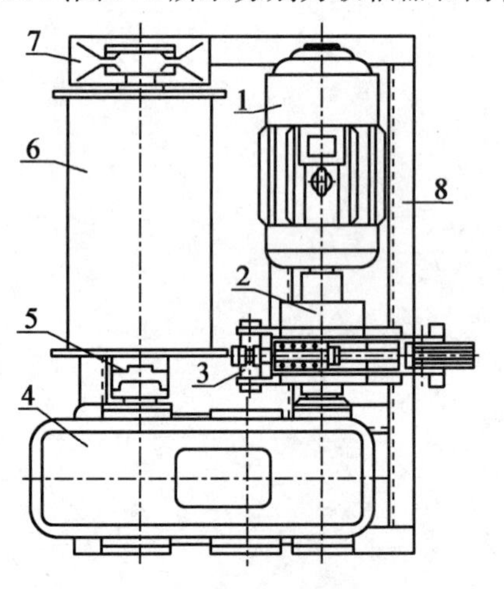

图9.1　联轴器的应用

1—电动机;2、5—联轴器;3—制动器;4—减速器;6—卷筒;7—轴承;8—机架

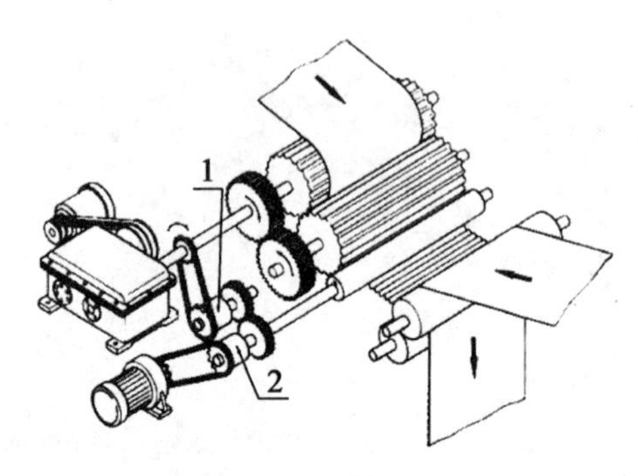

图9.2　离合器的应用

1、2—离合器

图9.1所示为电动绞车中转盘传动部分,电动机输出轴与减速器输入轴之间用联轴器连接,减速器输出轴与卷筒之间同样用联轴器连接来传递运动和转矩。图9.2所示为用在制造瓦楞纸设备的涂胶棍上的离合器。

联轴器和离合器的类型很多,大多已标准化,因此设计时可根据工作要求,查阅有关手册、样本,选择合适的类型及型号,必要时对其中主要零件进行校核计算。

9.2　联轴器

9.2.1　联轴器的种类和特性

联轴器连接的两轴,由于制造及安装误差,承载后的变形及温度变化的影响等,往往不能保证严格地对中,而是存在着某种程度的相对位移。联轴器连接两轴轴线的相对位移如图9.3 所示。

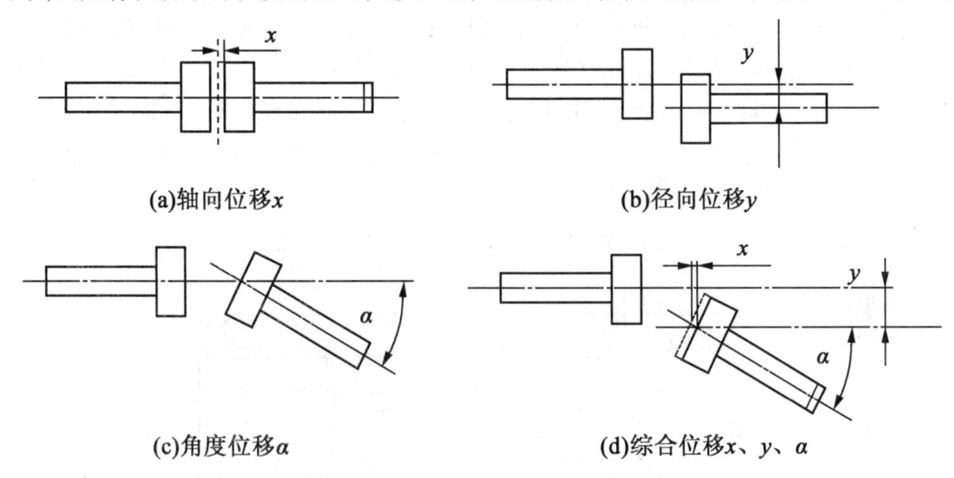

(a)轴向位移x　(b)径向位移y

(c)角度位移α　(d)综合位移x、y、α

图9.3　联轴器连接两轴轴线的相对位移

根据对各种相对位移有无补偿能力(即能否在发生相对位移的条件下保持连接的功能,不产生附加应力),联轴器可分为刚性联轴器(无补偿能力)和挠性联轴器(有补偿能力)两大类。挠性联轴器又可按是否具有弹性元件分为无弹性元件挠性联轴器和有弹性元件挠性联轴器两个类别。挠性联轴器因具有挠性,故在不同程度上补偿两轴间某种相对位移。

机械式联轴器的分类大致见表9.1。

表9.1　机械式联轴器的分类

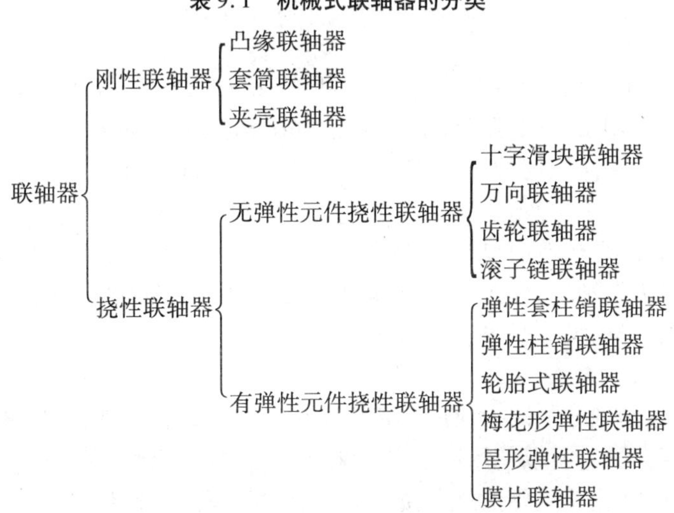

- 联轴器
  - 刚性联轴器
    - 凸缘联轴器
    - 套筒联轴器
    - 夹壳联轴器
  - 挠性联轴器
    - 无弹性元件挠性联轴器
      - 十字滑块联轴器
      - 万向联轴器
      - 齿轮联轴器
      - 滚子链联轴器
    - 有弹性元件挠性联轴器
      - 弹性套柱销联轴器
      - 弹性柱销联轴器
      - 轮胎式联轴器
      - 梅花形弹性联轴器
      - 星形弹性联轴器
      - 膜片联轴器

1. 刚性联轴器

刚性联轴器不具备补偿两轴间相对位移和缓冲减振的能力，只能用于被连接两轴在安装时能严格对中和工作中不会发生相对位移的场合。应用较多的刚性联轴器有以下几种。

(1)凸缘联轴器。

在刚性联轴器中，凸缘联轴器是应用最广的一种。这种联轴器是把两个带有凸缘的半联轴器分别用键与两轴连接，然后用螺栓把两个半联轴器连成一体，来传递运动和转矩，如图9.4所示。按对中方法不同，凸缘联轴器有两种主要的结构形式：图9.4(a)所示的凸缘联轴器是靠铰制孔用螺栓来实现两轴对中，此时螺栓杆与钉孔为过渡配合，靠螺栓杆的剪切和螺栓杆与孔壁间的挤压来传递转矩。图9.4(b)所示的凸缘联轴器靠一个半联轴器上的凸肩与另一个半联轴器上的凹槽相配合而对中，此时螺栓杆与钉孔壁间存在间隙，装配时须拧紧普通螺栓，靠两个半联轴器接合面间产生的摩擦力来传递转矩。当要求两轴分离时，前者只要卸下螺栓即可，轴不需做轴向移动，因此拆卸比后者简便。

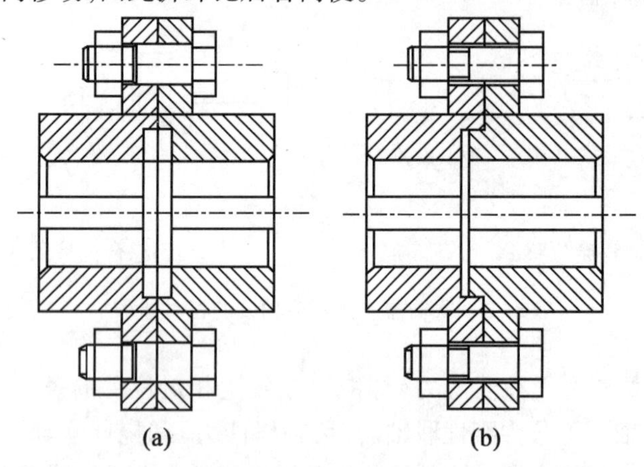

图9.4　凸缘联轴器

凸缘联轴器结构简单，制造成本低，工作可靠，维护简便，常用于载荷平稳、两轴间对中性良好的场合。

(2)套筒联轴器。

套筒联轴器由一个用钢或铸铁制造的套筒和连接零件(键或销钉)组成，如图9.5所示。在采用键连接时，应采用紧定螺钉进行轴向固定，如图9.5(a)所示。在采用销连接时，销既起传递转矩的作用，又起轴向固定的作用，选择恰当的直径后，还可起过载保护的作用，如图9.5(b)所示。

套筒联轴器的优点是构造简单，制造容易，径向尺寸小，成本较低。其缺点是传递转矩的能力较小，装拆时轴需做轴向移动。套筒联轴器通常适用于两轴间对中性良好、工作平稳、传递转矩不大、转速低、径向尺寸受限制的场合。

(3)夹壳联轴器。

夹壳联轴器由纵向剖分的两半筒形夹壳和连接它们的螺栓组成，如图9.6所示。这种联轴器在装拆时不用移动轴，所以使用起来很方便。夹壳材料一般为铸铁，少数用钢。

中小尺寸的夹壳联轴器主要依靠夹壳与轴之间的摩擦力来传递转矩，大尺寸的夹壳联轴器主要用键传递转矩。为了改善平衡状况，螺栓应正、倒相间安装。

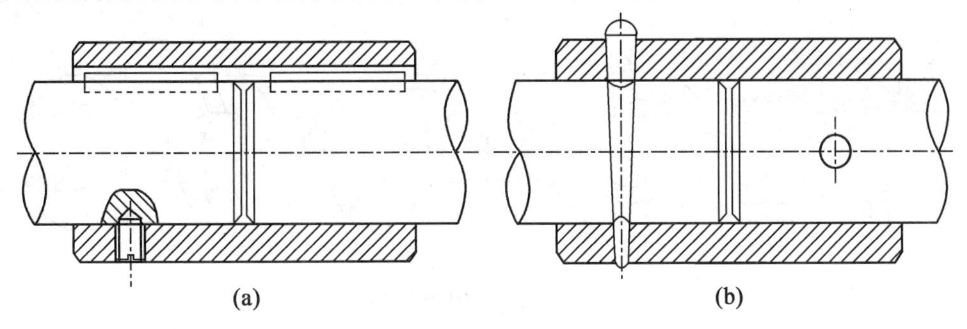

图9.5　套筒联轴器

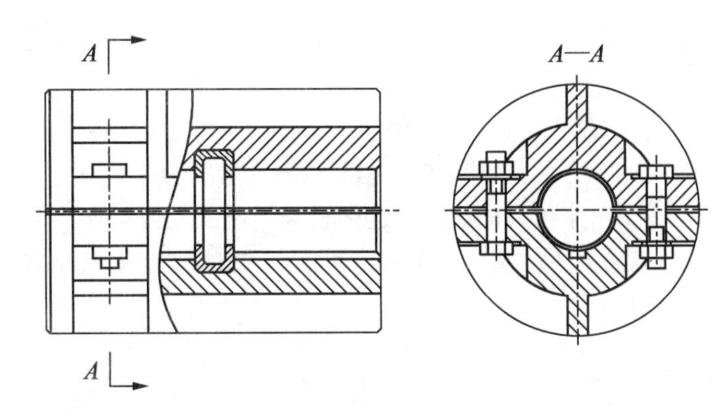

图9.6　夹壳联轴器

夹壳联轴器主要用于低速的场合，外缘速度 $v \leqslant 5$ m/s，超过5 m/s时需进行平衡检验。

2. 挠性联轴器

挠性联轴器又可分为无弹性元件挠性联轴器和有弹性元件挠性联轴器，前一类只具有补偿两轴线相对位移的能力，但不能缓冲减振，常见的有十字滑块联轴器、万向联轴器、齿轮联轴器和滚子链联轴器等；而后一类因含有弹性元件，除具有补偿两轴线相对位移的能力外，还具有缓冲和减振的作用，但传递的转矩因受到弹性元件强度的限制，一般比无弹性元件挠性联轴器传递的转矩小，常见的有弹性套柱销联轴器、弹性柱销联轴器、轮胎式联轴器、梅花形弹性联轴器、星形弹性联轴器和膜片联轴器等。

(1)无弹性元件挠性联轴器。

①十字滑块联轴器。十字滑块联轴器由两个在端面上开有凹槽的半联轴器1、3和一个两面带有凸楔的中间圆盘2组成，如图9.7所示。凹槽的中心线分别通过两轴的中心，中间圆盘的两端凸块相互垂直且凸块的中心线通过圆盘中心，圆盘两凸块分别嵌在固装于主动轴和从动轴上的两半联轴器的凹槽中而构成一动连接。当轴回转时，圆盘凸块可在半联轴器的凹槽中来回滑动，补偿安装及运转时两轴间的相对位移。因此，凹槽和凸块的工作面要求有较高的硬度(HRC46～50)，并且为了减少摩擦及磨损，使用时应从中间圆盘的油孔中注油进行润滑。因为半联轴器与中间圆盘组成移动副，不能发生相对转动，故主动轴与从动轴的角速度应相等。当转速较高时，中间圆盘的偏心将会产生较大的离心力，加速工作面的磨损，并给轴和轴承带来

较大的附加载荷，因此选用时应注意其工作转速不得大于规定值，$n_{min} \approx 250$ r/min。

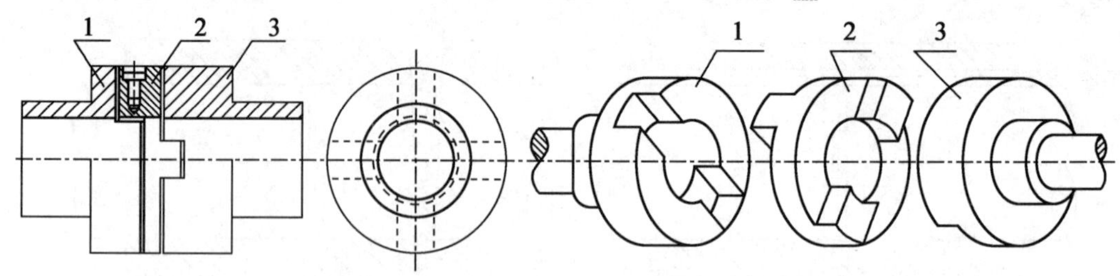

图 9.7　十字滑块联轴器

1、3—半联轴器；2—中间圆盘

十字滑块联轴器结构简单，径向尺寸小，主要由于两轴径向位移较大，轴的刚度较大，低速且无剧烈冲击的场合。

②万向联轴器。万向联轴器由两个叉形接头 1、3，一个中间连接件 2 和轴销 4(包括销套及铆钉)、5 组成，如图 9.8(a)所示。轴销 4 与 5 相互垂直配置并分别把两个叉形接头与中间件 2 连接起来。这样，就构成了一个可动的连接。这种联轴器可以允许被连接两轴的轴线夹角 α 很大，而且在机器运转时，夹角发生改变仍可正常传动；但当夹角过大时，传动效率会显著降低。

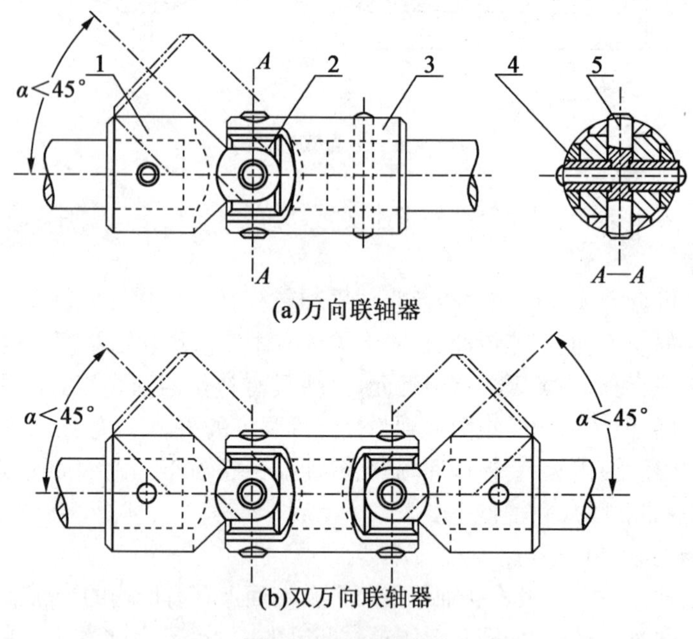

图 9.8　万向联轴器

1、3—叉形接头；2—中间连接件；4、5—轴销

这种联轴器的缺点是当两轴线不重合时，主动轴的角速度 ω_1 为常数，而从动轴的角速度 ω_3 将在一定范围内($\omega_1 \cos\alpha \leqslant \omega_3 \leqslant \omega_1/\cos\alpha$)进行周期性变化，会在传动中引起附加动载荷。为了克服这一缺点，常将万向联轴器成对使用，构成双万向联轴器，如图 9.8(b)所示。但应注意安装时必须保证 O_1 轴、O_3 轴与中间轴之间的夹角相等，并且中间轴的两端的叉形接头应在

同一个平面内(图9.9)。只有这种双万向联轴器才可以得到 $\omega_3=\omega_1$。

万向联轴器可用于相交两轴间的连接(两轴夹角 α 最大可达35°～45°),或工作时有效夹角位移的场合。它结构紧凑,传动效率高,维修保养比较方便,能可靠地传递运动和转矩。因此,在拖拉机、汽车、金属切削机床中得到了广泛的应用。

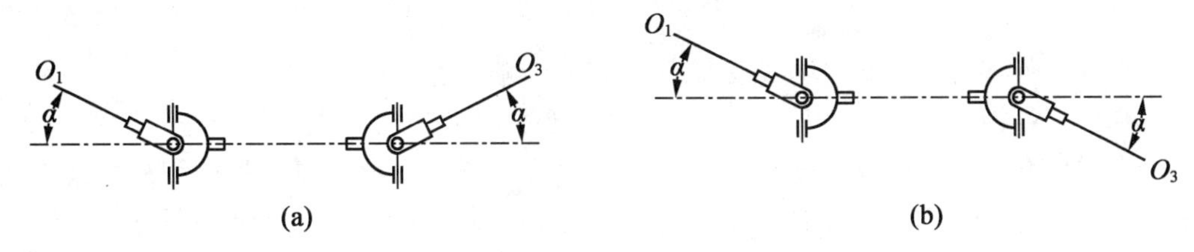

图9.9　双万向联轴器示意图

③齿轮联轴器。齿轮联轴器是一种无弹性元件的挠性联轴器,它是由两个带有内齿的外壳2、4和两个带有外齿的半联轴器1、5组成,如图9.10所示。两个半联轴器分别用键与两轴连接,两个外壳用螺栓7连成一体,依靠内外齿啮合来传递转矩。轮齿的齿廓为渐开线,其啮合角通常为20°。外齿的齿顶制成球面(球面中心位于齿轮的轴线上),保证与内齿啮合后具有适当的顶隙和侧隙,故能补偿两轴间可能出现的各种位移。为了减小补偿位移时齿面的滑动摩擦和磨损,可通过油孔3向壳体内注入润滑油。图9.10中的密封圈6是为了防止润滑油泄漏而设置的。

齿轮联轴器能传递很大的转矩,并允许有较大的位移量,安装精度要求不高;但质量较大,成本较高,齿轮啮合处需要润滑,结构较复杂,在重型机器和起重设备中应用较广。

④滚子链联轴器。滚子链联轴器是利用一条公共的滚子链(单排或双排)同时与两个齿数相同的并列链轮啮合来实现两半联轴器连接的一种联轴器(图9.11)。为了改善润滑条件并防止污染,一般将联轴器密封在罩壳内。

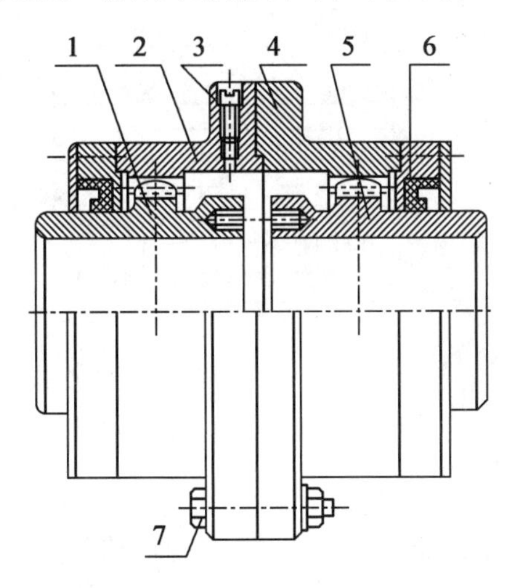

图9.10　齿轮联轴器

1、5—半联轴器;2、4—外壳;3—油孔;6—密封圈;7—螺栓

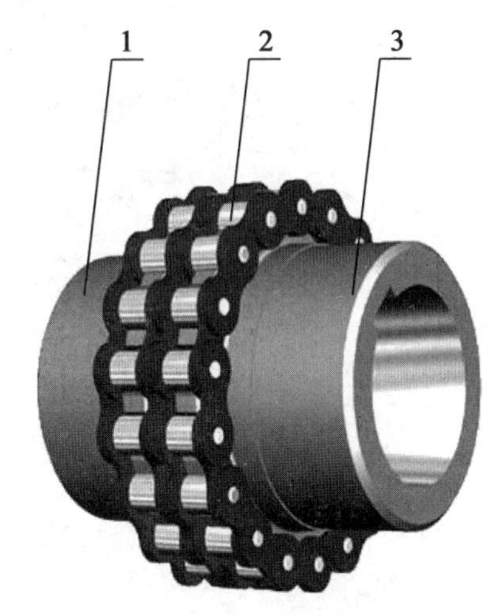

图9.11　滚子链联轴器

1、3—半联轴器;2—双排滚子链

滚子链联轴器的优点是结构简单,尺寸紧凑,质量小,装拆方便,维修容易,价格低廉,并具有一定的位移补偿能力,工作可靠,效率高,使用寿命长,可在高温、多尘、油污、潮湿等恶劣条件下工作。缺点是离心力过大会加速各元件间的磨损和发热,不宜用于高速传动;吸振、缓冲能力不大,不宜在启动频繁、强烈冲击下工作;不能传递轴向力。

(2)有弹性元件挠性联轴器。

有弹性元件挠性联轴器的类型很多,下面仅介绍常用的几种。

①弹性套柱销联轴器。如图9.12所示,弹性套柱销联轴器的构造与凸缘联轴器相似,只是用套有弹性套的柱销代替了连接螺栓,它靠弹性套的弹性变形来缓冲吸振和补偿被连接两轴的相对位移。弹性套的材料常用耐油橡胶,其截面形状如图9.12中网格部分所示,以提高其弹性。半联轴器与轴的配合孔可做成圆柱形或圆锥形。安装这种联轴器时,应注意留出间隙 c,以便两轴工作时能做少量的相对轴向位移。按标准选用,必要时校核柱销的弯曲强度和弹性套的挤压强度。

弹性套柱销联轴器的结构比较简单,制造容易,不用润滑,弹性套更换方便,具有一定的补偿两轴线相对偏移和减振、缓冲的性能。它是弹性可移式联轴器中应用最广泛的一种,多用于经常正、反转,启动频繁,转速较高的场合。

②弹性柱销联轴器。弹性柱销联轴器的结构如图9.13所示,它用若干非金属柱销置于两半联轴器凸缘孔中来实现两半联轴器的连接。工作时主动轴的转矩通过两半联轴器及中间的柱销传给从动轴。为了防止柱销滑出,在柱销两端配置挡圈。

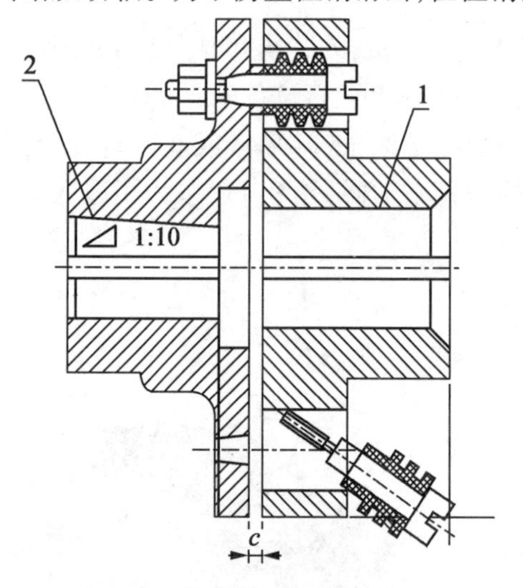

图9.12　弹性套柱销联轴器

1—圆柱形孔;2—圆锥形孔

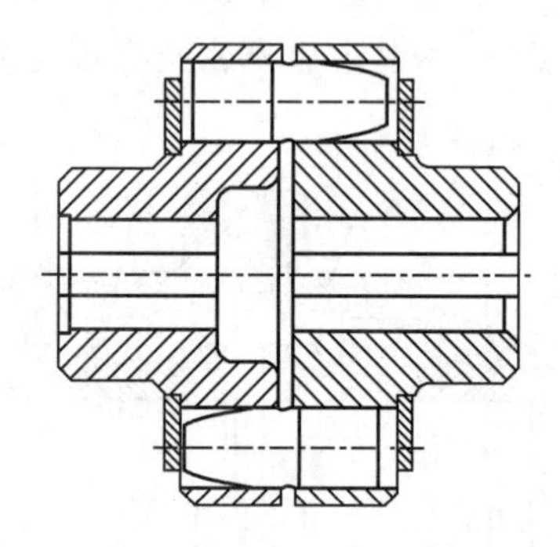

图9.13　弹性柱销联轴器

弹性柱销联轴器与弹性套柱销联轴器很相似,但传递转矩的能力更大,结构更为简单,安装、制造方便,耐久性好,允许被连接两种有一定的轴向位移以及少量的径向位移和角位移的轴。柱销材料为MC尼龙(聚酰胺6)。尼龙有一定弹性,弹性模量比金属低得多,可缓和冲击。尼龙耐磨性好,摩擦系数小,有自润滑作用,但对温度较敏感,故使用温度限制在 -20 ℃ ~ +70 ℃的范围内。这种联轴器适用于轴向窜动量较大,经过正、反转,启动频繁,转速较高的场合。不宜用于可靠性要求高(如起重机提升机构)、重载和具有强烈冲击与振动的场合。

③轮胎式联轴器。轮胎式联轴器如图9.14所示,它是用橡胶或橡胶织物制成轮胎状的弹性元件1,两端两压板2及螺钉3分别压在两个半联轴器4上来实现两轴连接的一种联轴器。这种联轴器富有弹性,具有良好的减振能力,能有效地降低动载荷和补偿较大的综合位移,工作可靠,适用于启动频繁,正、反向运转,冲击载荷大而外缘线速度不超过30 m/s的场合。缺点是径向尺寸较大;当转矩较大时,会因过大扭转变形而产生附加轴向载荷。

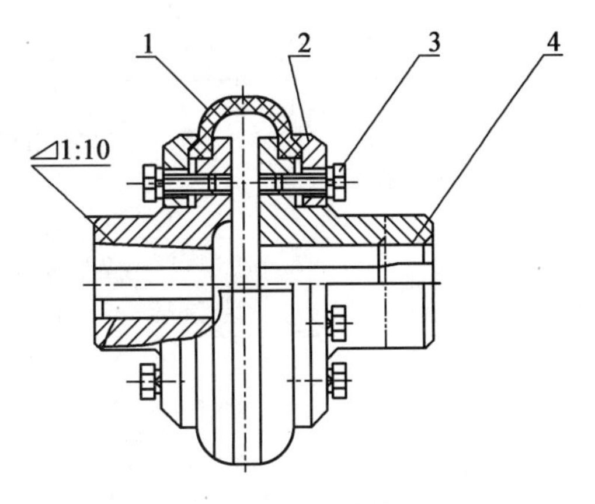

图9.14　轮胎式联轴器

1—弹性元件;2—压板;3—螺钉;4—半联轴器

9.2.2　联轴器的选择

目前,常用联轴器大多已标准化或规格化了,选用时,只需根据使用要求和工作条件选择合适的类型,然后再按转矩、轴颈及转速选择联轴器的型号和尺寸。必要时,应对其易损坏的薄弱环节进行承载能力的校核。

1. 联轴器类型的选择

选择联轴器的类型时主要考虑以下几个方面:载荷的大小及性质;轴转速的高低;两轴相对位移的大小及性质;工作环境如湿度、温度、周围介质和限制的空间尺寸等;装拆、调整维护要求以及价格等。例如,对于载荷平稳的低速轴,如两轴对中精确,轴本身刚度较好时,可选用刚性联轴器;如对中困难,轴的刚性差时,可选用具有补偿偏移能力的联轴器;如两轴成一定夹角时,可选用万向联轴器。对动载荷较大、转速高的轴,宜选用质量小、转动惯量小,能吸振和缓冲的挠性联轴器。对有相对位移且工作环境恶劣的情况,可选用滚子链联轴器。各类联轴器的性能及特点详见有关设计手册。

2. 联轴器型号、尺寸的确定

联轴器的类型确定以后,可根据转矩、轴直径及转速等确定联轴器的型号和结构尺寸。

确定联轴器的计算转矩T_{ca}。考虑到机器启动、制动、变速时的惯性力及过载等因素的影响,所以,应取轴上的最大转矩作为计算转矩。计算转矩T_{ca}可按下式计算:

$$T_{ca}=KT \tag{9.1}$$

式中　T_{ca}——联轴器传递的计算转矩(N·m);

T——联轴器传递的名义转矩(N·m);

K——工况系数,其值见表9.2。

表9.2 工况系数 K

工作机		原动机			
工作情况	实例	电动机 汽轮机	四缸和四缸 以上内燃机	双缸内燃机	单缸内燃机
转矩变化很小	发电机、小型通风机、小型离心泵	1.3	1.5	1.8	2.2
转矩变化小	透平压缩机、木工机床、运输机	1.5	1.7	2.0	2.4
转矩变化中等	搅拌机、增压泵、有飞轮的压缩机、冲床	1.7	1.9	2.2	2.6
转矩变化中等,冲击载荷中等	织布机、水泥搅拌机、拖拉机	1.9	2.1	2.4	2.8
转矩变化较大,有较大冲击载荷	造纸机、挖掘机、起重机、碎石机	2.3	2.5	2.8	3.2
转矩变化大,有极强烈冲击载荷	压缩机、轧钢机、无飞轮的活塞泵	3.1	3.3	3.6	4.0

根据计算转矩、轴的转速和直径等,参照下面的条件,从有关的手册中选取联轴器的型号和结构尺寸。所选型号的联轴器必须同时满足:

$$T_{ca} \leqslant [T]$$

$$n \leqslant [n] \tag{9.2}$$

式中 $[T]$——所选联轴器的许用转矩(N·m),见机械设计手册;

n——联轴器所连接轴的转速(r/min);

$[n]$——所选联轴器的许用转速(r/min),见机械设计手册。

很多情况下,每一个型号的联轴器所适用的轴的直径均有一个范围。标准中给出使用轴直径的尺寸系列,或给出轴直径的最大值和最小值,被连接两轴的直径都应在此范围内。

例 电动机经减速器驱动水泥搅拌机工作。若已知电动机的功率为 11 kW,转速为 970 r/min,电动机轴的直径和减速器输入轴的直径均为 42 mm。试选择电动机与减速器之间的联轴器。

解

(1)选择联轴器的类型。

为了缓和冲击和减轻振动,选用弹性套柱销联轴器。

(2)计算名义转矩

$$T = 9\ 550\frac{P}{n} = 9\ 550 \times \frac{11}{970} = 108.3(\mathrm{N \cdot m})$$

(3)确定计算转矩。

查表9.1得 $K=1.9$。所以,计算转矩

$$T_{ca} = KT = 1.9 \times 108.3 = 205.8(\mathrm{N \cdot m})$$

(4)型号选择。由GB/T 4323—2002《弹性套柱销联轴器》标准中选取弹性柱销联轴器LT7,该联轴器的许用转矩[T]为500 N·m,联轴器材料为钢时,许用转速[n]为3 600 r/min,联轴器材料为铁时,许用转速[n]为2 800 r/min,轴孔直径为40~48 mm,故选择合适。

联轴器的标记方法及含义见机械设计手册。

9.3　离合器

9.3.1　离合器的类型及应用

离合器是一种在机器运转时,可将传动系统随时分离或接合的装置,在各类机器中得到广泛使用。对离合器的要求有:接合平稳,分离迅速而彻底;调节和维修方便;外廓尺寸小;质量小;耐磨性好和有足够的散热能力;操纵方便省力等。

离合器的类型很多,按离合控制方法不同分类见表9.3。

表9.3　按离合控制方法不同分类

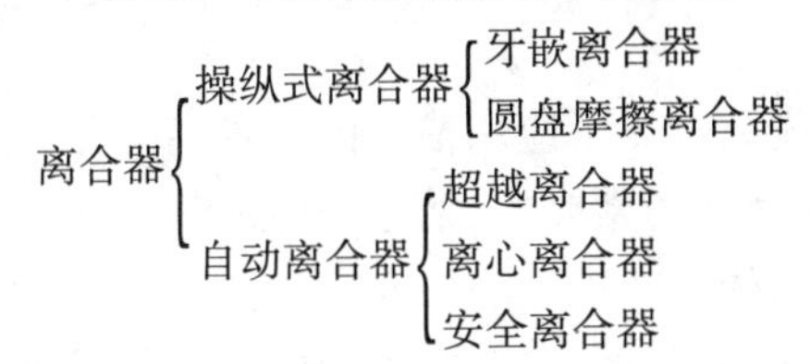

1. 操纵式离合器

离合器的结合与分离由外界操纵的称为操纵式离合器。常用的操纵式离合器如下。

(1)牙嵌离合器。

牙嵌离合器由两个端面上有牙齿的半离合器组成(图9.15)。其中,半离合器1固定在主动轴上;另一个半离合器2用导向平键(或花键)与从动轴连接,并可用操纵杆(图中未画出)操纵滑环4使其做轴向移动,来实现离合器的分离与接合。牙嵌离合器是借牙齿的相互啮合来传递运动与转矩的。为使两半离合器能够对中,在主动轴端的半离合器安装一个对中环5,从动轴可在对中环内自由转动。

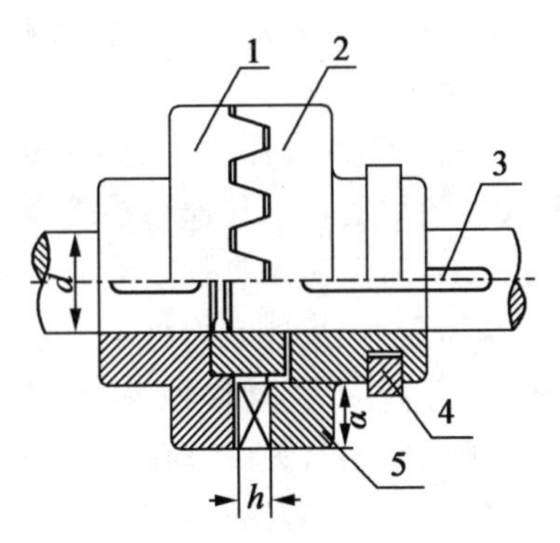

图9.15　牙嵌离合器

1、2—半离合器;3—导向平键;4—滑环;5—对中环

牙嵌离合器常用的牙形如图9.16所示,三角形牙(图9.16(a))结合和分离容易,但牙的强度较弱,多用于传递小转矩的低速离合器中;矩形牙(图9.16(b))无轴向分力,但不便于接合与分离,磨损后无法补偿,故应用较少;梯形牙(图9.16(c))的强度高,能传递较大的转矩,能自动补偿磨损后的牙侧间隙,从而减少冲击,故应用较广;锯齿形牙(图9.16(d))强度高,但只能单向工作,反转时工作面将受到较大的轴向分力,会迫使离合器自行分离。牙数一般取为

3～60。各牙应精确等分，使载荷均匀。

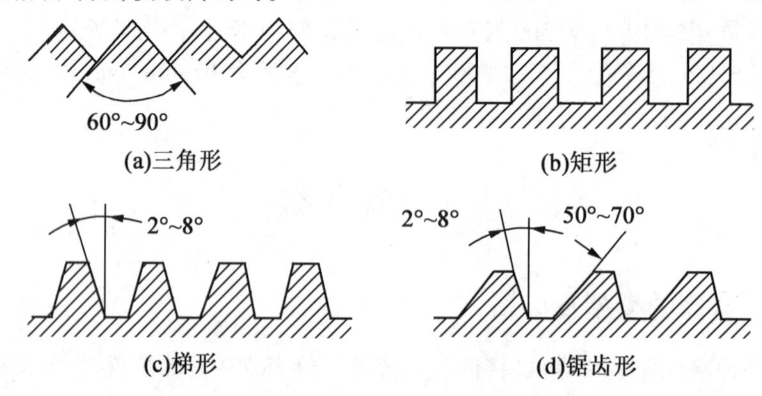

图 9.16　牙嵌离合器的牙形

牙嵌离合器结构简单，外廓尺寸小，结合后两半离合器没有相对滑动，能传递较大的转矩，故应用广泛。但牙嵌离合器只宜在两轴的转速差很小或相对静止时才能接合。否则，牙齿与牙齿会发生强烈撞击，影响牙齿的寿命。

(2)圆盘摩擦离合器。

圆盘摩擦离合器是摩擦式离合器中应用最广的一种离合器。它与牙嵌离合器的根本区别在于，它是靠两半离合器接合面间的摩擦力，使主、从动轴接合和传递转矩。圆盘摩擦离合器又分为单圆盘式和多圆盘式两种。

图 9.17 所示为单圆盘摩擦离合器，它由两个摩擦盘 1、2 组成。转矩是通过两个摩擦盘接合面之间产生的摩擦力来传递的。摩擦盘 1 固连在主动轴上，摩擦盘 2 利用导向平键(或花键)与从动轴连接。工作时通过操纵杆使滑环 3 左移，则两摩擦盘压紧，实现接合，主动轴上的转矩即由两盘接触面间产生的摩擦力矩传到从动轴上；若使滑环 3 右移，则两摩擦盘分开，离合器分离。

单圆盘摩擦离合器结构简单，散热性好，但传递的转矩较小，所以多用于轻型机械，如纺织机械、包装机械等。当传递转矩较大时，可采用多盘式摩擦离合器。

图 9.18 所示为多盘式摩擦离合器。主动轴 1 与鼓轮 2 连接，从动轴 9 与套筒 10 连接，它有两组摩擦盘：一组外摩擦盘 4 以及外齿插入主动轴 1 上的鼓轮 2 内缘的纵向槽中，外摩擦盘的孔壁则不与任何零件接触，故外摩擦盘 4 可与轴 1 一起运动，并可在轴向力推动下沿轴向移动；另一组内摩擦盘 5 以其孔壁凹槽与从动轴 9 上的套筒 10 的凸齿相配合，而内摩擦盘的外缘不与任何零件接触，故内摩擦盘 5 可与从动轴 9 一起转动，也可在轴向力推动下做轴向移动。另外，在套筒 10 上开有均布的几个纵向槽，来安置可绕销轴转动的曲臂压杆 7；当滑环 8 左移时，曲臂压杆 7 在滑环内锥面的作用下沿顺时针方向摆动，通过压板 3 将所有内、外摩擦盘紧压在调节螺母 6 上(图中所示位置)，离合器即进入接合状态。当滑环 8 右移至其内锥面与压杆 7 接触时，压杆下面的弹簧片迫使压杆沿逆时针方向摆动，内、外摩擦盘之间的压力消失，离合器即分离。调节螺母 6 可调节摩擦盘之间的压力。

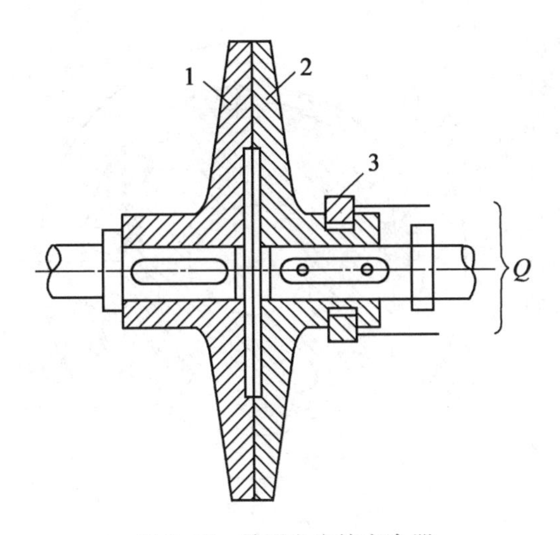

图9.17　单圆盘摩擦离合器

1、2—摩擦盘；3—滑环

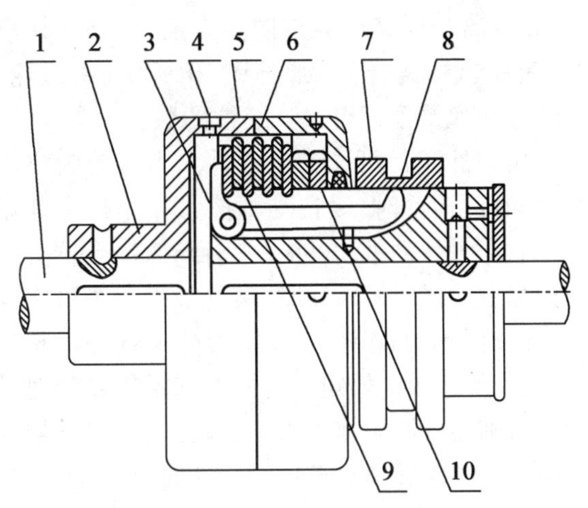

图9.18　多盘式摩擦离合器

1—主动轴；2—鼓轮；3—压板；4—外摩擦盘；5—内摩擦盘；6—调节螺母；7—曲臂压杆；8—滑环；9—从动轴；10—套筒

外摩擦盘和内摩擦盘的结构形状如图9.19所示。内摩擦盘也可做成蝶形(图9.19(c))，当接合时，可被压平面与外盘贴紧；分离时借其弹力作用可以更加快速。尽量增加摩擦盘的数目，可以提高离合器传递转矩的能力，但摩擦盘过多会影响离合器动作的灵活性，所以一般限制内、外摩擦盘总数不超过25～30。

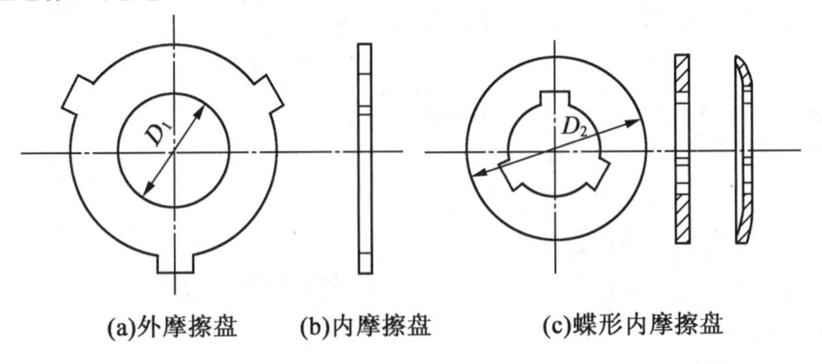

(a)外摩擦盘　(b)内摩擦盘　(c)蝶形内摩擦盘

图9.19　摩擦盘结构图

多盘式摩擦离合器常用于传递转矩较大，经常在运转中离合或启动频繁、重载的场合，如拖拉机、汽车和各种机床。

2. 自动离合器

在工作时能根据机器运转参数(如转矩或转速)的变化自动完成接合和分离的离合器称为自动离合器。当传递的转矩超过一定数值时自动分离的离合器(因为有防止系统过载的安全保护作用)称为安全离合器；当轴的转速达到某一转速时，靠离心力能自动接合或超过某一转速时靠离心力能自动分离的离合器称为离心离合器；根据主、从动轴间的相对速度差的不同来实现接合或分离的离合器，称为超越离合器。

超越离合器又称为定向离合器,目前应用广泛的是滚柱超越离合器,如图9.20所示,由星轮、外圈、滚柱和弹簧顶杆组成。滚柱的数目一般为3~8个,星轮和外圈都可作为主动件。当星轮为主动件并做顺时针转动时,滚柱受摩擦力作用楔紧在星轮与外圈之间,从动带动外圈一起回转,离合器为接合状态;当星轮逆时针转动时,滚柱被推到楔形空间的宽敞部分而不再楔紧,离合器为分离状态。超越离合器只能传递单向转矩。若外圈和星轮做顺时针同向回转,则当外圈转速大于星轮转速时,离合器为分离状态;当外圈转速小于星轮转速时,离合器为接合状态。

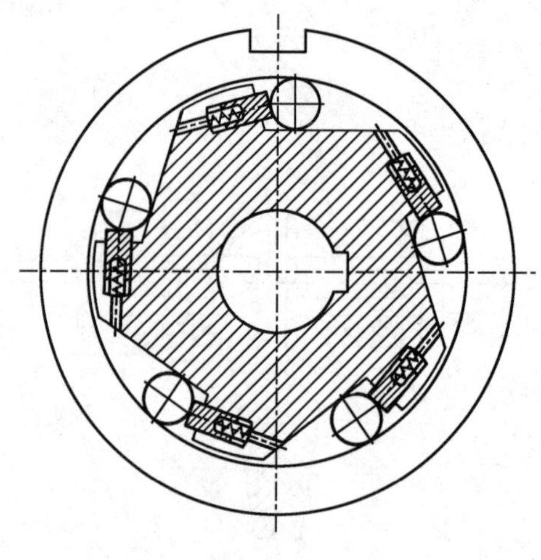

图9.20　滚柱超越离合器

超越离合器尺寸小,接合和分离平稳,可用于高速传动,但对制造精度和表面结构中的粗糙度要求较高。

9.3.2　离合器的选择

大多数离合器已标准化或规格化,设计时,只需参考有关手册选择即可。

选择离合器时,首先根据机器的工作特点和使用条件,结合各种离合器的性能特点,确定离合器的类型。类型确定后,再根据被连接两轴计算转矩、转速和直径,从手册中查取适当的型号。必要时,要对其薄弱环节进行承载能力的校核。

课后习题

1. 选择题

(1)万向联轴器的主要缺点是(　　)

A. 结构复杂　　B. 传递的转矩小

C. 从动轴角速度有周期变化

(2)要求被连接轴的轴线严格对中的联轴器是(　　)

A. 凸缘联轴器　　B. 滑块联轴器

C. 弹性套柱销联轴器

(3)多盘式摩擦离合器的内摩擦盘有时做成蝶形,这是为了(　　)

A. 减轻盘的磨损　　B. 提高盘的刚性

C. 使离合器分离迅速　　D. 增大当量摩擦系数

(4)离合器与联轴器的不同点为(　　)

A. 过载保护

B. 可以将两轴的运动和载荷随时脱离和接合

C. 补偿两轴间的位移

(5)齿轮联轴器属于(　　)

A. 刚性联轴器　　　　B. 无弹性元件的挠性联轴器

C. 有弹性元件的挠性联轴器

(6)下列联轴器中,能补偿两轴的相对位移以及缓和冲击、减轻振动的是(　　)

A. 凸缘联轴器　　　　B. 齿轮联轴器

C. 万向联轴器　　　　D. 弹性柱销联轴器

2. 思考题

(1)联轴器和离合器的功用是什么?两者的功用有何不同?

(2)牙嵌离合器和摩擦式离合器各有何优缺点?各适用于什么场合?

(3)万向联轴器适用于什么场合?为何常成对使用?在成对使用时如何布置才能使主、从动轴的角速度随时相等?

(4)选用联轴器时,应考虑哪些主要因素?选择的原则是什么?

(5)说明多盘式摩擦离合器的结构特点和工作原理,为什么要限制摩擦盘的数目?

(6)在带式输送机的驱动装置中,电动机与齿轮减速器之间、齿轮减速器与工作机之间分别用联轴器连接,有两种方案:①高速级选用弹性联轴器,低速级选用刚性联轴器;②高速级选用刚性联轴器,低速级选用弹性联轴器。试问上述两种方案哪个好,为什么?

3. 设计计算题

(1)带式运输机中减速器的高速轴与电动机采用弹性柱销联轴器。已知电动机功率 $P=11$ kW,转速 $n=970$ r/min,电动机轴直径为 42 mm,减速器的高速轴的直径为 35 mm,试选择电动机与减速器之间的联轴器型号。

(2)某增压油泵根据工作要求选用一电动机,其功率 $P=7.5$ kW,转速 $n=960$ r/min,电动机外伸端轴的直径 $d=38$ mm,油泵轴的直径 $d=42$ mm,试选择电动机和增压油泵间用的联轴器。

第10章 连　　接

10.1　概　述

为了完成机器的制造、安装、运输、维修等任务,工程中广泛地使用各种连接。因此,要求机械设计人员必须熟悉各种机器中常用的连接方法及相关连接零件的结构、类型、性能与适用环境,掌握其设计理论和选用方法。

机械连接有两大类,一类是机器工作时,被连接的零部件间有可以相对运动的连接,称为机械动连接,如机械原理课程中讨论的各种运动副;另一类则是在机器工作时,被连接的零部件间不允许产生相对运动的连接,称为机械静连接。本章中除了特别注明是动连接外,用到的"连接"均指机械静连接。

机械静连接又分为可拆连接和不可拆连接。可拆连接是无须毁坏连接中的任一零件就可拆开的连接,多次装拆不影响其使用性能。常见的可拆连接有螺纹连接、键连接(包括花键连接、平键连接)及销连接等,其中,尤以螺纹连接和键连接应用最广。不可拆连接是必须毁坏连接中的某一部分才能拆开的连接,常见的不可拆连接有铆钉连接、焊接、胶接等。通常采用不可拆连接多是考虑制造及经济上的原因;采用可拆连接多是由于结构、安装、运输、维修等方面的原因。不可拆连接的制造成本通常较可拆连接低廉。在具体选择连接的类型时,还须考虑到连接的加工条件和被连接的零件的材料、形状及尺寸等因素。例如,板件与板件的连接,多选用螺纹连接、焊接、铆接或胶接;杆件与杆件的连接,多选用螺纹连接或焊接;轴与轮毂的连接则常选用键、花键连接或过盈连接等。有时也可以综合使用两种连接,例如,胶-焊连接、胶-铆连接及键与过盈配合并用的连接等。轴与轴的连接则采用联轴器或离合器,在第9章我们已经讨论过,这里不再赘述。本章将着重讨论螺纹连接,并对其他常用连接做简要介绍。

10.2　螺纹连接

螺纹连接是一种可拆连接,它是通过螺纹连接件把需要相对固定在一起的零件连接起来。其结构简单、连接可靠、装拆方便,且多数螺纹连接件已标准化,生产率高,因而应用广泛。

10.2.1 螺纹

1. 螺纹的主要参数

现以圆柱普通外螺纹为例说明螺纹的主要参数(图10.1)。

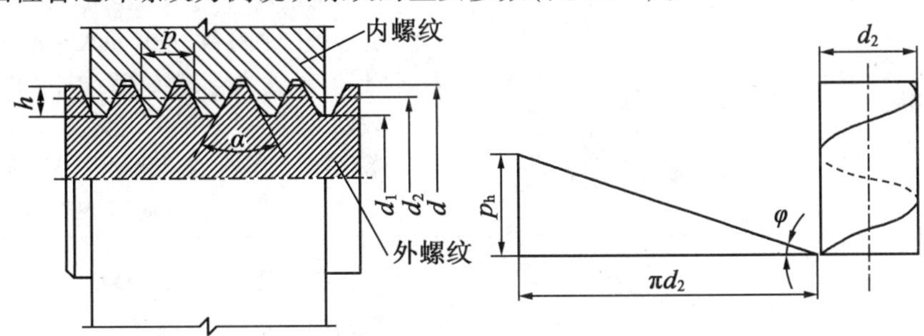

图10.1 螺纹的主要参数

(1)大径 d。与外螺纹牙顶相重合的假想圆柱面直径,是螺纹的公称直径。

(2)小径 d_1。与外螺纹牙底相重合的假想圆柱面直径,一般在强度计算中作为螺杆危险剖面的计算直径。

(3)中径 d_2。在轴向剖面内牙厚与牙槽宽相等处的假想圆柱面的直径,$d_2 \approx 0.5(d+d_1)$,近似等于螺纹的平均直径。

(4)螺距 P。相邻两牙在中径圆柱面的母线上对应两点间的轴向距离。

(5)导程 P_h。同一条螺线上相邻两牙在中径圆柱面的母线上对应两点间的轴向距离。

(6)线数 n。螺纹螺旋线的数目,一般为便于制造,取线数 $n \leqslant 4$。导程、线数与螺距之间的关系为:$P_h = nP$。

(7)螺纹升角 φ。在中径圆柱面上螺旋线的切线与轴线的垂直平面的夹角,其值为 $\varphi = \arctan \dfrac{P_h}{\pi d_2} = \arctan \dfrac{nP}{\pi d_2}$。

(8)牙型角 α。螺纹轴向平面内螺纹牙型两侧边的夹角。

(9)牙型斜角 β。螺纹牙型的侧边与螺纹轴线的垂直平面的夹角。

各种螺纹的主要几何尺寸可查阅有关标准,除管螺纹的公称直径等于管子的内径外,其余各种螺纹的公称直径均为螺纹大径。

2. 螺纹的分类

螺纹有外螺纹和内螺纹之分,具有内、外螺纹的零件组成螺纹副。根据牙型可分为普通螺纹、梯形螺纹、矩形螺纹、锯齿形螺纹和管螺纹等。按螺纹的螺旋旋向可分为左旋螺纹及右旋螺纹,常用的为右旋螺纹。按螺纹的螺旋线线数可分为单线螺纹、双线螺纹和多线螺纹,连接螺纹一般为单线螺纹。按计量单位制可分为米制和英制(螺距以每英寸牙数表示)两类。我国除管螺纹外,一般都采用米制螺纹。

除矩形螺纹外,其他类型螺纹都已经标准化。凡牙型、大径及螺距等符合国家标准的螺纹称为标准螺纹。标准中牙型角为60°的三角形米制圆柱螺纹称为普通螺纹。标准螺纹的基本尺寸,可查阅有关标准或手册。常用螺纹的类型、特点和应用,见表10.1。

表 10.1　常用螺纹的类型、特点和应用

	螺纹类型	图例	特点和应用
连接螺纹	普通螺纹	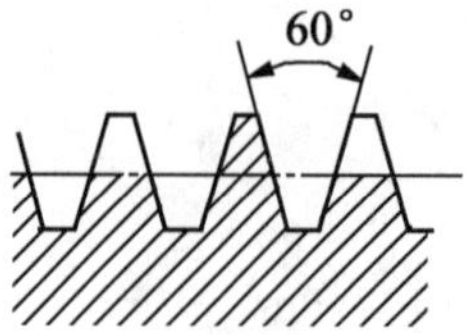 60°	牙型为等边三角形，牙型角 $\alpha=60°$，同一公称直径的普通螺纹，按螺距大小的不同分为粗牙和细牙。细牙螺纹螺距小、升角小、自锁性较好，强度高。但不耐磨，易滑扣；一般连接都用粗牙螺纹，细牙螺纹常用于细小零件、薄壁管件或受冲击、振动和变载荷的场合
	圆柱管螺纹	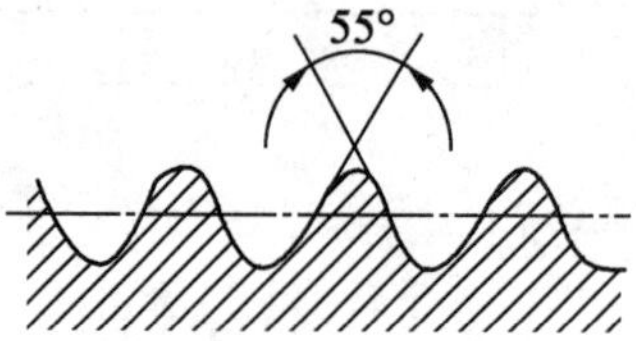 55°	牙型为等腰三角形，牙型角 $\alpha=55°$，管螺纹为英制细牙螺纹，公称直径为管子的内径。圆柱管螺纹多用于水、煤气、润滑和电缆管路系统中
	圆锥管螺纹	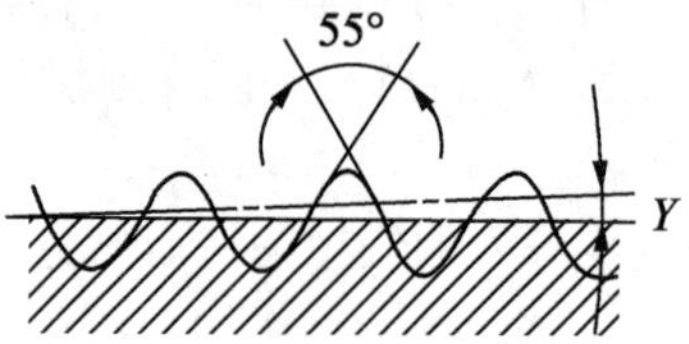 55° Y	牙型角为等腰三角形，牙型角 $\alpha=55°$，圆锥管螺纹多用于高温、高压或密封性要求高的管路系统中
传动螺纹	矩形螺纹	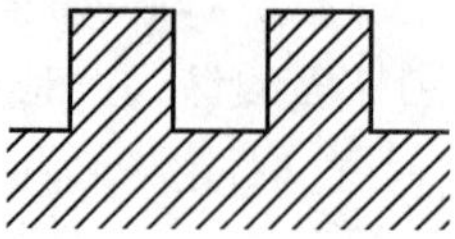	牙型角为正方形，牙型角 $\alpha=0°$。其传动效率较其他螺纹都高，但牙根强度弱，螺纹磨损后难以补偿，传动精度降低。目前已经逐渐被梯形螺纹代替
	梯形螺纹	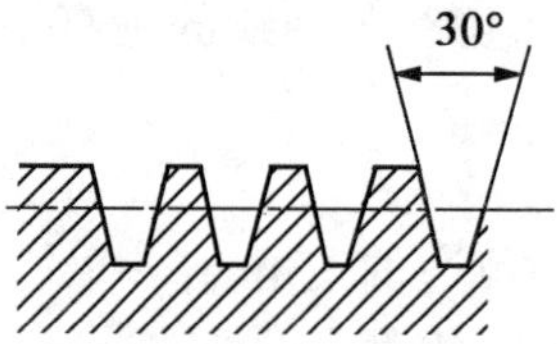 30°	牙型角为等腰梯形，牙型角 $\alpha=30°$。与矩形螺纹相比，传动效率略低，但其工艺性好，牙根强度高，对中性好，磨损后还可以调整间隙。它是最常用的传动螺纹
	锯齿形螺纹	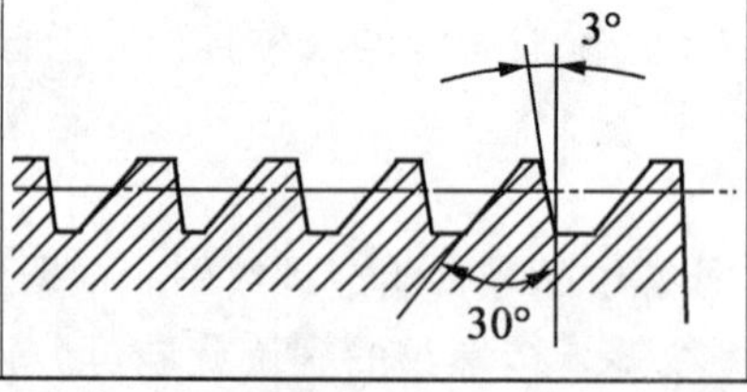 3° 30°	牙型为不等腰梯形，其工作面牙型斜角 $\beta=3°$，其非工作面牙型斜角为 30°。它兼有矩形螺纹传动效率高和梯形螺纹牙根强度高的特点，但只能用于单向受力的螺旋传动中

10.2.2　螺纹连接的类型及螺纹连接件

1. 螺纹连接的主要类型

(1) 螺栓连接。

①普通螺栓连接。被连接件不太厚，螺杆带钉头，螺杆穿过被连接件上的通孔与螺母配合

使用。装配后孔与杆之间有间隙，并在工作中保持不变。普通螺栓连接结构简单，装拆方便，可多次装拆，应用较广，如图 10.2(a)所示。

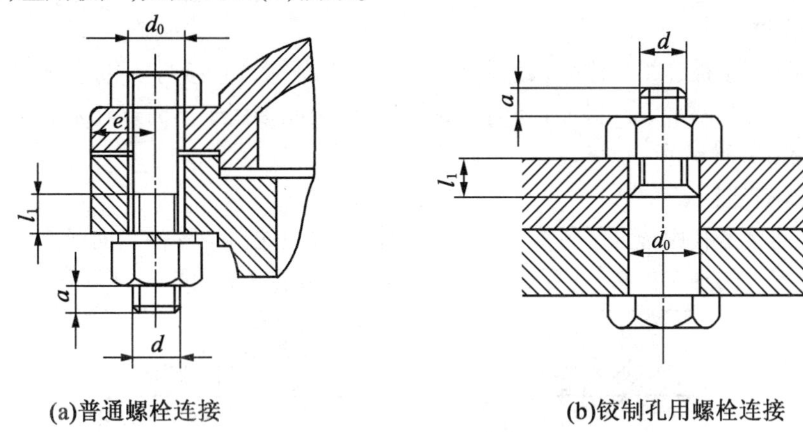

图 10.2　螺栓连接

螺纹余留长度 l_1：静载荷 $l_1 \geqslant (0.3 \sim 0.5)d$，变载荷 $l_1 \geqslant 0.75d$，冲击载荷或弯曲载荷 $l_1 \geqslant d$，铰制孔用螺栓连接 $l_1 \approx d$；螺纹伸出长度 $a \approx (0.2 \sim 0.3)d$；螺栓轴线到被连接件边缘的距离 $e = d + (3 \sim 6)$ mm；通孔直径 $d_0 \approx 1.1d$。

②铰制孔螺栓连接。孔和螺栓杆多采用基孔制过度配合(H7/m6|H7/n6)，能精确固定被连接件的相对位置，并能承受横向载荷，也可当成定位用，但孔的加工精度要求较高，如图 10.2(b)所示。

(2)双头螺柱连接。

这种连接适用于结构上不能采用螺栓连接的场合，如被连接件之一较厚不宜制成通孔，且需要经常拆卸时，通常采用双头螺柱连接。拆卸时只需要拆螺母，而不必将双头螺柱从被连接件中拧出，如图 10.3(a)所示。

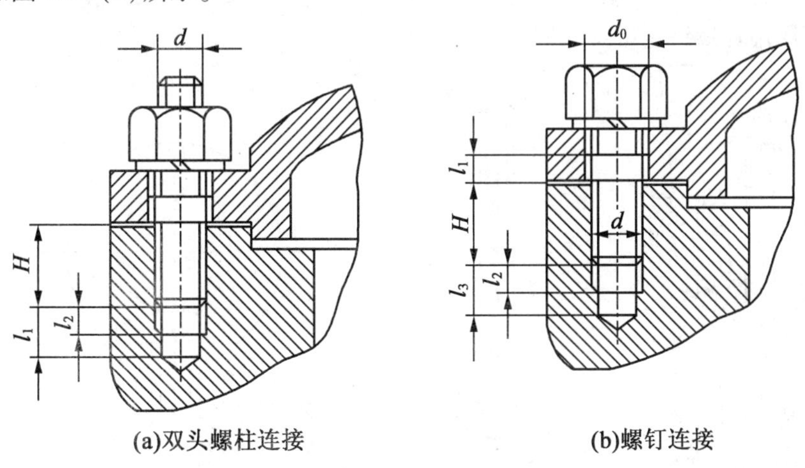

图 10.3　双头螺柱、螺钉连接

拧入深度 H，螺孔零件材料为：钢或青铜 $H\approx d$；铸铁 $H=(1.25\sim1.5)d$；铝合金 $H=(1.5\sim2.5)d$；螺纹余留长度 l_1；内螺纹余留长度 $l_2\approx(2\sim2.5)P$；钻孔余量 $l_3\approx l_2+(0.5\sim1)d$。

(3)螺钉连接。

这种连接适用于被连接件之一较厚的场合，其特点是螺钉直接拧入被连接件之一的螺纹孔中，不用螺母。但如果经常拆卸容易使螺纹孔磨损，因此多用于不需要经常装拆且受载荷较小的场合，如图 10.3(b)所示。

(4)紧定螺钉连接。

紧定螺钉连接是利用拧入零件螺纹孔中的螺钉末端顶住另一零件表面或旋入零件相应的缺口中以固定零件的相对位置，并可传递不大的轴向力或转矩，如图 10.4 所示。

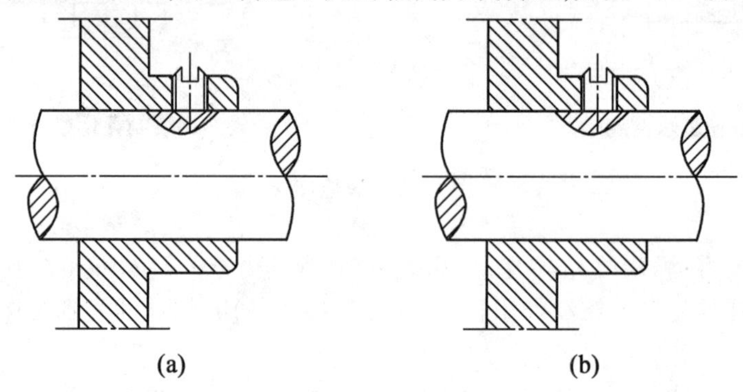

图 10.4　紧定螺钉连接

(5)特殊连接。

①地脚螺栓连接。地脚螺栓连接为机座或机架固定在地基上，需要用结构特殊的地脚螺栓，其头部为勾型结构，预埋在水泥地基中，连接时将地脚螺栓露出的螺杆置于机座或机架的地脚螺栓孔中，然后再用螺母固定，如图 10.5 所示。

②吊环螺钉连接。通常用于机器的大型顶盖或外壳的吊装。例如，减速器的上箱体，为了吊装方便，可用吊环螺钉连接。如图 10.6 所示。

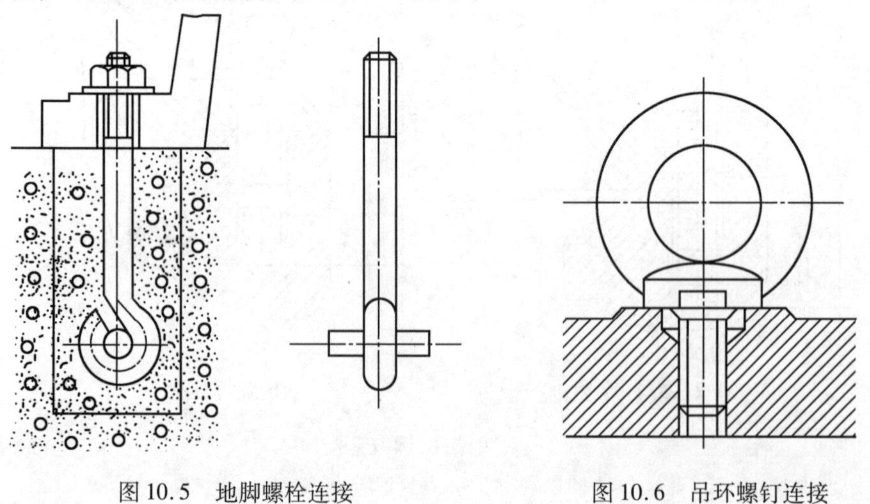

图 10.5　地脚螺栓连接

图 10.6　吊环螺钉连接

2. 标准螺纹连接件

螺纹连接件的类型有很多，在机械制造中常见的螺纹连接件有：螺栓、双头螺柱、螺钉、螺母、垫圈等，这类零件的结构形式和尺寸都已经标准化了，设计时可根据标准选用。螺纹连接件的类型及特点见表10.2。

表10.2　螺纹连接件的类型及特点

类型	图例	结构特点及应用
六角头螺栓	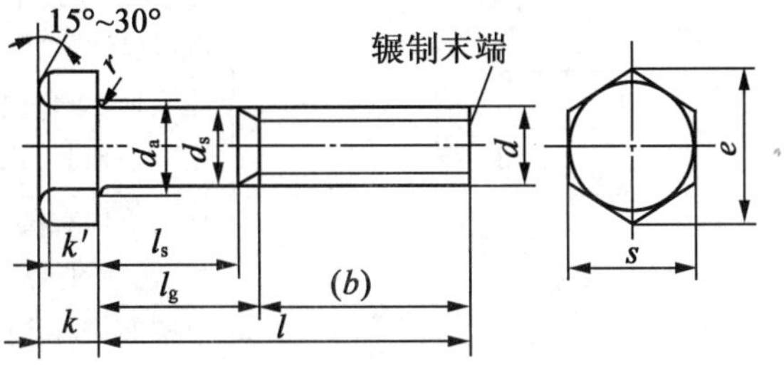 15°~30°；r；辊制末端；d_a；d_s；d；e；k'；l_s；l_g；(b)；k；l；s	种类很多，应用最广，精度分为A、B、C三级，通用机械制造中多用C级（左图）。螺栓杆部可制出一段螺纹或全螺纹，螺纹可用粗牙或细牙（A、B级）
双头螺柱	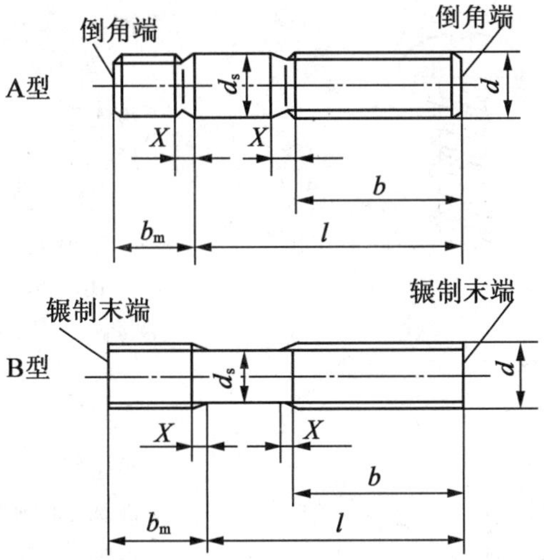 A型：倒角端；倒角端；d_s；d；X；X；b；b_m；l B型：辊制末端；辊制末端；d_s；d；X；X；b；b_m；l	螺柱两端都制有螺纹，两段螺纹可相同或不同，螺柱可带退刀槽或制成腰杆，也可制成全螺纹的螺柱。螺柱的一端常用于旋入螺纹孔中，旋入后不拆卸，另一端则用于安装螺母以固定其他零件
螺钉	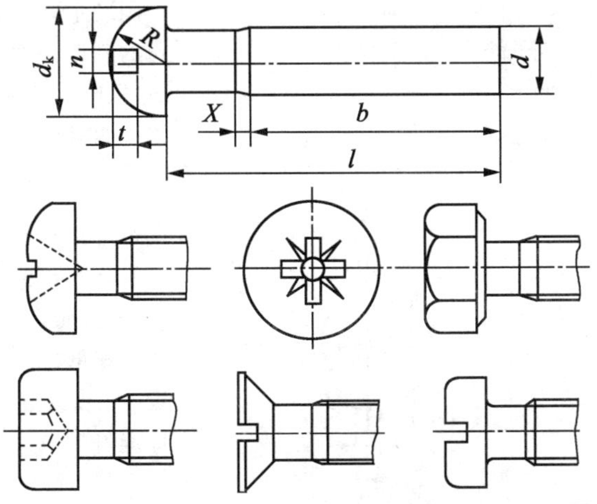 d_k；n；R；t；X；b；d；l	螺钉头部有圆头、扁圆头、六角头、圆柱头和沉头等形状。头部上有一字形槽。十字槽螺钉头强度高、对中性好，便于自动装配。内六角孔螺钉能承受较大的扳手力矩，连接强度高，可代替六角头螺栓，用于要求结构紧凑场合

续表 10.2

类型	图例	结构特点及应用
紧定螺钉	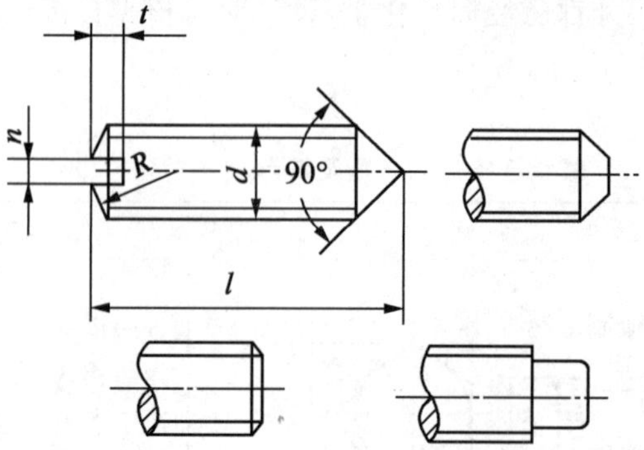	紧定螺钉的末端形状,常用的有锥端、平端和圆柱端。锥端适用于被紧定零件的表面硬度较低或不经常拆卸的场合;平端接触面积大,不伤零件表面,常用于顶紧硬度较大的平面或经常装拆的场合;圆柱端压入轴上的凹槽中,适用于紧定空心轴上的零件位置
自攻螺钉	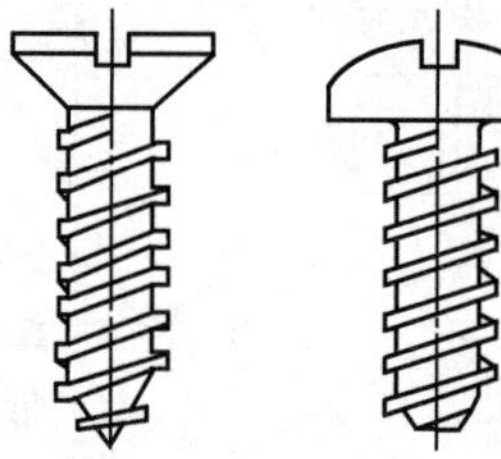	螺钉头部有圆头、六角头、圆柱头、沉头等形状。头部起子槽有一字槽、十字槽等形式。末端有锥端和平端两种形状。多用于连接金属薄板、轻合金或塑料零件。在被连接件上可不预先制出螺纹,在连接时利用螺钉直接攻出螺纹。螺钉材料一般用渗碳钢,热处理后表面硬度不低于 HRC45。自攻螺钉的螺纹与普通螺纹相比,在相同的大径时,自攻螺钉的螺距大而小径则稍小,已标准化
六角螺母	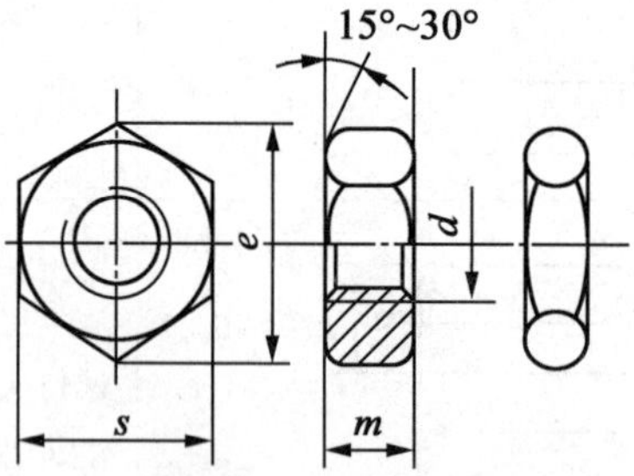	根据螺母厚度不同,分为标准螺母和薄螺母两种。薄螺母常用于受剪力的螺栓上或空间尺寸受限制的场合。螺母的制造精度和螺栓相同,分 A、B、C 三级,分别与相同级别的螺栓配用
圆螺母及止退垫圈	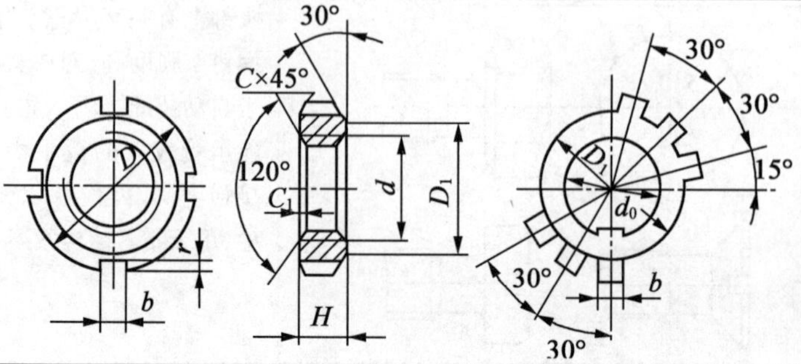	圆螺母常与止退垫圈配用。装配时将垫圈内舌插入轴上的槽内,而将垫圈的外舌嵌入圆螺母槽内,螺母即被锁紧。常作为滚动轴承的轴向固定用

续表 10.2

类型	图例	结构特点及应用
垫圈	平垫圈　斜垫圈　h　d_1　d_2	垫圈是螺纹连接中不可缺少的附件，常放置在螺母和被连接件之间，起保护支承表面等作用。平垫圈按加工精度不同，分为 A 级和 C 级两种。用于同一螺纹直径的垫圈又分为特大、大、普通和小的四种规格，特大垫圈主要在铁木结构上使用。斜垫圈主要用于倾斜的支承面上

10.2.3　螺纹连接的预紧和防松

1. 螺纹连接的预紧

绝大多数的螺栓连接在装配时都必须拧紧，可以提高连接的可靠性、紧固性和防松能力，也利于提高螺栓连接的疲劳强度和承载能力。螺栓在承受工作载荷之前，即在安装时就受到一个由于拧紧螺栓产生的力，此力称为预紧力 F'。这种螺纹连接被称为紧螺栓连接。对于较重要的有强度要求的紧螺栓连接，预紧力和预紧力矩的大小应能控制。下面我们分析计算拧紧力矩 T_t 与预紧力 F'之间的关系。如图 10.7 所示，若施加到扳手上的力为 F，扳手长为 L，则施加的力矩为 FL，此力矩需克服螺纹副之间的摩擦阻力矩或称为螺纹力矩 T_1，同时还要克服螺母支承面的摩擦力矩 T_2。

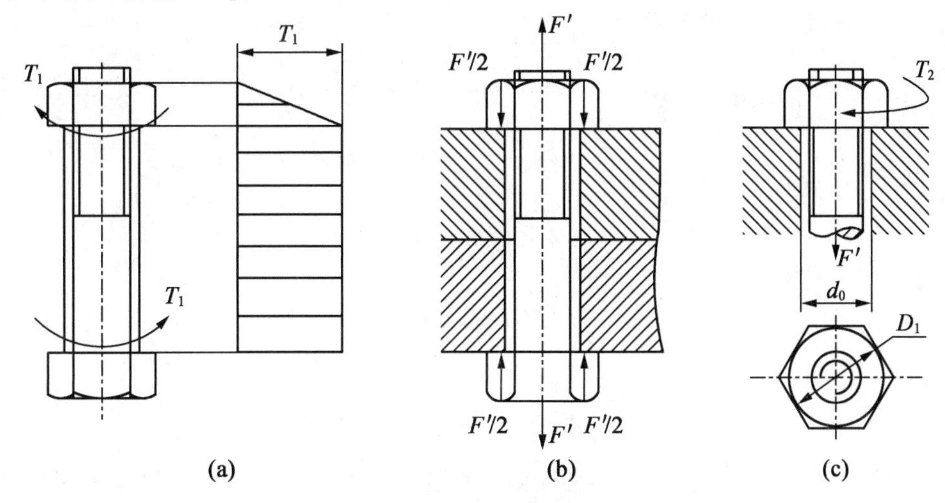

图 10.7　拧紧时零件的受力

$$T_t = FL$$

$$T_t = T_1 + T_2 \tag{10.1}$$

螺距力矩

$$T_1 = F_t \frac{d_2}{2} = F'\tan(\psi + \rho_v)\frac{d_2}{2}$$

螺母与支承面间的摩擦力矩

$$T_2 = \frac{1}{3}F'f\frac{D_1^3 - d_0^3}{D_1^2 - d_0^2}$$

式中 f——螺母被连接件支承面间的摩擦系数；

D——螺母内接圆直径(mm)；

d_0——螺栓孔直径(mm)；

d_2——螺纹中径(mm)；

ρ_v——当量摩擦角(°)。

将 T_1、T_2 代入式(10.1)中,得出拧紧力矩 T_t 的计算式

$$T_t = T_1 + T_2 = F'\tan(\psi + \rho_v)\frac{d_2}{2} + \frac{1}{3}F'f\frac{D_2^3 - d_0^3}{D_1^2 - d_0^2}$$

$$= \frac{1}{2}F'd\left[\frac{d_2}{2}\tan(\psi + \rho_v) + \frac{2}{3}\frac{f}{d}\frac{D_2^3 - d_0^3}{D_1^2 - d_0^2}\right] = F'dK_t \tag{10.2}$$

式中 K_t——拧紧力矩系数；

ψ——螺纹升角(°)；

d——螺纹大径(mm)。

K_t 为 0.1 ~ 0.3,通常取平均值为 0.2。代入式(10.2)得出近似公式为

$$T_t \approx 0.2F'd \tag{10.3}$$

例 工程中使用的扳手力臂 $L = 15d$,d 为螺纹大径,施加到扳手上的扳动力 $F = 400$ N,问拧紧螺母时螺栓将受多大的预紧力 F'？

解

施加到扳手上的力矩为

$$T_t = FL = 15Fd$$

由式(10.3)得

$$T_t \approx 0.2F'd$$

联立以上二式得

$$15Fd \approx 0.2F'd$$

从而求出预紧力

$$F' \approx \frac{15F}{0.2} = 75F = 75 \times 400 = 30(\text{kN})$$

从例题可以看出,拧紧螺母时,螺栓受到的预紧力 F'大约是扳动力的 75 倍。拧紧力矩越大,螺栓所受的预紧力就越大。如果预紧力过大,螺栓就容易过载拉断,直径小的螺栓更容易发生这种情况。因此,对于需要预紧的重要螺栓连接,不宜选用小于 M12 的螺栓。必须使用时,应严格控制其拧紧力矩。

控制拧紧力矩的方法可用测力矩扳手或定力矩扳手。用测力矩扳手(图10.8)根据扳手上的弹性元件1在拧紧力矩作用下所产生的弹性变形量来指示拧紧力矩的大小。定力矩扳手具有拧紧力矩超过预定值时自动打滑的特性,如图10.9所示。当拧紧力矩超过预定值时,弹簧3被压缩,扳手卡盘1与圈柱销2之间发生打滑,即使继续转动手柄,卡盘也不再转动。预定拧紧力矩的大小可利用调整螺钉4调整弹簧压紧力来加以控制。采用测力矩扳手或定力矩扳手控制预紧力的方法,操作简单,但准确性较差(因拧紧力矩受摩擦系数波动的影响较大)。为此,对于大型连接,可利用液力预拉螺栓,或加热使螺栓伸长到需要的变形量,然后再把螺母拧紧。

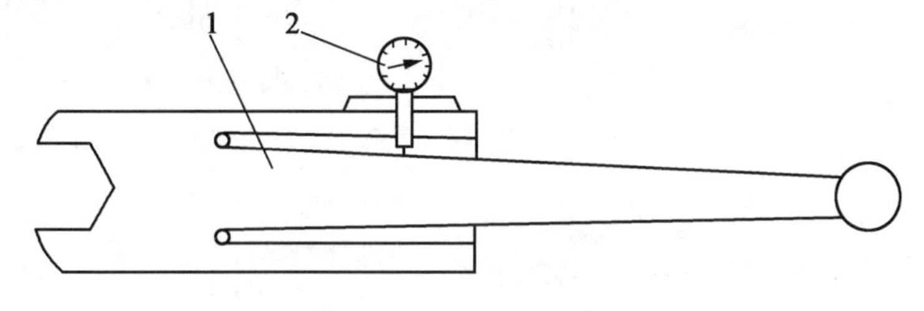

图10.8 测力矩扳手

1—弹性元件;2—指示表

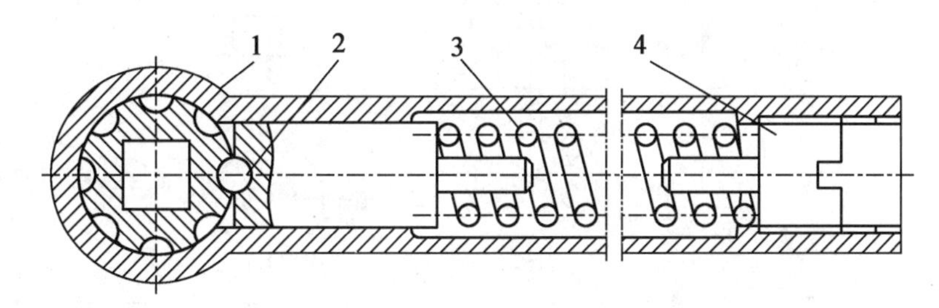

图10.9 定力矩扳手

1—扳手卡盘;2—圆柱销;3—弹簧;4—调整螺钉

2. 螺纹连接的防松

在静载荷作用下,连接螺纹都能造足自锁条件即螺纹升角 φ 小于或等于当量摩擦角 ρ_v。此外,螺母、螺栓头部等支承面上的摩擦力也有防松作用。但在冲击、振动或变载荷的作用下,螺旋副间的摩擦力可能减小或瞬时消失。这种现象多次重复后,就会使连接松脱。在高温或温度变化较大的情况下,因为螺纹连接件和被连接件的材料发生蠕变和应力松弛,也会使连接中的预紧力和摩擦力逐渐减小,最终将导致连接松动。

螺纹连接一旦出现松脱,轻者会影响机器的正常运转,重者会造成严重事故。因此,为了防止连接松脱,保证连接安全可靠,设计时必须采取有效的防松措施。

防松的根本问题在于防止螺纹副在受载时发生相对转动。按防松原理分类,可分为摩擦防松、机械防松(也称直接锁住)及破坏螺纹副关系三种方法。摩擦防松工程上常用的有弹簧垫圈、对顶螺母、自锁螺母等,简单方便,但不可靠。机械防松工程上常用的有开口销、止动垫及串联钢丝绳等,比摩擦防松可靠。以上两种方法用于可拆连接的防松,在工程上广泛应用。用于不可拆连接的防松,工程上可用焊、粘、铆的方法,破坏螺纹副之间的运动关系。常用的防松方法见表10.3。

表 10.3　常用的防松方法

防松方法	防松原理、特点	防松实例		
摩擦防松	使螺纹副中有不随连接载荷而变的压力,因此始终有摩擦力矩防止相对转动。压力可由螺纹副纵向或横向压紧而产生 结构简单,使用方便,但由于摩擦力受到限制,因此在冲击、振动时防松效果受到影响,常用于一般不重要的连接	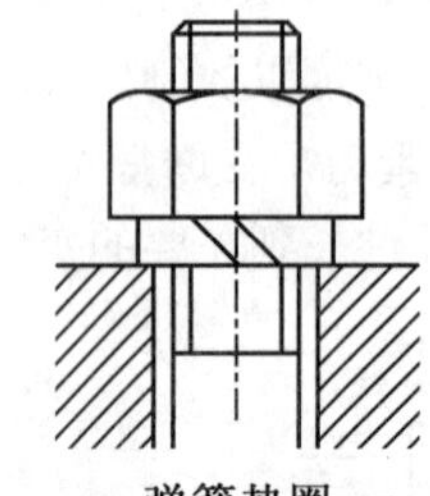 弹簧垫圈	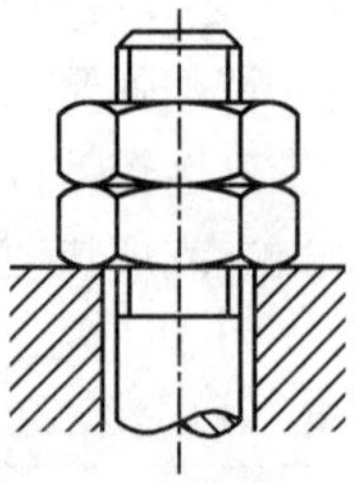 对顶螺母	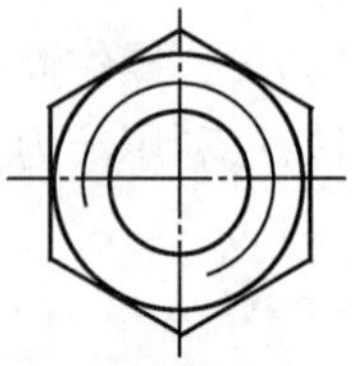 金属锁紧螺母
		利用锁紧螺母时,垫圈被压平后的弹性力使螺纹副纵向压紧	两螺母对顶拧紧,旋合部分的螺杆受拉而螺母受压,从而使螺纹副纵向压紧	利用螺母末端椭圆口的弹性变形箍紧螺栓,横向压紧螺纹
机械防松	利用便于更换的金属元件约束螺旋副。使用方便,防松安全可靠	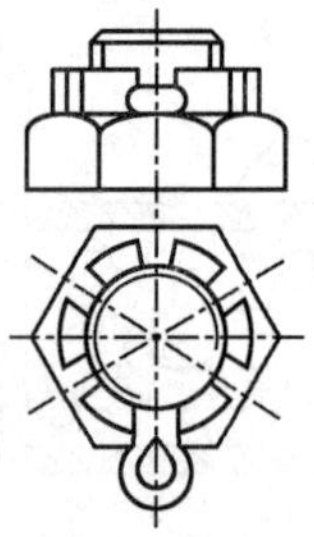	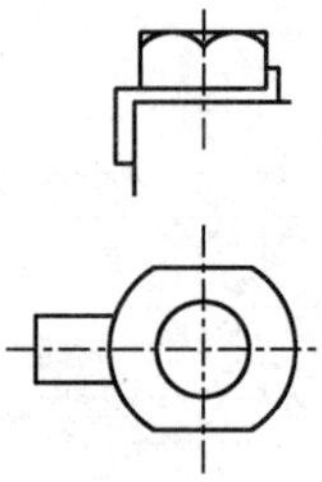	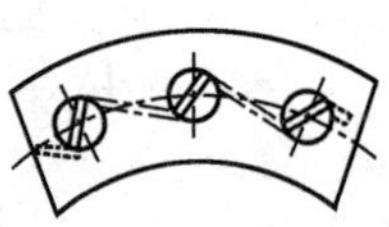
		槽形螺母拧紧后用开口销插入螺母槽与螺栓尾部的小孔中,并将销尾部掰开,阻止螺母与螺杆的相对运动	将垫片折边约束螺母,而自身又折边被约束在被连接件上,使螺母不能转动。同时,螺栓的钉头要被卡住,使螺栓不能转动	利用钢丝使一组螺栓头部互相制约,当有松动趋势时,金属丝更加拉紧
破坏螺纹副关系	把螺纹副转变为非运动副,从而排除相对转动的可能,属于不可拆连接	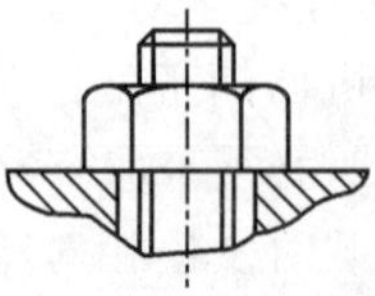	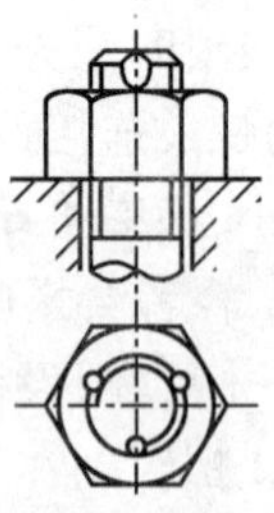	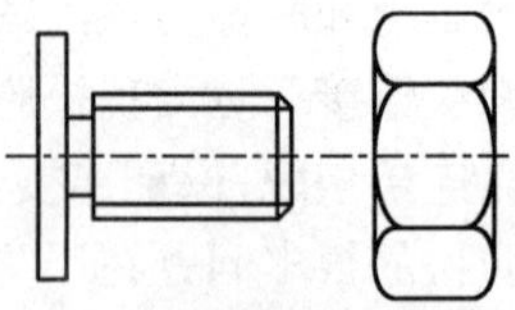
		焊住	冲点	胶接:在螺纹副间涂黏合剂,拧紧螺母后黏合剂能自动固化,防松效果好

10.2.4　螺栓组连接的结构设计和受力分析

工程中螺栓多为成组使用,因此,须研究螺栓组的结构设计和受力分析,它是单个螺栓连接强度计算的基础和前提条件。螺栓组连接设计的基本程序是:选择螺栓组布局、确定螺栓数目、进行螺栓组受力分析、求出螺栓直径。

1. 螺栓组连接的结构设计

螺栓组连接的结构设计原则如下。

(1)螺栓布局要尽量对称分布,螺栓组中心与连接接合面的形心重合,从而保证连接接合面受力比较均匀。连接接合面的几何形状通常都设计成轴对称的简单几何形状,如圆形、环形、矩形、三角形等。对于圆形构件布置螺栓时,螺栓数目尽可能取偶数,这样有利于零件加工(分度、划线、钻孔)。

(2)一组螺栓的规格(直径、长度、材料)应一致,有利于加工和美观。

(3) 设计合理的螺栓要有适当的间距和边距,应满足扳手空间以利于用扳手装拆,尺寸可查阅机械设计手册。

(4)装配时,对于紧螺栓连接,应使每个螺栓预紧程度(预紧力)尽量一致。

(5)避免螺栓承受偏心载荷作用,保证被连接件上螺母和螺栓头的支承面平整,并与螺栓轴线相垂直。

2. 螺栓组连接的受力分析

螺栓组受力分析的目的在于根据连接所受的载荷和螺栓的布置与结构求出受力最大的螺栓及其所受载荷。然后按相应的单个螺栓的强度计算公式设计螺栓的直径或对螺栓进行强度校核。

假设:①被连接件为刚性体。②各个螺栓的材料、直径、长度与预紧力相同。③螺栓的应变在弹性范围内。

根据以上假设,进一步讨论当作用于一组螺栓的外载荷是轴向力、横向力、转矩和翻倒力矩时,一组螺栓中受力最大的螺栓及其所受的力。

(1)螺栓组连接受轴向载荷 F_Q。

如图10.10所示,作用于螺栓组几何形心的载荷为 F_Q,有 z 个螺栓,每个螺栓所受的工作拉力

$$F = \frac{F_Q}{z} \tag{10.4}$$

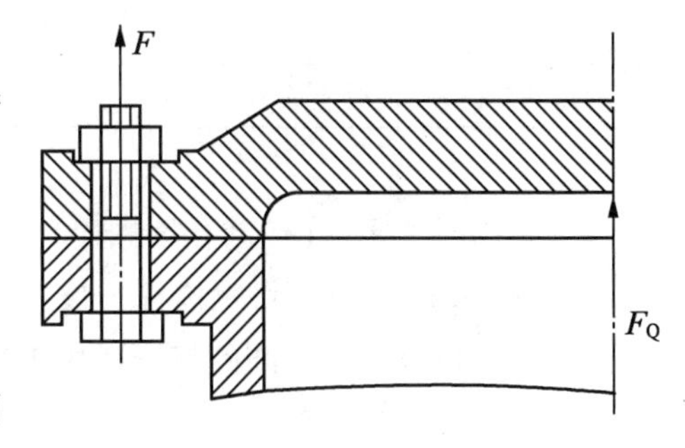

图10.10　螺栓组连接受轴向载荷

(2)螺栓组连接受横向载荷 F_R。

受横向载荷 F_R 作用的螺栓组连接,载荷的作用线通过螺栓组的对称中心并与螺栓轴线垂直,如图10.11所示。如果采用受拉螺栓连接,则螺栓受拉力而不受剪切力;如果采用铰制孔用螺栓连接,则螺栓受剪切力。

①采用受拉螺栓(普通螺栓)。

如图10.11(a)所示,此时的螺栓在安装时每个螺栓受预紧力 F' 作用,而被连接件受夹紧

力(正压力)作用,预紧力产生的摩擦力与外载荷平衡,即

$$F'zfm = K_f F_R$$

$$F' = \frac{K_f F_R}{zfm} \tag{10.5}$$

式中 f——接合面摩擦系数,见表 10.4;

K_f——可靠系数,1.1 ~ 1.5;

m——接合面对数。

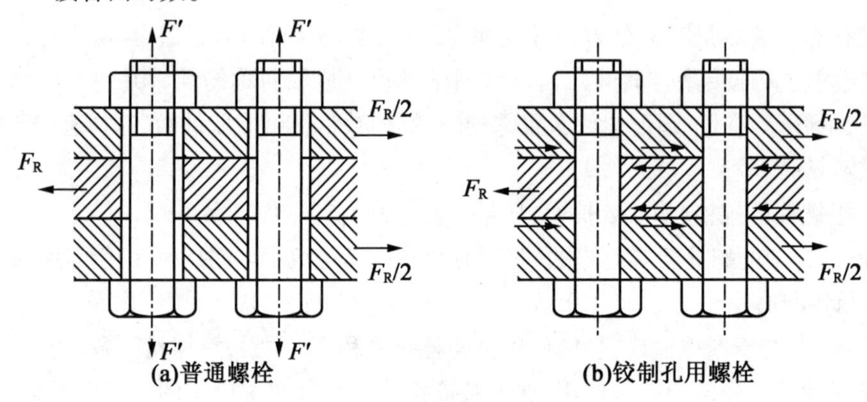

图 10.11 螺栓组连接受横向载荷

表 10.4 连接结合面间的摩擦系数

被连接件	接合面的表面状态	摩擦系数 f
钢或铸铁零件	干燥的加工表面	0.10 ~ 0.16
	有油的加工表面	0.06 ~ 0.10
钢结构件	轧制表面,钢丝刷清理浮锈	0.30 ~ 0.35
	涂覆锌漆	0.35 ~ 0.40
	喷砂处理	0.45 ~ 0.55
铸铁对砖料、混凝土或木材	干燥表面	0.40 ~ 0.45

②采用受剪螺栓(铰制孔用螺栓)。

如图 10.11(b)所示,螺栓杆与被连接件的孔壁直接接触,连接时靠螺栓杆的剪切力和螺栓杆与被连接件的孔壁间的挤压作用来传递载荷,其剪切力和挤压力为

$$F_s = \frac{F_R}{z} \tag{10.6}$$

③螺栓组连接受转矩 T 作用。

如图 10.12 所示,转矩 T 作用在连接的接合面内,在转矩 T 的作用下,底板将绕过螺栓组对称中心 O 并与接合面垂直的轴线转动。为防止底板转动,可用普通螺栓连接,也可用铰制孔用螺栓连接。它们的传力方式与受横向载荷的螺栓组连接相同。

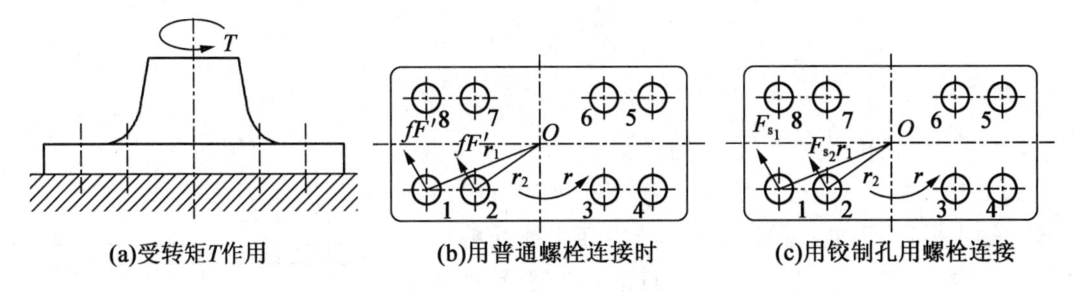

图 10.12　螺栓组连接受转矩作用

④采用受拉螺栓(普通螺栓)。

如图 10.12(b)所示,此时靠摩擦传力,即转矩与底板的摩擦力矩平衡。假设各螺栓的预紧力相同,各螺栓连接处的摩擦力集中作用在螺栓中心处并与各螺栓的轴线到螺栓组对称中心 O 的连线垂直。由底板平衡条件可得

$$F'fr_1 + F'fr_2 + \cdots + F'fr_z = K_f T$$

$$F' = \frac{K_f T}{f(r_1 + r_2 + \cdots + r_z)}$$

或写成

$$F' = \frac{K_f T}{f\sum_{i=1}^{z} r_i} \tag{10.7}$$

⑤采用受剪螺栓(铰制孔用螺栓)。

此时靠剪切传力,如图 10.12(c)所示,各螺栓所受的剪力与各螺栓的轴线到螺栓组对称中心 O 的连线垂直。底板受力为转矩 T 和螺栓给螺栓孔的反力矩,列出底板的受力平衡式得

$$T = F_{s_1} r_1 + F_{s_2} r_2 + \cdots + F_{s_z} r_z \tag{10.8}$$

但 $F_{s_1}, F_{s_2}, \cdots, F_{s_z}$ 不知,且不等,可由变形协调条件解得。各螺栓剪切变形量与其中心到底板旋转中心 O 的距离成正比;又因螺栓材料、直径、长度相同,剪切刚度也相同,所以剪切力也与此距离成正比(胡克定律),即

$$\frac{F_{s_1}}{r_1} = \frac{F_{s_2}}{r_2} = \cdots = \frac{F_{s_z}}{r_z}$$

将 $F_{s_2}, F_{s_3}, \cdots, F_{s_z}$ 都写成 F_{s_1} 的函数,即

$$F_{s_2} = F_{s_1}\frac{r_2}{r_1}, \quad F_{s_3} = F_{s_1}\frac{r_3}{r_1}, \quad F_{s_z} = F_{s_1}\frac{r}{r_1}$$

将以上各式代入式(10.8)得

$$T = \frac{F_{s_1}}{r_1}(r_1^2 + r_2^2 + \cdots + r_z^2)$$

又因为 $F_{s_1} = F_{s_4} = F_{s_5} = F_{s_8} = F_{s_{max}}$,因此也可写成通式,即螺栓组中受力最大螺栓所受力为

$$F_{s_{max}} = \frac{Tr_{max}}{\sum_{i=1}^{z} r_i^2} \tag{10.9}$$

(3)螺栓组连接受翻倒力矩 M 作用。

如图 10.13 所示,此时,因为翻倒力矩 M 的方向与螺栓的轴线平行,因此,螺栓只能受拉力而不能受剪切力。为了接近实际并简化计算,又进行了重新假设:被连接件为弹性体,但变形后接合面仍保持平直。因此翻倒轴线为 OO'。底板受翻倒力矩 M 作用,还受左边螺栓对螺栓孔的反作用(F_1、F_2、F_7、F_8)和右边地基对底板的作用(F_3、F_4、F_5、F_6),则底板受力平衡式为

$$M = F_1 l_1 + F_2 l_2 + \cdots + F_z l_z \tag{10.10}$$

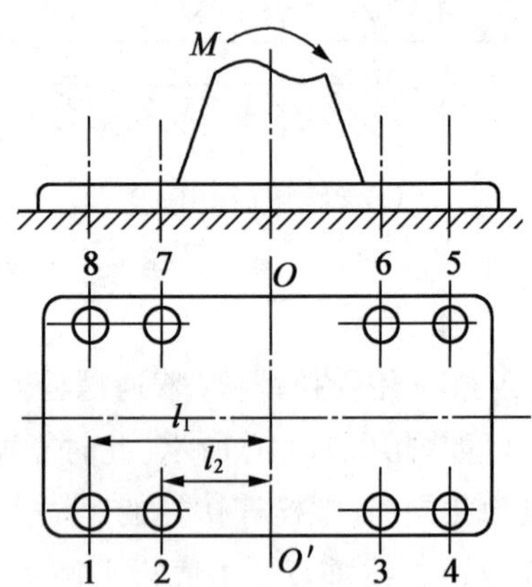

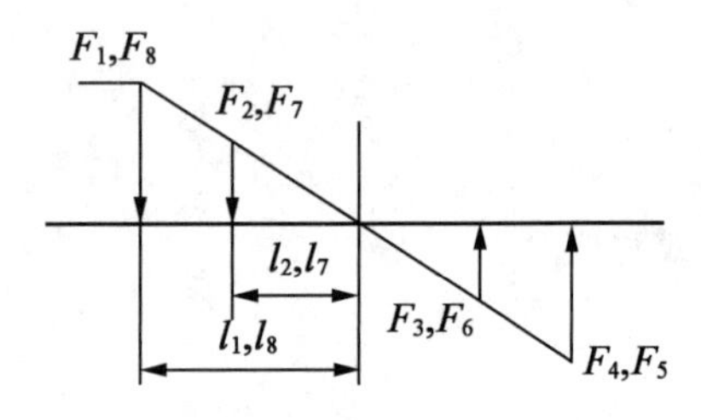

图 10.13 螺栓组连接受翻倒力矩

根据螺栓的变形协调条件,各螺栓的拉伸变形量与其中心到底板翻转轴线的距离成正比,又因螺栓材料、直径、长度相同,拉伸刚度也相同,所以左边螺栓所受工作拉力和右边地基上螺栓处所受的压力,都与这个距离成正比,即

$$\frac{F_1}{l_1} = \frac{F_2}{l_2} = \cdots = \frac{F_z}{l_z}$$

为了减少未知数,将各个螺栓受的力都写成受力最大螺栓受的力 F 的函数,即

$$F_2 = F_1 \frac{l_2}{l_1}, \quad F_3 = F_1 \frac{l_3}{l_1}, \quad \cdots, \quad F_z = F_1 \frac{l_z}{l_1}$$

代入式(10.10)得

$$M = F_1 l_1 + F_1 \frac{l_2^2}{l_1} + \cdots + F_1 \frac{l_z^2}{l_1}$$

则

$$F_{max} = \frac{Ml_{max}}{\sum_{i=1}^{z} l_i^2} \tag{10.11}$$

在实际应用中,螺栓组连接所受的工作载荷经常是以上四种简单受力状态的不同组合。不论受力状态如何复杂,都可利用静力分析方法将复杂的受力状态简化成上述四种简单受力状态。因此,只要分别计算出螺栓组在这些简单受力状态下每个螺栓的工作载荷,然后将它们向量地叠加起来,便得到每个螺栓的总的工作载荷。

10.2.5　单个螺栓连接的强度计算

螺栓连接的受载形式很多，它所传递的载荷主要有两类：一类为外载荷沿螺栓轴线方向，称为轴向载荷；另一类为外载荷垂直于螺栓轴线方向，称为横向载荷。

对单个螺栓而言，当传递轴向载荷时，螺栓受的是轴向拉力，故称受拉螺栓。当传递横向载荷时，一种是采用普通螺栓连接，用螺栓连接的预紧力使被连接件结合面间产生摩擦力，以此摩擦力来传递横向载荷，此时螺栓受的是预紧力，称为轴向拉力；另一种是采用铰制孔用螺栓连接，螺杆与铰制孔间是过渡配合，工作时靠螺栓受剪，杆壁与孔相互挤压来传递横向载荷，此时螺栓受剪，故称受剪螺栓。

受轴向力（包括预紧力）的螺栓，其主要失效形式为螺栓杆的塑性变形或断裂，因而其设计准则是保证螺栓的静力或疲劳拉伸强度；受横向载荷作用的螺栓连接，当采用铰制孔用螺栓时，其主要失效形式为螺栓杆和孔壁间压溃或螺栓杆被剪断，则其设计准则是保证连接的挤压强度和螺栓的剪切强度，其中连接的挤压强度对连接的可靠性起决定性作用。螺栓连接的强度计算，应根据连接的类型、连接的装配情况（预紧或不预紧）、载荷状态等条件，确定螺栓的受力；然后按相应的强度条件计算螺栓危险截面的直径或校核其强度。螺栓的其他部分（螺纹牙、螺栓头、光杆）和螺母、垫圈的结构尺寸，是根据等强度条件及使用经验规定的，通常都不需要进行强度计算，可按螺栓螺纹的公称直径由标准选定。螺栓连接的强度计算方法，对双头螺柱连接和螺钉连接同样适用。

1. 受拉螺栓连接的强度计算

（1）受拉松连接螺栓强度计算。

如图10.14所示的起重吊钩：螺栓不拧紧，因此不受预紧力。当吊起重物时，相当于杆件纯拉伸，强度条件为

$$\sigma = \frac{F}{\frac{\pi}{4}d_1^2} \leqslant [\sigma] \tag{10.12}$$

设计式为

$$d_1 \geqslant \sqrt{\frac{4F}{\pi[\sigma]}} \tag{10.13}$$

式中　d_1——螺栓小径（mm）；

$[\sigma]$——螺栓许用拉应力（MPa），见表10.5。

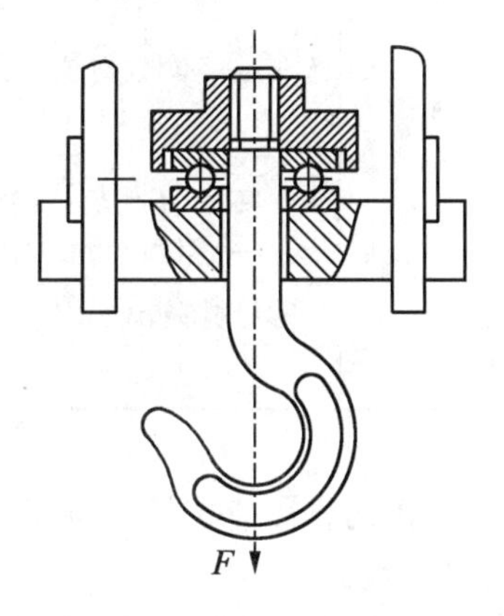

图10.14　松连的起重吊钩

表 10.5　受拉螺栓连接的许用应力

连接	载荷	许用应力
松连接		$[\sigma]=\dfrac{\sigma_s}{1.2\sim1.6}$
紧连接	静载荷	$[\sigma]=\dfrac{\sigma_s}{S}$ 安全系数取值如下

（紧连接　静载荷）

材料	不控制预紧力			控制预紧力
	M6 ~ M16	M16 ~ M30	M30 ~ M60	
碳素钢	4 ~ 5	2.5 ~ 4	2 ~ 2.5	1.2 ~ 1.5
合金钢	5 ~ 5.7	3.4 ~ 5	3 ~ 3.4	

（紧连接　变载荷）

按最大应力	材料	不控制预紧力时的 S		控制预紧力时的 S
$[\sigma]=\dfrac{\sigma_s}{S}$		M6 ~ M16	M6 ~ M16	
	碳素钢	8.5 ~ 12.5	8.5	1.2 ~ 1.5
	合金钢	6.8 ~ 10	6.8	

按循环应力幅

$$[\sigma_a]=\frac{\sigma_{a\lim}}{[S_a]}=\frac{\varepsilon k_m k_u}{k_\sigma}\sigma_{-1}$$

ε——尺寸系数，按下表取值；

d/mm	12	16	20	24	28	32	36	42	48	56	64
ε	1	0.87	0.81	0.76	0.71	0.68	0.65	0.62	0.60	0.57	0.54

k_m——螺纹制造工艺系数：碾制 $k_m=1.25$；车制 $k_m=1$

k_u——各圈数螺纹牙受力分配不均匀系数：受压螺母 $k_u=1$；部分受拉或全部受拉的螺母 $k_u=1.5\sim1.6$

$[S_a]$——安全系数，取 2.5 ~ 4

k_σ——螺纹应力集中系数，按下表取值；

螺母材料 σ_b/MPa	400	600	800	1 000
k_σ	3.0	3.9	4.8	5.2

设计出的直径应按螺纹标准取值，并标出螺纹的公称直径（大径）。

（2）受拉紧连接螺栓强度计算。

①仅受预紧力 F' 的紧连接螺栓。如图 10.15 所示，仅受预紧力 F' 的紧连接螺栓是指一组螺栓，当外载荷为横向力 F_r 或转矩 T 时，设计成受拉螺栓，靠摩擦传力的情况。对螺栓螺纹部分进行受力分析，因为螺栓受预紧力 F' 作用，所以螺栓受拉；同时拧紧螺母时，螺纹副之间有摩擦阻力矩，因此螺栓还受转矩作用，即螺纹力矩

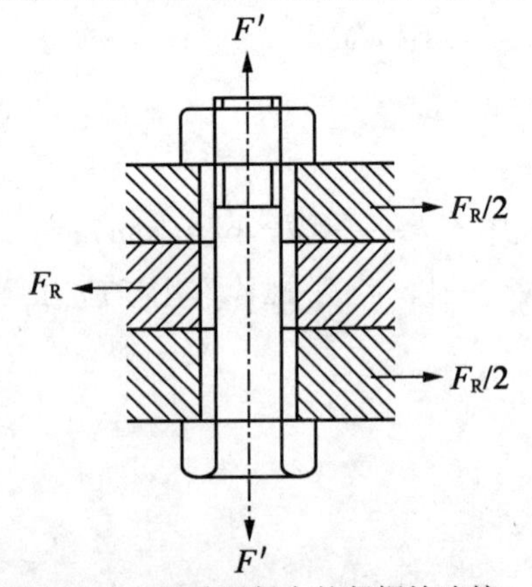

图 10.15　只受预紧力的紧螺栓连接

$$T_1 = F'\tan(\varphi + \rho_v)\frac{d_2}{2}$$

螺栓螺纹部分所受拉应力为

$$\sigma = \frac{F'}{\frac{\pi}{4}d_1^2}$$

对 M10 ~ M64 普通螺纹的钢制螺栓剪应力为

$$\tau = \frac{T_1}{W_t} = \frac{F'\tan(\varphi + \rho_v)\frac{d^2}{2}}{\frac{\pi}{16}d_1^3} \approx 0.5\sigma$$

式中 ψ——螺纹升角(°);

ρ_v——当量摩擦角(°)。

由于螺栓材料是塑性的,故可根据第四强度理论求出当量应力

$$\sigma_e = \sqrt{\sigma^2 + 3\tau^2} = \sqrt{\sigma^2 + 3(0.5\sigma)^2} \approx 1.3\sigma$$

校核式

$$\sigma_e = \frac{1.3F'}{\frac{\pi}{4}d_1^2} \leqslant [\sigma] \tag{10.14}$$

设计式

$$d_1 \geqslant \sqrt{\frac{1.3F'}{\frac{\pi}{4}[\sigma]}} \tag{10.15}$$

式中的许用应力$[\sigma]$见表10.5。

由此可见,仅受预紧力 F'的紧螺栓连接将其所受拉力 F 增大30%当成纯拉伸来计算。

②既受预紧力 F'又受工作拉力 F 作用的紧连接螺栓。既受预紧力 F'又受工作拉力 F 作用的紧连接螺栓,其总拉力不等于预紧力 F'加工作拉力 F,即 $F_0 \neq F' + F$。通过分析可知:总拉力 F_0 与预紧力 F'、工作拉力 F、螺栓刚度 c_1 及被连接件刚度 c_2 有关,属于静力不定问题,可利用静力平衡条件及变形协调条件求得。由螺栓和被连接件的受力变形(图10.17)可进一步分析。

图10.16(a)是螺母刚好拧到与被连接件接触的临界状态。此时,因螺栓与被连接件均未受力,所以两者都不产生任何变形。

图10.16(b)是连接已经拧紧,但还未承受工作载荷的情况。这时,螺栓受预紧力 F'(拉力)作用,其伸长变形量 $\delta_1 = F'/c_1$;连接件受预紧力 F'(压缩力)作用,其压缩变形量 $\delta_2 = F'/c_2$。

③图10.16(c)是连接受工作载荷后的情况。这时,螺栓所受拉力增大到 F_0,拉力增量为$(F_0 - F')$,伸长增量为 $\Delta\delta_1$;与此同时,被连接件随着螺栓伸长而放松,此时被连接件的压力减小为残余预紧力 F'',压力减量为$(F' - F'')$,压缩减小量为 $\Delta\delta_2$。

根据螺栓的静力平衡条件,螺栓的总拉力 F_0 为工作载荷 F 与被连接件给它的残余预紧

力 F''之和,即

$$F_0 = F + F'' \tag{10.16}$$

又根据螺栓与被连接件的变形协调条件,螺栓的伸长增量 $\Delta\delta_1$ 必然等于被连接件的压缩减量 $\Delta\delta_2$,即

$$\Delta\delta_1 = \Delta\delta_2 \tag{10.17}$$

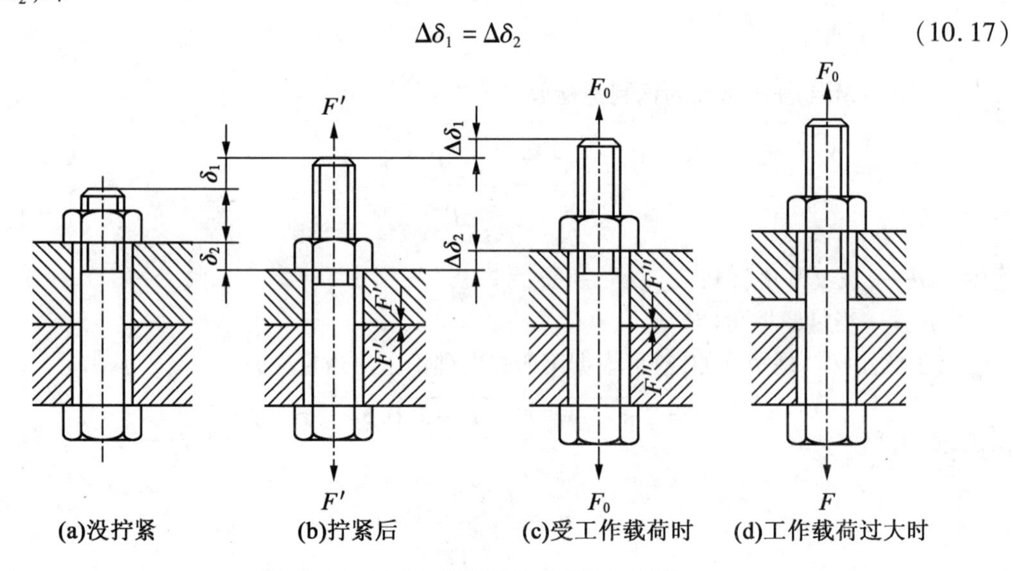

图 10.16 螺栓和被连接件的受力和变形

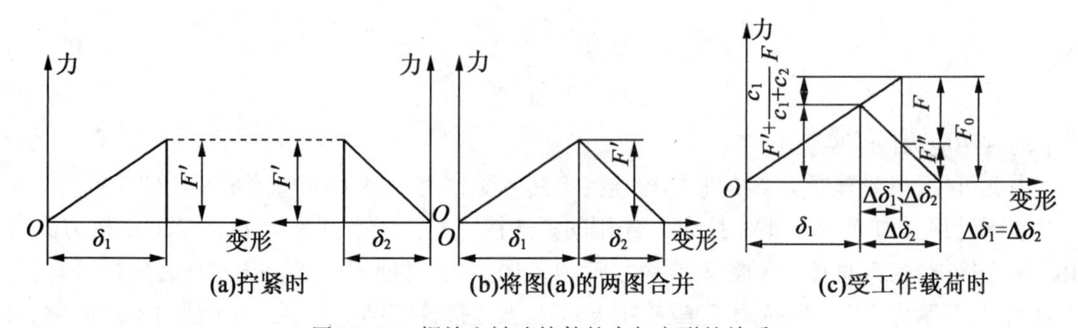

图 10.17 螺栓和被连接件的力与变形的关系

以 $\Delta\delta_1 = (F_0 - F')/c_1 = (F + F'' - F')/c_1$ 和 $\Delta\delta_2 = (F' - F'')/c_2$ 代入式(10.17)得$(F + F'' - F')/c_1 = (F' - F'')/c_2$,则

$$F'' = F' - \frac{c_2}{c_1 + c_2}F \tag{10.18}$$

$$F' = F'' + \frac{c_2}{c_1 + c_2}F \tag{10.19}$$

$$F_0 = F'' + F = \left(F' - \frac{c_2}{c_1 + c_2}F\right) + F = F' + \frac{c_1}{c_1 + c_2}F \tag{10.20}$$

式(10.20)表明,螺栓的总拉力等于预紧力加上工作载荷的一部分。

当 $c_2 \gg c_1$ 时,$F_0 \approx F'$;

当 $c_1 \gg c_2$ 时，$F_0 \approx F' + F$。

式中　$c_1/(c_1+c_2)$——螺栓的相对刚度系数，与材料、结构、垫片、尺寸及工作载荷作用位置等因素有关，可通过计算或试验求出。当被连接件为钢铁时，一般可根据垫片材料按表10.6查取。

表10.6　螺栓的相对刚度系数

被连接钢板间垫片材料	金属(或无垫片)	皮革	铜皮石棉	橡胶
$c_1/(c_2+c_2)$	0.2～0.3	0.7	0.8	0.9

如果螺栓所受的工作拉力过大，如图10.16(d)所示，出现缝隙是不允许的，因此应使残余预紧力 $F''>0$。残余预紧力 F'' 的选择可以参考表10.7的经验数据。

表10.7　残余预紧力 F'' 推荐值

连接情况	强固连接		紧密连接	地脚螺栓连接
	工作拉力无变化	工作拉力有变化		
残余预紧力 F''	$(0.2\sim0.6)F$	$(0.6\sim1.0)F$	$(1.5\sim1.8)F$	$\geqslant F$

此时螺栓的强度条件应该是 $\sigma=\dfrac{F_0}{\pi d_1^2/4}$，考虑到螺栓工作时，个别螺栓可能松动，因此需要补充拧紧，拧紧力矩为 $F_0\tan(\varphi+\rho_v)d_2/2$，由此产生的切应力为

$$\tau=\frac{F_0\tan(\varphi+\rho_v)d_2/2}{\pi d_1^3/16}$$

参照式(10.21)的推导。得出此时的强度条件为

$$\sigma_e=\frac{1.3F_0}{\pi d_1^2/4}[\sigma] \tag{10.21}$$

式(10.21)适用于螺柱承受静载的情况，许用应力见表10.5。该式也适用于变载，但是变载情况下需要校核应力幅，即 $\sigma_a \leqslant [\sigma_a]$。

如果工作载荷在0和 F 之间变化，螺栓的拉力将在预紧力 F' 和总拉力 F_0 之间变化，如图10.18所示，则螺栓的应力幅为

$$\sigma_a=\frac{(F_0-F')/2}{\pi d_1^2/4}=\frac{\dfrac{c_1}{c_1+c_2}F/2}{\pi d_1^2/4}=\frac{c_1}{c_1+c_2}\frac{2F}{\pi d_1^2}$$

则强度条件为

$$\sigma_a=\frac{c_1}{c_1+c_2}\frac{2F}{\pi d_1^2}\leqslant[\sigma_a] \tag{10.22}$$

式中　$[\sigma_a]$——螺栓的许用应力幅(MPa)，见表10.5。

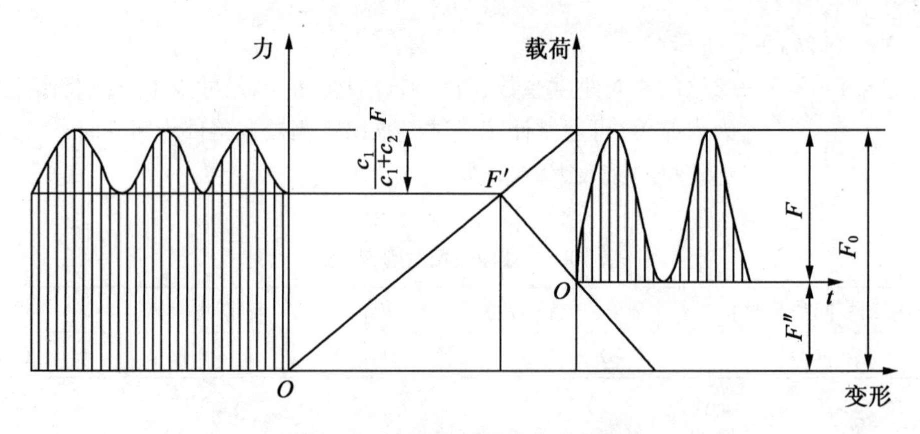

图 10.18　变载荷下螺栓拉力的变化

2. 受剪螺栓连接强度计算

受剪螺栓连接所采用的螺栓是铰制孔用螺栓，或称受剪螺栓，螺栓的主要失效形式是剪切破坏和挤压破坏，被连接件的主要失效形式是挤压破坏，如图 10.19 所示。工作载荷为横向载荷，拧紧时的预紧力和摩擦力等忽略。这种连接应分别按挤压和剪切强度条件计算。

挤压强度条件为

$$\sigma = \frac{F_s}{dh} \leqslant [\sigma]_p \tag{10.23}$$

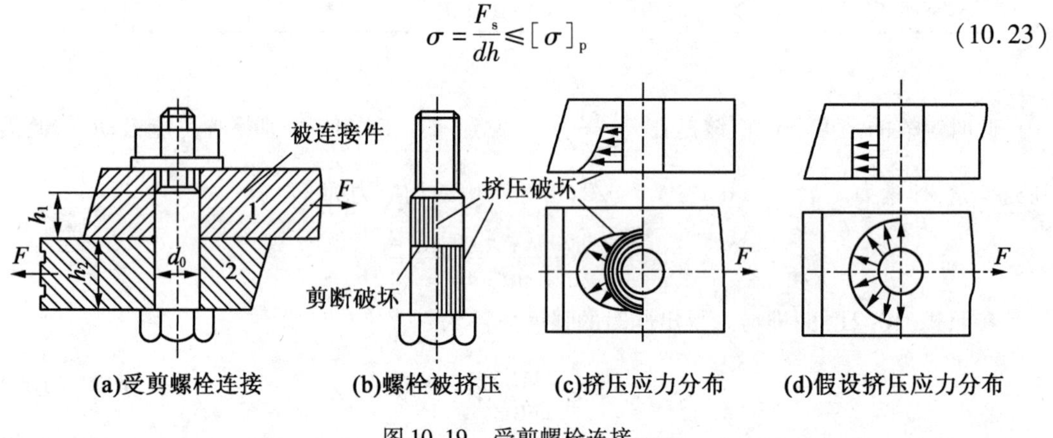

图 10.19　受剪螺栓连接

剪切强度条件为

$$\tau = \frac{F_s}{(\pi d^2/4)m} \leqslant [\tau] \tag{10.24}$$

式中　F_s——每个螺栓受的剪切力(N)；

d——螺栓抗剪面的直径(mm)；

h——计算对象的受压高度(mm)；

$[\sigma]_p$——计算对象的许用挤压应力(MPa)，见表 10.8；

m——剪切面数；

$[\tau]$——螺栓的许用切应力(MPa)，见表 10.8。

表 10.8 受剪螺栓连接的许用应力

载荷	许用应力
静载荷	许用切应力$[\tau]=\dfrac{\sigma_a}{2.5}$ 许用挤压应力钢$[\sigma]_p=\dfrac{\sigma_s}{[S_p]}=\dfrac{\sigma_s}{1\sim1.25}$ 铸铁$[\sigma]_p=\dfrac{\sigma_b}{[S_p]}=\dfrac{\sigma_b}{2\sim2.5}$
变载荷	许用切应力$[\tau]=\dfrac{\sigma_s}{3\sim3.5}$ 许用挤压应力钢$[\sigma]_p=\dfrac{\sigma_s}{[S_p]}=\dfrac{\sigma_s}{1.6\sim2}$ 铸铁$[\sigma]_p=\dfrac{\sigma_b}{[S_p]}=\dfrac{\sigma_b}{2.5\sim3.5}$

10.2.6 螺纹连接件的材料选择

国家标准规定螺纹连接件按材料的力学性能分出等级（简示于表 10.9、表 10.10，详见 GB/T 3098.1—2010 和 GB/T 3098.2—2010《紧固件机械性能》螺栓、螺柱、螺钉的性能等级分为十级），自 3.6 至 12.9 小数点前的数字代表材料的抗拉强度极限的 1/100（$\sigma_b/100$），小数点后的数字代表材料的屈服极限（σ_s）与抗拉强度极限（σ_b）之比值（屈强比）的 10 倍（$10\sigma_s/\sigma_b$）。如性能等级 5.8，其中 5 表示材料的抗拉强度极限为 500 MPa，8 表示屈服极限与抗拉强度极限之比为 0.8. 螺母的性能等级分为七级，从 4 到 12，数字粗略表示螺母保证（能承受的）最小应力 σ_{lim} 的 1/100（$\sigma_{lim}/100$）。选用时，须注意所用螺母的性能等级应不低于与其相配螺栓的性能等级。

表 10.9 螺栓、螺钉和螺柱的性能等级

性能等级（标记）	3.6	4.6	4.8	5.6	5.8	6.8	8.8		9.8	10.9	12.9
							≤M16	>M16			
抗拉强度极限 σ_b/MPa	330	400	420	500	520	600	800	830	900	1 040	1 200
屈服极限 σ_s/MPa	190	240	340	360	420	480	640	660	720	940	1 100
最小硬度（HBW）	90	109	113	134	140	181	232	248	269	312	365
材料及热处理	Q235 Q21510	Q235 Q10 15	Q235 16	Q235 35	Q235 15	45 35	低碳合金钢（如硼、锰、铬等），中碳优质钢，淬火并回火			低、中碳合金钢，淬火并回火	合金钢、淬火并回火

注：规定性能等级的螺栓、螺母在图纸中只标出性能等级，不应标出材料牌号

表 10.10　螺母的性能等级

性能等级(标记)	4	5	6	8	9	10	12
螺母保证最小应力 σ_{min}/MPa	510 ($d \geqslant 16 \sim 39$)	520($d \geqslant$ 3 ~ 4,右同)1	600	800	900	1 040	1 150
推荐材料	易切削钢,低碳钢		低碳钢或中碳钢	中碳钢		中碳钢,低、中碳合金钢,淬火并回火	
相配螺栓的性能等级	3.6,4.6,4.8 ($d > 16$)	3.6,4.6,4.8 ($d < 16$);5.6,5.8	6.8	8.8	8.8($d > 16 \sim 39$) 9.8($d \leqslant 16$)	10.9	12.9

注:1. 均指粗牙螺纹螺母

2. 性能等级为 10.12 的硬度最大值为 HRC38、其余性能等级的硬盘最大值为 HRC30

螺栓常用的材料为 10、15、Q215、Q235、25、35 和 45 钢,对重要或特殊用途的螺纹连接件可采用 15Cr、20Cr、40Cr、15MnVB、30CrMnSi 等机械性能较高的合金钢。

10.2.7　提高螺栓连接强度的措施

影响螺栓连接强度的因素很多,但螺栓连接的强度主要取决于螺栓的强度,提高螺栓疲劳强度可采取如下措施。

1. 改善螺纹牙间载荷分布不均匀的状况

采用普通结构的螺母时,载荷在旋合螺纹各圈间的分布是不均匀的,螺栓杆因受拉而螺距增大,螺母受压则螺距减小,这种螺距变化差主要靠旋合各圈螺纹牙的变形来补偿,使得从螺母支承面算起的第 1 圈螺纹受力与变形为最大,以后各圈递减,如图 10.20 所示。理论分析和实验证明,旋合圈数越多,其载荷分配不均匀现象就越显著,到第 8 ~ 10 圈以后,螺纹牙几乎不受力。

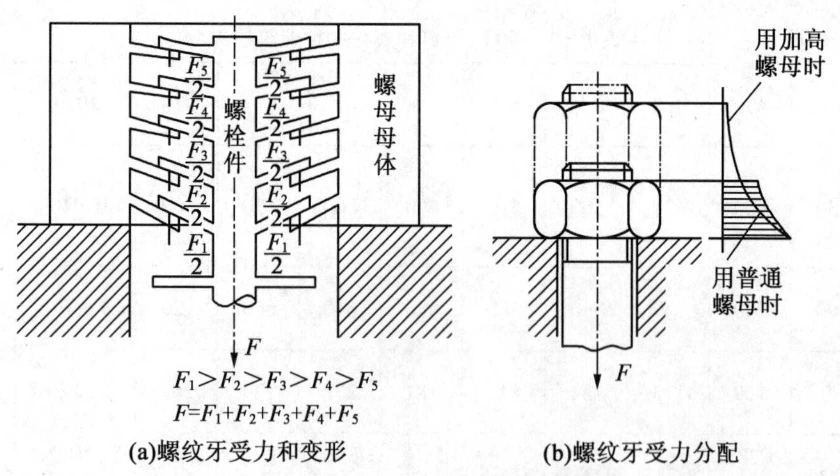

图 10.20　螺纹牙的受力和变形

解决办法:降低螺母的刚性,使之容易变形;增加螺母与螺杆的变形协调性,以缓和矛盾。

常用的几种均载螺母如下。

(1)悬置螺母。如图10.21(a)所示,此结构减小了螺母的刚度,使螺母的螺纹牙同螺杆的螺纹牙一样也受拉,与螺栓变形协调,使载荷分布均匀,可提高螺栓疲劳强度40%左右。

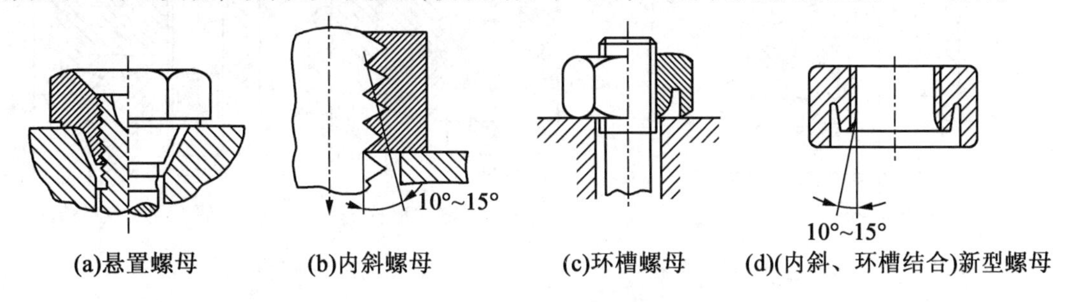

图10.21 几种均载螺母的结构

(2)内斜螺母。如图10.21(b)所示,减小螺母受力大的螺纹牙的刚度,把力分移到受力小的螺纹牙上,载荷上移、接触圈减少,可提高螺栓疲劳强度20%左右。

(3)环槽螺母。如图10.21(c)所示,减小了螺母下部的刚度,使螺母接近支承面处受拉且富于弹性,可提高螺栓疲劳强度30%左右。

(4)内斜螺母与环槽螺母结合面制造的新型螺母。综合了二者的优点,可提高螺栓疲劳强度40%左右。

螺栓与螺母采用不同材料匹配也可有效改善载荷分配不均状况。通常螺母用弹性模量低且较软的材料,如钢螺栓配有色金属螺母,能改善螺纹牙受力分配,可提高螺栓疲劳强度40%左右。

2.减小应力幅 σ_a

当螺栓所受的轴向工作载荷变化时,将引起螺栓的总拉力和应力变化。在螺栓的最大应力一定时,应力幅越小,螺栓的疲劳强度越高。如图10.22所示,在工作载荷和剩余预紧力不变的情况下,减小螺栓的刚度或增大被连接件的刚度(预紧力相应增大)起到减小应力幅的目的。

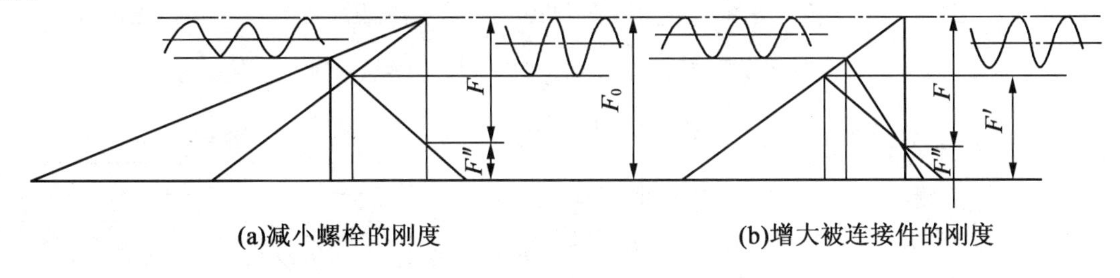

图10.22 减小应力幅的措施

工程上减小螺栓刚度可采用的 c_1 措施有:采用细长杆的螺栓、柔性螺栓(即部分减小螺杆直径或用中空螺栓);在螺母下边放弹性元件等,如图10.23所示,在螺母下边放弹性元件就相当于起到柔性螺栓的效果,可达到减小螺栓刚度 c_1 的目的。采用高强度垫片或不用垫片,如图10.24所示。

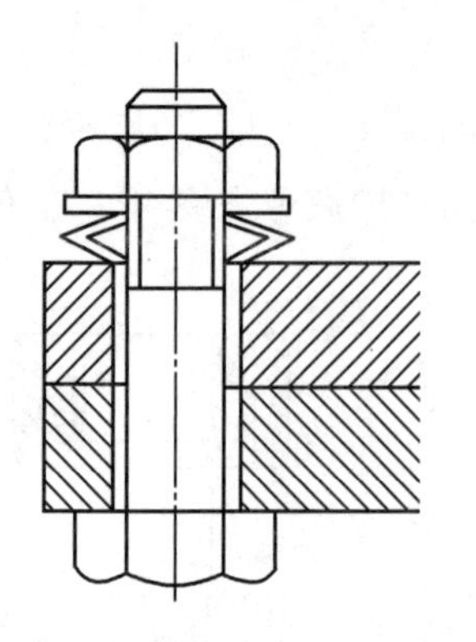

图 10.23　弹性元件置于螺母下

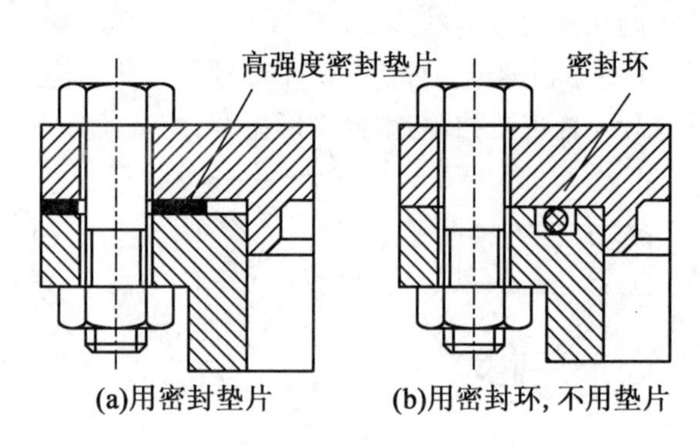

图 10.24　采用高硬度垫片或不用垫片

3. 减小应力集中

在螺纹牙根、螺纹收尾、螺栓头部与螺栓杆交接处，都有应力集中，应力集中是影响螺栓疲劳强度的主要因素之一。适当增大螺纹牙根圆角半径，在螺栓头部与螺栓杆交接处采用较大的过渡圆角，切制卸载槽或采用卸载过渡以及使螺纹收尾处平缓过渡等都是减小应力集中的有效方法。

4. 减小附加应力

螺纹牙根部对弯曲很敏感，故附加弯曲应力是螺栓断裂的重要因素。为避免或减小附加弯曲应力，常采用的结构措施如图 10.25 所示，并在工艺上注意保证使螺纹孔轴线与连接各支承面垂直。

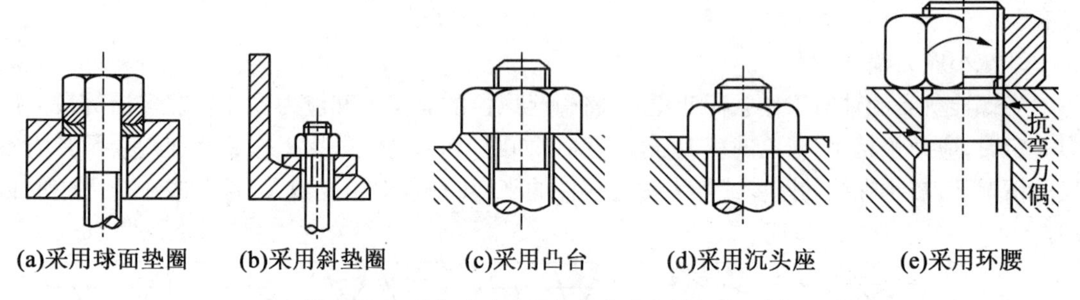

图 10.25　避免或减小附加弯曲应力的方法示例

5. 采用合理的制造工艺

制造工艺对螺栓的疲劳强度有重要影响，采用滚压法制造螺栓，由于冷作硬化作用，表层存在残余压应力，金属流线合理，与车制螺纹相比，疲劳强度可提高 30% ~40%。如果热处理后再滚压螺纹，效果更佳，螺栓的疲劳强度可提高 70% ~100%，此法具有优质、高产、低消耗等功能。

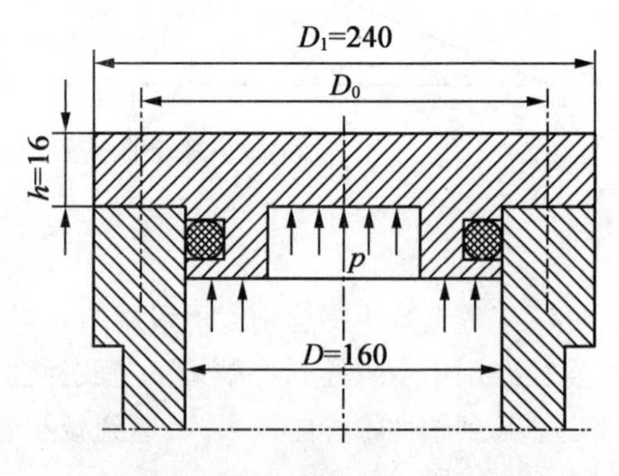

图 10.26　钢制液压缸

例　图 10.26 为一钢制液压缸，油压 $p=3$ MPa，缸径 $D=160$ mm，为保证气密性要求，螺柱间距不得大于100 mm。试设计其缸盖的螺柱连接和螺柱分布圆直径 D_0。

表10.11 计算过程与结果

计算与说明	主要结果
假设用8个双头螺柱 对于压力容器取剩余预紧力 $F''=1.8F$ 压力容器上的总工作载荷 $F=\frac{\pi D^2}{4}p=\frac{\pi\times160^2}{4}\times3=60\ 319(\mathrm{N})$ 每个螺柱上的工作载荷 $F=\frac{F_\Sigma}{z}=\frac{60\ 319}{8}=7\ 540(\mathrm{N})$ 每个螺柱所受总拉力	
$F_0=F''+F=(1.8\times7\ 450+7\ 450)=21\ 112(\mathrm{N})$	$F_0=21\ 112$ N
取螺纹柱材料为35钢,由表10.9取 $\sigma_s=360$ MPa,由表10.5取安全系数 $S=3$,则许用应力 $[\sigma]=\frac{\sigma_s}{S}\frac{360}{3}=120(\mathrm{MPa})$ 计算螺柱的直径	
$d_1=\sqrt{\frac{4\times1.3F_0}{\pi[\sigma]}}=\sqrt{\frac{4\times1.3\times12\ 221}{\pi\times1\ 200}}=17.06(\mathrm{mm})$	$d_1=17.06$ mm
根据GB/T 196—2003《普通螺纹　基本尺寸》,选M20螺栓,其 $d_1=17.294$ mm >17.06 mm	选取M20螺栓
根据图示取 $D_0=\frac{D+D_1}{2}=\frac{160+240}{2}=200(\mathrm{mm})$	$D_0=200$ mm
设螺柱间距为 t,则 $8t=\pi D_0$ $t=\frac{\pi D_0}{8}=\frac{\pi\times200}{8}=78.54(\mathrm{mm})<100(\mathrm{mm})$ 因液压缸用钢制造,故取双头螺柱 $b_m=1d=20$ mm、$l=40$ mm(缸盖凸缘厚 $h=16$ mm,螺母高 $m=18$ mm,弹簧垫圈 $s=4$ mm,末端长度 $a=2$ mm)	

例 如图10.27所示,刚性凸缘联轴器用6个普通螺栓连接。螺栓均匀分布在 $D=100$ mm的圆周上,结合面摩擦系数 $f=0.15$,考虑摩擦传力的可靠性系数(防滑系数)$K_f=1.2$。若联轴器传递的转矩 $T=150$ N·m,载荷平稳,螺栓材料为6.8级,45钢,$\sigma_s=480$ MPa,不控制预紧力,安全系数 $S=4$,试求螺栓的最小直径。

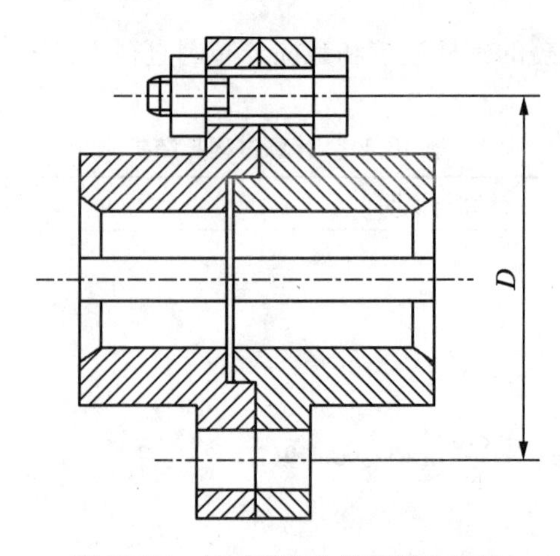

图 10.27　只受预紧力的紧螺栓连接

表 10.12　计算过程与结果

计算与说明	主要结果
由受旋转力矩螺栓组连接的平衡条件 $zF'f\dfrac{D}{2}=K_f T$，得 $$F'=\frac{K_f T}{zf\dfrac{D}{2}}=\frac{1.2\times150\ 000}{6\times0.15\times\dfrac{100}{2}}=4\ 000(\text{N})$$	$F'=4\ 000$ N
则螺栓最小直径为 $$d_1\geqslant\sqrt{\frac{4\times1.3F'}{\pi[\sigma]}}=\sqrt{\frac{4\times1.3\times4\ 000}{\pi\dfrac{\sigma_s}{S}}}=\sqrt{\frac{4\times1.3\times4\ 000}{\pi\times120}}=7.43(\text{mm})$$	$d_1=7.43$ mm

10.3　螺旋传动

螺旋传动是利用螺杆和螺母组成的螺旋副来实现传动要求的。它主要用以将回转运动变为直线运动，同时传递运动和动力。

10.3.1　螺旋传动的类型及应用

1. 按用途分类

螺旋传动按其用途不同，可分为以下三种类型。

(1)传力螺旋。

它以传递动力为主。要求以较小的转矩产生较大的轴向推力，用以克服工件阻力，如各种起重或加压装置的螺旋。这种传力螺旋主要承受很大的轴向力，一般为间歇性工作，每次的工作时间较短，工作速度也不高，而且通常需有自锁能力。

(2)传导螺旋。

它以传递运动为主，有时也承受较大的轴向载荷，如机床进给机构的螺旋丝杠等。传导螺旋主要在较长的时间内连续工作,工作速度较高。因此,要求具有较高的传动精度。

(3)调整螺旋。

它用以调整、固定零件的相对位置,如机床、仪器及测试装置中的微调机构的螺旋。调整螺旋不经常转动,一般在空载下调整。

2. 按螺纹副的摩擦情况分类

根据螺纹副的摩擦情况,可分为滑动螺旋、滚动螺旋和静压螺旋。

静压螺旋实际上是采用静压流体润滑的滑动螺旋。滑动螺旋构造简单、加工方便、易于自锁,但摩擦大、效率低(一般为30%~40%)、磨损快,低速时可能爬行,定位精度和轴向刚度较差。滚动螺旋和静压螺旋没有这些缺点,前者效率在90%以上,后者效率可达99%;但构造较复杂,加工不便。静压螺旋还需要供油系统。本节主要介绍滑动螺旋的设计计算方法。

几种螺旋传动的运动转变方式如图10.28所示。学习这一部分内容时,应该注意螺旋传动与前面的螺纹连接的差别。

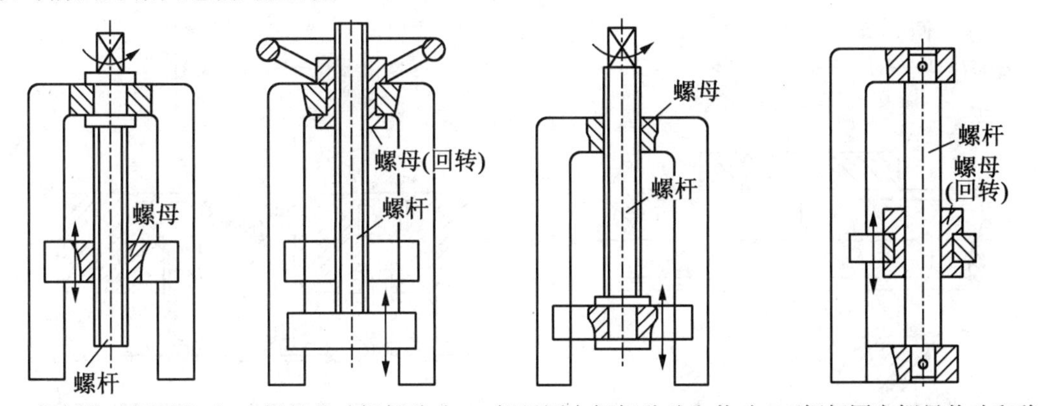

图10.28　螺旋传动的运动转变方式

10.3.2　滑动螺旋传动

1. 滑动螺旋传动的结构与材料

(1)滑动螺旋的结构。

螺旋传动的结构主要是指螺杆、螺母的固定和支承的结构形式。螺旋传动的工作刚度与精度等和支承结构有直接关系,当螺杆短而粗且垂直布置时,如起重及加压装置的传力螺旋,可以利用螺母本身作为支承,如图10.29所示。当螺杆细长且水平布置时,如机床的传导螺旋(丝杠)等(图10.30),应在螺杆两端或中间附加支承,以提高螺杆的工作刚度。此外,对于轴向尺寸较大的螺杆,应采用对接的组合结构代替整体结构,以减少制造工艺上的困难。

螺母结构有整体螺母(图10.31)、组合螺母(图10.32)和剖分螺母(图10.33)等形式。整体螺母结构简单,但由于磨损产生的轴向间歇不能补偿,只适合精度较低的螺旋。对于经常双向传动的传导螺旋,为了消除轴向间隙和补偿螺纹磨损,避免反向传动时空行程,一般采用组合螺母或剖分螺母。

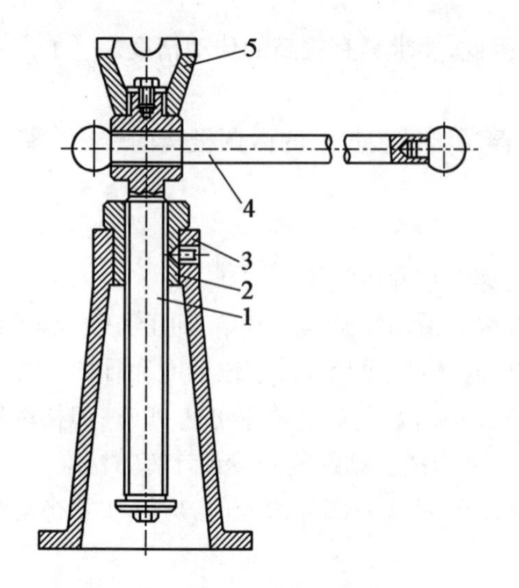

图 10.29　螺旋起重器

1—螺杆;2—螺母;3—底座;4—挡环;5—托环

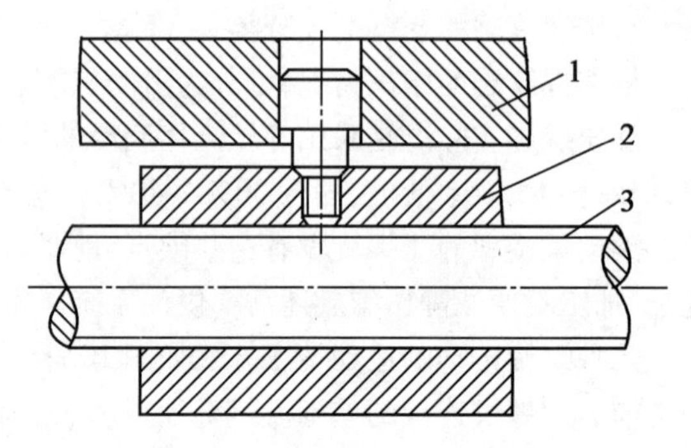

图 10.30　机床进给用螺旋

1—滑板;2—螺母;3—螺杆

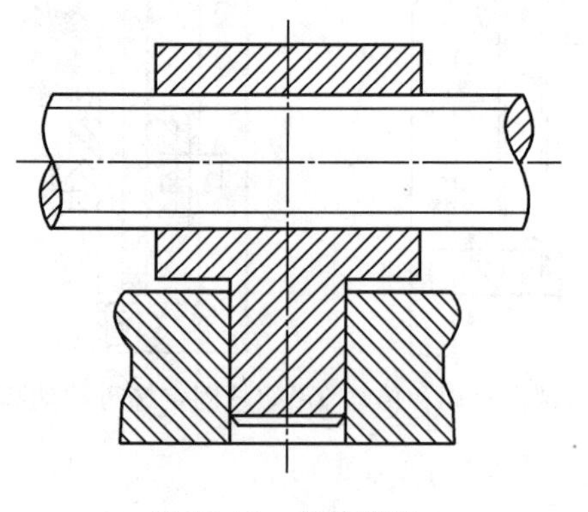

图 10.31　整体螺母

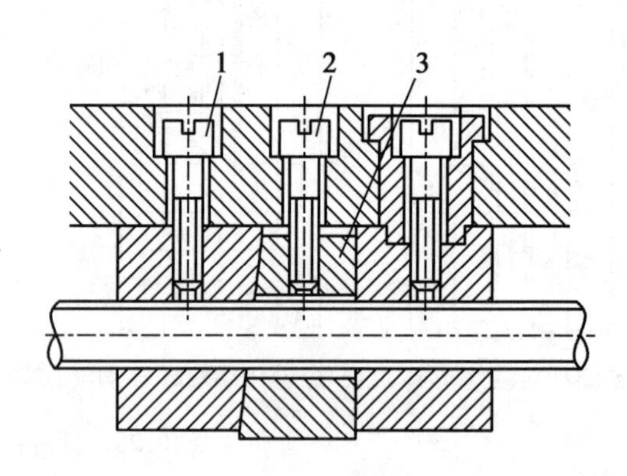

图 10.32　组合螺母

1—固定螺钉;2—调整螺钉;3—调整楔块

滑动螺旋采用的螺纹类型有矩形、梯形、锯齿形,其中梯形、锯齿形应用较多。

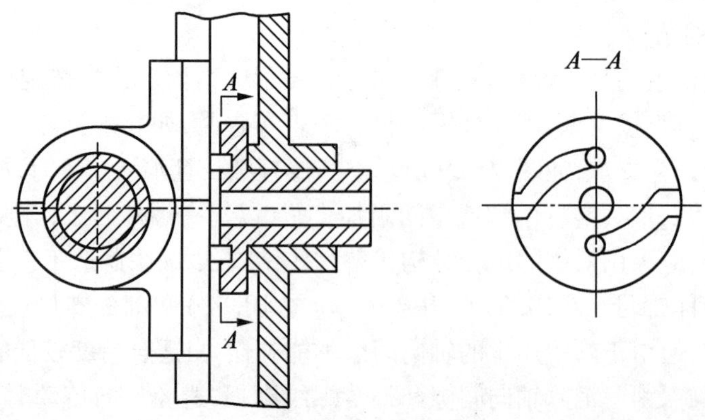

图 10.33　剖分螺母

(2)滑动螺旋的材料。

螺杆材料要有足够的强度和耐磨性以及良好的加工性。不经热处理的螺杆可用Q235、45、50、40WMn钢,重要的需热处理的螺杆可用65Mn、40Cr或20CrMnT钢。精密传动螺杆可用9Mn2V、CrWMn、38CrMoAl钢等。

螺母材料除了要有足够的强度外,还要求在与螺杆材料配合时摩擦系数小和耐磨。常用的材料是铸锡青铜2CuSn10Pb1、ZCuSn5Pb5Zn5;重载低速时用高强度铸造铝青铜TCuAl10Fe3或铸造黄铜ZCuZn25Al6Fe3Mn3;重载时可用35钢或球墨铸铁;低速轻载时也可用耐磨铸铁。尺寸大的螺母可用钢或铸铁做外套,内部浇注青铜。高速螺母可浇注锡锑或铅锑轴承合金(即巴氏合金)。

2. 滑动螺旋传动设计

滑动螺旋工作时,主要承受转矩及轴向力(拉力或压力)的作用,同时在螺杆和螺母的旋合螺纹间有较大的相对滑动。其失效形式主要是螺纹磨损。因此,滑动螺旋的基本尺寸(即螺杆直径与螺母高度)通常是根据耐磨性条件确定的。对于受力较大的传力螺旋,还应校核螺杆危险截面以及螺母螺纹牙的强度,防止发生塑性变形或断裂;对于要求自锁的螺杆应校核其自锁性;对于精密的传导螺旋应校核螺杆的刚度(螺杆的直径应根据刚度条件确定),以免受力后螺距的变化引起传动精度降低;对于长径比很大的受压螺杆,应校核其稳定性,防止螺杆受压后失稳;对于高速的长螺杆还应校核其临界转速,防止产生过度的横向振动等。在设计时,应根据螺旋传动的类型、工作条件及其失效形式等,选择不同的设计准则,而不必逐项进行校核。

下面主要介绍耐磨性计算和几项常用的校核计算方法。

(1)滑动螺旋副的耐磨性计算。

磨损多发生在螺母,把螺纹牙展直后相当于一根悬臂梁(图10.34)。耐磨性的计算在于限制螺纹副的压强p。设轴向力为F,相旋合螺纹圈数$u=\frac{U}{p}$,此处H是螺母高度,P为螺距,则校核式为

$$p=\frac{F}{A}=\frac{F}{\pi d_2hu}=\frac{FP}{\pi d_2hH}\leqslant[p] \tag{10.25}$$

式中　d_2——螺纹中径(mm);

h——螺纹工作高度(mm),梯形和矩形螺纹$h=0.5P$,锯齿形螺纹$h=0.75P$;

$[p]$——许用压强(MPa),见表10.13。

表10.13　滑动螺旋传动的许用压强[p]

螺纹副材料	滑动速度/(m·s^{-1})	许用压强/MPa	螺纹副材料	滑动速度/(m·s^{-1})	许用压强/MPa
钢对青铜	低速	18~25	钢对灰铸铁	<0.04	13~18
	≤0.05	11~18		0.1~0.2	4~7
	0.1~0.2	7~10	钢对钢	低速	7.5~13
	>0.25	1~2	淬火钢对青铜	0.1~0.2	10~13
钢对耐磨青铜	0.1~0.2	6~8			

注:$\varphi<2.5$或人力驱动时,[p]可提高20%;螺母为剖分式时,[p]降低15%~20%

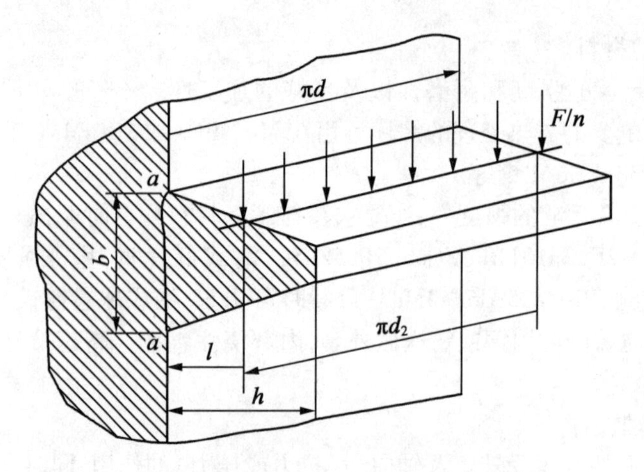

图 10.34 螺母螺纹圈的受力

为了设计方便,可引用系数 $\varphi=\dfrac{H}{d_2}$ 以消去 H,得

$$d_2 \geqslant \sqrt{\frac{FP}{\pi h\varphi[p]}} \tag{10.26}$$

对于矩形和梯形螺纹,$h=0.5P$,则

$$d_2 \geqslant 0.8\sqrt{\frac{F}{\varphi[p]}} \tag{10.27}$$

对于工作面牙型斜角为 3°的锯齿形螺纹,$h=0.75P$,则

$$d_2 \geqslant 0.65\sqrt{\frac{F}{\varphi[p]}} \tag{10.28}$$

当螺母为整体式,磨损后间隙不能调整时,取 $\varphi=1.2\sim2.5$;螺母为剖分式,间隙能够调整,或螺母兼作支承而受力较大时,可取 $\varphi=2.5\sim3.5$;传动精度较高,要求寿命较长时,允许取 $\varphi=4$。

由于旋合各圈螺纹牙受力不均,u 不宜大于 10。

(2)螺旋传动的自锁性校核。

根据机械原理知识可知,螺旋传动的效率可用下式表示:

$$\eta=\frac{\tan\psi}{\tan(\psi+p_v)} \tag{10.29}$$

螺纹副自锁条件可表示为

$$\psi \leqslant p_v=\arctan\frac{f}{\cos\beta}=\arctan f_v \tag{10.30}$$

式中 ψ——螺纹升角;

p_v——螺纹副的当量摩擦角;

f——螺纹副的摩擦系数;

f_v——螺纹副的当量摩擦系数;

β——螺纹牙型斜角。

螺旋传动螺纹副的摩擦系数见表10.14。

表10.14　螺旋传动螺纹副的摩擦系数(定期润滑)

螺纹副材料	钢对青铜	钢对耐磨铸铁	钢对灰青铜	钢对钢	淬火钢对青铜
摩擦系数f	0.08～0.10	0.10～0.12	0.12～0.15	0.11～0.17	0.06～0.08

注:大值用于启动时

(3)滑动螺旋副的强度计算。

①螺纹牙强度计算。螺纹牙的剪切和弯曲破坏多发生在螺母。如图10.34所示,螺纹牙的剪切和弯曲强度条件分别为

$$\tau=\frac{F}{\pi Db}\leqslant[\tau] \tag{10.31}$$

$$\sigma_b=\frac{6Fl}{\pi Db^2u}\leqslant[\sigma_b] \tag{10.32}$$

式中　D——螺母螺纹大径(mm);

b——螺纹牙底宽度(mm),梯形螺纹$b=0.65P$,矩形螺纹$b=0.5P$,锯齿形螺纹$b=0.736P$;

l——弯曲力臂(mm),$l=\frac{D-D_2}{2}$;

$[\tau]$和$[\sigma_b]$——分别为螺纹牙的许用剪切应力和许用弯曲应力(MPa),见表10.15。

表10.15　滑动螺旋副材料的许用应力

螺旋副材料		许用应力/MPa		
		$[\sigma]$	$[\sigma_b]$	$[\tau]$
螺杆	钢	$\sigma_s/(3\sim5)$		
螺母	青铜		40～60	30～40
	铸铁		45～55	40
	钢		$(1.0\sim1.2)[\sigma]$	$0.3[\sigma]$

②螺杆强度计算。螺杆承受压力(或拉力)F和转矩T,根据第四强度理论,其强度条件为

$$\sqrt{\left(\frac{4F}{\pi b^2}\right)^2+3\left(\frac{T}{0.2b^2}\right)^2}\leqslant[\sigma] \tag{10.33}$$

式中　F——螺杆所受轴向压力(或拉力)(N);

T——螺杆所受转矩(N·mm),$T=F\tan(\psi+p_v)d_2/2$;

$[\sigma]$——螺杆材料的许用应力(MPa),见表10.15。

③受压螺杆的稳定性计算。

螺杆受压的稳定性校核式为

$$\frac{F_{cr}}{F} \geqslant 2.5 \sim 4 \tag{10.34}$$

$$F_{cr} = \frac{\pi^2 EI}{(\beta l)^2} \tag{10.35}$$

式中　F_{cr}——螺杆的稳定临界载荷(N),根据螺杆的柔度数值确定。$\lambda = \beta l/i$，其中,i 为螺杆危险截面的惯性半径;

E——螺杆材料的弹性模量(MPa);

I——螺杆危险截面的轴惯性矩(mm^4),$I = \pi d_1^4/64$;

β——长度系数,与两端支座形式有关，见表 10.16。

式(10.35)只适用于螺杆为未淬火钢且 $\lambda \geqslant 90$ 的情况下。

表 10.16　长度系数

端部支承情况	长度系数 β	端部支承情况	长度系数 β
两端固定	0.50	两端不完全固定	0.75
一端固定,一端不完全固定	0.60	两端铰支	1.00
一端铰支,一端不完全固定	0.70	一端固定,一端自由	2.00

(4)螺杆的刚度计算。

对于传递精确运动的滑动丝杠副,工作中只允许有很小的螺距误差。但由于丝杠在轴向力和转矩的作用下将产生变形,而引起螺距变化,从而影响到滑动丝杠副的传动精度。为了使滑动丝杠的变形很小或把螺距的变化限制在允许的范围内,必须要求丝杠具有足够的刚度。因此,在设计传递精确运动的滑动丝杠副时应进行丝杠的刚度计算。

(5)滑动丝杠副受力变形后所引起的螺距误差,一般由如下两部分组成。

①丝杠在轴向载荷 F 作用下所产生的螺距变形量 δ_F 的计算公式为

$$\delta_F = \frac{4FP}{\pi E d_1^2} \tag{10.36}$$

式中　F——丝杠承受的轴向力(N);

P——丝杠螺纹的螺距(mm);

E——丝杠的弹性模量(MPa);

d_1——丝杠的小径(mm)。

②转矩 T 作用下每个螺距的变形为

$$\delta_T = \frac{16TP^2}{\pi G d_1^4} \tag{10.37}$$

式中　T——转矩(N·mm);

P——丝杠螺纹的螺距(mm);

E——丝杠的弹性模量(MPa);

d_1——丝杠的小径(mm)。

每个螺纹螺距总变形为

$$\delta = \delta_F + \delta_T \tag{10.38}$$

单位长度变形量为

$$\Delta = \delta / P \tag{10.39}$$

10.3.3　其他螺旋传动简介

1. 滚动螺旋传动简介

滚动螺旋可分为滚子螺旋和滚珠螺旋两类。由于滚子螺旋的制造工艺复杂,所以应用较少,下面简要介绍滚珠螺旋传动。滚珠螺旋传动的结构如图10.35所示。当螺杆或螺母回转时,滚珠依次沿螺纹滚动。借助于导向装置将滚珠导入返回轨道,然后再进入工作轨道。如此往复循环,使滚珠形成一个闭合循环回路。其方式分外循环和内循环;前者导路为一导管,后者导路为每圈螺纹有一反向器,滚珠在本圈内运动。外循环加工方便,但径向尺寸较大。螺母螺纹以3~5圈为宜,过多则受力不均,并不能提高承载能力。滚珠螺旋传动具有传动效率高,启动力矩小,传动灵敏平稳,工作寿命长等优点,目前在机车、汽车、航空等制造业应用很广。缺点是制造工艺复杂,成本高。

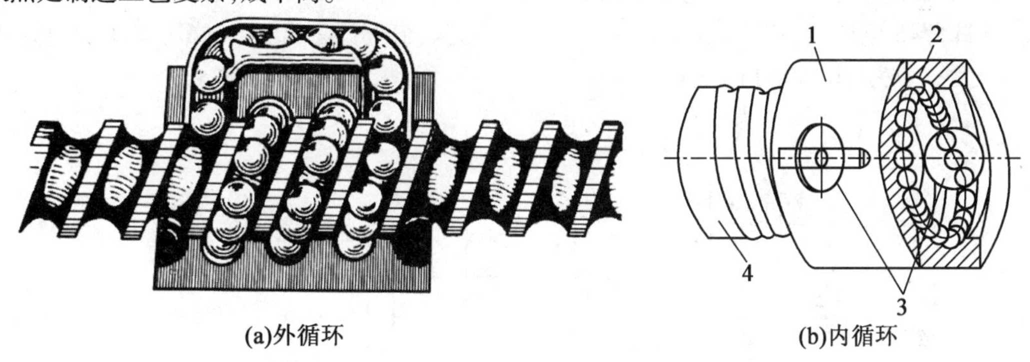

图10.35　滚动螺旋传动

1—螺母;2—滚珠;3—转向器;4—螺杆

2. 静压螺旋传动简介

如图10.36(a)所示,压力油经节流器进入内螺纹牙两侧的油腔,然后经回油通路流回油箱。当螺杆不受力时,处于中间位置,此时,螺纹牙的两侧间隙相等,经螺纹牙两侧流出的油的流量相等,因此油腔压力也相等。当螺杆受轴向力 F_a 而左移时,间隙 h_1 减小,h_2 增大,使牙左侧压力大于右侧,从而产生一平衡 F_a 的液压力。在图10.36(b)中,如果每一螺纹牙侧开3个油腔,则当螺杆受径向力 F_r 而下移时,油腔A侧的间隙减小、压力增高,B侧和C侧的间隙增大,压力降低,从而产生一平衡 F_r 的液压力。

当螺杆受弯曲力矩时,也具有平衡能力。

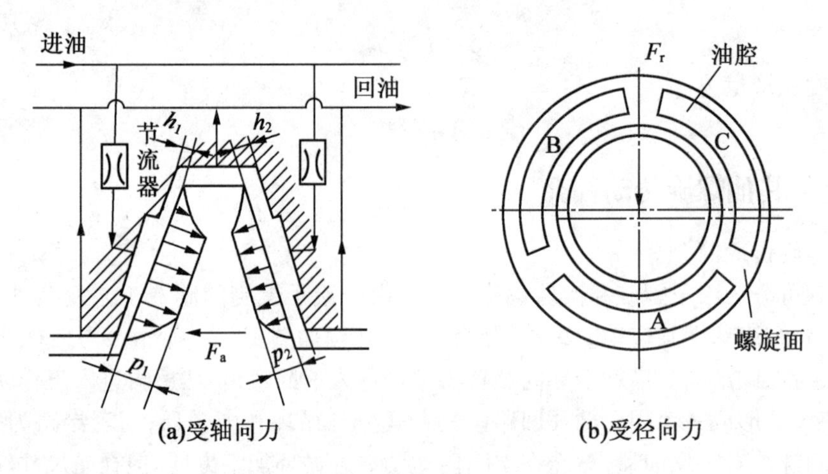

图 10.36　静压螺旋传动的工作原理示意图

例　图 10.37 所示为一车床进给螺旋传动简图，螺杆两支承间距离 $L=2\ 700$ mm，工作长度 $l=2\ 300$ mm，所受轴向力 $F=750$ N，最高转速 $n_m=100$ r/min，螺杆采用 $Tr44\times12-8$ 梯形螺纹，材料为 45 钢调质，硬度为 HBW230 ~ 250。螺母采用剖分式，材料 ZCuAl10Fe3，试确定螺母的高度并对该螺旋传动进行校核。

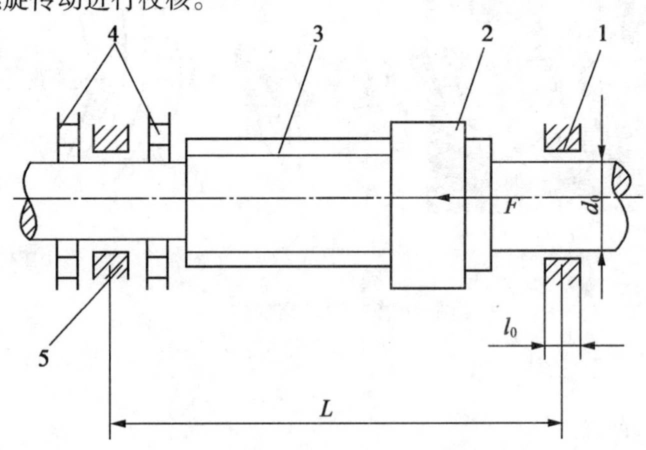

图 10.37　车床进给螺旋传动简图

1、5—滚动轴承；2—螺母；3—螺杆；4—推力环轴承

解　对该车床进给的装置的要求是：保证各零件有足够的强度、耐磨性和稳定性。

表 10.17　计算过程与结果

计算与说明	主要结果
1. 螺母耐磨性校核 由机械设计手册查出 $Tr44\times12-8$ 梯形螺纹的参数为：$d=44$ mm，$d_1=31$ mm，$d_2=38$ mm，$P=12$ mm，8 级精度 $$p_f=\frac{FP}{\pi d_2 hH}\leqslant[p]$$	

续表 10.17

计算与说明	主要结果
梯形螺纹 $h=0.5P$，$b=0.65P$，螺母高度 $H=\varphi d_2$，对剖分螺母取 $\varphi=2.5$，则有 $b=0.65\times12=7.8(\mathrm{mm})$，　$H=2.5\times38=95(\mathrm{mm})$	
螺母的圈数 $u=H/P=95/12\approx7.9$，合理。	
$p_{\mathrm{f}}=\dfrac{7\ 500\times12}{\pi\times38\times0.5\times12\times95}=1.32(\mathrm{MPa})$	$p_{\mathrm{f}}=1.32\ \mathrm{MPa}$
滑动速度 $v=\dfrac{\pi d_2 n_{\mathrm{m}}}{60\times1\ 000}=\dfrac{\pi\times38\times100}{60\times1\ 000}\approx0.199(\mathrm{m/s})$	
查表10.13，得 $[p]=7\sim10\ \mathrm{MPa}$，$p_{\mathrm{f}}<[p]$，合格。	$p_{\mathrm{f}}<[p]$，合格
2. 校核自锁能力	
螺纹升角 $\psi=\arctan\dfrac{P}{\pi d_2}=\arctan\dfrac{12}{\pi\times38}=5.74^\circ$	
当量摩擦角 $p_{\mathrm{v}}=\arctan\dfrac{f}{\cos\beta}=\arctan\dfrac{0.08}{\cos15^\circ}=4.74^\circ$	$p_{\mathrm{v}}=4.74^\circ$
$\psi>p_{\mathrm{v}}$，不自锁。	$\psi>p_{\mathrm{v}}$，不自锁
3. 校核螺杆强度	
$\sigma_{\mathrm{ca}}=\sqrt{\left(\dfrac{4F}{\pi d_1^2}\right)^2+3\left(\dfrac{T}{0.2d_1^3}\right)^2}\leqslant[\sigma]$	
螺杆受压力 F 和转矩 T 作用。	
式中 $T=F\tan(\psi+\psi_v)\dfrac{d_2}{2}=7\ 500\times\dfrac{38}{2}\tan(5.74^\circ+4.74^\circ)=26\ 360(\mathrm{N\cdot mm})$	
$\sigma_{\mathrm{ca}}=\sqrt{\left(\dfrac{4\times7\ 500}{\pi\times31^2}\right)^2+3\times\left(\dfrac{26\ 360}{0.2\times31^3}\right)}=12.55(\mathrm{MPa})$	$\sigma_{\mathrm{ca}}=12.55\ \mathrm{MPa}$
螺杆45钢，调质，查得屈服强度，$\sigma_{\mathrm{s}}=355\ \mathrm{MPa}$，见表10.15，螺杆许用应力 $[\sigma]=\dfrac{\sigma_{\mathrm{s}}}{3\sim5}=\dfrac{355}{3\sim5}=71\sim118(\mathrm{MPa})$	
$\sigma_{\mathrm{ca}}<[\sigma]$，满足强度条件。	$\sigma_{\mathrm{ca}}<[\sigma]$，满足强度条件
4. 螺母的螺纹强度校核	
螺纹牙剪切强度 $\tau=\dfrac{F}{u\pi Db}=\dfrac{7\ 500}{7.9\pi\times44\times7.8}=0.88(\mathrm{MPa})$	$\tau=0.88\ \mathrm{MPa}$
螺纹牙弯曲强度 $\sigma_{\mathrm{b}}=\dfrac{3F(D-D_2)}{\pi Db^2u}=\dfrac{3\times7\ 500\times(44-38)}{\pi\times44\times7.8^2\times7.9}=2.03(\mathrm{MPa})$	$\sigma_{\mathrm{b}}=2.03\ \mathrm{MPa}$
查表10.15得 $[\tau]=30\sim40\ \mathrm{MPa}$，$[\sigma_{\mathrm{b}}]=40\sim60\ \mathrm{MPa}$	
$\tau<[\tau]$，$\sigma<[\tau]$，满足要求。	$\tau<[\tau]$，$\sigma<[\sigma]$满足要求
5. 螺杆稳定性校核	

续表 10.17

计算与说明	主要结果
螺杆柔度 $\lambda=\beta l/i$,按表10.16,此螺旋为一端不完全固定、一端铰支,长度系数 $\beta=0.7$,工作长度 $l=2\,300$ mm,$i=d_1/4=31/4=7.75$(mm),则有	
$$\lambda=\frac{0.7\times 2\,300}{7.75}=207.8$$	
当 $\lambda>85\sim90$ 时,按欧拉公式,计算临界载荷得	
$$F_{cr}=\frac{\pi^2 EI}{(\beta l)^2}=\frac{\pi^2\times 2.1\times 10^5\times\pi\times 31^4/64}{(0.7\times 2\,300)^2}=36\,284(\mathrm{N})$$	
稳定性安全系数 $S_c=F_{cr}/F=36\,248/7\,500=4.8>(2.5\sim4)$,稳定性合格。	稳定性合格
6. 螺杆的刚度	
轴向载荷 F 产生每个导程的变形	
$$\delta_F=\frac{4FP}{\pi E d_1^2}=\frac{4\times 7\,500\times 12}{\pi\times 2.1\times 10^5\times 31^2}=0.57\times 10^{-3}(\mathrm{mm})$$	
转矩 T 产生每个导程的变形	
$$\delta_T=\frac{16TP^2}{\pi^2 G d_1^2}=\frac{16\times 26\,360\times 12^2}{\pi^2\times 8.3\times 10^4\times 31^4}=8\times 10^{-5}(\mathrm{mm})$$	
每个螺纹导程总变形	
$$\delta=\delta_F+\delta_T=0.57\times 10^{-3}+0.08\times 10^{-3}=0.65\times 10^{-3}(\mathrm{mm})$$	
单位长度变形量	
$$\Delta=\delta/P=0.65\times 10^{-3}/12=5.4\times 10^{-5}(\mathrm{mm})$$	$\Delta=5.4\times 10^{-5}$ mm
机床一般传动的许用单位长度变形量 $[\Delta]=(5\sim6)\times 10^{-5}$,变形量 Δ 在适用范围内。	
7. 螺旋传动效率	
螺旋副传动效率	
$$\eta_1=\frac{\tan\psi}{\tan(\psi+\varphi_v)}=\frac{\tan 5.74°}{\tan(5.74°+4.74°)}=0.54$$	$\eta_1=0.54$

10.4 其他连接

铆接、焊接、胶接都属于不可拆的静连接,本节简要介绍这三类连接的应用及特点。

10.4.1 铆接

利用铆钉把两个或两个以上的被连接件连在一起构成不可拆连接,称为铆钉连接,简称铆接。

铆钉按其钉头形状有多种形式,大多已标准化,铆钉的形式见表10.18,其结构尺寸详见机械设计手册。铆钉按材料的不同可以分为碳素钢铆钉、不锈钢铆钉、铝铆钉等,近年航空、航天器结构开始使用钛合金铆钉。

表 10.18　铆钉的形式

名称	实心铆接				扁圆头半空心铆钉	空心铆钉
	半圆头	平锥头	沉头	半沉头		
形状						
应用场合	应用广，常用于承受较大横向载荷的铆缝	常用于耐腐蚀的场合	用于表面要求平滑，受载不大的铆缝	用于表面要求平滑，受载不大的铆缝	铆接方便，只用于受载不大处	质量轻，适用于受力小的薄板或非金属零件的铆接

铆钉用棒料在锻压机上制成，一端有预制头。把铆钉插入被铆件的重叠孔内，用工具连续锤击或用压力机压缩铆钉杆端，使钉杆充满钉孔和端模，形成铆制头，这个过程称为铆合(图 10.38)。铆合可用人力、气力或液力(气铆枪或铆钉机)。直径小于 12 mm 的钢铆钉，可在常温下冷铆，用于不重要和受载不大的连接上，塑性良好的铜、铝合金等铆钉广泛使用冷铆。对直径大于 12 mm 的钢铆钉，铆合时通常需要把铆钉的全部或局部加热到 1 000 ~ 1 100 ℃热铆。

铆接工艺简单、抗振、耐冲击、牢固可靠，但一般结构笨重，铆接时噪声很大，影响工人健康和环境安宁。

随着焊接技术的发展，压力容器、罐等许多设备的铆接已被焊接代替；螺栓、焊接结构应用广泛，目前铆接主要用于桥梁、建筑、造船、重型机械、飞机制造以及少数焊接技术受限制的场合。如图 10.39 所示为铆接在机械零件中的应用实例。

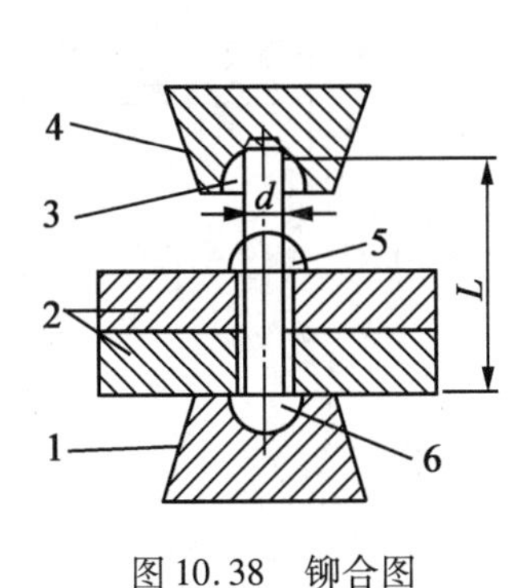

图 10.38　铆合图

1—托垫；2—被铆件；3—端模；
4—铆合工具(加铆枪)；5—铆制头；6—预制头

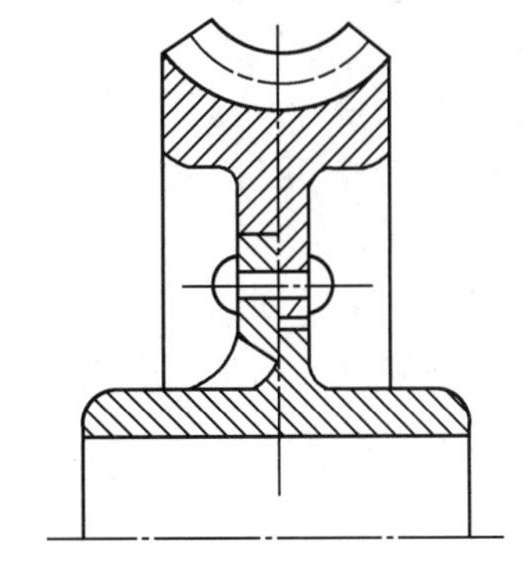

图 10.39　蜗轮齿圈和齿芯的铆接

10.4.2　焊接

焊接是一种借助加热(有时还要加压)，使两个以上的金属件在连接处形成原子或分子间的结合而构成的连接。焊接的应用非常广泛,既可用于钢、铸铁、有色金属及镍、锌、铅等金属材料,也可用于塑料等非金属材料。焊接的结构强度大、刚度高、质量轻、密封性好、成本低、生产周期短、可靠性好、施工简便。因此,在机器制造中大量采用焊接技术,如船体、锅炉、各种容器等都采用焊接结构。焊接技术广泛应用于石油化工、船舶、建筑、航空、航天及海洋工程中。在半导体器材和电子产品中,焊接更是不可缺少的连接手段。

图 10.40 所示为焊接的应用实例,图 10.40(a)中曲轴采用对焊可简化毛坯生产的过程;排气阀采用对焊可使耐热合金钢的阀帽与普通钢的阀杆结成一体。图 10.40(b)中减速器箱体采用焊接结构可使质量大大减轻,且省去了铸造时所需的制模费用。

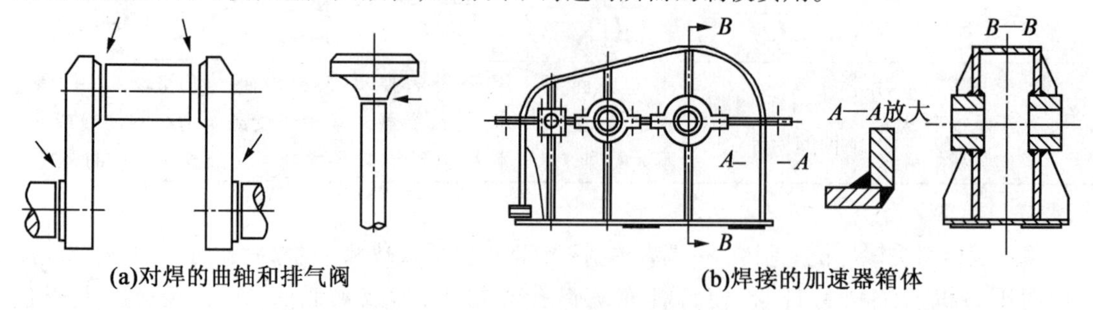

图 10.40　焊接的应用实例

10.4.3　胶接

胶接是利用胶黏剂在连接接合处生成结合力从而使两被连接件连接在一起的方法,这种方法常用于不可拆连接。

胶接与铆接、焊接相比,具有工艺简单、无须复杂设备、变形小、应力分布均匀、便于不同材料的连接、可用于极薄金属片的连接、质量轻、外观平整、绝缘性好、耐腐蚀以及密封性能好等优点。

在机械制造中,胶接主要应用于以下几方面:①大型结构件的连接。②金属切削刀具的制作。③模型的制造。④紧固与密封件的胶接。⑤设备维修时破损件的修复。图 10.41 所示蜗轮的齿圈与轮芯为胶接应用的实例。

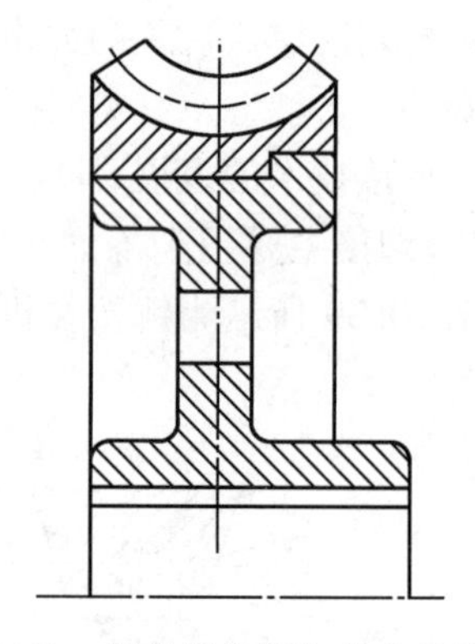

图 10.41　蜗轮的齿圈与轮芯的胶接

课后习题

1. 选择题

(1)当螺纹公称直径、牙型角、螺纹线数相同时,细牙螺纹的自锁性能比粗牙螺纹的自锁性能(　　)

A. 好　　　　B. 差

C. 相同　　　　　　　　　　　　　　　D. 不一定

(2)用于连接的螺纹多为普通螺纹,这是因为普通螺纹(　　)

A. 牙根强度高,自锁性能好　　　　　　B. 传动效率高

C. 防振性能好　　　　　　　　　　　　D. 自锁性能差

(3)用于薄壁零件连接的螺纹,应采用(　　)

A. 细牙普通螺纹　　　　　　　　　　　B. 梯形螺纹

C. 锯齿形螺纹　　　　　　　　　　　　D. 多线的三角形粗牙螺纹

(4)采用普通螺栓连接的凸缘联轴器,在传递转矩时,(　　)

A. 螺栓的横截面受剪切　　　　　　　　B. 螺栓与螺栓孔配合面受挤压

C. 螺栓同时受剪切与挤压　　　　　　　D. 螺栓受拉伸与扭转作用

(5)在下列四种具有相同公称直径和螺距,并采用相同配对材料的传动螺旋副中,传动效率最高的是(　　)

A. 单线矩形螺旋副　　　　　　　　　　B. 单线梯形螺旋副

C. 双线矩形螺旋副　　　　　　　　　　D. 双线梯形螺旋副

(6)若要提高受轴向变载荷作用的紧螺栓的疲劳强度,则可(　　)

A. 在被连接件间加橡胶垫片　　　　　　B. 增大螺栓长度

C. 采用精制螺栓　　　　　　　　　　　D. 加防松装置

(7)对于受轴向变载荷作用的紧螺栓连接,若轴向工作载荷 F 在 0 ~ 1 000 N 之间循环变化,则该连接螺栓所受拉应力的类型为(　　)

A. 非对称循环变应力　　　　　　　　　B. 脉动循环变应力

C. 对称循环变应力

(8)在螺栓连接设计中,若被连接件为铸件,则有时在螺栓孔处制作沉头座孔或凸台,其目的是(　　)

A. 避免螺栓受附加弯曲应力作用　　　　B. 便于安装

C. 为安置防松装置　　　　　　　　　　D. 为避免螺栓受拉力过大

2. 填空题

(1)三角形螺纹的牙型角——________,适用于________,而梯形螺纹的牙型角——________,适用于________。

(2)螺旋副的自锁条件是________。

(3)常用螺纹的类型主要有________、________、________、________和________。

(4)传动用螺纹(如梯形螺纹)的牙型角比连接用螺纹(如普通螺纹)的牙型斜角小,这主要是为了________。

(5)若螺纹的直径和螺旋副的摩擦系数一定,则拧紧螺母时的效率取决于螺纹的________。

(6)螺纹连接的拧紧力矩等于________和________之和。

(7)普通紧螺栓连接,受横向载荷作用,则螺栓中受________应力和________应力作用。

(8)被连接件受横向载荷作用时,若采用普通螺栓连接,则螺栓受________作用,可能发生的失效形式为________。

(9)在螺纹连接中采用悬置螺母或环槽螺母的目的是________。

(10)螺纹连接防松,按其防松原理可分为________防松、________防松和________防松。

3. 简答题

(1)常用螺纹按牙型分为哪几种?各有何特点?各适用于什么场合?

(2)拧紧螺母与松退螺母时的螺纹副效率如何计算?哪些螺纹参数影响螺纹副的效率?

(3)螺纹连接有哪些基本类型?各有何特点?各适用于什么场合?

(4)为什么螺纹连接常需要防松?按防松原理,螺纹连接的防松方法可分为哪几类?试举例说明。

(5)有一刚性凸缘联轴器,用材料为Q235的普通螺栓连接以传递转矩 T。现欲提高其传递的转矩,但限于结构不能增加螺栓的直径和数目,试提出三种能提高该联轴器传递的转矩的方法。

(6)提高螺栓连接强度的措施有哪些?这些措施中哪些主要是针对静强度?哪些主要是针对疲劳强度?

(7)为什么对于重要的螺栓连接要控制螺栓的预紧力 F'?控制预紧力的方法有哪几种?

(8)为什么铆钉和被铆件的材料一般应相同或成分接近?

(9)简述铆接、焊接和胶接的特点。

4. 分析计算题

(1)某受预紧力 F' 和轴向工作载荷 $F = 1\ 000$ N一起作用的紧螺栓连接,已知预紧力 $F' = 1\ 000$ N,螺栓的刚度 c_1 与被连接件的刚度 c_2 相等。试计算该螺栓所受的总拉力 F_0 和剩余预紧力 F''。在预紧力 F' 不变的条件下,若保证被连接件间不出现缝隙,该螺栓的最大轴向工作载荷为 F_{max} 多少?

(2)如图10.42所示为一圆盘锯,锯片直径 $D = 500$ mm,用螺母将其夹紧在压板中间。已知锯片外圆上的工作阻力 $F_t = 400$ N,压板和锯片间的摩擦系数 $f = 0.15$,压板的平均直径 $D_0 = 150$ mm,可靠性系数 $K_f = 1.2$,轴材料的许用拉伸应力 $[\sigma] = 60$ MPa。试计算轴端所需的螺纹直径(提示:此题中有两个接合面,压板的压紧力就是螺纹连接的预紧力)。

附:M10($d_1 = 8.376$ mm),M12($d_1 = 10.106$ mm),M16($d_1 = 13.835$ mm)

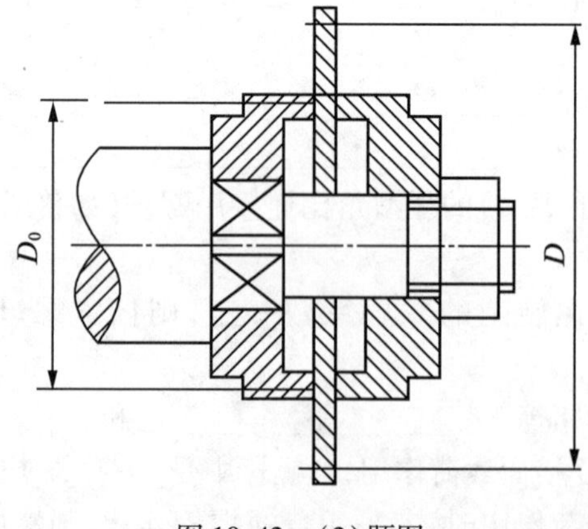

图10.42 (2)题图

(3)如图10.43所示为一支架与机座用4个普通螺栓连接,所受外载荷分别为横向载荷$R=5\ 000$ N,轴向载荷$Q=16\ 000$ N。已知螺栓的相对刚度,$c_1/(c_1+c_2)=0.25$接合面间摩擦系数$f=0.15$,可靠性系数$K_f=1.2$,螺栓材料的机械性能级别为8.8级,最小屈服极限$\sigma_{smin}=640$ MPa,许用安全系数$[S]=2$,试计算该螺栓小径d_1的值。

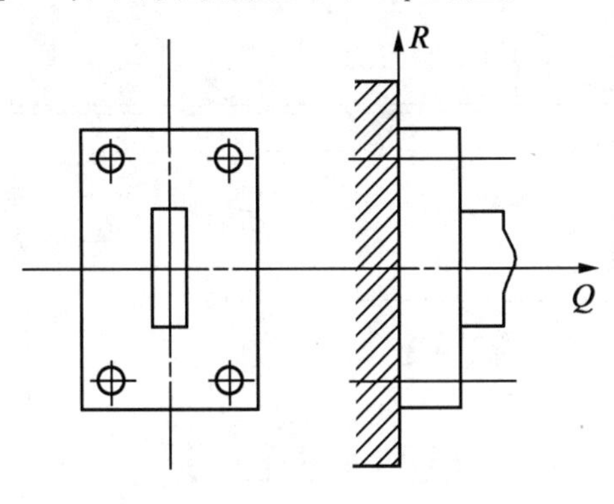

图10.43　(3)题图

(4)一牵曳钩用M10($d_1=8.376$ mm)的普通螺栓固定于机体上,如图10.44所示。已知接合面间摩擦系数$f=0.15$,可靠性系数$K_f=1.2$,螺栓材料强度级别为6.6级,屈服极限$\sigma_s=360$ MPa,许用安全系数$[S]=3$。试计算该螺栓组连接允许的最大牵引力R_{max}。

(5)如图10.45所示钢板用4个普通螺栓与立柱连接,钢板悬臂端载荷$P=20\ 000$ N,接合面间摩擦系数$f=0.16$,可靠性系数$K_f=1.2$,螺栓材料的许用拉伸应力$[\sigma]=120$ MPa,试计算该螺栓组螺栓的小径d_1。

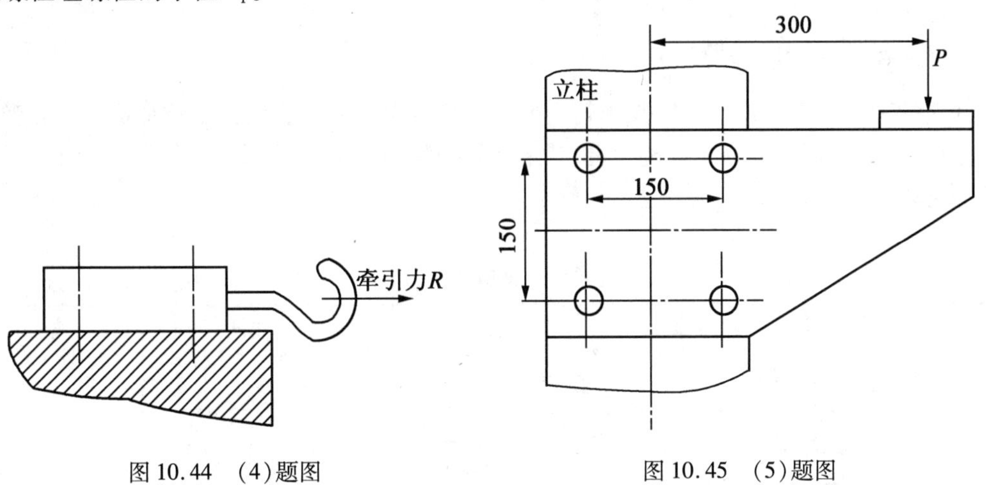

图10.44　(4)题图　　图10.45　(5)题图

第11章

弹　　簧

11.1　概　述

11.1.1　弹簧的功用

弹簧是利用弹性在载荷作用下产生很大变形来工作的一种弹性元件,它的主要功能如下。

(1)缓冲和减振,如车辆中的缓冲弹簧、联轴器中的吸振弹簧。

(2)控制运动,如内燃机中的阀门弹簧、离合器中的控制弹簧。

(3)储蓄能量,如钟表中的弹簧。

(4)测力,如测力器和弹簧秤中的弹簧等。

11.1.2　弹簧的类型

弹簧的种类繁多,按受力情况,弹簧主要分为拉伸弹簧、压缩弹簧、扭转弹簧和弯曲弹簧四种。按照形状,弹簧又可分为螺旋弹簧、碟形弹簧、环形弹簧、板弹簧、盘簧等。常用弹簧的基本类型见表11.1。

表11.1　弹簧的基本类型

	拉伸	压缩	扭转	弯曲
螺旋形	圆柱螺旋拉伸弹簧	圆柱螺旋压缩弹簧　圆锥螺旋压缩弹簧	圆柱螺旋扭转弹簧	

续表 11.1

	拉伸	压缩	扭转	弯曲
其他形状		环形弹簧　碟形弹簧	盘簧	板簧

螺旋弹簧有拉伸弹簧、压缩弹簧和扭转弹簧。螺旋弹簧通常是由圆截面弹簧丝卷绕而成,弹簧刚度是恒定的。这种弹簧应用最广。

碟形弹簧和环形弹簧都属于压缩弹簧,能够承受较大的冲击,缓冲吸振能力较强,多用于缓冲弹簧。碟形弹簧常在重型机械和飞机中作为强力缓冲和减振弹簧。

板弹簧是由多层长度不同的钢板叠合而成,主要承受弯矩,缓冲减振的能力较强。多用于火车、汽车的减振装置。

盘簧为扭转弹簧。由于圈数较多,储存能量大,多用于钟表、仪器中的储能元件。

11.2　圆柱螺旋弹簧的材料、结构与制造

11.2.1　弹簧的材料及许用应力

1. 弹簧的材料

为了确保弹簧在冲击载荷或变载荷作用下安全可靠地工作,弹簧材料必须具有较高的弹性极限和疲劳极限,同时还应具有良好的韧性及热处理性能。

常用的弹簧材料有:碳素弹簧钢丝、合金弹簧钢丝、弹簧用不锈钢丝及铜合金等,近年来非金属材料(如塑料、橡胶等)弹簧也有很大发展。碳素弹簧钢丝价格便宜,原材料来源方便,规格齐全,一般情况下应优先选用;合金弹簧钢丝,由于加入了合金元素,提高了钢的淬透性,改善了钢的机械性能,常用于钢丝直径较大、受冲击载荷的情况;不锈钢或铜合金宜用于防腐、防磁等条件下工作的弹簧。几种主要弹簧材料的使用性能见表 11.2。

表 11.2　弹簧材料的使用性能

类别	代号	许用应力[τ]/MPa			推荐硬度(HRC)	推荐使用温度/(℃)	特性及用途
		Ⅰ类	Ⅱ类	Ⅲ类			
钢丝	碳素弹簧钢丝 B、C、D 级	$0.3\sigma_b$	$0.4\sigma_b$	$0.5\sigma_b$	—	-40~120	强度高,加工性能好,适应于小尺寸弹簧
	65Mn						
	60Si2Mn	480	640	800	45~50	-40~120	弹性好,适用于大载荷弹簧
	60Si2MnA	480	640	800		-40~120	
	50CrVA	450	600	750		-40~120	疲劳性及淬透性好

续表 11.2

类别	代号	许用应力[τ]/MPa			推荐硬度（HRC）	推荐使用温度/℃	特性及用途
		Ⅰ类	Ⅱ类	Ⅲ类			
不锈钢丝	1Cr18Ni9Ti	330	440	550		-250 ~ 290	耐腐蚀性好,适用于做小弹簧
	4Cr13	450	600	750	48 ~ 53	-40 ~ 300	耐腐蚀,耐高温,适合做大弹簧
铜合金	QSi3-1	270	360	450	9 ~ 100（HB）	-40 ~ 120	耐腐蚀性好,防磁性好,弹性好
	QBe2	306	450	560	37 ~ 40	-40 ~ 120	

注:碳素弹簧钢丝及65Mn钢丝的抗拉强度极限,见表11.3

选择弹簧材料时,应综合考虑弹簧的功用、重要程度及工作条件,同时还要考虑其加工、热处理工艺和经济性等因素。

2. 弹簧材料的许用应力

影响弹簧许用应力的因素很多,除材料品种外,还有材料质量、热处理方法、载荷性质、工作条件和弹簧钢丝直径等,在确定许用应力时都应予以考虑。

通常,根据变载荷的作用次数以及弹簧的重要程度将弹簧分为三类:Ⅰ类受变载荷的作用次数在10^6以上或很重要的弹簧,如内燃机气阀弹簧等;Ⅱ类受变载荷作用次数在$10^3 \sim 10^5$之间及承受冲击载荷的弹簧,如调速器弹簧、一般车辆弹簧等;Ⅲ类受变载荷作用次数在10^3以下的弹簧及受静载荷的一般弹簧,如一般安全阀弹簧、摩擦式安全离合器弹簧等。

设计弹簧时,根据上述弹簧的种类及所选定的材料,可由表11.2确定其许用应力,应当指出,碳素弹簧钢丝的许用应力是根据其抗拉强度极限σ_b而定的,而σ_b与钢丝直径有关,见表11.3,碳素弹簧钢丝按用途分为三级:B级用于低应力弹簧;C级用于中等应力弹簧;D级用于高应力弹簧。因此,设计时需先假定碳素弹簧钢丝的直径进行试算。

表11.3　碳素弹簧钢丝的拉伸强度极限　MPa

钢丝直径/mm	GB 4357 碳素弹簧钢丝			YB(T)11 弹簧用不锈钢丝		
	B级	C级	D级	A级	B级	C级
1.00	1 660	1 960	2 300	1 471	1 863	1 765
1.20	1 620	1 910	2 250	1 373	1 765	1 667
1.40	1 620	1 860	2 150	1 373	1 765	1 667
1.60	1 570	1 810	2 110	1 324	1 667	1 569
1.80	1 520	1 760	2 110	1 324	1 667	1 569
2.0	1 470	1 710	1 910	1 324	1 667	1 569
2.2	1 420	1 660	1 980	—	—	—
2.3	—	—	—	1 275	1 569	1 569

续表 11.3

钢丝直径/mm	GB 4357 碳素弹簧钢丝			YB(T)11 弹簧用不锈钢丝		
	B级	C级	D级	A级	B级	C级
2.5	1 420	1 660	1 760	—	—	—
2.6	—	—	—	1 275	1 569	1 471
2.8	1 370	1 620	1 710	—	—	—
2.9	—	—	—	1 177	1 471	1 373
3.0	1 370	1 570	1 710	—	—	—
3.2	1 320	1 570	1 660	1 177	1 471	1 373
3.4	1 320	1 570	1 660	1 177	1 471	1 373
4.0	1 320	1 520	1 620	1 177	1 471	1 373
4.5	1 320	1 520	1 620	1 078	1 373	1 275
5.0	1 320	1 470	1 570	1 079	1 373	1 275
5.5	1 270	1 470	1 570	1 070	1 373	1 275
6.0	1 220	1 420	1 520	1 079	1 373	1 275
6.5	1 220	1 420	—	981	1 275	—
7.0	1 170	1 370	—	981	1 275	—
8.0	1 170	1 370	—	981	1 275	—
9.0	1 130	1 320	—	—	1 128	—
10.0	1 130	1 320	—	—	981	—
11.0	1 080	1 270	—	—	—	—
12.0	1 080	1 270	—	—	883	—
13.0	1 080	1 220	—	—	—	—

11.2.2　圆柱形螺旋弹簧的结构

1. 压缩弹簧

图 11.1(a)所示为圆柱形螺旋压缩弹簧,它是用圆形簧丝卷绕而成。弹簧的两端为支承圈,各有 0.75 ~1.75 圈弹簧并紧,工作中不参与弹簧变形,所以称为死圈。并紧的支承圈端部有不磨平(图 11.1(b))与磨平(图 11.1(c))两种。重要的弹簧都要磨平,以使支承圈端面与弹簧的轴心线相垂直。磨平长度一般不小于 0.75 圈。

2. 拉伸弹簧

拉伸弹簧也是用圆形簧丝卷绕而成,在卷制时各圈相互并紧,即弹簧间距 $\delta=0$。各圈弹簧相互接触。端部制成钩环形式,以便安装和加载。拉伸弹簧端部结构如图 11.2 所示。

11.2.3　弹簧的制造

弹簧的制造工艺过程包括:卷绕、两端加工(指压簧)或挂钩的制作(指拉簧和扭簧)、热处理和工艺试验。

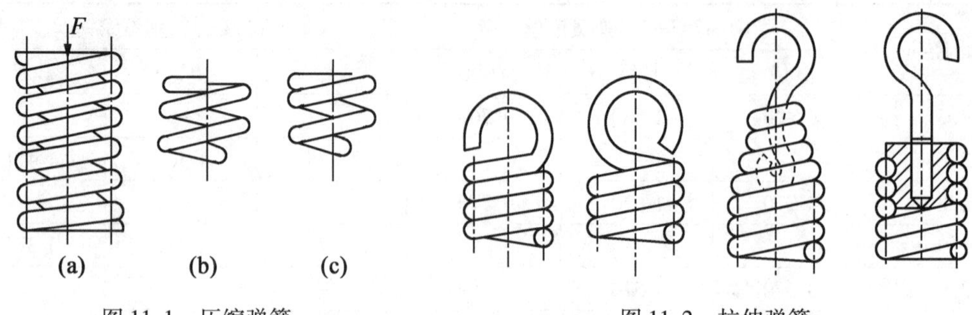

图 11.1　压缩弹簧　　图 11.2　拉伸弹簧

弹簧的卷绕方法分为冷卷法和热卷法。弹簧丝直径在 8 mm 以下的用冷卷法，直径大于 8 mm 的用热卷法。冷态下卷制的弹簧用冷拉的、经预热处理的优质碳素弹簧钢丝，卷成后一般不再经淬火处理，只经低温回火以消除内应力。在热态下卷制的弹簧卷成后必须经过热处理，通常进行淬火和回火处理。

弹簧制成后，如再进行强压处理，可提高承载能力。强压处理是指将弹簧预先压制到超过材料的屈服极限，并保持一段时间后卸载，使簧丝表面层产生与工作应力方向相反的残余应力，受载时可抵消一部分工作应力，可提高弹簧的承载能力。强压处理后不允许再进行任何热处理。

11.3　圆柱形螺旋压缩、拉伸弹簧的设计计算

11.3.1　圆柱螺旋弹簧的几何尺寸

圆柱螺旋弹簧的主要几何参数有：弹簧外径 D、中径 D_2、内径 D_1、节距 P、螺纹升角 α、自由高度 H_0、工作圈数 n、簧丝直径 d 及簧丝展开长度 L 等，如图 11.3 所示。圆柱螺旋弹簧几何尺寸计算见表 11.4。

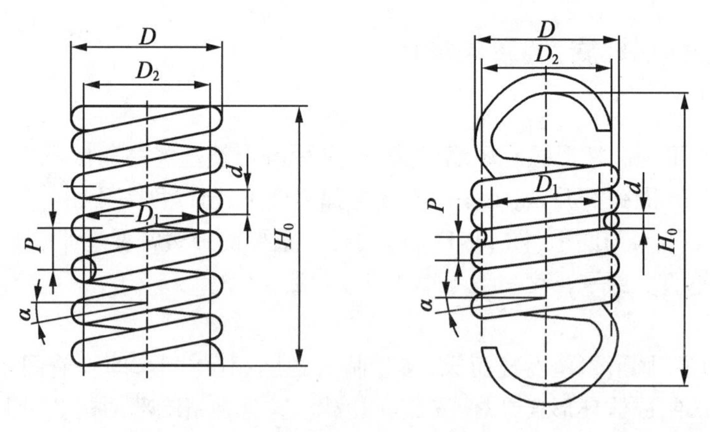

图 11.3　圆柱螺旋弹簧几何尺寸

表 11.4 圆柱螺旋弹簧几何尺寸计算

几何参数	单位	计算公式		备注
弹簧丝直径 d	mm	压缩弹簧	拉伸弹簧	
弹簧外径 D	mm	根据强度条件计算确定		
弹簧内径 D_1	mm	$D=D_2+d$，D_2 为弹簧中径		
节距 P	mm	$P=(0.28\sim0.5)D_2$	$P=d$	
工作圈数 n		根据工作条件确定		
总圈数 n_1		$n_1=n+(1.5\sim2.5)$	$n_1=n$	
自由高度 H_0	mm	两端磨平 $H_0=np+(n_1-n-0.5)d$ 两端不磨平 $H_0=np+(n_1-n+1)d$	$H_0=np+$挂钩轴向尺寸	
间距 δ	mm	$\delta=p-d$	$\delta=0$	
螺纹 α	(0)	$\alpha=\arctan\dfrac{p}{\pi D_2}$		对压缩弹簧推荐 $\alpha=5°\sim9°$
弹簧丝展开长度 L	mm	$L=\pi D_2/(n_1\cos\alpha)$	$L=\pi D_2 n_1+$ 挂钩展开长度	

11.3.2 柱螺旋压缩、拉伸弹簧的特性线

表示弹簧载荷与变形之间关系的曲线称为弹簧特性曲线。

1. 压缩弹簧的特性曲线

图 11.4 所示为圆柱螺旋压缩弹簧的特性线，H_0 表示不受外力时弹簧的自由高度。弹簧工作前，通常预受一压缩力 F_1，以保证弹簧稳定在安装位置上。F_1 称为弹簧的最小工作载荷，在它的作用下，弹簧的长度由 H_0 降至 H_1，其相应的弹簧压缩变形量为 λ_1。当弹簧受到最大工作载荷 F_2 时，弹簧长度降至 H_2，其相应的弹簧压缩变形量为 λ_2。$\lambda_0=\lambda_2-\lambda_1=H_1-H_2$，$\lambda_0$ 称为弹簧的工作行程。F_{lim} 为弹簧的极限载荷，在它的作用下，弹簧丝应力将达到材料的弹性极限。这时，弹簧的长度降至 H_{lim}，相应的变形为 λ_{lim}。

对于等节距的圆柱螺旋弹簧（压缩或拉伸），由于载荷与变形成正比，故特性曲线为直线，即

$$\frac{F_1}{\lambda_1}=\frac{F_2}{\lambda_2}=\cdots=常数 \tag{11.1}$$

设计弹簧时，最大工作载荷 F_2 由机构的工作要求决定，最小工作载荷 F_1 通常取$(0.1\sim0.5)F_2$。实用中，一般不希望弹簧失去直线的特性关系，应使弹簧在弹性范围内工作，所以最大工作载荷 F_2 应小于极限载荷，通常应满足 $F_2\leqslant0.8F_{lim}$。

2. 拉伸弹簧的特性线

拉伸弹簧的特性线分为有初应力(图 11.5(a))和无初应力(图 11.5(b))两种情况。无初应力的弹簧特性线与压缩弹簧完全相同。有初应力的弹簧特性线则不同,它在自由状态下就有初拉力 F_0 的作用。初拉力是由卷制弹簧时各圈弹簧并紧而产生的。利用三角形相似原理,在图上增加一段假想的变形量 x,这样它的特性线又与无初应力的完全相同。一般情况下,可这样确定初拉力:簧丝直径 $d \leqslant 5$ mm 时 $F_0 = F_{\lim}/3$, $d > 5$ mm 时, $F_0 = F_{\lim}/4$。

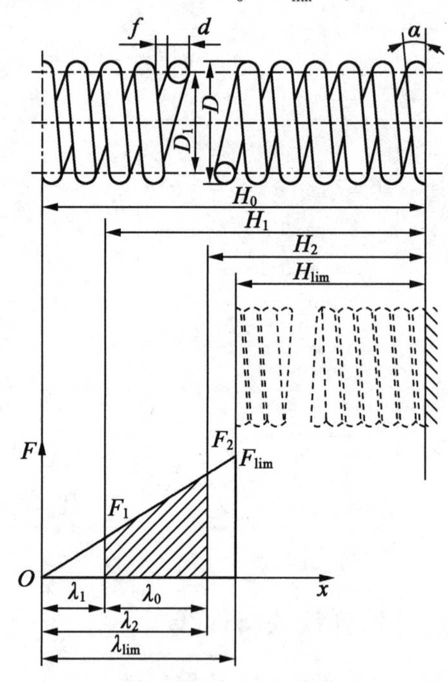

图 11.4　圆柱螺旋压缩弹簧的特性线

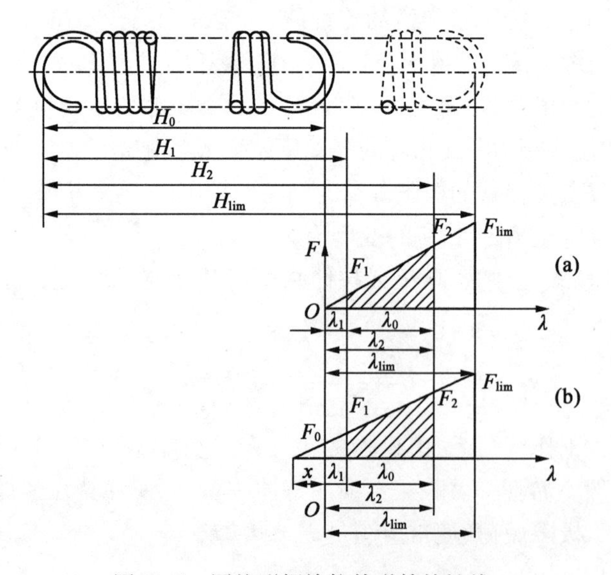

图 11.5　圆柱形螺旋拉伸弹簧特性线

11.3.3 圆柱形螺旋压缩、拉伸弹簧的应力及变形

1. 弹簧的应力

圆柱形螺旋弹簧受压及受拉时，弹簧丝的受力情况相同。现以图11.6(a)为例，分析一下圆柱形螺旋压缩弹簧的受力情况。图11.6为一圆柱螺旋压缩弹簧，弹簧中径 D_2，弹簧丝直径 d，轴向力 F 作用在弹簧的轴线上，由于弹簧具有螺旋升角 α，故在通过弹簧轴线的截面上，弹簧丝的剖面 $A—A$ 呈椭圆形，螺旋升角一般为 $\alpha=5°\sim9°$，由于螺旋升角不大，可将剖面 $A—A$ 的椭圆形状近似为圆形。该剖面上作用着力 F 及转矩 $T=FD_2/2$，如图11.6(b)所示。

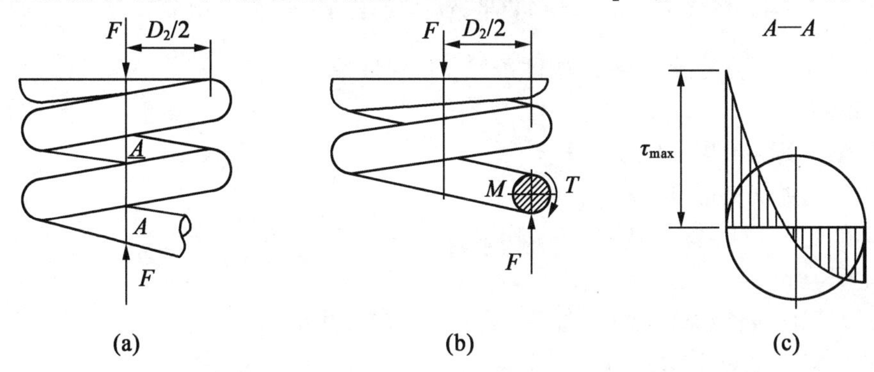

图11.6　圆柱螺旋压缩弹簧的受力及应力分析

弹簧丝剖面 $A—A$ 上应力分布如图11.6(c)所示。由图可看出，最大切应力发生在弹簧丝剖面 $A—A$ 内侧的 M 点，而且实践表明，弹簧的破坏也大多由这点开始。最大应力可以近似地取为

$$\begin{cases}\tau_{\max}=k_1\dfrac{8FD_2}{\pi d^3}=k_1\dfrac{8FC}{\pi d^2}\\ k_1=\dfrac{4C-1}{4C-4}+\dfrac{0.615}{C}\end{cases}\tag{11.2}$$

式中，$\dfrac{8FD_2}{\pi d^3}$ 是直杆受纯扭转时的切应力，但由于弹簧不是直杆受纯扭转的情况，所以 k_1 可理解为弹簧丝曲率和切向力对切应力的修正系数，k_1 称为曲度系数。$C=D_2/d$ 称为旋绕比（又称弹簧指数），它是衡量弹簧曲率的重要参数。为使弹簧本身较为稳定，不致颤动，C 值不能太大；同时，为避免卷绕时弹簧丝受到强烈弯曲，C 值亦不能太小，通常 $C=4\sim16$，常用值 $C=5\sim8$。

2. 弹簧的变形

由材料力学可知，对于圆柱螺旋压缩（拉伸）弹簧，螺旋升角不大，受载后的轴向变形 λ 可根据如下公式求得，即

$$\lambda=\frac{8FD_2^3n}{Gd^4}=\frac{8FC^3n}{Gd}\tag{11.3}$$

式中　n——弹簧的工作圈数；

G——弹簧的切变模量，钢为 8×10^4 MPa。

使弹簧产生单位变形量所需要的载荷称为弹簧刚度 k（也称为弹簧常数），即

$$k=\frac{F}{\lambda}=\frac{Gd}{8C^3n}=\frac{Gd^4}{8D_2^3n} \tag{11.4}$$

弹簧刚度是表征弹簧性能的主要参数之一，它表示使弹簧产生单位变形量时所需的力，刚度越大，弹簧变形所需要的力就越大。影响弹簧刚度的因素很多，从式(11.4)可以看出，C 值对 k 的影响很大，k 与 C 的三次方成反比。当其他条件相同时，旋绕比 C 越小，刚度越大，即弹簧越硬；C 越大，刚度越小，弹簧越软。所以合理地选择 C 值能控制弹簧的弹力。另外，k 还与 G、d、n 有关，在调整弹簧刚度时，应综合考虑这些因素的影响。

11.3.4 圆柱形螺旋压缩、拉伸弹簧的设计计算

设计弹簧时，应满足强度条件、刚度条件和稳定性条件。

1. 已知条件

(1) 弹簧受到的最大工作载荷 F_2。

(2) 相应的弹簧变形量 λ。

(3) 其他要求(如空间位置要求、工作温度等)。

2. 设计步骤

(1) 根据工作条件和载荷情况选定弹簧材料并求许用应力。

(2) 选择旋绕比 C、计算曲度系数 k_1。

(3) 强度计算。

由式(11.2)可知弹簧丝直径

$$d\geqslant 1.6\sqrt{\frac{k_1CF_2}{[\tau]}} \tag{11.5}$$

注意：如选用碳素弹簧钢丝，用上式求弹簧直径 d 时，因式中许用应力 $[\tau]$ 和旋绕比 C 都与 d 有关，所以常采用试算法。

(4) 刚度计算。由式(11.4)弹簧刚度计算式可得弹簧工作圈数

$$n=\frac{Gd}{8C^3k} \tag{11.6}$$

(5) 稳定性计算。当压缩弹簧的圈数较多，如其高径比 $b=H_0/D_2$ 较大时，弹簧受力可能产生侧向弯曲而失去稳定性，无法正常工作。为便于制造及避免失稳，对一般压缩弹簧建议按下列情况选取高径比；当两端固定时，取 $b<5.3$；一端固定，另一端铰支，取 $b<3.7$；两端铰支，取 $b<2.6$。若 b 超过许用值，又不能修改有关参数时，可外加导向套或内加导向杆来增加弹簧的稳定性。

(6) 结构设计。按表 11.4 算出全部有关尺寸。

(7) 绘制弹簧工作图。

例 设计一圆钢丝的圆柱螺旋压缩弹簧。已知：弹簧的最大工作载荷 $F_{max}=650$ N，最小工作载荷 $F_{min}=400$ N，工作行程为 17 mm，套在一直径为 23 mm 的轴上工作，要求弹簧外径不大于 45 mm，自由长度在 120～140 mm 范围内。按载荷性质，属第Ⅱ类弹簧。弹簧端选磨平端，每端有一圈死圈。

解

表11.5　计算过程与结果

计算与说明	主要结果
1. 选择材料并确定其许用应力 选用碳素弹簧钢丝C级，初定簧丝直径 $d=5$ mm；查表11.3得弹簧钢丝的拉伸强度极限 $\sigma_b=1\ 470$ MPa，其许用应力 $[\tau]=0.4\sigma_b=0.4\times1\ 470=588$(MPa)，切变模量 $G=8.0\times10^4$ MPa。	
2. 弹簧丝直径计算 现选取旋绕比 $C=7$，曲度系数 $$k_1=\frac{4C-1}{4C-4}+\frac{0.615}{C}=\frac{4\times7-1}{4\times7-4}+\frac{0.615}{7}=1.21$$	$k_1=1.21$
初步计算弹簧丝直径 $$d\geqslant1.6\sqrt{\frac{k_1CF_2}{[\tau]}}=1.6\times\sqrt{\frac{650\times1.21\times7}{588}}=4.90(\text{mm})$$	$d=5$ mm
与原取值相近，所以取弹簧钢丝标准直径 $d=5$ mm，弹簧中径标准值 $D_2=dC=5\times7=35$(mm)，则弹簧外径 $D=D_2+d=35+5=40$(mm) <45 mm，符合要求。	$D_2=35$ mm
3. 刚度计算 弹簧刚度为 $k=\Delta F/\lambda_0=(650-400)17=14.71$(N/mm)	$D=40$ mm
弹簧圈数 $$n=\frac{Gd^4}{8D^3k}=\frac{8\times10^4\times5}{8\times7^3\times14.71}=9.91$$	$n=10$
取 $n=10$ 圈 取弹簧两端的支承圈数分别为1圈，则总圈数 $$n_1=n+2=10+2=12$$	$n_1=12$
4. 确定节距 $P=(0.28\sim0.5)D_2=(0.28\sim0.5)\times35=(9.8\sim17.5)$(mm)，取 $P=12$ mm	$P=12$ mm
5. 确定弹簧的自由高度 弹簧两端并紧，磨平的自由高度为	$H_0=127.5$ mm
$H_0=nP+(n_1-n-0.5)d=10\times12+(12-10-0.5)\times5=127.5$(mm)	$b=3.64$
6. 校核稳定性 弹簧高径比 $b=H_0/D_2=127.5/35=3.64<5.3$，满足不失稳要求。 7. 其余几何尺寸计算（略） 8. 绘制弹簧工作图（略）	

课后习题

1. 选择题

(1)圆柱螺旋弹簧的旋绕比是(　　)的比值。

A. 弹簧丝直径 d 与中径 D_2　　B. 中径 D_2 与弹簧丝直径 d

C. 弹簧丝直径 d 与自由高度 H_0　　D. 自由高度 H_0 与弹簧丝直径 d

(2)旋绕比 C 选得过小则弹簧(　　)

A. 刚度过小,易颤动　　B. 易产生失稳现象

C. 尺寸过大,结构不紧凑　　D. 卷绕困难,且工作时内侧应力大

(3)圆柱螺旋弹簧的有效圈数是按弹簧的(　　)要求计算得到的。

A. 刚度　　B. 强度

C. 稳定性　　D. 结构尺寸

(4)采用冷卷法制成的弹簧,其热处理方式为(　　)

A. 低温回火　　B. 淬火后中温回火

C. 渗碳淬火　　D. 淬火

(5)采用热卷法制成的弹簧,其热处理方式为(　　)

A. 低温回火　　B. 淬火后中温回火

C. 渗碳淬火　　D. 淬火

2. 思考题

(1)弹簧的主要功能有哪些?试举例说明。

(2)弹簧的卷制方法有几种?各适用什么条件?

(3)圆柱螺旋压缩(拉伸)弹簧受载时,弹簧丝截面上的最大应力发生什么位置?最大应力值如何确定?为何引入曲度系数 k_1?

(4)圆柱螺旋压缩(拉伸)弹簧强度和刚度计算目的是什么?

3. 设计计算题

(1)试设计一液压阀中的圆柱螺旋压缩弹簧。已知:弹簧的最大工作载荷 $F_{max}=350$ N,最小工作载荷 $F_{min}=200$ N,工作行程为13 mm,要求弹簧外径不大于35 mm,载荷性质为Ⅱ类,一般用途,弹簧两端固定支承。

(2)设计一圆柱螺旋拉伸弹簧。已知:弹簧中径 $D_2\approx12$ mm,外径 $D<18$ mm;当载荷 $F_1=160$ N时,弹簧的变形量 $\lambda_1=6$ mm;当载荷 $F_2=350$ N时,弹簧的变形量 $\lambda_2=16$ mm。

第12章

机械创新设计

12.1 概　述

12.1.1 设计与创新

1. 设计

设计是什么？实际上，设计本身就是一种创造，是人类进行的一种有目的、有意识、有计划的活动。

设计的发展与人类历史的发展一样，是逐渐进化，逐渐发展的。从最初为了生存，到为了生活质量的提高和满足精神上的某种需要，现在的设计也称为现代设计，不论从深度还是广度上都发生了巨大的变化，人们对设计以及设计者都提出了更高的要求。

2. 创新

“创新”一词一般认为是由美国经济学家JI舒彼特最早提出的。他把创新的具体内容概括为五个方面：①生产何种新产品。②采用一种新技术。③利用或开拓一种新材料。④开辟一个新市场。⑤采用一种新的组织形式或管理方式。

概括地说，创新就是创造与创效。它是集科学性、技术性、社会性、经济性于一体，并贯穿于科学技术实践、生产经营实践和社会活动实践的一种横向性实践活动。自然科学领域的最高成就是发现，应用技术领域的最高成就是发明。

12.1.2 机械创新设计

创新设计属于技术创新范畴。对创新设计的要求要比对设计的要求高了许多。创新设计不仅是何种创造性的活动，还是一个具有经济性、时效性的活动。同时创新设计还要受到意识、制度、管理及市场的影响与制约。一般创新设计具有如下特点：①创新设计是涉及多种学科（设计学、创造学、经济学、社会学、心理学等）的复合性工作，其结果的评价也是多目标、多角度的。②创新设计中相当一部分工作是非数据性、非计算性的，要依靠对各学科知识的综合理解与交融，对已有经验的归纳和分析，运用创造性的思维方法与创造学的基本原理进行工作。③创新设计不只是针对问题而设计，更重要的是提出问题，解决问题。④创新设计是多种层次的,不在乎规模的大小与理论的实践,注重的是新颖、独创和及时。⑤创新的最终目的在于应用。

机械创新设计的主要内容有机械系统方案设计的创新、机构变异设计与创新、机构组合设计与创新、机构再生设计与创新、机构结构设计与创新、反求设计与创新、典型机械的创新与进化等。

12.2 创新思维与技法

12.2.1 创新思维

创新的核心在于创新思维。创新思维是指在思考过程中,采用能直接或间接起到某种开拓、突变作用的一种思维。

创新思维的特点如下。

1. 创新思维具有开放性

开放性主要是针对封闭性而言的。开放性思维强调思维的多向性,即从多角度出发思考问题。其思维的触角向各个层面和方位延伸,具有广阔的思维空间。开放性思维强调思维的灵活性,不依靠常规思维思考问题,不是机械地重复思考,而是能够及时地转换思维视角,为创新开辟新路。

2. 创新思维具有求异性

求异性主要是针对求同性而言的。求异性思维强调思维的独特性和新颖性,其表现为思维角度。思维方法和思维路线别具一格,提出的问题独具新意,思考问题别出心裁、解决问题独辟蹊径。

3. 创新思维具有突发性

突发性主要体现在直觉与灵感上。所谓直觉是指人们对事物不经过反复思考和逐步分析,而对问题的答案做出合理的猜测、设想,是一种思维的闪念,是一种直接的洞察。灵感也常常是以一闪念的形式出现,但它不同于直觉,灵感是由人们的潜意识与显意识多次叠加思维而形成的,是长期创造性思维活动达到的一个必然阶段。

4. 创新思维是逻辑思维与非逻辑思维有机结合的产物

逻辑思维是一种线性思维模式,它具有严谨的推理,一环紧扣一环,是有序的。非逻辑思维是一种面性或体性的思维模式,没有必须遵守的规则,没有约束,侧重于开放性、灵活性、创造性。

在创新思维中,需要两种思维的互补、协调与配合。需要非逻辑思维开阔思路,产生新设想、新点子;也需要逻辑思维对各种设想进行加工整理、审查和验证。只有这样才能产生一个完美的创新成果。

12.2.2 创新技法

创新技法源于创造学的理论与规则,是创造原理具体应用的结果,是促进事物变革与技术创新的一种技巧。

1. 观察法

观察法是指人们通过感官或科学仪器,有目的、有计划地对研究对象进行反复细致的观察,再通过思维器官的综合分析,以解释研究对象本质及其规律的一种方法。例如,通过应变仪可以观察到零件受载时的应力分布,从而合理地设计零件结构,使其应力分布合理,工作寿命延长。构成观察的三个要素是观察者、观察对象和观察工具。

2. 类比法

著名哲学家康德曾说过:“每当理智缺乏可靠论证的思路时,类比这个方法往往能指引我们前进。”类比法是将所研究和思考的事物与人们熟悉的、并与之有共同点的某一事物进行对照和比较,从比较中找到它们的相似点和不同点,并进行逻辑推理,在同中求异或异中求同中实现创新。例如,日本发明家田雄常吉在研制新型锅炉时,就将锅炉中的水与蒸汽的循环系统与人体血液循环系统进行类比,发明了高效锅炉,其效率提高了 10%。

3. 移植法

移植法是指借用某一领域的成果,引用、渗透到其他领域,用以变革和创新。类比与移植的区别是:类比是先有可比较的原形,然后受到启发,进而联想进行创新;移植则是先有问题,然后去寻找原形,并巧妙地将原形应用到所研究的问题上来。例如,激光技术用于加工技术上,制造出了激光切割机,滚动轴承的结构移植到螺旋传动上产生了滚珠丝杠。

4. 组合法

组合法是指将两种或两种以上的技术、事物、产品、材料等进行有机组合,以产生新的事物或成果的创新技法。例如,生产上用的组合机床、组合夹具、群钻。

5. 换元法

换元法是指人们在创新过程中,采用替换或代换的方法,使研究不断深入,思路获得更新。例如,卡尔森发明复印机时,曾采用化学方法进行多次试验,结果屡次失败,后来他变换了研究方向,探索采用物理方法,即光电效应,终于发明了静电复印机,一直沿用到现在。

6. 还原法

还原法是指返回创新原点,即在创新活动中,追根寻源找到事物的原点,再从原点出发寻找各种解决问题的途径。以研制洗衣机为例,人们着手洗衣机的研究,首先想到的是如何代替手搓、脚踩、板揉和槌打,结果导致了研究问题的复杂性,使创新活动受阻。实际上将问题返回到原点,则是分离问题,即将污物与衣服分离。广泛考虑各种各样的分离方法,如机械分离、物理分离等,就创新出基于不同工作原理的各类洗衣机。

7. 穷举法

穷举法又称为列举法,是一种辅助的创新技法。列举法将问题逐一列出,将事物的细节全面展开,使人们容易找到问题的症结所在,从各个细节入手探索创新途径。

8. 集智法

集智法是指集中大家智慧,并激奋智慧,进行创新。

该种技法是一种群体操作型的创新技法。不同知识结构、不同工作经历、不同兴趣爱好的人聚焦在一起分析问题、讨论方案,集中许多人的创造性,起到许多人相互启发的作用,得到可以触发灵感的信息。应注意:“激智”和“集智”的结合;针对问题孕育培养灵感;扶植一切创造性思维,力戒“思维扼杀”。

课后习题

1. 何谓创新设计？它有什么特点？
2. 阐述创新思维的特点。列举 3 ~4 个创新设计的方法。
3. 用你身边的实例说明创新设计体现在哪些方面？

参考文献

[1] 谭庆昌,贾艳辉. 机械设计[M]. 3 版. 北京:高等教育出版社,2014.
[2] 张锋,宋宝玉,王黎钦. 机械设计[M]. 2 版. 北京:高等教育出版社,2017.
[3] 伍驭美,秦伟. 机械设计基础[M]. 2 版. 北京:高等教育出版社,2012.
[4] 卜炎. 中国机械设计大典(3)[M]. 南昌:江西科学技术出版社,2002.
[5] 朱孝录. 中国机械设计大典(4)[M]. 南昌:江西科学技术出版社,2002.
[6] 王宁侠. 机械设计[M]. 北京:机械工业出版社,2015.
[7] 王凤良. 机械设计基础[M]. 北京:机械工业出版社,2015.
[8] 隋明阳. 机械设计基础[M]. 2 版. 北京:机械工业出版社,2014
[9] 孔建益. 机械设计[M]. 北京:机械工业出版社,2016.
[10] 张策. 机械原理与机械设计[M]. 北京:机械工业出版社,2016.
[11] 成大先. 机械设计手册[M]. 4 版. 北京:化学工业出版社,2002.
[12] 李国斌. 机械设计基础习题集及学习指导[M]. 北京:机械工业出版社,2015.
[13] 中国机械工程学会机械设计分会. 现代机械设计方法[M]. 北京:机械工业出版社,2012.
[14] 机械设计实用手册编委会. 机械设计实用手册[M]. 北京:机械工业出版社,2008.
[15] 候玉英. 机械设计习题集[M]. 北京:高等教育出版社,2010.
[16] 陈国定. 机械设计基础[M]. 北京:机械工业出版社,2017.
[17] 王德伦. 机械设计[M]. 北京:机械工业出版社,2015.
[18] 段志坚,徐春来. 机械设计基础习题集[M]. 北京:机械工业出版社,2012.
[19] 杨可桢,程光蕴. 机械设计基础[M]. 4 版. 北京:高等教育出版社,2006.